양자역학

지은이 신상진
펴낸이 조경희
펴낸곳 경문사
펴낸날 2023년 2월 20일 1판 1쇄
2025년 8월 8일 3판 1쇄
등 록 1979년 11월 9일 제1979-000023호
주 소 04057, 서울특별시 마포구 와우산로 174
전 화 (02)332-2004 팩스 (02)336-5193
이메일 kyungmoon@kyungmoon.com

값 33,000원

ISBN 979-11-6073-765-3 [전자책]
ISBN 979-11-6073-780-6 [종이책]

제3판

양자역학

신상진 지음

KM 경문사

사랑하는 가족들에게,

머리말

책의 내용과 사용법

이 책은 현대물리 과정을 학습한 학부 상급생, 혹은 대학원생을 대상으로 하였으며 두 부류를 구분하지 않았다. 필자에게 학부생이란 처음 읽는 독자, 대학원생이란 두 번째 읽는 독자를 의미할 뿐이다. 이 책은 여러모로 학부생을 염두에 두었기에 양자역학의 개념을 가장 낮은 수준에서부터 정리한 부분도 포함하였으나, 이 책의 내용을 다 이해했다면 대학원의 양자역학 교과 과정에서 더 배워야 할 내용은 없다. 바로 실험실로 가거나 양자장론 혹은 다체장론을 공부하여도 아무런 지장이 없을 것이다.

처음 읽는 독자라면 별표(*) 가 있는 장이나 절은 넘어가도 좋다. 전반부는 양자역학의 기본과 형성과정 리뷰에 적지 않은 지면을 할애하였으나, 학생들이 되도록 이른 시기에 현대 양자물리의 주요 관심사인 '토폴로지'와 '강상관계' 그리고 '양자 정보'에 대해 접해보는 것이 좋겠다고 생각해, 후반부에는 이들을 소개하였다. 여기에는 디랙 방정식과 대칭성, 특히 공간이나 시간역전 등 이산 대칭성에 대한 논의가 중요하므로 이를 강조하였다. 슈뢰딩거의 고양이와 양자정보에 대해서도 상당한 지면을 할애하였다. 아래에 책의 내용을 요약한다.

1. 제 I부는 **양자역학의 역사적 개념 형성**을 기술한 것이다. 플랑크의 흑체복사와 아인슈타인의 광자에서 시작된 빛의 양자론은 드브로이를 거쳐 슈뢰딩거에 이르러 입자의 파동역학으로 변모하여 큰 줄기를 형성한다.[1] 상자문제나 조화진동자 등 간단한 퍼텐셜을 가진

---

[1] 양자론은 상대론과 결합되어 입자의 파동역학과 빛의 양자론이 궤를 같이하는, 소위 2차양자화로 불리는 학문으로 진화하였다. 2차양자화는 이 책의 III부에 소개된 다체의 양자역학을 기술하는 기본적인 방법론이나 이 용어는 거의 쓰지 않고 다체물리의 몇 부분을 소개하였다. 이 책의 후속편인 양자장론과 다체 물리학에서 다룰 예정이다.

계들을 통해 양자역학의 기본적 계산을 소개한 다음, 가장 간단한 계인 입자의 물리학을 통해 대칭성과 상대론적 방정식 등 양자역학의 주요 개념들이 어떻게 도입되었는가를 소개한다.

2. 제II부에선 이 책의 핵심부라 할 수 있는 **양자역학의 정식화**를 다룬다. 4장에서 공리들과 선형대수와의 관계를 다루고, 슈뢰딩거의 고양이를 분석함으로써 중첩의 원리가 얼마나 이상한 결과를 내포하고 있는가를 보여주었다. 5장에선 자기장 속의 전자 행동을 다룸으로써 아하로노프-봄 효과나 정수양자홀 효과 등을 소개하였고, 6장에선 대칭성에 관한 본격적인 논의를 시작한다. 7장에선 3차원 구 대칭계를 분석하기 위한 필수적 수단으로서 각운동량의 양자화를 다루었다. 바로 이어, 8장에선 수소 원자의 스펙트럼을 다루었으며, 시리즈 해법으로 보어의 결과를 유도하고 파울리에 의한 대수적 해도 함께 소개하였다. 9장에선 스핀 1/2와 그에 대한 크레이머스 겹침을 다루었다. 10장에선 디랙 방정식과 그의 해를 통해 패리티 및 시간역전 등 이산 대칭성에 대해, 11장에선 양자얽힘에 대해 비교적 심도있게 다루었다. 12장에선 시간 무관 섭동론과 WKB 근사의 주요 포인트들을 다루었으며, 13장은 양자광학을 통해 시간변화가 있는 계의 섭동론을 다루었다. 그리고 14장에선 느림근사의 응용으로서 베리 퍼텐셜을 도입하고, 15장에선 산란의 문제를 취급하였다.

3. 제III부에선 **다체의 양자역학**을 취급하였다. 16장의 원자, 분자, 핵에서 시작하여 17장에서 양자통계역학을 소개하였으며, 18장에서 밴드이론을 소개하고, 19장에선 초전도체, 20장에선 위상부도체를 소개하였다. 마지막으로 에필로그에선 아직 미개척 분야인 강상호작용하는 다체의 문제 해결의 한 가능성으로서 홀로그래피 이론을 소개하였다.

물리학은 계산을 통해 자연을 설명하고 예측하는 방법론이므로 눈으로만 공부해선 머리에 입력되지 않는다. 반드시 손발로 배워야 한다. 그렇다고 계산 과정을 일일이 다 써 놓으면 학생은 수식에 묻혀 산을 보지 못한다. 이러한 이유로 대부분의 계산에 대해선 지도(map)와 간략한 답만을 제시하고, 디테일은 예제로 넘겼다. 따라서 이 책의 예제와 문제는 최소한의 것이므로 반드시 익히기를 바란다.

이 책을 통해 쉽게 배운 독자들이 양자역학에 대한 여러 오해를 풀고, 더 나아가 다가올 세상을 변화시키는 데에 기여하기를 기대한다. 이제, 좋든 싫든 세상은 양자의 시대이다.

책을 쓴 이유

1. 이순을 넘어 잠시 건강을 잃은 덕분에 스스로를 돌아볼 기회를 얻었다. 그리고 나 자신의 삶과 이해의 족적을 정리하면서 모국어를 공유하는 후학들에게 혹 도움이 될까 하여 물리 책 쓰기를 시작하였다. 생각해 보니 우리나라 물리학자의 수가 적지 않으나 우리말로 된 물리학 교재가 드물고, 미시세계와 물성을 연구하는 데 기본인 양자역학 교재는 특히나 더 드물기에 이로부터 시작하였다. 그 덕에 일반적인 내용과 더불어 아인슈타인-포돌스키-로젠 (EPR) 패러독스, 하이젠베르크 현미경, 슈뢰딩거 고양이, 초전도체에서의 게이지 불변성과 대칭성붕괴 등, 흥미롭긴 하지만 이미 끝난 그리고 아는 이슈라 착각하며 깊이 생각해 보지 않았던 주제들에 대해서도 생각하고 정리할 기회를 갖게 되었다. 고양이 문제에 대해선 슈뢰딩거가 의도치 않은 요소가 문제에 삽입되어 일반인 뿐만 아니라 많은 전문가들도 휘둘리고 있다는 것이 믿고 싶지 않지만 사실임을 알게 되었고, 하이젠베르크 현미경도 일급의 진실이 항상 완전한 형태로 발견되는 것은 아니라는 예가 됨을 알았다. 초전도체의 대칭성의 붕괴문제는 지금도 첨단의 연구 토픽이 될 수도 있음을 확인한 것은 나 자신의 연구방향에도 새로운 이정표가 되어 주었다. 물리학은 근본을 묻는 학문인데, 그 근본이 중심부에 공고히 존재하는 것이 아니라 언제나 경계와 맞닿아 있음을 깨닫는 경험이었다.

2. 노자는 이름으로 대상 자체를 정확히 가리킬 수 없다 하며 언어의 한계를 지적하였다. 그러나 학문의 개념은 언어로밖에는 전달될 수 없고 그러기에, 사용된 단어의 일상적 함의가 읽는 이들의 그것과 멀어질수록 전달력은 급격히 떨어진다. 따라서 모국어로 된 텍스트를 갖는다는 것은 누구에게나 중요하다.

3. 대부분 사상의 체계는 차례대로 정의될 수 있는 것이 아니라 복합적 문맥에서 이해된다. 논어에서 인(仁)은 어느 곳에도 정의되어 있지 않고, 수학마저도 공리-정리의 형태로 체계를 건설할 수 없다는 것이 수학적 진실이다. 전체를 보아야 비로소 부분을 이해할 수 있다면 긴 글은 불투명도를 올리는 방법일 뿐이다. 물리학자는 남들이 꼭 읽어주었으면 하는 발견이 있을 때는 네 쪽 길이의 논문을 쓴다. 간결함이란 읽히고 싶은 글의 특징이다.

4. 수학자 유클리드는 학문엔 왕도가 없다고 했다. 학문의 공평성을 말해주는 이 말은 불행히도 진실이 아닐 때가 더 많다. 부당해 보이지만 엄연한 사실은, 학문에 있어 개인의 재능이나 심지어 성실성보다도 중요한 것이 누구를 만나 어떤 질문을 향해 있느냐는 것

이다. 큰 물줄기가 낮은 산에서 발원할 수는 없으며 큰 강이 10리만 흐르고 말 수는 없는 일이다. 시대를 관통하는 근원적 질문이 무엇인지를 파악하는 것이 좋은 학자가 되는 첫걸음임은 물리학도 예외가 아니다. 뉴턴은 질점의 운동에 주목했고 아인슈타인은 빛의 본성에 주목했다.

5. 모든 물질이 원자로 구성되어 있고 원자는 양자역학의 원리를 따른다 하여 현재의 양자역학이 개별 결정의 물성을 다 계산해 주는 것은 아니다. 상호작용이 클 때는, 복잡한 것을 간단한 것의 합으로 치환한다는 물리학의 기본적인 방법론이 깨지기 때문이다. 미래의 물리학을 연구하기 위해선 현재의 물리학이 실패하는 경계에 가야 한다. 양자역학은 자연스럽게 그 경계로 인도한다.

양자역학 이해하기: 공리와 직관의 충돌을 넘어서

양자 현상의 본질은 미시 세계의 물질이 파동/입자의 이중성을 갖는다는 것이다. 고전적 의미에서 입자란 질점과 같이 위치를 가지는 존재이며, 파동이란 공간의 모든 곳에서 파동진폭을 가지기에 확정적 위치를 가질 수 없는 존재이다. 즉, 이중성이란 입자가 위치를 가지기도 하고 위치를 갖지 않기도 한다는 말이므로, 일상적 언어로 표현된 이중성의 개념은 자체 모순이다. 심지어 양자역학을 이해하는 것은 불가능하다는 말까지도 떠돈다. 학문이 존재하는 것은 사물을 명증하게 이해하기 위해서인데 물리학자들은 과연 자신들의 체계를 자체 모순 위에 둔 것일까? 또 물리학자가 양자물리학을 이해하지 못한다는 말이 무슨 말일까?

먼저 이중성이란 말의 정확한 뜻을 알고 갈 필요가 있다. 1920년대에는, 입자란 위치와 속도를 가지는 것으로, 파동은 회절과 간섭을 갖는, 떨림의 전달로 정의되었다. 2개의 작은 구멍이 있는 벽을 통과한 전자가 벽과 평행하게 설치된 형광막에 도달하도록 하면, 전자가 도달한 곳에 불이 반짝인다. 도달한 개별 전자는 위치가 있으므로 입자이다. 같은 상태의 전자들로 실험을 반복하면 각 전자들이 도달한 위치는 매번 다른데, 이 위치의 누적된 분포는 놀랍게도 파동을 통과시켰을 때 얻을 수 있는 간섭무늬로 나타난다. 이는 여러 개의 입자를 사용한 실험의 결과이므로 단일입자의 성질이 아니라고 생각할 수도 있겠으나, 전자를 하나씩 보내도 같은 결과를 얻는다. 따라서 모든 전자가 측정되기 전에 간섭무늬를 만든 파동성을 가지고 있었고, 위의 실험은 이 단일입자가 갖는 파동성을 반복된 실험으로 구현한 것이라 해석할 수도 있다. 바로 이 해석이 정통 양자역학의 해석이며 이 파동을 확률 파동이라 한다.

양자역학에 따르면 전자의 실체는 파동이며 위치란 측정에 의해 만들어진 부가적 속성이고, 파동함수의 정보는 입자의 위치를 여러 번 측정하여 얻어진 위치 분포에 의해 실현된다. 양자역학에서 단일입자의 상태를 알기 위해선 같은 조건의 입자들을 사용해 실험을 반복해야 하며, 한 번의 실험이 의미할 수 있는 것은 아무것도 없다. 이는 고전역학에선 상상할 수 없는 일이다.

양자역학을 이해함에 있어 가장 선행되어야 할 일은, 이해한다는 말에 대한 정확한 의미를 아는 것이다. 우리가 대상을 이해한다는 말은 이미 존재하는 다른 원리나 경험들로 환원시킬 수 있다는 뜻이다. 공리나 가정은 다른 것으로 환원할 수 없기 때문에 설정된 것이니 이들은 이해의 대상이 될 수 없다. 양자역학은 몇 개의 공리들 위에 세워져 있으나 이들은 가정에 불과하며 또 이해되어야 할 대상이 아니라는 것을 인지해야 한다. 공리의 이해에 대한 면책특권은 모든 논리적 학문의 공통분모이다. 학문이 무에서 유를 설명할 수는 없는 것이다. 물리학의 공리들은 그에 대한 실험적 반례가 아직은 없기 때문에 공리이다. 물리학에 대한 이해의 넓이는 공리에 예외가 없다는 놀라운 사실에 대한 체험의 다양성에서 오나, 이해의 깊이는 그 공리들에 대한 의심의 깊이에서 온다. 1920년대에 양자역학을 만든 선각자들은 설명하려는 현상이 당시의 물리학과는 대치되는 상황을 맞이했다. 그러한 상황에서 창안자들이 어떻게 앞으로 나아가, 현재의 우리에게 전해진 공리를 설정하기에 이르렀는지 그 사고 과정을 추론하는 것이 오늘날의 우리가 양자역학을 이해하는 데 도움이 된다.

공리가 이해의 대상이 아니라는 당연한 말이 왜 도마 위에 오르는가? 이는 물리교육의 역사성과 사람 인식의 특수성에 기인한다. 물리교육의 역사성이란 '원리'나 '법칙'이란 용어의 남용을 말한다. 아르키메데스의 원리나 파스칼의 원리 등은 발견 당시는 공리였으나 이것들은 뉴턴 시대에 와선 보다 근본적 공리들(뉴턴법칙)로부터 유도된 '정리'들로 변화했다. 그런데 지금도 사람들은 여전히 파스칼의 원리와 아르키메데스의 원리라 부르고 있으니 학생들이 원리나 법칙도 이해의 대상이라고 착각하는 것이 어쩌면 당연하다. 상당수의 교과서가 양자역학의 공리들을 공리라 표기하지 않으니 입문자가 이를 이해하려 하면 좌절할 수밖에 없다. 그러나 이는 단순히 교육의 문제이니 노력하면 고쳐지는, 중요하지만 피상적인 문제이다.

이에 비해 사람 인식의 특수성은 보다 근본적이다. 유클리드 기하학의 경우 공리들은 거의 자명해 보이는 반면, 물리학의 공리들은 대개 직관에 반한다. 관성의 법칙을 발견하는 데 아리스토텔레스 이후 2000년이 필요했고 지금도 실험실 밖에서 관성의 법칙이 성립하는 예를 찾는 것은 불가능에 가깝다. 양자역학의 '이중성'은 말할 것도 없다. 미시세계의 자연은, 1미터 세계에서 형성된 우리의 직관이 기대하는 바와 매우 다른 방식으로 작동한다. 양자역학을 접할 때의 당혹감은 단순히 수학이란 언어가 생소해서가 아니라, 사실은 공리와 직관 사이의 충돌이라는 더 근본적인 것에 뿌리가 있다. 따라서 최고 수준의 수학자에게도 양자역학은 어렵다. 비직관적이기 때문이다. 왜 물리학의 공리와 직관이 충돌하는가? 인간의 직관은 여러 힘이 동시에 존재하는 곳, 즉 지상에서의 경험에서 형성되었다. 우리가 태어나 자란 지구 행성표면의 1미터의 스케일은 전자기력과 중력이 모두 중요한 세계이며 우주에서 가장 복잡한 현상이 일어날 수 있는 스케일이다. 중력은 질서를 제공하고 전기력은 중력의 독주에 의한 내폭을 막아준다. 그래서 땅을 디디고 걸을 수 있고, 그래서 집을 짓고 문명을 만들 수 있으며, 나아가 생명체가 존재할 수 있다. 즉 인간의 인식은 중력과 전기력의 조화 속에서 생성되고 길러졌다. 그런 반면, 물리학은 현상을 분해하여 단순한 것들의 합으로 재구성한다. 전자기학은 주로 물질 내에서 적용되며 중력은 대개 우주나 천체의 스케일에 적용된다. 우주에서 가장 복잡한 세계 안에서 형성된 인간의 직관은 물리학이 작동하는 단순한 세계에는 적응되어 있지 않다. 이런 이유로, 물리학 특히 양자역학을 '이해'한다는 것은 공리와 직관의 충돌을 중재하는 작업이며, 미시세계의 자연이 보여주는 대로 우리의 언어를 재설정하는 작업이다. 물리학을 이해하기 위해서는 충분한 경험적 직관이 있어야 하나, 동시에 원래의 경험세계를 허물고 물리학의 공리에 맞추어진 새로운 직관을 건설하는 이중의 과정이 수반되어야 한다. 새 물리학을 이해할 때마다 인간은 새로운 세계를 여행할 때 겪는 문화적 충격을 겪어야 한다. 그러한 충격이 없다면 물리학을 이해한 것이 아니다.

인간이 가장 작은 스케일인 원자의 물리학과 가장 큰 스케일인 우주의 물리학 모두를 이해할 수 있는 이유가 있다면 아마도, 물리법칙이 지상의 1미터 세계를 제외한 거의 대부분의 스케일에서 하나의 힘이 지배적 중요성을 가지도록 이루어져 있기 때문에 오는 단순성일 것이다. 아인슈타인은 가장 이해하기 힘든 것은 우리가 우주를 이해할 수 있다는 사실이라 말하였다. 아인슈타인이 했던 질문을 하는 사람들을 위해 다윈이 썼을 법한 한 줄의 동화를 끝으로 서론을 마무리한다.

"이 우주가 태어나기 이전에 훨씬 복잡했던 수많은 우주가 있었는데 그들은 모두 불안정하여 이런 질문을 하는 자가 태어나기 전에 모두 태초로 돌아갔다."

3판의 머리말

1판에 있는 많은 오타를 잡고 불완전한 논의들을 보충한 것이 2판이었기에, 2판의 서문은 따로 달지 않았었다. 3판에선 몇 가지 중요한 개념적인것들에 대한 보완을 하였다.

- 먼저 양자홀 효과에 관한 논의를 몇 가지 추가하였다(5장). 대칭 게이지에서의 해에 대한 연산자 해법을 추가하였고 정수홀 효과를 통해 내부-경계의 대응성(bulk-edge correspondence)을 설명하였다. 또 정수홀과 분수홀 효과를 같은 방법으로 설명하려고 시도하였다.
- 베리 위상과 베리 퍼텐셜에 대한 논의가 현대 응집물리학의 핵심으로 떠올랐으므로 이를 독립적인 장으로 분리하였다 (14장).
- 상대론적 양자역학의 장을 대폭 손보았으며 특별히 왜 스핀이 정수이면 교환자(보존)로, 반정수이면 반교환자(페르미온)로 양자화되어야 하는지를 예제를 통해 간단한 계산으로 설명하였다 (10장).
- 초전도체의 논의에 있어 게이지 대칭성은 깨질 수 없다는 엘리쯔 정리와 힉스 메커니즘 사이의 알력을 중재하였다 (19장).
- 위상부도체의 몇 가지 논의를 손보았다(20장).

이상의 여러 논의들은 양자역학을 처음 공부할 때 다루어지는 내용은 아니지만 현대 양자역학의 핵심 토픽이다. 작금의 한국실정에선 양자장론을 상시로 설강하는 학교도 많지 않고 또 수강하는 학생들도 그리 많지 않아 양자역학 시간에 이런 류의 질문을 하는 학생들이 있어 왔다. 따라서 상기한 논의들을 비교적 초보적인 교재에 실을 가치가 있는 것으로 판단하였다. 모쪼록 저자의 작은 즐거움을 독자들이 함께 누려 준다면 이 또한 큰 기쁨이 될 것이다.

차례

제II부 양자물리학의 정식화 53

제 I 부 양자물리학의 기본 개념

제1장

양자물리 개념의 전개과정

*20*세기 초, 물리학의 혁명을 이끈 상대론과 양자역학은 모두 빛의 성질에 대한 논란으로부터 시작되었다. 이 시기에 빛은 그야말로 인간의 자연에 관한 깨달음에 빛을 던져준 셈이다. 이 장에선 아인슈타인의 빛의 입자성에 영감을 받아 제기된 드브로이의 입자의 파동성을 정식화하여 슈뢰딩거가 파동역학에 도달한 과정을 복습함으로써 양자물리의 개념적 진화과정을 보이고자 한다.

1.1 빛의 입자성

19세기 말의 물리학자들은 두 가지의 완벽한 물리학을 가지고 있다고 생각했다. 그것은 뉴턴의 역학과 당시 맥스웰에 의해 막 집대성된 전자기학이었다. 그러나 그것도 잠시였고 곧 물리학자들은 맥스웰 이론이 주는 두 가지 어려움에 직면했다. 하나는 빛의 전파에 관한 마이켈슨 몰리의 실험이었고 다른 하나는 빛의 복사에 관한 레일리의 넘보라파국이었다. 이 두 가지 어려움으로부터 결국 2개의 새로운 물리학이 탄생하였는데 바로 특수상대론과 양자론이다. 빛의 전파에 관한 문제는 시간과 공간의 개념에 대한 수정을 가져온 특수상대성 이론을 낳았고 빛의 복사 문제 또한 물질의 존재 양상에 관한 인간의 이해를 바꾸는 심원한 문제임이 드러났으며 이로부터 양자역학이 탄생했다.

1.1.1 빛의 본질에 대한 논의의 짧은 역사

크리스찬 하위헌스(Huygens)는 빛을 파동으로 보고 파동의 전파 기전을 제시하여 반사와 굴절을 설명하였다. 로버트 훅(Hook)도 빛이 교차할 때 산란현상이 없다는 것에 착안하여 파동성을 주장했다. 빛의 매질을 에테르라 명명한 것도 하위헌스였다. 그러나 빛의 반사와 직진성으로부터 뉴턴은 빛이 입자라 했는데 뉴턴의 권위에 의해 그의 사후 약 50년까지도 입자설이 유행했다. 그 후 토마스 영(1801)이 빛의 간섭성을 실증해 입자설을 뒤집을 발판을 마련하였고, 프레넬은 회절에 의해 동전 그림자의 가운데에 밝은 점이 생길 수 있다는 것을 수학적으로 증명하고 실제 실험으로도 보여줌으로써 이 논란에 종지부를 찍었다(1817). 맥스웰은 빛이 만족시키는 파동의 방정식을 제공하고, 빛이란 일정한 파장의 밴드에 있는 전자기파라는 것을 천명함으로써 빛의 파동이론을 완성했다.[1] 결국 빛의 입자설은 뉴턴이라는 거인에 의해 야기된 일시적 혼란에 불과한 것으로 정리되는 듯했다.

1.1.2 흑체복사

그런데 프네넬 이후 80년, 물리학자들은 빛의 본질에 대해 다시 혼돈의 상태에 빠지게 되었는데 그것은 빛의 복사(radiation)에 관한 논란 때문이었다. 온도를 갖는 물체는 복사를 한다. 예를 들어 태양 빛은 복사를 통해 우리에게 도달한다. 우리 주위에 있는 물체는 그 온도가 낮아 가시광선 영역밖의 전자파를 내므로 복사파가 보이지 않을 뿐이다. 실재하는 물질의 복사이론은 복잡하므로 물리학자들은 입사된 빛이 모두 흡수되는 이상적인 물체를 생각하고 이를 흑체라 불렀다. 그리고 그 이상적인 물체가 내는 복사파를 공부하는 것이 흑체복사 이론이다. 흑체가 내는 스펙트럼을 진동수별로 갈라서 보면 아주 높은 진동수나 아주 낮은 진동수의 빛은 그림 1.1과 같이 흑체가 내는 빛의 세기에 별 기여를 못한다. 태양이 노란색으로 보이는 것은 그 파장에서 가장 강한 세기의 복사파가 나오기 때문이다.

문제를 야기한 것은 유명한 등분배원리라는 정리이다. 그 내용은 온도가 T 인 평형상태에 도달한 물질계 원자의 평균 운동에너지는 자유도당 $\frac{1}{2}k_BT$ 로, 원자/분자의 질량과 관계없이 모두 일정하다는 것이다. 여기서 k_B 는 볼츠만 상수 (1.38×10^{-23} J/K) 이다. 이는 분자 운동론이 유도해 내는 첫 번째의 결론인데 질량과 속도가 클수록 큰 에너지를 가지지만 ($E = \frac{1}{2}mv^2$)

---

[1] 이 책에선 모든 전자기파를 그냥 빛이라 부르고 눈으로 볼 수 있는 보통 의미의 빛은 가시광선이라 부르도록 하자.

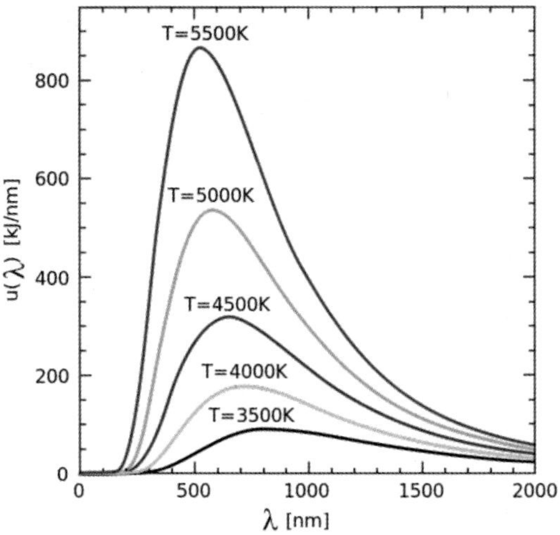

그림 1.1: 흑체복사의 실험 스펙트럼.

무거운 원자는 느리기 때문에 ($v \sim \sqrt{k_BT/m}$) 평균운동에너지는 질량에 무관하고 온도에만 관계된다는 것이다. 이 정리의 증명은 조금 후에 하기로 하고 여기서는 이 정리가 주는 결과에 대해 논의를 진행하기로 하자.

하나의 파수 벡터 $\mathbf{k}$에는 하나의 파동상태가 대응하는데, 등분배원리가 이야기하는 것은 모든 파동상태가 파수의 크기와 관계없이 공히 k_BT 만큼의 에너지를 갖는다는 것이다. 따라서 주어진 온도에서 흑체의 복사 에너지는 파동상태(mode)의 개수에만 비례한다. 하나의 파수엔 하나의 파동상태가 대응되므로 파동의 총 개수는 파수공간의 부피에 비례한다. 이 공간의 부피는 제한이 없으니 무한 개의 상태가 존재할 수밖에 없다. 그러므로 복사에너지는 온도가 0이 아니면 무한대일 수밖에 없다는, 논리적으론 엄밀하지만 물리적으론 황당한 결론에 도달한다. 이러한 고전물리의 결론을 넘보라파국(ultraviolet catastrophe)이라 한다. 이름의 연유는 이 무한대가 큰 진동수를 가진 파들의 기여에서 오기 때문이다.

레일리-진즈의 정리와 넘보라파국

모순을 이야기하는 데는 위의 논리로 족하다. 그러나 이론의 전개 과정을 보기 위해서 좀 더 세밀히 살펴보자. 파동방정식의 해 중에서 진행파는

$$\mathbf{B} = \mathbf{B}_0 \exp[i(\mathbf{k} \cdot \mathbf{x} - \omega t)] \tag{1.1}$$

의 실수 성분으로 주어진다.[2] 여기서 진동수를 ν라 하면 ω는 진동수ν와 $\omega = 2\pi\nu$의 관계에 있는 각진동수이다. 파동방정식은 각진동수 ω와 파수 벡터 $\mathbf{k}$가 다음과 같이 연결되어 있을 것을 요구한다.

$$\omega = c|\mathbf{k}| \tag{1.2}$$

편의상 파동에 x, y, z 방향으로 주기가 L_1, L_2, L_3, 인 주기함수라는 경계조건을 주면

$$\exp[ik_j L_j] = 1, j = 1, 2, 3 \tag{1.3}$$

따라서 파수 벡터는

$$\mathbf{k} = \left(\frac{2\pi n_1}{L_1}, \frac{2\pi n_2}{L_2}, \frac{2\pi n_3}{L_3} \right) \tag{1.4}$$

와 같이 n_1, n_2, n_3 세 정수에 의해 주어지므로 상태의 수를 셀 수 있게 되고 상태의 수 N은 다음과 같다.

$$N = 2 \sum_{n_1, n_2, n_3} \simeq 2 \int d^3\mathbf{n} = 2\frac{L_1 L_2 L_3}{(2\pi)^3} \int d^3\mathbf{k} = \frac{2V}{c^3} \int 4\pi\nu^2 d\nu \tag{1.5}$$

맨 앞에 인수 2가 붙는 이유는 주어진 파수 벡터를 갖는 빛의 상태가 2개가 있기 때문이다. 이 두 상태는 진행방향에 수직한 2개의 편광이다. 이 논의로부터 진동수 ν에서 $\nu + d\nu$를 갖는 단위 부피당 빛 상태의 개수 dN/V를 $nd\nu$라 쓰면

$$nd\nu = \frac{8\pi\nu^2}{c^3} d\nu \tag{1.6}$$

하나의 빛 상태는 $k_B T$의 에너지를 가지므로 주어진 진동수를 갖는 단위 부피당의 에너지를 $u(\nu)$라 할 때

$$u(\nu)n(\nu)d\nu = k_B T \frac{8\pi\nu^2}{c^3} d\nu \tag{1.7}$$

이 결과를 레일리-진즈의 정리라 한다. 이에 따르면 높은 진동수에서 에너지밀도는 진동수 제곱에 비례하여 발산하게 된다. 이것이 넘보라파국의 정량적 진술이다. 그러나 실험에선 그림 1.1에서 보이듯 높은 진동수에서 빛의 세기는 0으로 가니 레일리-진즈 정리는 높은 진동수에서 사실과 한참 어긋난다.

---

[2] 파동이나 양자역학을 이해하려면 되도록 빨리 복소수와 친해져야 한다.

1.1.3 플랑크의 발견

이러한 이론과 실제 사이의 드라마틱한 괴리는 19세기 말의 물리학자들을 괴롭히기에 충분했다. 1900년, 20세기의 벽두에 막스 플랑크는 당시까지 알려져 있던 복사에 대한 정보를 종합하여 다음과 같은 사실이 알려져 있음에 주목했다. 하나는 레일리-진즈의 결과 식 (1.7)이 높은 진동수에는 문제가 있지만 낮은 진동수에선 실험과 잘 맞는다는 것이고, 다른 하나는 당시 비인(Wien)에 의해 주어졌던 높은 진동수에서의 결과가 그 추론은 불분명하나 실험과는 잘 맞는다는 것이다. 비인의 결과는 볼츠만의 열역학적 결과에 의존하여 레일리-진즈의 등분배량 k_BT를 $h\nu e^{-h\nu/kT}$ 로 바꾸면

$$u(\nu)n(\nu)d\nu = h\nu e^{-h\nu/kT}\frac{8\pi\nu^2}{c^3}d\nu \tag{1.8}$$

이 되는데, 이는 높은 진동수에서의 실험 결과를 잘 설명한다.

플랑크는 레일리-진즈의 낮은 진동수에서의 공식 (1.7)과 비인의 높은 진동수에서의 공식 (1.8)을 이어주는 결과를 바로 찾아냈고 그 결과는 다음과 같다.

$$u(\nu)n(\nu)d\nu = \frac{h\nu}{e^{h\nu/kT}-1}\frac{8\pi\nu^2}{c^3}d\nu \tag{1.9}$$

플랑크는 이 결과가 기술적으로 어떻게 유도될 수 있을까를 궁리한 끝에 빛에너지의 양자화라는 당시로선 생소한 개념에 도달했다. 그의 추론을 따라가 보자. 고전 전자기학에서는 빛을 각개 파수마다 주어진, 파동진폭 A_k을 변수 x로 하는 진동자들의 집합으로 생각한다. 각 진동자의 에너지

$$E = \frac{1}{2}p^2 + \frac{1}{2}\omega^2x^2 \tag{1.10}$$

를 볼츠만 확률분포 e^{-E/k_BT}에 따라 평균을 내면 파수나 진동수에 관계없이 k_BT라는 것이 등분배정리이다. 즉,

$$\int dpdxE(x,p)e^{-E(x,p)/k_BT}/Z = k_BT \tag{1.11}$$

여기서 $Z = \int dpdxe^{-E(x,p)/k_BT}$이다. 이렇게 적분을 하면 실험에서 확인되는 결과 (1.9) 대신 등분배정리가 얻어진다.

플랑크의 발견은 에너지 E가 고전적인 진동자처럼 연속적인 값이 아니라 기본량 $h\nu$의 정수배인 $E_n(\nu) = nh\nu$의 값만을 가진다고 가정하면, 에너지의 볼츠만 평균이 그가 찾은 공식을 준다는 것이다. 왜냐하면 평균에너지를 구하는 과정은 x, p들에 대한 적분을 하는

대신 n에 대한 합을 구하는 문제로 바뀌어 평균에너지

$$u(\nu) = \sum_{n=0}^{\infty} E_n e^{-E_n/k_B T}/Z, \quad Z = \sum_{n=0}^{\infty} e^{-E_n/k_B T} \tag{1.12}$$

는 놀랍게도 그가 찾은 식 (1.9)과 같다.

오늘날에 와서 플랑크의 과정은 옳은 답을 준다는 점 외엔 그리 만족스럽지 않다. 왜냐하면 광자는 볼츠만 분포를 따르지 않기 때문이다. 또 모든 n에 대해 가중치 없는 합을 시행한 것도 그리 만족스럽지 않다. 후대의 물리학자들이 제대로 된 양자역학을 통해 이 결과를 유도하기까지는 플랑크 이후 25년 이상의 시간이 지나야 했다.

예제 1.1 위 식 (1.12)의 우변을 계산하여 플랑크 분포 (1.9)를 유도하라.

답) $x = h\nu/k_B T$라 두면

$$\frac{u}{h\nu} = \frac{\sum_n ne^{-nx}}{\sum_n e^{-nx}} = -\frac{d}{dx}\ln(\sum_{n=0} e^{-nx}) = \frac{1}{e^x - 1} \tag{1.13}$$

문제 1.1 등분배원리의 증명

식 (1.11)의 좌변을 계산함으로써 등분배원리를 진동자의 경우에 대해 증명하라.

힌트: $\int_{-\infty}^{\infty} dxe^{-\alpha x^2} = \sqrt{\pi/\alpha}$ 임을 사용하고 양변을 α로 미분해 보라.

예제 1.2 빈의 변위공식

1. 플랑크 분포로부터 빛의 세기가 최대되는 파장을 구하라.

2. 이 공식에서 얻은 파장으로부터 얻은 $\nu_0 = \lambda_{max}$는 진동수 분포곡선에서 최댓값을 주지 않는다. 그 이유를 설명하고 옳은 답을 구해 보라.

답) 1. 빛의 세기는 빛의 에너지밀도 u에 비례한다. $u(\nu)d\nu = u(\lambda)(c/\lambda^2)d\lambda$로부터

$$\frac{8\pi\nu^2}{c^3}u(\nu)d\nu = 8\pi hc\Big(\frac{k_B T}{hc}\Big)^5 d\lambda f(x), \quad f(x) = \frac{x^5}{e^x - 1} \tag{1.14}$$

여기서 $x = hc/(\lambda k_B T)$이고 $f'(x) = 0$, 즉 $x = 5(1-e^{-x})$의 해는 $x \approx 4.965$. 이로부터

$$\lambda_{max}T = 2.9mmK \tag{1.15}$$

2. $u(\nu)\nu^2 d\nu$가 최대 될 때의 진동수를 구해야 하는 것이 포인트이다. 이는 $g(x) =$

$\frac{x^3}{e^x-1}$ 이 최대 될 때이니 $x \approx 2.82 = h\nu/k_B T$. 즉 $\nu_{max}/T = 5.88 \times 10^{10}/sec.K$.
주의: $\nu_{max} \neq c/\lambda_{max}$.

1.1.4 아인슈타인의 광자

플랑크는 기술적 분석을 통해 빛의 에너지가 단위 에너지 $h\nu$의 정수배만이 허용된다고 가정하면 흑체복사의 모든 신비가 풀린다는 사실을 발견하고 이 사실이 물리역사를 뒤바꿀 중대한 발견이라는 것을 알아 차렸으나, 이 가정의 본질이 빛의 입자성을 의미한다는 것을 깨닫지는 못했다. 아인슈타인에게 있어 플랑크의 결과는 단연코 빛이 알갱의 집합이라는 것을 의미했다. 빛이 알갱들의 집합이고 빛 알갱이 하나의 에너지가 진동수에 비례한다고 하면 빛의 에너지가 그 값의 정수배가 되는 것은 너무나도 자연스럽기 때문이다. 당시 플랑크는 이미 나이가 40이 넘었고 이미 몇 백 년의 논쟁 끝에 안착된 빛의 파동설을 다시 뒤집을 엄두를 내기엔, 너무 많이 알고 있었던 것 같다.

때마침 그때, 빛이 금속을 때렸을 때 나오는 전자의 에너지를 해석하는 데 물리학계가 큰 어려움을 겪고 있었는데 아인슈타인은 이 문제에 광자의 아이디어를 적용했다. 광전효과라 불리는 이 현상은 다음과 같다. 빛을 금속에 쪼일 때 금속에서 나오는 전자의 에너지는 쪼이는 빛의 진동수에 비례했고 빛의 세기와는 관계가 없었다. 빛의 세기를 증가시키면 전자 개개의 에너지가 올라가는 것이 아니라 나오는 전자의 개수가 증가할 뿐이었다. 그런데 고전이론에 의하면 두 가지 모두 이상한 일이었다. 전자는 빛의 에너지를 받아서 나오는 것인데 고전이론에 의하면 빛의 에너지는 진동수와 무관하고 빛의 세기에만 비례했기 때문이다.[3] 작은 에너지를 주어도 빛의 진동수가 높으면 전자의 에너지가 높고, 큰 에너지를 가진 빛으로 금속을 때렸는데 각 전자의 에너지는 그대로라는 것은 정말 이상한 일이었다. 그런데 아인슈타인의 아이디어대로 빛을 광자의 집합이라 생각하면 모든 것이 자명했다. 빛의 세기란 광자의 개수에 불과하고 하나의 전자를 때리는 것은 광자 하나이기 때문이다. 한 광자의 에너지가

$$E = h\nu \tag{1.16}$$

---

[3] 역학적 파동의 에너지는 진동수의 제곱에 비례하는 반면빛의 에너지가 진동수에 무관한 것은 빛 파동의 고유한 현상이다. 역학적 파동의 에너지는 속도 제곱 즉, 그 파동진폭의 시간미분의 제곱에 비례하나 빛의 에너지는 전장이나 자장의 진폭 제곱에 비례하며 그들의 시간미분의 제곱을 포함하지 않는다.

로서 진동수에 의존한다면 이와 산란한 전자의 에너지가 여기에 비례하는 것은 당연했고, 여러 개의 광자가 들어와 하나의 전자를 때리는 것은 확률적으로 미미한 일이니 빛의 세기와 전자의 에너지는 관계가 있을 수 없다. 많은 사람을 괴롭히던 문제가 광자라는 아이디어 하나로 단숨에 해결되었고 빛의 역사는 한순간에 또다시 뒤집혔다. 빛은 다시 입자가 되었다··· 그리고 아인슈타인은 상대론이 아니라 바로 이 업적으로 노벨상을 받았다.

그러나 빛이 입자라면 빛의 회절과 간섭을 어떻게 설명할 것인가? 그 현상들 때문에 뉴턴의 빛이론을 버렸는데 어떻게 다시 돌아갈 수 있는가? 고민 끝에 물리학자들은 빛의 두 가지 성질을 모두 인정했다. 빛은 진정 파동이고 또 진정 입자라고 말이다. 그러나 파동은 공간의 모든 곳에 존재하는 반면 입자는 공간의 한 점에 존재한다. 파동이면서 동시에 입자라는 것은 모든 곳에 존재하고 동시에 한 점에만 존재한다는 것이니 자체 모순이 아닐 수 없다. 긴 여정 끝에 얻은 답은 빛의 파동성이 광자가 여럿 모여 있을 때의 성질이라는 것이다. 공간의 한점에서의 빛 파동의 세기는 그곳에 있는 광자의 숫자에 비례한다는 것이다. 이는 나중에 막스 보른에 의한 전자파동함수의 확률해석의 근간이 된다. 즉 빛의 경우에 있어 양자역학과 고전파동을 구분하는 것은 단순히 광자의 개수이다.

1.1.5 콤프톤 산란

빛의 입자성에 대한 결정적 증거는 1923년 물질에 대한 X-선 연구에서 나왔다. 빛을 물질에 쪼이면 원자 주위의 전자와 상호작용하여 산란한다. 낮은 진동수의 경우 입사파와 산란된 파의 파장은 같은 듯이 보였으나 높은 에너지의 빛을 쏘아주니 산란파의 파장이 입사파의 파장보다 길다는 것이 관찰된 것이다. 고전 전자기학의 산란메커니즘은 이러한 변화를 허용하지 않는다. 왜냐하면 고전적으론 빛이 자신의 진동수로 전자를 흔들고, 흔들린 전자 또한 자신과 같은 진동수의 빛을 내보내기 때문이다. 콤프톤은 아인슈타인의 광자개념을 써서 빛을 입자로 생각하고 광자와 전자라는 두 입자의 충돌로 에너지-운동량 보존법칙을 쓰면 산란파의 파장변화 문제가 깨끗하게 풀린다는 것을 보였고, 입사파의 파장(λ)과 산란파의 파장(λ') 사이에 다음의 관계가 성립함을 보였다.

$$\lambda' - \lambda = \frac{h}{mc}(1 - \cos\theta) \tag{1.17}$$

여기서 m은 전자의 질량이며 $\frac{h}{mc} = 2.43 \times 10^{-12} m$는 전자의 콤프톤 질량이라 불린다. 콤프톤 이후 물리학자들은 빛의 입자성에 대해 더 이상 의심하지 않게 되었고 콤프톤은 이 공적으로 1927년의 노벨상을 받았다.

예제 1.3 콤프톤 공식의 증명

위의 공식을 상대론적 4벡터를 써서 증명하라.

답) p_γ, p'_γ 을 충돌 전후의 빛의 4벡터 운동량, p_e, p'_e 을 전자의 4벡터 운동량이라 하자. 그러면 충돌평면에서 고려하고 충돌 전 전자의 속도가 0이었다고 했을 때

$$p_e = (mc, \mathbf{0}),\ p'_e = (E/c, \mathbf{p}'_e),\ p_\gamma = h\nu/c(1, \hat{x}), p'_\gamma = h\nu'/c(1, \hat{n}),\ \hat{n}\cdot\hat{x} = \cos\theta \quad (1.18)$$

등으로 주어진다. 그러면

$$p_\gamma + p_e = p'_e + p'_\gamma \quad (1.19)$$

의 양변의 4벡터 내적을 취하고 $p^2 = p\cdot p = \mathbf{p}^2 - (E/c)^2 = -m^2$ 를 쓰면

$$(p_\gamma + p_e - p'_\gamma)^2 = p'^2_e = -m^2c^2 \quad (1.20)$$

위 식을 전개하고 광자의 질량은 0이므로 $p^2_\gamma = 0 = p'^2_\gamma$ 임을 쓰면

$$-m_e^2 + 2p_\gamma\cdot p_e - 2p_\gamma\cdot p'_\gamma - 2p_e\cdot p'_\gamma = -m^2 \quad (1.21)$$

$$-h\nu mc^2 + h\nu h\nu'(1-\cos\theta) + h\nu mc^2 = 0 \quad (1.22)$$

양변을 $mch\nu\nu'$ 로 나누고 $\lambda = c/\nu$ 를 써서 정리하면 바로 콤프톤의 공식이다.

1.2 원자의 구조와 고전양자론

위에서 양자론의 아이디어가 어떻게 시작되었는지, 빛의 입자성의 발견을 통해 살펴보았다. 여기서는 전자와 핵의 발견에서 시작하여, 슈뢰딩거 방정식 이전의 원자 이론인 고전양자이론이 어떻게 전개되었는지를 수소 원자 구조에 관한 보어의 고찰을 통해 살펴보겠다.

1.2.1 전자와 핵의 발견

원자 구조와 관련된 최초의 발견은 1897년 조셉 톰슨에 의한 전자의 발견이었다. 그는 음극선을 이루는 물질의 질량/전하 비를 측정함으로써 그 물질이 수소 원자보다 1000배 정도 작다는 것을 발견했고, 이로부터 그 물질이 원자로부터 왔지만 그보다는 매우 작은 것임을

밝혔다. 이것이 오늘날 전자라 불리는 입자이다. 그는 원자가 케이크에 박힌 건포도처럼 물렁한 양전하 배경에 떠 있는 전자 구슬로 되어 있다고 생각했다. 오늘날 측정된 바에 의하면 전자는 수소이온보다 1840배 가볍다.

톰슨의 학생이었던 어니스트 러더퍼드는 행성모형이라고 불리는 원자모델을 완성하여 물리학사에 위대한 업적을 남겼는데, 1908년 그의 노벨화학상 수상은 행성모형의 업적과는 관계없었다. 그는 1902년 F. 소디와 함께 방사능의 발생과 소멸은 분자들의 변화 때문이 아니라 원자 자체의 변화에 기인하는 것이라는 이론을 폈고 이는 원소의 안정성에 관한 기존의 물질관을 뒤흔드는 것이었다. 또 방사성 붕괴 시에 나오는 알파입자가 사실은 헬륨의 원자핵이라는 사실을 밝혔는데 이 두 가지로 말미암아 노벨화학상을 받은 것이다. 다음 해에 그는 제자인 마르스덴과 가이거 등에게 알파입자를 원자들에 쏘는 충돌실험을 실행케 했는데 금을 펴서 아주 얇은 금박을 만든 다음 방사성 원소에서 나오는 알파입자를 그곳으로 발사시킨 것이다. 거의 대부분의 알파입자들은 금박을 통과하였지만 일부는 튕겨져나왔다. 톰슨 모델에 의하면 원자는 건포도(전자)가 박힌 케이크이므로, 건포도보다 8000배나 무거운 알파입자들이 튕겨져나오는 것은 전혀 예상치 못한 결과였다. 이에 알파입자들을 튕겨내는 것의 정체를 추적하던 러더퍼드는 마침내 원자 질량이 케이크처럼 고르게 퍼져있는 것이 아니라, 대부분의 질량이 작은 입자에 몰려있다는 결론에 도달했다. 이로써 오늘날 원자핵이라 부르는 존재가 발견된 것이다. 러더퍼드는 작고 무거운 원자핵 주위에 전자들이 행성처럼 떠돌아가는 원자의 행성모델을 제안했다. 그는 이 산란을 다룬 러더퍼드 공식을 유도했는데 가이거와 마르스덴의 실험 결과와 높은 정밀도로 일치했다. 그는 중성자의 존재를 예측하였는데 이는 제자인 채드윅에 의해 발견되었다. 양자역학의 아버지라 할 수 있는 닐스 보어도 그의 학생이었으며 그가 책임자로 있던 시절에 캐번디시 연구소의 '웬만한' 사람들은 다 노벨상을 받았으니, 당시의 캐번디시 연구소가 노벨상 사단이라 불렸던 것도 무리가 아니었다.

1.2.2 보어모형: 고전 양자이론

러더퍼드의 학생이었던 보어는 1913년 행성모형에 양자화된 궤도를 도입하여 원자가 내는 빛의 스펙트럼을 기술하는 뤼드베리 실험식을 설명하였다. 1911년에 제안된 행성모형엔 큰 문제가 있었는데 바로 원자의 안정성 문제였다. 갇힌 궤도를 갖는 전자는 가속운동을 하므로 전자기 복사로 인해 대략 1000조분의 1초 안에 에너지를 잃고 핵에 떨어지게 된다. 즉, 원자는 존재할 수 없다. 이러한 문제로 인해 보어는 다음과 같은 가정을 하게 된다.

1. 전자와 원자핵과의 전기적인 인력으로 전자는 원자핵 주위를 원운동한다.

2. 각운동량이 양자화된, 즉 $L = n\hbar$를 만족하는, 특정한 궤도를 도는 전자들만이 전자기 복사를 방출하지 않으며 안정적으로 공전한다.

3. 전자가 한 궤도에서 다른 궤도로 전이하면, 두 궤도의 에너지 차에 대응하는 전자기파를 흡수하거나 방출할 수 있다. 이때 복사파의 진동수는 $E_2 - E_1 = h\nu$로 주어진다.

예제 1.4 원자의 에너지 준위

보어의 세 가정으로부터 n번째 궤도의 궤도반경, 그 궤도에서의 속도 ㅗ및 에너지값을 구하라.

답) 구심력=정전기력, $mvr = n\hbar$, $E = \frac{1}{2}mv^2 - \frac{e_*^2}{r}$로부터

$$r_n = r_B n^2, \quad v_n = \alpha c/n, \quad E_n = -\frac{1}{2}\frac{me_*^4}{\hbar^2} = -\frac{1}{2}\frac{mc^2\alpha^2}{n^2} = -13.6eV/n^2 \qquad (1.23)$$

여기서 $e_*^2 = e^2/4\pi\epsilon_0, \alpha = e_*^2/\hbar c \simeq 1/137$는 미세구조상수, $r_B = \frac{\hbar^2}{me_*^2} = \frac{\hbar}{mc\alpha} = 0.53$는 보어반경. 이러한 결과들로부터 보어는 당시에 알려진 원자에서 나오는 분광학적 실험결과를 기술하는 뤼드베리의 공식

$$1/\lambda = R(1/n_f^2 - 1/n_i^2) \qquad (1.24)$$

를 설명할 수 있었다. 여기서 $R = E_1/hc = 1.1 \times 10^7/m$는 뤼드베리 상수이다.

1.2.3 대응원리: 에너지 준위와 궤도

양자론이 발전하던 시기의 물리학은 혼돈 그 자체였다. 뉴턴과 맥스웰의 고전 물리학이 새로운 원자세계엔 그대로 적용되지 않았기 때문이다. 보어가 새 이론을 만드는 길잡이로 채택한 것은 소위 "대응원리"였는데 이는 양자수가 클 때는 새로운 양자이론이 고전이론으로 환원된다는 것이었다. 이는 물리계가 점점 거시계에 가까워짐에 따라 그가 찾는 새로운 물리학은 이미 알고 있는 고전물리학으로 회귀해야 함을 의미했다. 이는 상대론에서 입자의 운동량이 질량보다 작을 때 입자의 동역학은 고전역학으로 환원되어야 하는 것과 같다. 이렇게 새 이론이 기존이론과 일치되는 극한을 아는 것은 새로운 이론 건설현장의 나침반이 된다. 보어가 어떻게 각운동량의 양자화에 이르렀는가를 보면 이 원리의 진가를 알수 있다.

예제 1.5

a) 고전적 행성모형에서 $\frac{dE}{dL} = \omega$ 임을 증명하라. 단 ω는 궤도 각진동수이며 원운동에선 v/r과 같다.

b) 보어의 세 번째 공리와 대응원리를 써서 각진동수의 양자화를 설명하라.

답) a) $L = mvr, mv^2/r = e_*^2/r^2$ 에서 r, v를 L로 표시하고 이로써 E를 L로 표시하고 양변을 L로 미분하라. 또 $\omega = v/r$을 L로 표시하라.

b) 이웃한 궤도 사이의 물리량 X의 차이를 ΔX라 표시하자. 그러면 a)에서 $\Delta E = \omega\Delta L$인데, 세 번째 공리에 따르면 준위간의 에너지차는 광자의 각진동수 ω'에 해당하니 $\Delta E = \hbar\omega'$. 따라서 $\hbar\omega' = \omega\Delta L$. 이제 대응원리에 따르면 큰 양자수에 대해서는 고전이론인 맥스웰 이론을 따라야 하므로 이때 전자기파의 각진동수와 전자의 궤도 각진동수는 같아야 한다. 즉 $\omega = \omega'$. 따라서 $\Delta L = \hbar$. 바로 이웃한 궤도의 각운동량의 차이가 궤도에 관계없이 $\hbar$이니 N번째 궤도와 $N + n$번째 궤도의 각운동량 차이는 $l = n\hbar$.

1.3 전자의 파동성

1.3.1 드브로이 물질파

파동이라 믿었던 빛의 입자성이 확인되자 프랑스의 드브로이는 입자라 믿었던 전자도 파동성을 가지고 있다고 주장했다 (1924). 파동이라면 파장이 있어야 하는데 전자의 운동량을 p라 했을 때 파장은 다음과 같다고 제안했다.

$$\lambda = \frac{h}{p} \tag{1.25}$$

사실 이는 아인슈타인이 광자에 대해 썼던 것을 뒤집은 것이다. 즉, 빛에 대해선 $E = h\nu = \hbar\omega$와 $E = pc$가 성립하니

$$p = \frac{h\nu}{c} = \frac{h}{\lambda} = \hbar k \tag{1.26}$$

이 식은 파동의 성질인 파장이나 파수로부터 입자의 성질인 운동량을 구하는 식이다. 드브로이는 이 식을 뒤집어 식 (1.25)과 같이 쓰고 질량이 있는 입자에도 이 관계가 성립한다고 제안한 것이다.

물질파의 검증: 전자의 회절

드브로이의 제안은 1927년 데이비슨-거머의 전자의 회절실험으로 검증되었다. 니켈 표면에 전자선을 쏘았더니 전자도 X-선처럼 회절무늬를 만든 것이다. 이로써 물질파와 물질의 이중성이 증명되었고 드브로이는 이 공로로 1929년의 노벨상을 받았다. 데이비슨도 1937년 노벨상을 받았다.

1.3.2 물질파의 회절과 불확정성 원리

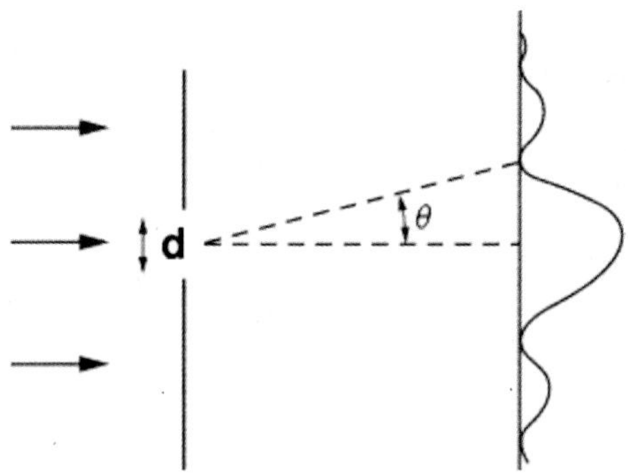

그림 1.2: 물질파의 회절과 불확정성 원리: 측정장치가 구멍의 크기를 유한하게 하면 물질파의 회절은 입자 운동량의 불확정성으로 해석된다.

물질파의 파동성은 회절성이 있다는 것을 의미한다. x-축 방향으로 전진하는 입자의 경로를 막아 직경이 d인 구멍을 설치한다. 구멍의 크기는 여기서의 위치의 불확실성으로 해석되므로

$$\Delta y = d \tag{1.27}$$

구멍이 있는 곳에서의 운동량의 불확실성은 어떻게 측정되는가? 구멍을 통과한 물질파 파동은 오른쪽 벽 수직으로 설치한 화면에 회절무늬를 만들 것이며 회절이론에 의하면 그 첫 번째 극소는

$$d \sin\theta = \lambda \tag{1.28}$$

인 각 θ에서 생긴다. 입자의 관점에서 보면 이 주극대 무늬의 어딘가에 도달한 것이니 '스크린에서의 위치의 불확실성은 구멍에서의 운동량의 불확실성'으로 해석되는 것이다. 따라서 구멍위치에서의 운동량의 불확실성은 다음과 같다.

$$\Delta p_y = p \tan\theta \approx p\theta \tag{1.29}$$

여기서 θ는 충분히 작으므로 $\sin\theta = \tan\theta \approx \theta$ 임을 썼다.

식 (1.28)과 드브로이 관계식 $\lambda = h/p$에 따르면 $d \approx \frac{h}{p\theta} = \frac{h}{\Delta p_y}$ 이다. 따라서

$$\Delta p_y \Delta y \approx h \tag{1.30}$$

여기에 부등호가 개입되어야 하는 것은 구멍에서의 운동량의 불확정성 즉, 스크린에서의 위치의 불확정성은 가운데 극대의 크기에 한정되지 않기 때문이다. 이와 같이 물질파의 회절성을 입자의 언어로 해석한 것이 입자의 불확정성 원리이다. 파의 성질로 해석하면 이는 파동 중심의 크기 Δx와 파수의 너비 Δk 사이의 관계 이다. (아래 예제를 보라.)

$$\Delta k \Delta x \geq 1 \tag{1.31}$$

즉 보다 밀집된 형태의 파동을 만들기 위해서는 보다 많은, 다른 파수를 가진, 파동들의 중첩이 필요하다는 의미이다. 이 성질은 파동의 내재적 성질이며 푸리에 해석이라 불리는 파동 분석에선 잘 알려진 사실이다. 원래 이 사실은 파동의 관측과는 아무 관계가 없는 것이나, 여기에 소개된 장치에서 측정 행위가 관련되었다는 것은 분명하다. 왜냐하면 전자빔이 작은 구멍을 통과하도록 강제한 것은 Δy의 측정을 위한 장치였으니, 측정이 없다면 파동이 국소화될 이유가 없다고 할 수 있기 때문이다. 요약하면 측정이 Δy를 한정한 것이 사실이나, 이로부터 Δp_y가 생성된 것은 파동의 성질에 의한 것이지 구멍의 벽이 입자에 운동량을 가한 것이 아니라는 것이다.

예제 1.6 스크린위치에서의 불확정성 원리

위의 예에서 위치와 운동량은 구멍에서의 양들이다. 스크린에서의 위치와 운동량에 대해서도 역시 $\Delta p_y \Delta y \approx h$ 가 성립함을 보여라.

답) 스크린에서의 첫 극대의 크기가 여기서의 위치 불확정성이니 $\Delta y = 2\theta L$. 운동량의 불확정성은 구멍에서 정확히 어느 곳을 통과했는지 모르기 때문에 생긴다. 따라서 $\Delta p_y/p \simeq (d/2)/L$. 따라서 $\Delta y \Delta p_y \sim pd\theta \sim h$.

1.3.3 파동 주머니와 군속도

드브로이 파동개념에 입각한 슈뢰딩거 파동역학을 전개하는데 있어 떠오른 문제 중 하나는 입자의 에너지 운동량 관계식 $E = \frac{p^2}{2m}$ 이 주는 파동의 분산관계

$$\hbar\omega = \frac{(\hbar k)^2}{2m} \tag{1.32}$$

와 파동이 기술하는 입자 속도의 불일치성 문제였다. 이를 자세히 살펴보자. 파동의 속도는 파동진폭이 $f(x - vt)$로 주어질 때의 v를 말한다. 예를 들어 $\omega = ck$라는 분산관계를 갖는 맥스웰 방정식의 해인 단파장해 $e^{ikx-i\omega t}$를 $e^{ik(x-vt)}$로 쓰면 파의 속도는 $v = \omega/k = c$이다. 이는 파의 위상 $\varphi = kx - \omega t$이 불변하는 자취이므로 파의 위상속도라 부른다. 그런데 같은 단파장해를 입자의 경우에 적용하면 (1.32)으로부터

$$v = \omega/k = \frac{\hbar k}{2m} = \frac{p}{2m}$$

으로서 이는 우리가 아는 고전역학적 관계식 $v = p/m$과 일치하지 않는다. 피상적으로는 ω/k 대신 $\frac{d\omega}{dk}$를 속도로 정의하면 옳은 답을 얻는다. 왜 이런 일이 생길까? 고전적으로 입자의 속도란 시간의 함수로 주어진 위치를 미분함으로써 정의된다. 그런데 단파장 해를 입자의 파동으로 해석하면 그 절댓값이 어디서나 1이므로 위치라는 것이 정의되지 않는다. 위치가 정의되지 않으면 속도라는 것도 정의될 수 없으니 파동이 입자의 속도를 기술할 수 있기 위해서는 먼저 위치라는 것을 가져야 하는 것이 아닐까? 적어도 이것이 초기 양자역학이 만들어지는 당시의 물리학자들의 생각이었다. 따라서 파동으로 입자를 기술하기 위한 가장 가까운 해법은 여러 개의 파동을 모아 너비가 σ인 주머니 모양의 파를 만들고, 이것이 위치의 불확정이 σ인 입자를 기술한다고 생각하자는 것이 파동 주머니 아이디어이다. 이제 이 파동 주머니가 단파장 e^{ikx}들이 어떤 가중치 $G(k)$를 가지고 모여서 생성된 것이라 하면

$$\psi(x) = \int_{-\infty}^{\infty} dk e^{ikx} G(k) \tag{1.33}$$

그런데 이는 다름 아닌 $\psi(x)$의 푸리에 변환이니 $G(k)$는 푸리에 역변환에 의해 주어진다.[4]

$$G(k) = \int_{-\infty}^{\infty} \frac{dx}{2\pi} e^{-ikx} \psi(x) \tag{1.34}$$

파동 주머니로 입자를 묘사할 때 입자의 속도는 주머니가 움직이는 속도로 묘사될 것이다. 이제 $G(k)$는 $k = k_0$를 중심으로 모여있다고 하고 k에 따라 천천히 변화한다고 하자. 이 파동이 시간에 따라 어떻게 변화하는가를 보기 위해 개개의 평면파가 시간 t에서는 $e^{ikx-i\omega(k)t}$의 꼴로 변화한다고 하자. 그러면 시각 t에서의 파동 주머니는 다음과 같이 기술될 것이다.

$$\psi(x,t) = \int_{-\infty}^{\infty} dk e^{ikx-i\omega(k)t} G(k) \tag{1.35}$$

---

[4]저자에 따라서는 변환의 기저를 e^{ikx} 보다 정규화된 $\frac{1}{\sqrt{2\pi}} e^{ikx}$로 잡는 경우가 많다. 이 경우 푸리에 변환과 역변환의 정규화 상수는 모두 $\frac{1}{\sqrt{2\pi}}$로서 같다.

이제 파수의 중심값 k_0 에서의 변화를 나타내는 $k' = k - k_0$ 으로 적분을 다시 쓰자. $k = k_0 + k'$ 이니 $\omega'(k_0) = \frac{d\omega}{dk}\Big|_{k_0}$ 라 하면

$$e^{ikx-i\omega(k)t} = e^{ik_0x-i\omega(k_0)t}e^{ik'x-i\omega'(k_0)(k-k_0)t+\cdots}$$

임을 사용하여

$$\begin{aligned}\psi(x,t) &\simeq e^{ik_0x-i\omega(k_0)t}\int_{-\infty}^{\infty}dk'e^{ik'(x-\omega'(k_0)t)}G(k_0+k') &(1.36)\\ &= e^{-i\omega(k_0)t}\psi(x-\omega'(k_0)t,0). &(1.37)\end{aligned}$$

여기서 $\psi(x,0) = e^{ik_0x}\int_{-\infty}^{\infty}dk'e^{ik'x}G(k_0+k')$ 임을 사용하였다. 이 식은 $\psi(x,t)$의 진폭이

$$v_g = \frac{d\omega}{dk}(k_0) = \frac{\hbar}{m} \tag{1.38}$$

의 속도로 진행하고 있음을 말해주는데 이는 바로 우리가 원하던 속도이다. 이는 여러 개 파동이 모여서 집단적으로 움직일 때의 중심위치의 이동을 나타내므로 이 속도를 군속도라 한다. 즉, 입자를 파동 주머니로 나타낼 때의 입자의 속도를 나타낸다. 그러나 좀 더 생각해 보면 개별 입자가 위치를 가진다는 고전적 직관에 기초한 입자 주머니 개념은 몇 가지 문제점을 가진다.

아래 예제에서 보는 바와 같이 힘을 받지 않는 경우에도 파동 주머니는 시간이 지남에 따라 주머니의 크기가 점점 커지는데 그 이유는 파동 주머니를 구성하는 많은 자유파동은 다른 에너지를 가지고 진화하기 때문이다. 파동중심이 위치를 갖게 하도록 여러 개의 단파장 파동을 모았으나, 각 파동은 다른 파속을 가지고 진행하므로 시간이 지남에 따라 각 파동이 중심의 위치로부터 제각기 다른 곳에 있게 되어 변이가 커지는 것은 당연하다. 또 각각의 단파장 파동은 운동량과 에너지를 가지고 있으니 파동 주머니는 잘 정의된 운동량을 가진 것이 아니라 각개 파동들의 평균적 운동량과 평균적 에너지를 갖는다.[5] 따라서 각개의 입자가 단파장으로 기술되고 파동 주머니는 여러 개 입자로 구성된, 평균속도 v를 갖는 입자계, 즉 '입자 빔'을 기술하고 있다고 생각하는 것이 자연스럽다. 파동 주머니가 기술하는 것은

[5] 이러한 파동의 퍼짐은 퍼텐셜이 없을 때의 슈뢰딩거 방정식과 확산의 방정식의 유사성에서도 이해할 수 있다. 시간이 지남에 따라 입자가 마치 물 안에서 잉크가 번지듯이 진공 안에서 퍼지는 운동을 하는 것으로 상상해 볼 수 있겠다. 이러한 유사성은 파동 주머니가 사실은 여러 개의 입자를 확률적으로 기술하고 있다고 생각하면 한층 더 커진다.

빔의 상태이며 개별 입자의 궤적은 의미가 없다. 여러 입자가 모여야 궤적이 생긴다는 것은 미시와 거시세계 사이의 연결에 많은 시사점을 준다.[6][7]

예제 1.7 파동의 내재적 성질로서의 불확정성 원리

시각 $t = 0$에서 파동 주머니가 가우스 함수로 주어졌다고 하자.

$$\psi(x,0) = Ne^{-\frac{1}{2\sigma^2}x^2} \tag{1.39}$$

이는 너비가 σ인 파동이며 따라서 위치는 $x = 0$ 주변에서 불확정성 $\Delta x = \sigma$를 가지는 입자를 기술한다다고 할 수 있다. 역 푸리에 변환의 적분 (1.34)은 쉽게 계산되며 그 결과는

$$G(k) = \frac{\sigma}{\sqrt{2\pi}}e^{-\frac{\sigma^2}{2}k^2} \tag{1.40}$$

이니 k공간 안에서의 너비 $\Delta k = 1/\sigma$이다. 따라서 본문에서 인용한

$$\Delta x \Delta k = \sigma \cdot \frac{1}{\sigma} = 1 \tag{1.41}$$

임이 이 경우에 대해 증명되었다. 이 파동의 성질은 측정과는 무관하다.

예제 1.8 파동 주머니의 성장

1. $\psi(x,t)$를 구하고 정규화하라.
2. $|\psi(x,t)|^2$를 구하고 의미를 해석하라.

---

[6] 1939년 위그너(E.P. Wigner)는 상대론과 군론을 사용하여, 입자를 '질량, 스핀 그리고 운동량이 잘 정의된 상태'로 정의하였는데 이에 따르면 입자는 운동량이 잘 정의된 상태이므로 위치는 전혀 정의되지 않는 상태이다. [Wigner, E. P. (1939), "On unitary representations of the inhomogeneous Lorentz group", Annals of Mathematics, 40 (1): 149–204, Bibcode:1939AnMat.40.149W, doi:10.2307/1968551, JSTOR 1968551, MR 1503456.]

[7] 여러분은 양자역학이 나온지 100년이 지났으니 모든 것이 바위처럼 단단하게 정립되었다고 생각할지 모르나, 위에서 보듯 빛이란 무엇인가, 입자란 무엇인가 하는 기본개념조차도 흔들려 왔다. 물리학자의 임무는 모든 기존의 개념과 법칙을 의심하고 흔들고 또 확장하는 것임을 잊지 말아야 한다.

답) 힘을 받지 않는다고 가정한다. 식 (1.40)과

$$\psi(x,t) = \int_{-\infty}^{\infty} dk e^{ikx - i\frac{\hbar k^2}{2m}t} G(k) \tag{1.42}$$

로부터 k의 이차식의 완전제곱형의 완성으로

$$\psi(x,t) = \sqrt{\frac{1}{\sqrt{\pi}\sigma(t)}} e^{-\frac{1}{2}x^2/\sigma(t)^2} \tag{1.43}$$

임을 보일 수 있다. 여기서 $\sigma(t) = \sigma\sqrt{1 + \frac{i\hbar t}{m\sigma^2}}$. 따라서 $|\psi(x,t)|^2 = \frac{1}{\sqrt{\pi}|\sigma(t)|} e^{-x^2/|\sigma(t)|^2}$. 이는 위치의 불확정성이 시간에 따라

$$|\sigma(t)| = \sqrt{\sigma^2 + \left(\frac{\hbar t}{m}\right)^2} \tag{1.44}$$

로 커지고 있음을 의미한다.

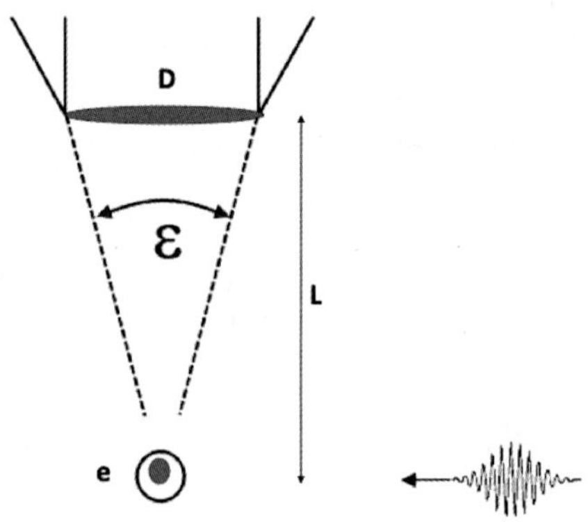

그림 1.3: 하이젠베르크 현미경.

(그림 출처 bio-physics-wiki: Heisenberg Microscope)

1.3.4 하이젠베르크 현미경과 불확정성 원리

초기에 하이젠베르크가 이 원리를 정식화했을 때 그는 전자를 측정하기 위한 장치로 빛을 사용했고 이미 알려져 있던 빛의 회절성을 이용하여 전자의 위치와 운동량 사이의 불확정성을 유도했다. 여기에 그의 논지를 소개한다. 그림 1.3과 같이 아래에서 들어와 전자와 산란하

여 현미경으로 들어온 빛을 관찰하여 전자의 위치와 운동량을 알아내자. 편의상 관찰 전의 전자는 정지해 있다고 하자. 파동광학에서 회절에 의한 상의 크기에는 하한이 있다. 점의 상마저도 점이 될 수 없으며 파장이 λ인 빛과 구경이 D인 렌즈를 사용하여 물체를 관찰할 때, 분리각이 θ_R 이하인 두 물체는 구별할 수 없다. 여기서 θ_R는 다음과 같이 주어진다.

$$\theta_R = 1.22\frac{\lambda}{D} \tag{1.45}$$

따라서 대물렌즈와 전자가 있는 평면까지의 거리를 L이라 하고 수평방향을 x방향이라 할 때 빛으로 측정하는 전자의 위치엔 다음과 같은 불확실성이 있다.

$$\Delta x \gtrsim L\theta_R \tag{1.46}$$

빛에 의해 충돌된 전자는 x-방향의 운동량을 갖게 되고 운동량 보존을 위해 다음이 성립한다.

$$p_x^e + p_x^\gamma = 0. \tag{1.47}$$

충돌이 너무 크면 전자와 충돌한 빛이 대물렌즈 안으로 들어올 수 없으므로, ε를 렌즈 구경과 측정되는 전자가 만드는 벌림각이라 하면, 전자의 x방향 운동량의 불확정성은

$$\Delta p_x^e = \Delta p_x^\gamma \sim p^\gamma \varepsilon \sim p^\gamma \frac{D}{L} \tag{1.48}$$

여기서 ε은 위에 언급된 분해각 θ_R과는 다르니 혼동없기 바란다. 이제 전자의 위치와 운동량의 불확정성의 곱은

$$\Delta x \Delta p_x \sim L\frac{\lambda_\gamma}{D} \cdot p_\gamma \frac{D}{L} \approx \lambda_\gamma p_\gamma = \hbar \tag{1.49}$$

여기서 중요한 것은 구체적 물리 환경에 의존하는 상수 L, D 등이 상쇄되어 우변이 보편상수가 된 것이다. 주목할 점은 전자의 불확정성이 측정에 사용된 빛의 파동적 성질로부터 온다고 논의하고 있다는 것이다. 아래 예제를 보라.

예제 1.9 **하이젠베르크의 논의를 비판해 보라.**

답) 하이젠베르크의 위의 논의는 전자 자신의 파동성을 직접 이용하지 않고 매개체인 빛의 성질로부터 유도하였기 때문에, 증명된 사실이 전자의 내재적 성질인지 아니면 측정에 사용된 빛의 성질인지가 불분명하다. 즉 전자의 불확정성 원리가 측정 방법에 관계없는 전자의 성질로서 성립한다는 사실의 증명으로서는 많이 미흡하다는 것이다. 물리학의 역사에서 진실과의 첫 대면이 완전히 옳고 논리적인 형태로 이루어지지는

않는다는 좋은 예이다.

1.4 슈뢰딩거 방정식의 출현

드브로이의 물질파에 영감을 받은 슈뢰딩거는, 그렇다면 물질파를 지배하는 파동방정식은 무엇인가 물었으니, 빛 이론의 역사에서 프레넬에서 맥스웰로의 이동에 비견될 만하다. 그가 어떻게 슈뢰딩거 방정식이라 불리는, 오늘날 양자역학의 기본방정식에 도달했는지 그의 사고의 흐름을 따라가 보자. 그는 평면파와 맥스웰 방정식의 관계로부터 시작했다. 진행파 $E(x,t) = E_0 \exp[i(kx - \omega t)]$ 가 맥스웰 방정식

$$(\partial_t^2 - c^2\partial_x^2)E(x,t) = 0 \tag{1.50}$$

의 해라는 말은 $-\omega^2 + c^2k^2 = 0$과 동치이다. 이 식의 양변에 $\hbar^2$를 곱하고

$$p = \hbar k, \quad E = \hbar\omega \tag{1.51}$$

임을 쓰면

$$E^2 - c^2p^2 = 0 \tag{1.52}$$

이는 빛의 입자, 즉 광자가 갖는 에너지와 운동량 사이의 관계식이다.

이제 역으로 다음과 같은 질문을 하자. 전자의 물질파

$$\psi(x,t) = N \exp[i(kx - \omega t)] \tag{1.53}$$

가 어떤 방정식을 만족시키면 자유입자의 에너지-운동량 관계

$$E = \frac{p^2}{2m} \tag{1.54}$$

를 갖게 될 것인가? 아인슈타인-드브로이 관계식 (1.51)은 그대로 성립한다고 하면 위의 물질파는 다음과 같이 쓸 수 있다.

$$\psi(x,t) = N \exp[\frac{i}{\hbar}(px - Et)] \tag{1.55}$$

ψ에 작용하여 운동량을 주는 미분연산자는 $\frac{\hbar}{i}\frac{\partial}{\partial x}$ 이고 ψ에 작용하여 에너지를 주는 미분연산자는 $i\hbar\frac{\partial}{\partial t}$ 이니 구하려는 방정식은

$$i\hbar\frac{\partial}{\partial t}\psi(x,t) - \frac{1}{2m}\Big(\frac{\hbar}{i}\frac{\partial}{\partial x}\Big)^2\psi(x,t) = 0 \tag{1.56}$$

이다. 이제

$$p_{op} = \frac{\hbar}{i}\frac{\partial}{\partial x}, \quad E_{op} = i\hbar\frac{\partial}{\partial t} \tag{1.57}$$

라 하면 위의 파동방정식은 $(E_{op} - \frac{p_{op}^2}{2m})\psi = 0$ 라고도 쓸 수 있다. 여기까지는 힘을 받지 않는 전자에 관한 것이었으나 전자는 일반적으로 힘을 받고 있다. 힘이 퍼텐셜이 V에 의해 주어졌다면 에너지와 운동량은 다음과 같은 관계로 주어질 것이다.

$$E = \frac{p^2}{2m} + V(x) \tag{1.58}$$

이제 단순한 진행파는 찾는 방정식의 해가 되지도 않는 상황이니 위에서 쓴 논리를 어떻게 확장시켜야 하는지가 관건이다. 새로운 물리학을 하는 방법은 아는 것에서 출발하여 모르는 상황의 새로운 법칙을 가정하되 이는 이미 알고 있는 것을 재생하는 형태여야 한다. 따라서 힘이 매우 미약한 극한 $V \to 0$에서는 위의 방정식으로 돌아와야 하니 생각하기 가장 쉬운 후보는

$$i\hbar\frac{\partial}{\partial t}\psi(x,t) = \left[\frac{1}{2m}\left(\frac{\hbar}{i}\frac{\partial}{\partial x}\right)^2 + V(x)\right]\psi(x,t) \tag{1.59}$$

여기서 $\psi(x,t) = \exp(-iEt/\hbar)\phi(x)$와 같이 하나의 에너지값에 의존하는 단순한 시간 의존성을 가질 때 위의 방정식은

$$E\phi(x) = \left[\frac{1}{2m}\left(\frac{\hbar}{i}\frac{\partial}{\partial x}\right)^2 + V\right]\phi(x) \tag{1.60}$$

로 환원되는데 이를 시간 무관 슈뢰딩거 방정식이라 한다. 삼차원의 문제라면 간단히 p_{op}를 $\mathbf{p}_{op} = -i\hbar\nabla$로 대치하면 된다.

슈뢰딩거는 이 방법을 수소 원자 문제에 적용했고 그 결과는 보어의 원자 모델의 결과와 일치하였다. 이로 인해 파동역학이라는 분야가 열리게 되었으며 슈뢰딩거 방정식을 푸는 작업을 양자역학이라고까지 하게 되었으니 대성공이었다. 이 어마어마한 성공으로 슈뢰딩거는 일약 세계적인 물리학자의 반열에 올랐고 7년 후인 1933년 노벨상을 받았다.

그러나 양자역학을 만든 이 슈뢰딩거도 ψ의 선형성과 해석 즉, 중첩상태와 확률해석에 대해선 회의적이었고 유명한 슈뢰딩거의 고양이 문제를 제출하였다. 이는 3장에서 다루도록 하고 다음 장에서 우리는 간단한 퍼텐셜에 대한 슈뢰딩거 방정식의 해를 구하여 물질의 파동성이 주는 결과들을 접하게 될 것이다.

1.5 확률밀도와 확률흐름

슈뢰딩거가 그의 파동방정식을 수소 원자에 적용하여 보어의 결과를 얻은 이후 그의 방정식은 즉각적으로 전 세계에 받아들여졌고 그는 일약 최고 물리학자의 반열에 올랐다. 그러나 이론의 중추부라 할 수 있는 파동함수의 해석에 대한 문제는 아직 안개 속에 있었다. 그의 파동함수에 대한 해석을 준 것은 막스 보른이었는데 보른은 $|\psi|^2$ 을 위치 x 에서 입자를 발견할 확률로 해석했다. 그의 해석을 뒷받침하는 논증을 소개한다.

1.5.1 슈뢰딩거의 파동방정식

$$i\hbar\frac{\partial}{\partial t}\psi(x,t) = -\frac{\hbar^2}{2m}\psi''(x) + V(x)\psi(x,t) \tag{1.61}$$

의 양변에 $\psi(x)$를 곱하고 얻어진 방정식의 복소수 켤레를 취하여 또 하나의 방정식을 얻는다. 두 방정식을 서로 빼면 좌변은 $i\hbar$와 $\psi^*\psi$ 의 미분의 곱이 되고 우변은 $-\frac{\hbar^2}{2m}(\psi^*\psi''(x) - \psi\psi''(x)^*)$ 이 되며 이는 다시 $\frac{\hbar^2}{2m}(\psi^*\psi'(x) - \psi\psi'(x)^*)'$ 이 된다. 그러므로 얻어진 방정식의 양변을 $i\hbar$로 나누고

$$\rho = |\psi(x)|^2, \quad J = \frac{\hbar}{2mi}\left[\psi^*\psi'(x) - \psi\psi'(x)^*\right] \tag{1.62}$$

라 정의하면 $\partial_t\rho + \partial_x J(x) = 0$를 얻는다. 슈뢰딩거의 방정식과 위의 모든 방정식은 3차원으로 쉽게 확장되어

$$\partial_t\rho + \nabla\cdot\mathbf{J}(\mathbf{x}) = 0 \tag{1.63}$$

가 되는데 이는 다름 아닌 밀도 ρ의 보존방정식이다. 일반적으로 위의 방정식을 만족하는 ρ, J에 대해 $\int\rho(x)$의 시간미분이 0임을 보일 수 있다. 왜냐하면

$$\partial_t\int dx\rho(x,t) = -\int d^3x\nabla\cdot\mathbf{J}(\mathbf{x}) = -\int_{S^2_\infty}\mathbf{J}\cdot\mathbf{n} = 0 \tag{1.64}$$

여기서 S^2_∞ 는 무한대에 있는 구를 말한다.[8] 우리의 경우 $\rho(x)$는 확률밀도가 되며 $\mathbf{J}(\mathbf{x})$는 확률의 흐름이 된다. 위의 방정식은 확률이 보존됨을 말해주며 이는 역으로 $\rho(x)$를 확률밀도로 해석하는 것이 타당함을 말해준다.

---

[8] 1차원에선 들어온 만큼 나간다는 것을 보이면 된다.

문제 1.2 $\psi = Ae^{ikx}$에 대하여 ρ와 J를 계산하고 $J = v\rho$가 성립함을 보여라. 여기서 v는 속도벡터이다.

위에서 슈뢰딩거 방정식은 확률 보존을 내포하고 있음을 알았으나 보다 근본적으로 확률 해석의 필연성을 이해하기 위해서는 미시세계의 정보가 반복된 실험의 결과에서만 온다는 사실을 이해할 필요가 있다. 이는 4장에서 다룰 것이다.

제 2 장

간단한 1차원 계들의 양자역학

여기서는 전자의 파동적 성질에서 비롯된 사실들에 친숙해지기 위해, *1*차원계의 슈뢰딩거의 방정식과 해의 기본적 성질들을 다룬다. 전자의 상태는 크게 보아 두 가지 중의 하나이다. 하나는 원자, 분자 등 공간적으로 일정한 구역에 구속된 상태인데 이때 에너지는 양자화된 띄엄띄엄한 값을 가진다. 다른 하나는 전 공간에서 움직이는 비구속 상태이며, 이때 에너지는 임의의 유한한 연속적인 값을 가질 수 있다. 이런 종류의 상태는 산란의 문제에 나타난다.

2.1 상자에 갇힌 전자

퍼텐셜이 그림 2.1(a)로 주어진 이 모델은 갇힌계를 모방하는 퍼텐셜 중 가장 단순한 형태이고 따라서 모든 구속계의 전범이라 할 수 있다. 퍼텐셜이 상자 안에선 0이고 상자 밖에선 무한대여서 밖에선 확률 파동이 0이다. 1차원의 경우, 시간에 무관한 슈뢰딩거 방정식은 내부에선

$$\frac{-\hbar^2}{2m}\frac{d^2}{dx^2}\phi = E\phi \tag{2.1}$$

이고 경계치 조건은 상자의 길이를 L이라 하면 $\phi(0) = \phi(L) = 0$. 그러므로 $E = \frac{\hbar^2 k^2}{2m}$ 라 두면 방정식은

$$\phi''(x) + k^2\phi(x) = 0 \tag{2.2}$$

이는 진동자의 방정식과 형태가 같다. 따라서 해는

$$\phi(x) = A\cos kx + B\sin kx \tag{2.3}$$

이제 경계조건 $\phi(0) = 0$은 $A = 0$을 주고, $\phi(L) = 0$은 $\sin kL = 0$, 즉 $k = n\pi/L$을 준다. 따라서 에너지는 정수 n애 대하여

$$E_n = \frac{\hbar^2}{2m}\frac{\pi^2 n^2}{L^2} \tag{2.4}$$

로 주어지며 $\phi(x) = B\sin\frac{n\pi x}{L}$가 확률함수이려면

$$\int_0^L |\phi|^2 = 1 \tag{2.5}$$

을 충족해야 하고 이로부터 $B = \sqrt{2/L}$이 얻어진다. 따라서 확률진폭함수는

$$\Phi = \sqrt{\frac{2}{L}}\sin\frac{n\pi x}{L} \tag{2.6}$$

이것은 정상파의 방정식이다. 양자화 조건 $k = n\pi/L$은 $\lambda/2 = L/n$로 쓸 수 있는데 이는 양끝이 막힌 피리의 공명조건과 같다.

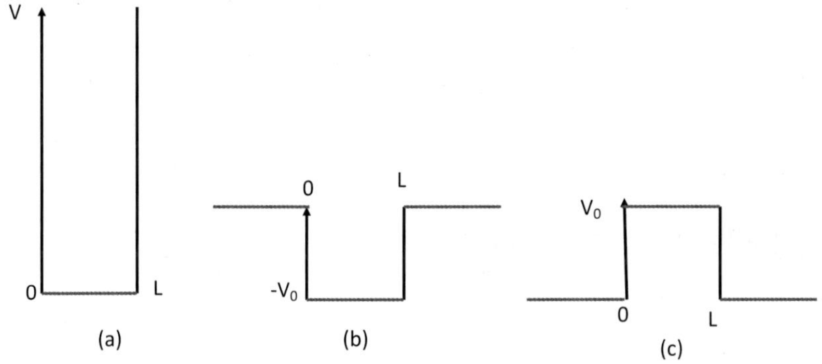

그림 2.1: 간단한 1차원의 퍼텐셜.
(a)무한 퍼텐셜 우물, (b)유한 우물, (c) 퍼텐셜 장벽

2.2 느슨한 상자의 구속문제

실재하는 구속된 물리계에서는 입자의 존재 범위가 정확히 규정되지 않는다. 수소 원자의 바닥 상태인 경우, 대략 보어반경 안에 전자가 있을 확률이 높지만 그 거리 밖에서도 발견될 확률은 있다. 쉽게 풀 수 있으면서도 실제상황을 좀 더 닮을 수 있도록 상자의 문제를

변형한 것이 유한 우물 혹은 **느슨한 상자**의 문제이다. 그림 2.1(b)를 보라. 즉, 상자 밖의 퍼텐셜을 무한히 높게 잡으면 전 소절의 문제가 되고 유한하게 잡으면 유한우물이 된다. 이 경우 입자의 에너지가 외부 퍼텐셜보다 낮으면 느슨한 상자 안에 구속이 되고 에너지값은 띄엄띄엄한 값을 가지고, 그보다 높으면 연속적인 에너지를 가지게 된다. 퍼텐셜의 기준은 어디를 잡아도 좋으나 퍼텐셜의 중심에서 멀리 있는 데서 퍼텐셜이 0이 되도록 하는 것이 일반적인 선택이다. 따라서 다음과 같이 선택한다.

$$0 < x < L\text{에선} \quad V(x) = -V_0, \qquad \text{밖에선 } 0 \tag{2.7}$$

먼저 구속문제를 생각하기로 한다. 그러면 $E < 0$. 편의상 $E = -\frac{\hbar^2\kappa^2}{2m}, \quad V_0 = \frac{\hbar^2\alpha^2}{2m}$ 라 두자. 슈뢰딩거 방정식은

$$\phi''(x) + q^2\phi = 0, \quad q^2 = \frac{2m}{\hbar^2}(E - V) = \alpha^2 - \kappa^2 \tag{2.8}$$

의 꼴을 갖고 그 해는 다음으로 주어진다.

$$\psi_-(x) = Ce^{\kappa x}, \quad (x < 0) \tag{2.9}$$

$$\psi_{in}(x) = A\cos qx + B\sin qx. \quad (0 < x < L) \tag{2.10}$$

$$\psi_+(x) = De^{-\kappa x}, \quad (x < L) \tag{2.11}$$

식 (2.9), (2.11)은 입자가 경계 $0, L$ 밖으로 침투거리 $\delta = 1/\kappa$ 만큼 나갈 수 있다는 것이다. 따라서 좀 더 늘어난 길이 $L+2\delta$의 단단한 상자에 갇힌 것이라 생각하면 괜찮은 근사가 된다. 그러면

$$E_n \approx -V_0 + \frac{\hbar^2}{2m}\frac{\pi^2 n^2}{(L+2\delta)^2} \tag{2.12}$$

여기서 속박된 상태의 개수는 $E_n < 0$ 조건에서 $n < (L+2\delta)\alpha/\pi$로 어림해볼 수 있다.

문제 2.1 유한우물의 그래프 풀이

유한우물 문제를 그래프를 사용하여 온전히 풀어보라.

1. 경계에서 파동함수와 그 미분이 연속임을 써서 속박된 에너지의 해는 다음 두 갈래에서 나옴을 보여라.

$$\tan qL/2 = \kappa/q, \quad -\cot qL/2 = \kappa/q \tag{2.13}$$

2. $\kappa = \sqrt{\alpha^2 - q^2}$ 임을 써서 식 (2.13)를 q에 대한 함수 그래프로 나타내어 풀고, 그

의미를 본문의 결과들과 비교해 보라. 단, 필요시 배각공식 $\tan 2x = 2\tan x/(1 - \tan^2 x)$을 써도 좋다.

3. 직관적으로 쓴 식 (2.12)의 결과가 옳음을 적당한 극한에서 확인해 보라. 기저상태만 고려해도 좋다.

4. 좌표원점을 퍼텐셜 좌우대칭의 중심으로 옮기고 이 문제를 다시 풀어 보라. 어떤 이점이 있는가?

문제 2.2 간단한 2중 우물

이중우물이나 다중우물에서의 결과는 나중에 밴드구조를 이해할 때 매우 유용하다. 여기선 가장 간단한 경우인 디랙의 델타함수 2개의 합으로 주어진 퍼텐셜 $V = -V_0(\delta(x) + \delta(x - L))$에 대해 에너지와 파동함수를 구하여라.

2.3 산란 문제

퍼텐셜 우물의 문제에서 에너지를 양으로 두면, 입자는 갇히지 않은 산란의 문제가 되는데 여기선 퍼텐셜이 없는 좌측무한대에서 자유입자로 들어와 퍼텐셜 영역 $0 < x < L$ 에서 $V = -V_0$ 인 퍼텐셜을 통과하여 우측 무한대의 영역으로 나가게 된다. 그림 2.1(b)를 보라. 입사파가 우측무한대에서 접근해 들어올 수도 있으나 문제를 복잡하게 할 뿐이므로 우리는 이를 고려하지 않는다. 자유입자는 전소절에서 $\kappa^2 \to k^2$ 으로 바꾸고 해를 정지파인 sin 파나 cos 파보다는 진행파인 $e^{\pm ikx}$ 로 기술하는 것이 좋다.

$$\psi_-(x) = e^{ikx} + re^{-ikx}, \quad (x < 0), \tag{2.14}$$

$$\psi_{in}(x) = Ae^{iqx} + Be^{-iqx}. \quad (0 < x < L), \tag{2.15}$$

$$\psi_+(x) = te^{ikx} \quad (x < L) \tag{2.16}$$

경계 $x = 0, L$ 에서 파동함수와 그 미분이 연속임을 써서

$$(1 + r) = A + B, \qquad k(1 - r) = q(A - B) \tag{2.17}$$

$$te^{ikL} = Ae^{iqL} + Be^{-iqL}, \quad tke^{ikL} = q[Ae^{iqL} - Be^{-iqL}] \tag{2.18}$$

네 식에서 t, r 을 구하면

$$t = \frac{e^{-ikL}}{\cos qL + \frac{q^2+k^2}{2ikq}\sin qL}, \quad r = \frac{\frac{q^2-k^2}{2ikq}\sin qL}{\cos qL + \frac{q^2+k^2}{2ikq}\sin qL} \tag{2.19}$$

이 결과로부터 다음의 관계가 성립함을 쉽게 알수 있다.

$$|t|^2 + |r|^2 = 1 \tag{2.20}$$

이는 반사파와 투과파의 확률의 합이 들어온 파의 그것과 같음을 의미한다. 즉 들어온 파는 반사하거나 투과한다는 것이니 확률의 보존을 의미한다. 한편 $\sin qL = 0$ 이면 $qL = n\pi$ 이고 $t = 1, r = 0$ 즉 반사 없이 모두 투과한다. 이때 $E + V_0$ 는 $V = -V_0$ 를 바닥으로 하는 무한 퍼텐셜 안에서의 입자의 고유에너지값과 같음을 주목하기 바란다.

> 문제 2.3 1. 식 (2.19)를 유도하라.
> 2. 투과율 $|t|^2$ 과 반사율 $|r|^2$ 이 다음과 같이 주어짐을 보여라.
>
> $$|t|^2 = \left(1+\gamma^2\right)^{-1}, \quad |r|^2 = \left(1+\gamma^{-2}\right)^{-1}, \quad \gamma = \frac{q^2-k^2}{2qk}\sin qL \tag{2.21}$$
>
> 따라서 $qL = n\pi$ 일 때는 $\gamma \to 0$ 이 되어 공명에 의한 완전한 터널링이 일어나고 $k \to 0$ 일 때에는 $\gamma \to \infty$ 가 되어 전반사가 일어난다.

2.4 퍼텐셜 장벽과 터널링 효과

퍼텐셜 장벽의 문제를 생각하자. 이는 $0 < x < L$ 의 범위에서 $V = V_0 > 0$ 이고 밖에선 $V = 0$ 인 경우이다. 그림 2.1(c)를 보라. 우리는 이 퍼텐셜 장벽보다 낮은 에너지를 생각하자. $E - V_0 < 0$. 그러면 $q^2 = \frac{2m}{\hbar^2}(E - V_0) < 0$ 이니 $q = i\tilde{q}$ 라 하고 지난 소절을 따라가면 된다. 따라서 새로운 계산이 불필요하다. 식 (2.19) 에서 $q \to i\tilde{q}$ 로 치환하면

$$t = \frac{e^{-ikL}}{\cosh \tilde{q}L + \frac{-\tilde{q}^2+k^2}{-2k\tilde{q}} i \sinh \tilde{q}L} \tag{2.22}$$

여기서 $\sin ix = i\sinh x$, $\cos ix = \cosh x$ 임을 썼다. $\tilde{q}L >> 1$ 이면,

$$|t|^2 = \frac{1}{1 + \frac{(\tilde{q}^2+k^2)^2}{4k^2\tilde{q}^2}\sinh^2 \tilde{q}L} \simeq 16\frac{E}{V_0}(1 - \frac{E}{V_0})\exp(-2\tilde{q}L) \tag{2.23}$$

퍼텐셜 장벽보다 낮은 에너지를 갖는 입자는 고전적으로 100% 장벽에서 튕겨져 나온다. 반면 파동은 퍼텐셜 장벽 안에서 존재할 확률이 지수적 감소를 하지만 그렇다고 0은 아니다. 위의 결과는 장벽의 높이와 두께가 유한하면 장벽을 투과하여 나올 확률이 $e^{-2\tilde{q}L}$ 에 비례하도록 주어진다는 것을 보여준다.

이제 임의의 모양의 퍼텐셜 장벽에 대해서 생각하자. 두께가 dx, 에너지 준위에서 재었을 때 높이가

$$\tilde{q}(x) = \sqrt{\frac{2m}{\hbar^2}(V(x) - E)}$$

인 좁은 퍼텐셜 장벽들을 이어 놓았다고 생각하면 전 구간을 투과할 확률 P는

$$P = \prod_x \exp(-2\tilde{q}(x)dx) = \exp(-\frac{2}{\hbar}\int_{x_0}^{x} \sqrt{2m(V-E)}dx) \tag{2.24}$$

여기서 x_0는 $V(x_0) - E = 0$를 만족하는 고전적 반환점이다.

2.5 조화 진동자

실세계에서 모든 퍼텐셜의 최솟값 근방의 모양은 $V \sim V_0 + \frac{1}{2}V''(x_0(x-x_0)^2 + \cdots$ 이니 진동자의 양자역학을 이해하는 것은 실세계에 대한 양자역학의 이해에 있어서 기본이 된다. 사실 다음 장에서 다룰 수소 원자의 쿨롱퍼텐셜을 제외하면, 진동자의 문제는 정확히 풀리는 매우 소수의 문제 중 하나이다. 이 문제를 푸는 두 가지 방법을 소개한다. 두 가지 모두에 대해 잘 알고 있는 것이 좋겠다.

2.5.1 조화진동자의 사다리 연산자 해법

슈뢰딩거의 방정식

$$\left(-\frac{\hbar^2}{2m}\partial_x^2 + \frac{m}{2}\omega^2 x^2\right)\psi(x) = E\psi(x), \tag{2.25}$$

에서 시작하자. $x = \alpha y$라 스케일하여 해밀토니안 연산자를 다시 쓰면

$$H = \frac{\hbar^2}{2m\alpha^2}\left(-\partial_y^2 + \frac{m^2\omega^2\alpha^4}{\hbar^2}y^2\right) \tag{2.26}$$

여기서 $\frac{m^2\omega^2\alpha^4}{\hbar^2} = 1$이 되도록 α를 정하면 $\alpha^2 = \frac{\hbar}{m\omega}$. 즉 $\frac{\hbar^2}{2m\alpha^2} = \hbar\omega$. 따라서

$$H = \frac{1}{2}\hbar\omega\left(-\partial_y^2 + y^2\right) \tag{2.27}$$

이제 다음과 같은 사다리 연산자 a를 도입하면

$$a = \frac{1}{\sqrt{2}}(y + \partial_y), \quad a^\dagger = \frac{1}{\sqrt{2}}(y - \partial_y) \tag{2.28}$$

교환관계식 $[a, a^\dagger] = 1$ 이 성립한다. $y = (a + a^\dagger)/\sqrt{2}, \quad \partial_y = (a - a^\dagger)/\sqrt{2}$를 써서

$$x = \sqrt{\frac{\hbar}{2m\omega}}(a + a^\dagger), \qquad p = \sqrt{\frac{m\hbar\omega}{2}}(a - a^\dagger)/i, \tag{2.29}$$

$$a = \frac{1}{\sqrt{2m\hbar\omega}}(m\omega x + ip), \quad a^\dagger = \frac{1}{\sqrt{2m\hbar\omega}}(m\omega x - ip) \tag{2.30}$$

임도 기억하면 좋다. H를 사다리 연산자를 써서 표현하면

$$H = \hbar\omega(aa^\dagger + a^\dagger a)/2 = \hbar\omega(a^\dagger a + \frac{1}{2}) \tag{2.31}$$

연산자 $N = a^\dagger a$의 고윳값을 n 이라 하면 에너지 고윳값은 다음과 같이 n으로 표시된다.

$$E_n = \hbar\omega(n + \frac{1}{2}) \tag{2.32}$$

$a\phi_n$가 N의 어떤 고유벡터와 관련 있는가를 조사해 보자.

$$N(a\phi_n) = (n-1)(a\phi_n) \tag{2.33}$$

인데 여기서 $aa^\dagger = a^\dagger a - 1$을 썼다. 따라서 $a\phi_n$는 N의 고윳값 $n-1$에 해당하는 고유 벡터이므로, $a\phi_n = c_n\phi_{n-1}$ 이 되는 비례상수 c_n가 존재한다. 같은 방법으로 $a^\dagger\phi_n$는 N의 고윳값 $n+1$에 해당하는 고유벡터이며, 적당한 비례상수 d_n 이 있어

$$a^\dagger\phi_n = d_n\phi_{n+1} \tag{2.34}$$

이제 c_n, d_n 들을 결정해 보자. $a\phi_n = c_n\phi_{n-1}$의 양변의 자신과의 내적을 취하면 $\langle\phi_n|a^\dagger a|\phi_n\rangle = n = |c_n|^2$. 따라서 $c_n = \sqrt{n}$으로 결정된다. 같이 방법으로 $d_n = \sqrt{n+1}$. 이상을 정리하면

$$a\phi_n = \sqrt{n}\phi_{n-1}, \tag{2.35}$$

$$a^\dagger\phi_n = \sqrt{n+1}\phi_{n+1} \tag{2.36}$$

이러한 이유로 $a, a^\dagger$를 각각 내림 사다리 연산자, 올림 사다리 연산자라 부른다.

여기까지 n은 자유로운 값으로 하였다. 그러나 위의 결과에 따르면 정수 l에 대해 $a^l\phi_n = c'_{n,l}\phi_{n-l}$. 만일 n이 정수가 아니라면, N의 고윳값은 큰 정수 l에 대해 $n - l < 0$ 즉, 음이 되고 에너지도 음이 되며 아래로 무한히 큰 음의 에너지값을 가질 수 있게 되어 불안정한 계가

된다. 퍼텐셜과 운동에너지가 모두 양인 진동자계에 이러한 일은 있을 수 없다. 따라서 n은 정수이다. 한편 $a\phi_0 = 0$ 로부터 바닥 상태의 파동함수를 구할 수 있게 된다.

$$a\phi_0 = (y + \partial_y)\phi_0 = 0 \tag{2.37}$$

이 식으로부터

$$\phi_0 = C_0 e^{-y^2/2} \tag{2.38}$$

$||\phi_0|| = 1$ 에서 $C_0 = 1/\sqrt{\pi}$. 임의의 여기 상태 ϕ_n은 이 바닥 상태로부터 오름 사다리 연산자를 연속해서 작용함으로써 쌓아 올라갈 수 있다. 즉,

$$\phi_n = \frac{1}{\sqrt{n}} a^\dagger \phi_{n-1} = \frac{1}{\sqrt{n}} \frac{1}{\sqrt{n-1}} (a^\dagger)^2 \phi_{n-2} = \cdots = \frac{1}{\sqrt{n!}} (a^\dagger)^n \phi_0, \tag{2.39}$$

$$= \frac{1}{\sqrt{2^n n!}} H_n(y)\phi_0 \tag{2.40}$$

여기서 $H_n(y)$는 에르밋 다항식이다. x의 함수로서의 파동함수의 식 $\Phi(x)$는 x의 함수로서의 파동함수의 식 $\phi(y)$에 $y = x/\alpha$를 대입하고 전체적으로 $1/\sqrt{\alpha}$를 곱하여 얻어진다. 즉

$$\Phi(x) = \left(\frac{m\omega}{\hbar}\right)^{1/4} \phi(\sqrt{\frac{m\omega}{\hbar}} x) \tag{2.41}$$

여기서 $1/\sqrt{\alpha}$는 $\int dx \Phi(x)^* \Phi(x) = 1 = \int dy \phi(y)^* \phi(y)$ 이 성립하도록 하기 위함이다.

> 문제 2.4 n-번째 고유상태에서의 $\Delta x \Delta p$를 계산해 보라. 답) $(n + \frac{1}{2})\hbar$.

2.5.2 조화진동자의 급수 해법

$$H = \hbar\omega\left(-\partial_y^2 + y^2\right)/2 \tag{2.42}$$

로부터 출발하자. 에너지의 고윳값을 $E = \hbar\omega\epsilon$라 두면 고윳값 방정식 $H\psi = E\psi$는 다음과 같은 미분방정식으로 쓰인다.

$$\frac{d^2\psi(y)}{dy^2} + (2\epsilon - y^2)\psi(y) = 0 \tag{2.43}$$

$y \sim \infty$에서의 ψ의 거동을 $\psi \sim e^{-\beta y^2}$라 두면 $\beta = 1/2$로 결정된다. 이제 이 거동을 제외한 나머지를 $h(y)$라 하자. 즉 $\psi = e^{-y^2/2} h(y)$. 그러면 위의 방정식은 $h(y)$에 대한 방정식으로

다시 쓰인다.

$$\frac{d^2h(y)}{dy^2} - 2y\frac{dh(y)}{dy} + (2\epsilon - 1)h(y) = 0. \tag{2.44}$$

여기서 정수 N에 대하여 $2\epsilon - 1 = 2N$ 일때 N 차의 다항식 $H_N(y)$ 이 이 방정식의 해가 되므로 해는

$$\psi_N(y) = H_N(y)e^{-\frac{1}{2}y^2},$$

가 된다. 이 다항식을 에르밑 다항식이라 한다. 이제 어째서 다항식이 해가 되는지를 보도록 하자. $h(y) = \sum_n a_n y^n$ 을 이 방정식에 넣고 정리하면

$$\sum_n [a_{n+2}(n+2)(n+1) + (-2n + 2\epsilon - 1)a_n]y^n = 0 \tag{2.45}$$

이로부터

$$a_{n+2} = \frac{2n + 1 - 2\epsilon}{(n+1)(n+2)}a_n \tag{2.46}$$

$a_0 = 1, a_1 = 0$ 이라 놓으면 해는 짝수차 항만을 포함하는 우함수가 되고 $a_0 = 0, a_1 = 1$ 이라 하면 해는 홀수차 항만을 포함하는 기함수가 된다. 만일 해가 무한급수라면 n 이 클 때 $a_{n+2} = (2/n)a_n$, 즉 $a_{2n} \sim (1/n!)a_0$ 이 되니 $h(y) \sim e^{y^2}$ 가 되고 $y \to \infty$ 일 때 $\psi(y) \sim e^{y^2/2} \to \infty$ 로 되어 정규화될 수 없다. 따라서 $h(y)$ 는 무한급수가 될 수 없고 유한 차수의 다항식이 되어야 한다. 양의 정수 N 에 대해 $2N + 1 = 2\epsilon$ 이 되면 a_{N+2} 에서 시작하는 모든 고차항은 모두 0이 되어 $h(y)$ 는 차수가 N 인 다항식이 되는데 이 다항식이 바로 위에서 언급한 에르밑 다항식 $H_N(y)$ 이다. 이때 에너지 고윳값은 $E_N = \hbar\omega(N + 1/2)$ 가 되어 식(2.32)와 일치하며, 여기서는 보이지 않겠으나, 정규화를 위한 상수도 $c_N = 1/\sqrt{2^N N!}$ 로서 연산자 해법의 결과와 일치함을 보일 수 있다.

제3장

간단한 계: 입자와 대칭성

앞 장에선 비상대론적 슈뢰딩거 방정식이 출현하게 된 과정과 그에 대한 간단한 아이디어들을 살펴 보았다. *II*부에서 본격적인 양자역학의 수학적 정식화를 논하기 전에 이 장에서는 입자물리학의 개요를 통해 대칭성과 슈뢰딩거 방정식의 상대론적 확장인 디랙방정식 등 중요한 개념들을 소개하고 이들 개념을 배워야 할 동기를 부여하도록 한다. 간단한 계일수록 수학적 구조가 드러날 여지가 있고 깊이있는 이해가 가능해진다. 응집물리계와 같이 다체를 다루는 물리학의 목표도 10^{25} 이라는 사실상 무한대의 자유도로부터 어떻게 간단한 측정량과 구조를 이끌어내어 단순히 답이 아닌 이해에 도달할 수 있느냐 하는 것이다. 복잡해 보이는 현상으로부터 단순화를 추구하는 것이야말로 모든 물리학의 본질이며 이를 위해 수학적 형식미는 가장 중요하고도 힘있는 방법론이 되어 왔다. 한편, 오늘날의 컴퓨터가 주는 엄청난 수치적, 대수적 연산 능력은 주어진 물음의 답에 다가가는 매우 유용한 수단이 될 것이다. 그러나 물리학의 본질은 단순히 답을 찾는 것이 아니라 인간의 머리로 이해하는 방식의 답을 찾는 것임을 잊지 말아야 한다. 한 덩어리의 물질은 그 자체로 양자전산을 하고 있으며 인간이 소외된 방식의 답은 이미 물질 안에 존재하고 있다.

3.1 디랙 방정식과 반입자

우리 이야기의 시작을 디랙의 상대론적 물질파 방정식으로부터 하는 것이 좋겠다.[1] 슈뢰딩거가 그의 방정식을 만드는 데 있어 $E = p^2/2m$ 라는 분산관계를 이용한 것처럼 디랙은 슈뢰딩거 방정식을 상대론적으로 만드는 과정에서 $E = \sqrt{c^2p^2 + m^2c^4}$ 라는 관계를 사용하고자 하였다. 다만 행렬을 사용하여 제곱근을 없애려 시도했다는 것이 주요 아이디어이다. 행렬을 사용한다는 것은 파동함수가 스칼라함수가 아니라 벡터처럼 여러 개의 성분을 갖는다는 것을 의미한다. 즉,

$$E = p_i c\alpha^i + mc^2\beta \tag{3.1}$$

라는 형식으로 4개의 행렬 β, α^i, $(i = 1, 2, 3)$을 도입하고 이의 제곱이 $E^2 = (\mathbf{p}c)^2 + (mc^2)^2$을 만족시킨다고 하자. 편의상 잠깐 $c = 1$이라 두자. 그러면

$$E^2 = \sum_{ij} \alpha^i\alpha^j p_i p_j + p_i(\alpha_i\beta + \beta\alpha_i) + m^2\beta^2 = \mathbf{p}^2 + m^2 \tag{3.2}$$

이 성립해야 하고 이를 위해선

$$\alpha^i\alpha^j + \alpha^j\alpha^i = 2\delta_{ij}, \quad \alpha^i\beta + \beta\alpha^i = 0, \quad \beta^2 = 1 \tag{3.3}$$

이 성립하면 된다. 이를 위해 행렬의 크기는 최소한 4×4 이어야 하고 이를 만족하는 행렬들은 유일하지 않다.[2] 디랙은 다음과 같은 행렬들을 선택하였다.

$$\alpha^i = \begin{pmatrix} 0 & \sigma^i \\ \sigma^i & 0 \end{pmatrix}, \quad \beta = \begin{pmatrix} \mathbb{1} & 0 \\ 0 & -\mathbb{1} \end{pmatrix} \tag{3.4}$$

여기서 σ^i 는 파울리 행렬이며 다음과 같이 주어진다.

$$\sigma^1 = \begin{pmatrix} 0 & 1 \\ 1 & 0 \end{pmatrix}, \quad \sigma^2 = \begin{pmatrix} 0 & -i \\ i & 0 \end{pmatrix}, \quad \sigma^3 = \begin{pmatrix} 1 & 0 \\ 0 & -1 \end{pmatrix}, \tag{3.5}$$

---

[1] 디랙 방정식은 최근 응집물리에서도 활발히 논의되고 있다.

[2] 왜 행렬를 사용하려 했는가? 슈뢰딩거는 그의 비상대론적 방정식을 고려하기 전에 상대론적 분산관계를 적용한, 오늘날 어칼루자 클라인 방정식이라 불리는, 스칼라 방정식을 만들었는데 이를 수소 원자에 적용하면 실험 사실과 맞지 않는다는 것을 발견했고 디랙도 이 사실을 알았기 때문이다.

디랙은 다음 방정식을 제안하였다.

$$i\hbar\partial_t\psi = (cp^i\alpha^i + mc^2\beta)\psi \tag{3.6}$$

이 방정식은 오늘날 "디랙 방정식"이라고 불린다. 여기서 $\mathbf{p} = -i\hbar\nabla$ 이고 $\psi = (\psi_1, \psi_2, \psi_3, \psi_4)^T$ 는 복소수값의 행벡터이고 마지막의 윗 첨수 T 는 행벡터를 열벡터로 쓰기 위한 전치행렬의 표시이다. 이를 상대론적인 공변형으로 쓰기 위해 $\gamma^0 = \beta$, $\gamma^i = \beta\alpha^i$, $p_\mu = i\hbar(\partial_0, \nabla)$ 를 도입하면 새로운 행렬 γ^μ 는

$$\gamma^\mu\gamma^\nu + \gamma^\nu\gamma^\mu = 2g^{\mu\nu} \tag{3.7}$$

를 만족한다. 여기서 $g^{\mu\nu} = \text{diag}(1, -1, -1, -1)$. 이들을 사용하면 디랙 방정식은 다음과 같이 쓰인다.

$$[i\gamma^\mu\partial_\mu - mc]\psi = 0 \tag{3.8}$$

전자와 전자기장의 결합은 벡터 퍼텐셜 $A^\mu = (\phi, \mathbf{A})$ 를 사용하여 $p_\mu \to p_\mu - qA_\mu$ 로 대치하면 된다. 이렇게 단순한 확장으로 물질과 빛의 상호작용이 설명된다는 것은 참으로 놀라운 일이다. 물론 그 정당성은 실험에 의해서만 증명될 수 있을 것이다. 사실은 실험 사실을 이렇게 이론적으로 정리할 수 있다고 표현하는 것이 더 역사적이고 공정하다 할 것이다. 중요한 것은 이러한 물질과 전자기력의 결합형식이 핵력이나 약력에서도 성립할 것이라고 추정한 것이 지난 80년간 실험과 일치한다고 확인되었다는 것이다. 이러한 물질의 기본상호작용의 형태를 최소결합의 원리(minimal coupling principle) 혹은 게이지 원리(gauge principle)라 하며 입자물리학이 이룩한 최대의 동역학적 업적의 하나라 할 수 있다. 다음 예제를 통해 역사적 과정과 그 뒤에 숨어 작용하는 게이지 불변성의 역할을 살펴 볼 수 있을 것이다.

문제 3.1 게이지 불변성

1. 전자기장과 스칼라 및 벡터 퍼텐셜의 관계 $\mathbf{E} = -\nabla\phi - \partial_t\mathbf{A}$, $\mathbf{B} = \nabla \times \mathbf{A}$ 로부터 전자기장은 게이지 변환 $\mathbf{A} \to \mathbf{A} + \nabla\Lambda$, $\phi \to \phi - \nabla\Lambda$ 에 대해 불변임을 보여라.
2. 만일 파동함수가 $\psi \to e^{i\Lambda/\hbar}\psi$ 와 같이 변하면 디랙 방정식은 위의 게이지 변환에 대해 불변임을 보여라.

문제 3.2 최소결합의 발견

1. 라그랑지안(Lagrangian)이

$$L = \frac{1}{2}m\mathbf{v}^2 + q\mathbf{v}\cdot\mathbf{A}(\mathbf{x})$$

로 주어진 입자계의 운동방정식을 구하고, 힘이 로렌츠의 형식 $\mathbf{F} = q(\mathbf{E} + \mathbf{v}\times B)$로 주어짐을 보여라. 즉 위의 라그랑지안은 비상대론적이고 전하 q를 가진 입자의 동역학을 옳게 기술하고 있음을 알 수 있다.

2. 르장드르 변환 $H(x,p) = p\cdot v - L(x,v)$, $p = \frac{\partial L}{\partial x}$에 의해 해밀토니안이

$$H - q\phi = (\mathbf{p} - q\mathbf{A})^2/2m$$

로 주어짐을 보이고 자유입자의 경우인 $H = \mathbf{p}^2/2m$과 비교하라.

3.1.1 디랙의 정공이론과 반입자

디랙 방정식은 음양의 에너지값 모두를 해로 갖는다. 그렇다면 양의 에너지에서 음의 에너지로의 전이가 가능한데, 이는 모든 물질은 불안정하다는 뜻이 된다. 따라서 이런 일이 일어나서는 안 된다. 디랙은 물질의 안정성을 보장하기 위해, 진공이란 음의 에너지 준위가 모두 차있는 상태라고 가정하였고, 여기에 파울리의 원리를 적용하면 양의 에너지에서 음의 에너지로의 전이는 불가능하게 된다. 이러한 진공을 디랙의 바다라 부른다. 디랙 방정식이 전자를 기술한다고 해보자. 만일 이 디랙의 바다에서 음의 에너지 상태를 갖는 전자 하나가 결손된 상태는, 진공에서 양의 전하, 양의 에너지를 가진 입자가 하나 생성된 것에 해당한다. 이를 디랙의 정공이론이라 한다. 디랙은 처음 이 정공을 양성자라 생각했으나 수리물리학자인 헤르만 바일이 그 입자의 질량은 전자의 질량과 정확히 일치해야 함을 지적하자 양전자(positron)라 이름하였다. 그 후 칼 앤더슨이 우주선(cosmic ray)에서 양전자를 발견하였고 이 업적으로 앤더슨은 1936년 노벨 물리학상을 수상하였다.

3.2 메존과 뮤온의 발견

1930년대 중반엔 양성자와 중성자, 전자와 양전자 그리고 뉴트리노와 광자 등 6개 입자가 기본입자로서 발견되었다. 그런데 당시까지도 사람들은 무엇이 양성자와 중성자 등 핵자들을 핵 내에 묶어둘 수 있는지 알지 못했다. 1935년 유가와 히데키는 전자와 양성자가 광자를 주고 받아 서로 결합하듯이 핵자들도 어떤 입자를 주고 받으면서 인력을 유지하고 있을 것이라 생각하고 이를 중간자라 불렀다. 쿨롱력이 장거리까지 미치는 것은 광자의 질량이 0 이기 때문이지만 인력을 제공하는 중간자의 질량이 유한하면 힘이 미치는 거리도 유한할 것이다. 여기에 착안한 유가와는 새로운 입자의 질량을 힘이 미치는 거리, 즉 핵의 크기로부터 셈할 수 있다고 생각했다. 즉 핵자 둘이 입자를 주고 받는다면 그 입자가 가진 에너지 mc^2 만큼의 불확정성이 있을 것이고 이는 불확정성 원리에 의해 대략 $\Delta t = \hbar/(2\Delta E)$ 동안 움직이다가 다른 입자에 흡수되어 사라질 것이다. 그 거리는 빛의 속도로 달려도 대략 핵의 크기 D 보다 작을 것이므로 $c\Delta t \sim D$ 라 둘수 있다. 따라서 입자의 질량은

$$mc^2 \sim \Delta E = \hbar/(2D/c) \sim 100MeV \tag{3.9}$$

로 추산할 수 있다. 이 아이디어는 당시 물리학계의 빠른 호응을 받아 사람들은 메존의 발견에 나섰는데 1937년 앤드슨은 우주선에서 질량이 약 $106\text{MeV}/c^2$ 인 입자를 발견하고 이것이 유가와의 입자가 아닌가 하였으나 이 입자는 약상호작용밖에 하지 않아 핵력을 전달할 수 없다는 것이 밝혀져 중간자는 될 수 없었다. 이 입자는 현재 뮤온이라 불리는 입자이다. 유가와의 중간자는 그로부터 10년 후 세실 파웰 등에 의해 발견되었다. 측정된 질량은 140MeV 였다. 오늘날 파이 중간자라 불리는 이 입자는 전하 1, 0, -1을 가지는 π^-, π^0, π^+ 의 세 종류가 있다.

입자의 분류

자연계엔 중력, 전자기력, 강력 및 약력의 네 가지 힘이 있음이 잘 알려져 있다. 중력의 특수성 때문에 중력은 여기서 논의하지 않기로 한다. 강력에 의해 상호작용하는 입자들을 중입자 (hadron)이라 하며 그렇지 않은 입자들을 경입자(lepton)라 한다. 중입자는 양성자, 중성자 등의 바리온과 파이중간자, 케이온 등은 메존들로 나뉜다. 전자, 뮤온, 중성미자 그리고 그 반입자들은 대표적인 경입자들인데 전자가족, 뮤온가족, 타우가족 등 3개의 렙톤 가족으로 나뉘며 전자 가족 안에는 전자, 전자뉴트리노 등과 그 반물질들이 포함되어 있고

각개의 가족은 질량만 다르고 완전히 같은 구조로 이루어져 있다.

3.3 대칭성과 보존원리

병진이나 회전과 같은 연속적 대칭성에는 운동량이나 각운동량과 같은 보존량이 대응된다. 어떤 과정이 일어나거나 일어나지 않는가를 판단하는 기준으로서의 대칭성과 보존원리는 입자물리학뿐 아니라 물리학 전반에 많이 사용되므로 여기서 이를 간단히 소개한다.

3.3.1 기묘도의 발견

1950년대에 물리학자들은 다음과 같은 당시로서는 기묘한 사실을 발견하였다. 즉

$$p + \pi^- \to K^0 + \Lambda^0 \tag{3.10}$$

는 이루어지나 $p + \pi^- \to K^0 + n$ 은 절대로 일어나지 않는다. 당시로선 이 사실을 설명할 어떤 보존법칙이 존재하지 않았었는데 기묘도 (strangeness) 라는 새로운 보존량을 도입하고 양성자, 중성자에는 기묘도 0, K^0 에는 기묘도 +1, Λ 에는 기묘도 -1 을 부여하면 가-불가는 간단히 정리된다. 기묘도가 0이 아닌 입자는 K, Λ, Σ 입자들이 있는데 강상호작용에 의해 생겨나지만 약상호작용으로 붕괴되므로 다른 강입자들보다 오래 사는 특징이 있다. 겔만은 기묘도를 가지는 입자는 그 안에 기묘도를 가지는 근본입자인 기묘-쿼크(s-quark) 이 있기 때문이라고 생각하였다.

마찬가지로 바리온수, 렙톤수 등 여러 가지의 양자수를 도입하는 이유는 이러한 보존원리를 사용하여 각 입자에 적당한 보존량을 부여함으로서 알려진 반응의 존재유무를 정리하고 나아가 예측할 수 있기 때문이다. 예를 들어 $p+n \to p+p+n+\bar{p}$는 가능하고 $p+n \to p+n+\bar{p}$는 불가능한데 이는 바리온수 보존을 가정하면 쉽게 장부정리가 된다. 마찬가지로 각 가족마다의 렙톤수 보존을 가정하면 $\mu^- \to e^- + \bar{\nu}_e \nu_\mu$ 는 가능하나 $\pi^- \to \mu^- + \nu_\mu + \nu_e$ 는 불가능함을 알 수 있다. 그러나 보존되는 양이 있으면 반드시 그 뒤엔 대칭성이 있다. 우리는 그 대칭성이 무엇인가에 대해 알게 될 것이다. 이러한 이유로 보존원리는 입자물리를 전개함에 있어 중요한 방법론으로 들어오게 되는데 다음 두 절에서 그 정수를 보게 될 것이다.

3.3.2 패리티 깨짐

이러한 대칭성과 보존량 사이의 관계는 시간반전($t \to -t$)이나 공간반전($\mathbf{x} \to -\mathbf{x}$)과 같은 이산적인 대칭성에 있어서도 매우 중요하게 쓰이는데 가장 유명한 것이 패리티 대칭성이다. 각개 입자에는 입자고유의 내적 패리티가 할당되는데 예를 들어 양성자, 중성자등은 패리티가 +1 이고 파이온과 광자 등은 −1 이다. 패리티에 관한 유명한 이야기가 있어 소개한다. 1950 년대 중반엔 질량이 완전히 같은 두 입자가 있었는데 하나는 3개의 파이온으로, 다른 하나는 2개의 파이온으로 갈라져서 붕괴의 모양만 다르고 나머지는 완전히 같았다. 전자의 경우 최종상태는 패리티 −1 인 상태이고 후자는 패리티가 +1 인 상태이다. 패리티가 보존된다면 τ와 θ는 다른 입자이며 패리티가 보존되지 않는다면 둘은 같은 입자이다. 이 문제는 1956 년 로체스터 미팅에서 파인만에 의해 제기되었는데 이를 해결하기 위해, 중국계 이론물리학자인 리정다오 박사와 양전닝 박사는 약력이 패리티를 보존하지 않는다고 제안하였다. 그들에 따르면 당시까지의 실험데이터는 강상호작용이나 전자기상호작용에서의 패리티는 보존되는 것으로 보이지만 약상호작용에서의 패리티 보존은 확인될 수 없었음을 지적하고 약력의 패리티 보존은 다음과 같은 약력에 의한 붕괴과정을 살펴봄으로써 확인할 수 있을 것이라 제안하였다.

$$\pi^+ \to \mu^+ \quad + \quad \nu, \tag{3.11}$$

$$\mu^+ \quad \to \quad e^+ + 2\nu \tag{3.12}$$

이 과정에서 만일 최초의 반응식에서 패리티가 깨졌다면 뮤온은 특정한 방향으로 더 많이 붕괴할 수 있을 것이다. 이러한 뮤온의 편향성 유무는 그 붕괴에서 나온 하전입자인 전자의 진행 방향의 분포를 지켜보면 알 일이다. 리-양의 이러한 제안은 1957 년 우젠슝 박사에 의해 다음과 같은 코발트 60의 붕괴실험으로 이어졌다.

$$^{60}_{27}\mathrm{Co} \to {}^{60}_{28}\mathrm{Ni} + e^- + \bar{\nu}_e + 2\gamma \tag{3.13}$$

약상호작용에서의 패리티 깨짐은 코발트 붕괴의 결과로 나온 전자의 분포에서 편향성을 관찰함로써 옳은 것으로 확인되었으며 이 일로 이론적 제안자인 리-양은 실험이 수행된 바로 그 해의 노벨상을 수상했다. 그러나 안타깝게도 우 여사는 함께 수상하지 못했다.

3.4 중립자 물리학의 간단한 역사

톰슨의 전자발견, 러더퍼드의 핵, 채드윅의 중성자 발견으로 물리학자들은 드디어 물질의 최종구조를 모두 발견하였다고 흥분했다. 그러나 이도 잠시뿐, 사람들은 우주에서 오는 입자 즉, 우주선으로부터 새로운 입자들을 발견하였고 가속기를 발명, 고에너지 입자의 충돌을 통해 더 많은 새로운 입자들을 발견하게 된다. 그 중의 많은 수는 10^{-24}초라는 매우 짧은 수명을 가지며, 이 같이 짧은 수명은 입자들이 매우 강상호작용을 하고 있다는 뜻이 된다. 이들은 중립자로 불리며 메존과 바리온 모두 여기에 속한다. 이에 반해 수명이 긴 입자들은 약상호작용을 하며 대개 가벼워 경립자로 불린다. 전자와 뮤온 그리고 타우 입자 그리고 이들 각각에 대응되어 존재하는 세 종류의 뉴트리노들이 여기에 속한다. 경립자는 가짓수가 작고 성질도 비교적 단순하나 중립자는 그 수가 많고 상호작용이 강하여 지금까지도 해결하지 못한 문제들이 많다. 여기에 간단히 정리해 본다.

강립자와 산란행렬, 끈이론의 탄생 계속하여 새로운 입자가 발견될 때마다 과학자들은 기뻐하기보다는, 물질구조의 근본적인 규칙이 존재할지에 대한 의구심을 더해가게 되었다. 1960년대 초에 와서 제프리 츄(Geoffery Chew)와 그 공역자들은 이렇게 강상호작용을 하는 중립자들이 좀 더 작은 다른 구성입자들로 이루어져 있다는 원자론적 생각을 포기하고 어떤 두 입자도 충돌에 의해 다른 입자들을 만들 수 있다는 소위 구두끈 원리를 제창하게 되었다. 이의 동역학적 설명을 위해 S-행렬 이론을 제창하게 되었는데 간단히 설명하자면 다음과 같다. 약상호작용일 때 계산할 수 있었던 산란행렬이 가지고 있던 기본성질들이 강상호작용하는 경우에도 성립한다고 가정하고, 구두끈 원리가 주는 영향을 감안하여 산란행렬에 주어지는 최대한의 구속조건들을 구해보자는 것이다. 1967년 당시 박사후 연구원이었던 베네치아노는 이러한 산란행렬이론의 모든 조건을 만족하면서 두 입자가 충돌하여 두 입자가 생성되는 과정을 설명하는 산란행렬의 가장 간단한 형태를 찾았는데 후에 남부나 써스킨트 등 다른 이론가들이 이를 해석하여 이론에 포함된 입자의 질량들이 진동하는 현이 주는 스펙트럼과 그 패턴이 일치한다는 것을 알아냈다. 이로부터 강입자의 이론은 입자가 아닌 현의 이론이어야 한다는 주장이 나왔는데 이를 현이론 또는 끈이론이라 한다. 즉 끈이론은 강입자를 위한 산란행렬이론의 소산이다.

향기와 쿼 그리고 가족구조 그러나 모든 물리학자들이 이 물결에 합류한 것은 아니었다. 새 입자들을 좀 더 간단한 입자로 재구성하려는 원자론적 사고방식은 여전히 중요한 연구의 테마였다. 1964년, 머레이 겔만[3]은 당시까지 알려져 있던 강입자들을 좀 더 기본적인 것들로 재구성하기 위해 업(u) 다운(d) 그리고 기묘(s)라는 세 개의 양자수를 도입하고 이들을 통칭하여 향기(flavor)라고 명명하였다. 그는 세 개의 향기 양자수 (u,d,s)를 적절히 조합함으로써 당시까지 알려진 모든 강입자들의 상태를 표현할 수 있음을 알아냈다. 그는 이 세 가지 양자수들의 섞임을 주관하는 $SU(3)$ 대칭성 그룹의 표현이론에 의해 입자가 분류될 수 있으며 이 세 가지 양자수의 존재는 결국 세 가지 기본입자의 존재에 기인한다고 생각하여 이들을 쿼이라 명명하였다. 이 이론의 정점은 세 개의 쿼이 모두 기묘도를 갖는 오메가$\Omega(s,s,s)$ 입자의 예견인데 충돌 실험에서 기묘도 3인 입자가 실제로 발견되어 그는 이 공적으로 1969년, 독립적으로 같은 일을 한 니만과 함께, 노벨상을 수상했다. 겔만의 향기 아이디어는 이후 매력(c: charm), 바닥(b: bottom), 정상(t: top)이라는 새로운 향기 양자수를 갖는 입자들이 발견되면서 입자물리학의 발전을 이끌었다. 신기하게도 이들 여섯 개의 향기는 두 개씩 짝을 지어 소위 가족 구조를 만드는 데 이들 3개의 중립자 가족 (u,d), (c,s), (t,b) 들은 그들간 질량의 차이가 현격하나 그 외엔 성질이 매우 비슷하다. 즉 u,c,t는 성질이 매우 비슷하고 d,s,b도 그러하다. 사람의 가족에서 남편과 아내로 구성된 가족구조는 부자 가족이나 가난한 가족이나 가족은 다 비슷한 것과 같다. 이들 중립자들의 가족구조는 전자와 전자-뉴트리노, 뮤온과 뮤온-뉴트리노, 타우와 타우-뉴트리노라는 3개의 렙톤 가족을 포함시켜 좀 더 큰 가족구조를 형성한다. 즉 제1가족은 $(u,d;e,\nu_e)$, 제 2가족은 $(c,s;\mu,\nu_\mu)$, 제3가족은 $(t,b;\tau,\nu_\tau)$으로 구성되는데 어찌하여 입자들이 이런 가족구조를 형성하는지에 대한 이해는 아직 없다.

3.5 팔정도*

팔정도란 중입자들을 서로 섞이는 것들끼리 분류하여 나열하는 방법론을 말한다. 원래는 불교의 깨달음에 이르는 여덟 가지 수행법을 말하나, 겔만이 익살스럽게 차용한 것이다. 수백 개의 어지러운 입자들의 존재로부터 대칭성에 의해 분류하여 간단히 보는 법을 터득했으니 깨달음에 이르는 길이라 할 만하다.

먼저 아래 입자들의 전하(q)와 기묘도(s)에 대한 다음과 같은 실험적 사실을 받아들이자.

---

[3]Gell-Mann, M (1964). A Schematic Model of Baryons and Mesons. Phys. Lett. 8: 214.

즉, 입자A 가 양자수 (q,s)를 가진다는 사실을 $A(q,s)$로 표현할 때 실험적으로 다음과 같이 결정되었다.

$$p(1,0), \quad n(0,0), \quad \Sigma^+(1,-1), \quad \Sigma^0(0,-1), \tag{3.14}$$

$$\Lambda^0(0,-1), \quad \Sigma^-(-1,-1), \quad \Xi^0(0,-2), \quad \Xi^-(-1,-2) \tag{3.15}$$

이제 이 데이터를 2차원 평면에서 기묘도가 일정한 수평선들을 수직방향으로 늘어놓고, 수평축에서 30도 돌린 방향 쪽으로 전하가 일정한 라인들을 늘어놓은 후 좌표평면에 위의 데이터를 점으로 찍는다. 그러면 육각형의 한 꼭짓점에 하나씩, 중앙에 2개의 입자가 위치하여 여덟 개의 입자가 배열된다. 이를 8중항이라 한다. 그림 3.1(a)를 보라.

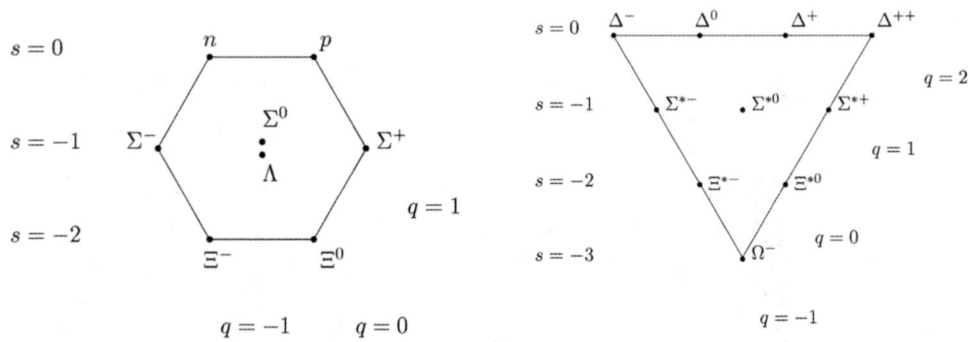

(a) 바리온 8중항 (b) 바리온 10중항

그림 3.1: 팔정도의 바리온 8중항(그림(a))과 10중항(그림(b)).
수평축과 나란하게 기묘도가 일정한 라인을 그리고, 수평축에서 30도 회전한 방향으로 q가 일정한 라인을 그린 후 교점에 해당하는 양자수를 갖는 바리온을 표시한 그림이다.

π, K, η 메존들에 대해서도 8중항을 얻을 수 있다.

또 같은 방법으로 스핀이 3/2인 중입자들을 배열하면 서로 섞이는 10개의 입자들이 볼링핀을 세워놓은 것처럼 역삼각형으로 들어선다. 이는 당연히 10중항이라 불린다. 그림 3.1(b)를 보라.

이러한 패턴은 $SU(3)$ 군의 표현이론의 결과이나 여기선 단순히 양자수에 따라 기하학적으로 늘어놓는 방법론으로 기술하였다. 하나의 다중항 패턴 안에 들어가는 바리온이나 메존들은 서로 섞인다는 뜻이며 다른 다중항에 속하는 입자들은 서로 섞이지 않는다. 즉 하나에서 다른 하나로 붕괴하지 않는다. 겔만이 군론을 통해 이 패턴들을 찾았을 때 거의 모든 입자들이 발견된 상태였으나 10중항에 속한 오메가입자는 발견되지 않은 상태였다. 이 입자는 스핀 3/2, 기묘도 -3, 전하가 -1인 입자였고 이 신비의 입자는 1964년 브루크하벤 국립가속기 센터에서 겔만이 예측한 양자수를 가진 채로 발견되었다.

이러한 $SU(3)$ 대칭성은 어디에서 오는 것일까? 이는 세 종류의 쿼이 양자수만 다르고 많은 면에서 같다는 것에서 온다. 당시로서야 이상했겠지만 나중에 발견된 무거운 쿼들에 비해 u, d, s 쿼은 매우 가벼워서 서로 같다고 해도 좋은 세 종류의 입자라 보는 것이다. 다중항(multiplet)이란 서로 비슷하여 서로 섞일 수 있는 것들이니 표현이론의 전문용어이긴 하나 직관적으로 이야기할 때 다중항이란 결국 다중 쌍둥이들을 일컫는 말이다. 일견 무질서하게 발견된, 수명이 10^{-24}초에 불과한 강입자들 속에 서로 다른 쿼들이 이토록 아름다운 내적 대칭성을 가지고 어울려 있다는 것은 진정 신비로운 일이다.

색 양자수 오메가입자 $|sss>$가 실험에서 발견됨으로써 입자분류의 물리학은 일단락 되었지만 이는 하나의 근본적인 문제를 야기시켰다. 즉, 같은 입자 3개가 한 상태에 들어감으로써 명백히 파울리 원리가 깨진 것이다. 이를 극복하기 위해서 또 다른 양자수 컬러를 도입해야 했다. 1965년 한무영과 요이치로 남부는 향기 $SU(3)$ 외에 세 개의 다른 양자수 도입하고 이들을 섞는 또 하나의 $SU(3)$를 도입한 논문을 발표했는데[4] 이 양자수는 후에 색(color) 양자수로 명명되었다. 쿼으로 이루어진 중립자의 동역학은 막스웰 전자기 이론의 확장인 소위 '비가환 게이지이론'으로 형식화 되었는데 이를 다루는 양자이론은 양자색역학라 불리게 된다.

3.6 대칭성과 맥스웰 이론의 확장들

이제 남은 문제는 어떻게 이런 쿼들이 결합하여 바리온이나 중간자들을 만드는가에 관한 동역학인데 물리학자들은 그 답을 맥스웰 이론의 확장에서 찾았다. 이 장의 목적이 아이디어의 소개에 있으므로 동역학에 대한 이론적 논의보다 짧은 현상론적 소개가 적당할 것 같다.

색깔 $SU(3)$ 대칭성을 맥스웰 전자기 이론에 삽입하면 소위 비가환 게이지 이론(non-abelian gauge theory)을 구성할 수 있는데 이를 양자색소역학이라 하며, 고에너지에서 이 이론은 실험 사실과 잘 부합한다. 따라서 양자색소역학은 중입자 기술의 표준모형으로 자리

[4]Han, M Y and Nambu, Y. (1965). Three-Triplet Model with Double SU(3) Symmetry. Phys. Rev. 139: B1006.

잡았다. 남은 문제는 낮은 에너지에서는 결합이 커서 섭동전개가 불가하고 따라서 계산이 안된다는 것이다. 이 문제는 아직까지도 미해결이어서 낮은 에너지에서의 양자색소역학을 계산하거나 재구성하는 것은 물리학에 남겨진 중요한 숙제이다.

3.6.1 전자기약작용

비가환 게이지 이론을 약상호작용을 하는 문제에 적용하면 실험의 세부사항을 모두 설명하는 놀라운 결과를 얻게 되며 이것이 와인버거 모형인데 입자물리학의 표준모형이다. 이 모델에는 몇 가지 흥미로운 아이디어가 포함되어 있다. 가장 중요한 것은 약상호작용이 미치는 범주는 매우 짧아야 하므로, 이를 위해 게이지 보존의 질량이 $100GeV$ 정도로 커야 한다는 아이디어다. 게이지 불변성은 원래의 게이지 보존의 질량이 0이어야 함을 요구하므로 어떻게 질량을 얻는가 하는 것이 이론의 핵심요소이다. 이를 위해선 소위 힉스 메커니즘이 필요한데 이는 게이지 장을 스칼라 장과 결합시키고 스칼라 장이 진공 중에서 유한한 평균값을 가질 때 이 값이 게이지 장의 질량을 줄 수 있다는 것이다. 어떻게 스칼라장이 진공중에 유한한 평균값을 갖게 할 수 있는가 하는 질문에는 스칼라장의 퍼텐셜을 손으로 조정하여 그렇게 되도록 한다는 좀 궁색한 답이 있을 뿐이다. 이런 점에서 표준모형을 미완성의 이론이라 보는 사람도 있다. 이 스칼라장의 평균값에서부터의 요동을 기술하는 입자를 힉스입자라 하는데 2013년 힉스입자가 발견되었고 그 질량은 $125.3GeV$ 인 것으로 알려져 있다. 두 번째는 향의 섞음인데 중성자가 양성자로 변하는 과정을 설명하려면 필요한 부분이다. 향의 종류가 2개뿐일 때는 두 향 간의 섞임을 카비보 각이라 하는 한 변수로 기술하지만 향이 3개일 때는 $SU(3)$ 회전에 의한 섞음이 필요하다. 이 회전각들을 고바야시-마스카와의 각이라 한다. 이 과정에서 복소수 파라미터가 들어와 CP대칭성의 깨짐을 일으키는 근거를 제공함으로써, 진공에서 생성된 우주로부터 물질이 반물질을 이기고 살아남은 이유를 설명한다.

양자색역학과 점근적 자유 1960년 말경엔 가속기의 기술이 상당히 발전하여 수 GeV($=10^9eV$) 이상의 에너지를 가지는 전자를 양성자에 충돌시키는 실험이 이루어졌다. 이 실험 장치는 매우 짧은 파장을 갖는 (따라서 매우 높은 에너지를 갖는) 물질파에 의해 양성자 내부의 구조를 보는 커다란 현미경이라 생각하면 되겠다. 그 결과 양성자 내부의 입자 즉 쿼 간의 상호작용은 거의 무시할 만큼 작다는 것이 알려지게 되었다. 이를 양자색역학의 상호작용이 고에너지에서는 작아진다는 소위 점근적 자유이론으로 설명한 데이비드 그로스와 프랑크 윌첵 그리고 데이비드 폴리처(David Gross, Frank Wilczek, David Politzer) 3인은 2004년에 노벨물리학상을 받게 된다. 이 일은 강상호작용을 위해서는 쓸모없는 것으로 여겨졌던 비가환 게이지이론이, 고에너지에선 유의미한 계산방법으로 쓰일 수 있음을 의미하는 것이어서, 1970년대 고에너지 입자물리학의 방법론을 산란행렬론에서 섭동 게이지이론 연구로 급선회시키는 결정적인 이유가 되었다. 그러나 저에너지 강상호작용의 계산불능 문제는 아직도 여전히 미해결의 문제로 남아있다. 그 결과 어째서 쿼이 중립자 밖으로 나오지 못하는가 하는 문제도 아직 완전히 풀리지 않은 문제로 남아 있으며 이를 쿼의 속박문제(quark confinement problem)라 한다.

3.6.2 대통일이론

표준모형은 대략 다음과 같이 정리된다. 중입자는 쿼으로 대치될 수 있으며 쿼의 색깔은 3개이고 이는 $SU(3)$에 의해 섞인다. 렙톤은 $SU(2) \times U(1)$에 의해 섞인다. 그렇다면 매우 높은 에너지에선 이들을 모두 포함하는 $SU(5)$ 군이나 더 큰 군으로 확장되어 중입자나 렙톤 전체가 더 단순한 구조에 의해 한꺼번에 기술되지 않을까? 마치 전기나 자기가 전자기로, 다시 전자기약작용으로 통일되었듯이 말이다. 이를 대통일 이론이라 한다. 이는 옛날 아인슈타인이 중력과 전자기학의 통합을 꿈꾸었던 것처럼 모든 물리학자의 꿈의 이론이 될 것이다. 그러나 현실은 그리 녹록하지 않다. 대통일 이론이 가장 먼저 이야기하는 것은 렙톤과 바리온이 섞이는 것이며 이는 양성자가 전자나 중성미자로 붕괴하는 현상을 의미한다. 그러나 오랜 실험적인 조사 끝에도 아직 양성자 붕괴는 발견되지 않았다. 이는 물리학자의 꿈에는 나쁜 소식이지만 이 우주의 안정성에는 매우 좋은 소식이다.

뉴트리노의 질량과 대통일 이론 원래 뉴트리노는 전하도 질량도 없는 물질로 표준모형에 들어왔으나 최근의 실험에 의하면 서로 다른 종류의 뉴트리노들이 서로 섞이는 현상이 관찰되었다. 이로써 뉴트리노의 질량은 0이 아닌것으로 밝혀졌고, 서로 다른 종류의 뉴트리노는 서로 다른 질량도 가짐을 알게 되었다. 그러나 뉴트리노 질량 그 자체를 재는 일은 미래 실험의 문제로 남아 있다. 또 질량구조나 섞임을 지배하는 구조가 밝혀지면 가족구조에의해 표준모델의 확장과 대통일 이론의 보다 구체적인 세부사항에 대한 중요한 단서가 제시될 것으로 생각되고 있다.

3.6.3 끈이론과 양자중력

끈이론은 1960년대 말 중립자를 기술하는 열린끈의 이론으로 탄생하였으나 당시 입자물리학 실험의 에너지 스케일이 고에너지로 옮겨감에 따라 중립자의 이론으로서는 사람들에게 잊혀져 갔다. 대신 중력을 기술하는 닫힌끈의 이론으로 재탄생되었는데, 이는 닫힌끈 이론이 일반상대성이론을 포함하고 있으며 양자역학과의 정합성이 있는 거의 유일하게 알려진 이론이기 때문이다. 끈이론은 보존과 페르미온 사이의 섞임에 대해 불변한다는 초대칭성의 존재하에 발전해 왔는데 그 이유는 이 대칭성이 고에너지에서는 양자요동을 순화시키기고 낮은 에너지에서는 이론을 정확히 풀리는 계로 만들어 주는 등, 수학적으로 좋은 성질들을 주기 때문이다.

닫힌끈 이론의 에너지 스케일은 양자 중력이 중요해 지는 스케일, 즉 관련 입자가 블랙홀이 되는 스케일이다. 입자의 콤프톤 길이가 입자질량을 가진 블랙홀의 반경보다 작다는 조건, $\frac{\hbar}{Mc} \leq \frac{2G_N M}{c^2}$ 으로부터 이론의 에너지 스케일은 플랑크 에너지 스케일이라 불리는

$$E_P = Mc^2 = \sqrt{\frac{c\hbar}{G}} \sim 10^{19}\text{GeV}$$

가 되어야하므로 태생적으로 실험이 불가능한 영역을 다룬다는 맹점이 있다. 그러나 과거 뉴턴역학과 미시세계를 조화시키는 과정에서 양자역학이 나오고 뉴턴역학과 빛 속도의 좌표계 불변성을 조화시키는 데서 상대론이 나왔듯이, 일견 모순되는 일반상대론과 양자역학을 조화시키는 과정에서 다시 한 번 새로운 물리학이 태동될 것이라는 기대가 있고, 끈이론이 아인슈타인의 중력 이론과 양자역학을 조화시키는 유일한 이론이므로 블랙홀의 정보 소실등 양자중력의 근본적 문제를 푸는 과정에서 새 물리 이론이 태동할 것이라는 것은 설득력이 있으므로, 근본을 묻는 사람들의 끈이론에 대한 관심은 쉽게 사그러지기 어렵다.

최근 끈이론의 발전으로 끈이론 내에는 입자나 끈 외에도 여러가지 차원을 가지는 것(총칭하여 솔리톤)들이 존재하고 그 중 한 부류인 디브레인 주위에선 이 양자중력의 스케일이 사라지는 영역이 존재한다는 것이 알려져 있다. 이 영역에서는 초대칭성을 갖는 양자색역학의 한 버젼이 굽은 공간에서의 고전 중력 이론으로 근사될 수 있음이 보여졌으며 이를 실제 양자색역학과 나아가 일반적인 강상호 작용하는 물질들의 근사이론으로 정식화 할 수 있는가 하는 물음이 미래물리학의 큰 연구주제로 떠오르고 있다.

3.6.4 우주론과 암흑물질

인류가 묻는 모든 질문 중에 가장 오래되고 심원한 질문은 우주의 시원에 관한 것과 종말에 관한 것이다. 우주론은 그러한 이유로 매우 오랫동안 신화와 종교의 영역이었으며 과학적 논의의 대상이 된 것은 아인슈타인 이후이다. 정량과학의 대상이 된 것은 우주 흑체복사의 발견 이후 즉 20세기 후반에 와서이다. 가장 큰 스케일을 다루는 우주론은 아이러니하게도 가장 작은 스케일에서의 현상을 다루는 입자물리학과 긴밀히 연결되어 있다. 이것은, 우주가 팽창해 왔다는 우주론의 기본원리가 우주는 태초엔 매우 작은 고온고압의 상태였다는 것을 의미하기 때문이다. 이런 고밀도상태는 시공간의 양자역학적 상태와도 결부되어 양자중력 이론과도 결부될 수밖에 없다. 이 시점에 있어서 입자물리학 실험의 가장 큰 미해결의 문제는 우주론과 결부된 암흑물질과 암흑에너지 문제이다. 간단히 말해 우리가 아는 물질은 다 합쳐도 우주 전체 물질의 5%를 넘지 못한다는 것이며 약 20%는 우리가 보지 못하는 암흑물질, 75%는 암흑에너지라는 것으로 되어 있어야 현재 보이는 우주의 운동을 설명할 수 있다는 우주 급팽창에 대한 관측 때문이다. 오늘과 같은 정보의 시대에, 우주의 질량 대부분을 구성하는 물질에 대해 우리가 완전히 모르고 있다는 것보다 더 놀라운 정보가 있을까.

주의 사항 실제 입자 물리학은 고에너지 현상이므로 입자의 창생과 소멸을 포함하는 간단치 않은 계가 된다. 이런 다체를 기술하는 양자장론은 응집물리학의 필수적인 수단도 된다. 입자계가 응집계와 다른 점은 페르미 준위가 없어 상대론적 불변성, 즉 로렌츠 공변성이 동역학을 지배한다는 점이다. 여기서는 초보적 수준에서, 개념들만 정리하였으며 생성 소멸을 포함하는 동역학은 취급하지 않았다. 다체를 위한 양자역학을 위해선 우선 개별 입자간의 상호작용이 약할 때 성립하는 섭동 양자장론을 공부하기 바란다.

제 II 부 양자물리학의 정식화

제 4 장 양자역학의 구조

제 5 장 자기장 안에 있는 전자

제 6 장 대칭성

제 7 장 각운동량

제 8 장 수소 원자

제 9 장 스핀

제 10 장 디랙 방정식

제 11 장 얽힘과 양자정보

제 12 장 섭동론

제 13 장 시간에 따라 변하는 물리계

제 14 장 베리위상과 베리 퍼텐셜

제 15 장 산란

제4장
양자역학의 구조

이 장에서는 양자역학을 만든 선각자들이 왜 현재와 같은 해석의 구조를 선택했는지에 대해 설명해 보려고 한다. 양자역학은 선형대수학에서 영감을 받아 정식화되었는데 양자역학을 처음 배울 땐 어디까지가 이미 알려진 선형대수학의 내용이고 어디서부터가 양자역학인지를 구별하기 쉽지 않다. 디랙은 자신의 고유한 표기법을 도입하고 선형대수학을 차용하여 양자역학을 기술하였기 때문에 디랙의 표기법을 사용한 선형대수학 그 자체를 요약하는 것이 좋겠다.

4.1 선형대수학 요약

이 소절의 목적은 양자역학에 필요한 선형대수적 지식을 정리하기 위함도 있지만 동시에 아래에 기술되는 내용이 양자역학 이전에 이미 있었던, 즉 그 자체로는 양자역학의 물리적 내용과 무관한 것임을 인지시키기 위함이기도 하다.

벡터공간, 일차독립(linear independency), 차원(dimension), 기저(basis)

벡터공간은 구성요소(element)들간의 합과 차가 정의되고 구성요소와 실수 혹은 복소수와의 스칼라곱이 정의되는 집합이다.[1] 이 집합의 구성원소들을 **벡터**라고 하며 정의에 사용한

[1]차가 정의된다 함은 합에 대한 항등원과 각 요소의 역원이 존재함을 의미한다.

스칼라가 실수이면 **실벡터 공간**, 복소수이면 **복소 벡터공간**이라 한다. 벡터공간의 요소를 벡터원이라 하며, 벡터들의 1차결합 혹은 다른 말로 선형결합 $\sum_i c_i v^i$ 은 다시 벡터가 된다.

주어진 몇 개의 벡터들 중 어느 것도 다른 벡터들의 일차결합으로 표시되지 않으면 이들은 서로 **일차독립**이라 한다. 벡터 공간 V의 임의의 벡터가 주어진 일차독립인 n개 벡터의 선형결합으로 표시될 때 이 벡터들은 **기저(basis)**를 이룬다고 말하고 n을 이 벡터 공간의 **차원**이라 한다. 기저 벡터들을 $e_1, e_2, \cdots, e_n$ 이라 할 때 벡터 v를 기저의 1차결합 $v = v_1 e_1 + v_2 e_2 + \cdots + v_n e_n$ 으로 표시하는 것을 이 기저에 대한 전개라 한다. 기저전개에 의해 n-차원의 벡터는 n-다중항(n-multiplet)$(v_1, v_2, \cdots, v_n)$에 대응시킬 수 있으므로 기저가 선택되면 실벡터공간은 $\mathbf{R}^n$ 에 의해 표현된다. 같은 이유로 복소벡터공간은 $\mathbf{C}^n$ 로 표현된다.

벡터공간의 차원은 유한할 필요가 없다. 무한차원공간의 대표적인 예는 함수공간이다. 전자기 파동의 집합은 이 함수 공간을 구성한다. **함수공간이 벡터공간이라는 것은 물리적으로는 중첩의 원리(super-position principle)가 성립한다는 것과 동치**이다. 전자기 파동에서 중첩의 원리가 성립하는 것은 맥스웰 방정식이 선형이기 때문이다. 역학적 파동의 경우 그 진폭이 작을 때는 벡터공간을 이루나 진폭이 클 때는 그렇지 않다. 예를 들어 높은 파도나 솔리톤 등에는 중첩의 원리가 적용되지 않는다. 그 이유는 파동을 구성하는 질점에 작용하는 뉴턴의 법칙이 선형방정식이 아니기 때문이다. 양자역학의 선형성이 어떤 비선형이론의 극한에서 나온 것인지 내재적으로 선형인지는 아직 분명하지 않다.

내적, 벡터의 길이, 직교성, 정규화

벡터공간의 임의의 두 벡터에 대해 하나의 스칼라를 대응시키는 함수 $g : V \otimes V \to S$ 를 생각하자. $g(v, w)$가 v, w에 대해 선형이면 즉,

$$g(v_1 + v_2, w) = g(v_1, w) + g(v_2, w), \quad g(v, w_1 + w_2) = g(v, w_1) + g(v, w_2) \tag{4.1}$$

이면, g는 이 공간의 내적을 정의할 수 있다. 복소 벡터 공간일 때 스칼라 α에 대해 $g(v, \alpha w) = \alpha g(v, w)$, $g(\alpha v, w) = \alpha^* g(v, w)$를 만족하는 것으로 하면 내적은 자연스럽게

$$||v||^2 = g(v, v) \tag{4.2}$$

로서 벡터의 길이 $||v||$를 정의한다. 내적 $g(v, w)$를 단순히 (v, w)와 같이 간단히 쓰기도 한다. 두 벡터의 내적이 0이면 두 벡터는 직교한다고 하며, 벡터 v의 정규화란 v의 길이를 1로 만드는 것을 의미한다. 따라서 벡터 $v_1, \cdots, v_n$ 이 정규화된 직교 기저를 이룬다 함은 임의의

두 벡터에 대해

$$(v_i, v_j) = \delta_{ij}, \tag{4.3}$$

가 성립함을 말한다.

짝벡터

내적은 또 짝벡터(dual vector)를 정의한다. 벡터 v의 짝벡터 $\tilde{v}$는 벡터공간 V에서 스칼라로의 함수, 즉 임의의 벡터 w에 대해 $\tilde{v}(w) = (v, w)$로 정의한다.

디랙의 기호

디랙은 벡터 v를 $|v\rangle$, 그의 짝벡터를 $\langle v|$로 표시하고 또 내적 (v, w)를 $\langle v|w\rangle$로 표시하는 기호를 도입하였다. 디랙 표기는 벡터와 짝벡터를 분명히 구별되게 표시하고 문맥에 따라 혼동이 없을 때는 인덱스나 양자수와 같은 벡터의 특성만으로도 벡터를 표기할 수 있게 해준다는 것이다. 예를 들어 벡터 $e_i, i = 1, 2, \cdots$ 가 있을 때 $|e_i\rangle$를 단순히 $|i\rangle$로 표시할 수 있다.

1의 분해

벡터 v를 이 기저에서 전개하여 $|v\rangle = \sum v_i |i\rangle$를 얻고 양변에 $\langle i|$를 곱하고 $\langle i|j\rangle = \delta_{ij}$ 임을 사용하면 $v_i = \langle i|v\rangle$ 임을 얻는다. 이들 결과를 사용하면 $|v\rangle = \sum_i |i\rangle\langle i|v\rangle$, 우변은 $\sum_i |i\rangle\langle i|$라는 연산자가 $|v\rangle$에 작용하여 그 자신 $|v\rangle$를 얻은 것이라 해석할 수 있다. 즉

$$\sum_i |i\rangle\langle i| = \mathbf{I} \tag{4.4}$$

를 얻는데 이를 1의 분해라 하며 디랙의 기호를 써서 얻는 가장 큰 장점이다. 이 성질은 무한차원공간인 함수공간에서도 성립한다.

예1: $\mathbb{R}^3$

3차원의 유클리드 공간에 직교좌표계를 도입하고 $e_1 = (1, 0, 0), e_2 = (0, 1, 0), e_3 = (0, 0, 1)$라 하면 e_1, e_2, e_3는 기저 벡터가 된다. $v = \sum v_i e_i,\ w = \sum w_i e_i$라 하면 $(v, w) = \sum_i v_i^* w_i$는 표준적인 내적을 정의하고 이는 양의 길이를 정의해 준다. 디랙의 기호를 사용하면 이들은 다음과 같이 쓸 수 있다.

$$|v\rangle = \sum v_i |i\rangle,\ |w\rangle = \sum_i w_i |i\rangle,\ \langle v|w\rangle = \sum_i v_i^* w_i \tag{4.5}$$

예2: 함수공간

함수 $\psi(x)$ 들의 집합은 벡터공간을 이루므로 그의 한 요소를 $|\psi\rangle$ 라고 표기할 수 있다. 함수공간의 내적은 적분으로 정의된다. 즉 함수공간의 두 벡터 ψ, ϕ 간의 내적은

$$\langle\psi|\phi\rangle = \int dx \psi^*(x)\phi(x) \tag{4.6}$$

로 정의되는데, 여기서 변수 x 를 유한차원 공간에서의 벡터 인덱스 i 처럼 취급하면 적분에 의한 내적의 정의 (4.6)는 유한차원공간에서의 정의 (4.5)와 평행한 것임을 알 수 있다. 여기서 $\psi^*(x)$ 는 물론 함숫값 $\psi(x)$ 의 복소수 켤레짝이다. 함수 ψ 의 길이 (norm)를 $||\psi|| = \sqrt{\langle\psi|\psi\rangle}$ 로 정의하면 실수 변수의 함수공간에서도 두 벡터의 사이각을

$$\cos\theta = \frac{\langle\psi|\phi\rangle}{||\psi||\cdot||\phi||} \tag{4.7}$$

에 의해 정의할 수 있다.

연산자와 그 표현, 에르밋 연산자

벡터공간 V 에서 연산자(operator)는 벡터를 벡터로 보내는 선형 함수이다. 연산자는 벡터공간의 한 정규기저 $|i\rangle, i = 1, 2, \cdots$ 를 택하여 행렬로 표시할 수 있다. 1의 분해를 연산자 A 의 좌우에 작용하면 벡터 v 에의 작용은

$$A|v\rangle = \sum_{ij} |i\rangle\langle i|A|j\rangle\langle j|v\rangle = \sum_i |i\rangle A_{ij} v_j, \tag{4.8}$$

인데, 여기서 $A_{ij} = \langle i|A|j\rangle$ 이다. 즉 벡터 $A|v\rangle$ 의 i 번째 성분은 $\sum_j A_{ij}v_j$ 라는 것이다. 기저를 사용하면 벡터가 유클리드 공간의 한 벡터 $(v_1, \cdots, v_n)$ 에 대응되듯이, 연산자는 행렬 (A_{ij}) 에 대응된다. 이와 같이 벡터와 연산자를 행렬로 나타내는 것을 **표현(representation)** 이라 한다. 기저가 주어지면 표현이 결정된다.

식 (4.8)에 $\langle w|$ 를 곱하면

$$\langle w|A|v\rangle = \sum_{ij} w_i^* A_{ij} v_j. \tag{4.9}$$

이 식의 양변의 켤레 복소수를 취하면

$$\langle w|A|v\rangle^* = \sum_{ij} w_i A_{ij}^* v_j^* := \sum_{ij} v_j^* (A)_{ji}^\dagger w_i. \tag{4.10}$$

여기서 $(A)_{ji}^\dagger$ 는 행렬 (A) 의 에르밋 켤레 행렬 $(A)^\dagger$ 의 ji 성분이다. $(A)_{ij}^\dagger = A_{ji}^*$ 를 ij 성분으로 하는 연산자를 $A^\dagger$ 라 하면 $A^\dagger = \sum_{ij} |i\rangle A_{ji}^* \langle j|$ 이고 식 (4.10)은

$$\langle w|A|v\rangle^* = \langle v|A^\dagger|w\rangle, \tag{4.11}$$

로 쓰인다. 그런데 $\langle w|v\rangle^* = \langle v|w\rangle$ 이니 위 식은

$$\langle w|A|v\rangle^* = \langle Av|w\rangle = \langle v|A^\dagger|w\rangle \tag{4.12}$$

임을 말하고, 이것이 임의의 $|w\rangle$ 에 대해 성립하니 다음 식이 성립한다.

$$\langle v|A^\dagger = \langle Av| \tag{4.13}$$

고윳값, 고유벡터

연산자는 어떤 벡터들 앞에선 상수와 같다. 즉

$$A|v\rangle = \lambda|v\rangle \tag{4.14}$$

이를 고윳값 방정식이라 하고 a를 고윳값, $|v\rangle$를 고유벡터라 한다. 적당한 정규기저를 택하여 행렬성분을 취하면 $\sum_j A_{ij}v_j = \lambda v_i$ 이 되는데, 이는 $\sum_j(A_{ij} - a\delta_{ij})v_j = 0$으로 쓸 수 있고 이는 행렬 $(A - a\mathbf{I})$가 0을 고윳값으로 가진다는 말이다. 따라서

$$\det(A - a\mathbf{I}) = 0 \tag{4.15}$$

이 방정식은 행렬 A가 n 차원공간에 작용할 땐 n개의 근을 가지는 다항식이다. 이제 j 번째 고유치 a_j 에 대응하는 고유벡터를 e_j 라 하면

$$Ae_j = a_je_j \tag{4.16}$$

예제 4.1 에르밋 연산자의 고윳값은 실수이며 서로 다른 고윳값에 해당하는 고유벡터들은 직교함을 증명하라.

답) $\langle\phi_m|A|\phi_n\rangle$ 에서 연산자 A를 오른쪽과 왼쪽 어느 쪽에 작용하는가에 따라 다음 등식이 성립한다. $(a_n - a_m^*)\langle\phi_m|\phi_n\rangle = 0$. $n = m$이면 $a_n = a_n^*$. $n \neq m$이면 $\langle\phi_m|\phi_n\rangle = 0$.

예제 4.2 기저의 변화는 연산자의 행렬 표현에 유니터리 변환을 가져옴을 증명하라.

답) 기저와 새 기저가 $|e'_i\rangle = \sum_j |e_j\rangle U_{ji}$ 로 연결되어 있다면 $U_{ji} = \langle e_j|e'_i\rangle$ 이다. 이때

$$(U^\dagger U)_{ij} = \sum_k U^\dagger_{ik} U_{kl} = \sum_k \langle e'_i|e_k\rangle\langle e_k|e'_j\rangle = \langle e_i|e_j\rangle = \delta_{ij} \tag{4.17}$$

이므로 U 는 유니터리 행렬이다. 그런데 새 기저에서의 연산자의 행렬표현은

$$A'_{ij} = \langle e'_i|A|e'_j\rangle = \sum_{kl} \langle e'_i|e_k\rangle\langle e_k|A|e_l\rangle\langle e_l|e'_j\rangle = (U^\dagger AU)_{ij} \tag{4.18}$$

이것은 U 에 의한 행렬 A 의 유니터리 변환임을 말해준다.

이제 e_j 를 j 번째 열로 하는 행렬 $S = (e_1, e_2, \cdots, e_n)$ 를 생각하자. S 가 $S^\dagger S = 1$ 을 만족시키는 유니터리 행렬임은 $S^\dagger S$ 의 ij 성분이 $e_i^{*T} e_j = \langle e_i|e_j\rangle = \delta_{ij}$ 임을 주목하면 알 수 있다. 이제 두 행렬 A와 S의 곱은 $AS = (Ae_1, Ae_2, \cdots, Ae_n)$ 인데 이는 행렬 곱은 앞행렬이 뒤 행렬의 열벡터들에 작용하도록 설계되었다는 사실을 쓴 것이다. 이 식의 좌변들에 $S^\dagger$ 를 곱하면

$$S^\dagger AS = (e_1, e_2, \cdots, e_n)^T (Ae_1, Ae_2, \cdots, Ae_n) \tag{4.19}$$

우변의 ij 성분은 $e_i^T \lambda_j e_j = \lambda_j \delta_{ij}$ 이다. 즉 $S^\dagger AS$ 는 대각선 행렬이다. 여기서 A^T 는 행렬 A 의 치환행렬을 말하니 e_i^T 는 열벡터를 의미한다. 이 결과는 에르밑 연산자는 유니터리 행렬에 의해 될 수 있음을 보여줄 뿐 아니라 그 대각화시키는 행렬을 어떻게 구성하는지도 보여준다.

연산자들의 교환자

두 연산자 A, B 의 교환자(commutator) $[A, B]$ 는 $[A, B] := AB - BA$ 로 정의된다. 교환자가 0일 때 두 연산자는 서로 가환이라 한다. 행렬 곱은 비가환이므로 연산자의 곱도 일반적으로 비가환이다. 그러나 두 연산자가 가환일 때는 특별한 일이 일어나는데 그것은 두 연산자를 동시에 대각화시키는 기저가 존재한다는 것이다. 사실 두 가지는 동치이다. 논의를 단순화시키기 위해 하나의 고윳값에는 하나의 고유벡터가 대응된다고 하자. 이제 $A|a_n\rangle = a_n|a_n\rangle$ 이라 하자. 그러면 $AB|a_n\rangle = BA|a_n\rangle = a_n B|a_n\rangle$ 이므로 $B|a_n\rangle$ 또한 A 의 고윳값 a_n 을 갖는 고유벡터이다. 하나의 고윳값에는 하나의 고유벡터만 대응되므로 $B|a_n\rangle$ 은 $|a_n\rangle$ 에 비례할 수밖에 없다. 그 비례상수를 b_n 이라 하면 $B|a_n\rangle = b_n|a_n\rangle$ 이 되어 $|a_n\rangle$ 은 B의 고윳값 b_n 인 고유벡터가 되니 $|a_n, b_n\rangle$ 이라 불러도 좋다. 즉, A를 대각화시키는 기저는 B도 대각화시킨다.

예제 4.3 A의 고윳값 a_n을 갖는 고유벡터가 여럿일 때에 위의 논증을 완성하라.
답) A의 고윳값 a_n을 갖는 고유벡터들을 각각 $|a_n, 1\rangle, |a_n, 2\rangle, \cdots, |a_n, m\rangle$ 이라 하자. 그러면 $B|a_n; k\rangle = \sum_l B^n_{k,l}|a_n, l\rangle$ 이므로 연산자 B는 A의 고윳값 a_n의 부속공간에서 하나의 행렬을 이룬다. 이 행렬을 대각화시키는 기저를 택할 수 있고 이 행렬의 고윳값을 $b_k, k = 1, 2, \cdots, m$ 대응되는 고유벡터들을 $\{|a_n, b_k\rangle\}$ 이라 하면 이 기저는 A와 B를 동시에 대각화시킨다.

연산자들의 대수

연산자들의 교환자는 미분연산자가 갖는 라이프니츠 규칙과 또 결합법칙(associativity)를 만족한다. 즉,

$$[A, BC] = [A, B]C + B[A, C],$$
$$[A, [B, C]] + [B, [C, A]] + [C, [A, B]] = 0 \tag{4.20}$$

증명은 전개해 보면 명백하니 각자에게 맡긴다.

4.2 양자역학의 정식화

양자역학의 핵심을 드러내는 실험을 통해 양자물리학을 만든 사람들의 생각을 추측해 보기로 한다.

4.2.1 양자현상: 입자-파동의 이중성

광자나 전자를 사용하는 영의 실험을 생각하자. 원래 영의 실험은 19세기 초에 빛의 간섭성을 보여주기 위해 설계되었는데 2개의 구멍을 가진 슬릿과 하나의 영사막으로 이루어진다. 같은 광원에서 나간 빛의 파동이 슬릿의 두 구멍을 지나 영사막에 도달하면 구멍의 모양을 닮은 밝고 어두움이 반복해서 나타나는 간섭무늬가 만들어진다. 이 무늬는 빛이 2개의 구멍을 통과하여 영사막의 각점에 도달하면 서로 중첩되기 때문에 만들어진다.

오늘날에는 빛의 세기를 극단적으로 줄여 보내는 것이 가능해졌고 마침내 빛을 한 번 쏠 때마다 영사막에 나타나는 문양은 하나의 점으로 나타나게 할 수 있다. 그런데 이러한 실험을

여러 번 하여 점의 개수가 쌓이면 영사막에 쌓인 점 문양의 총체적 모습은 점점 우리가 아는 간섭무늬에 가까워진다.

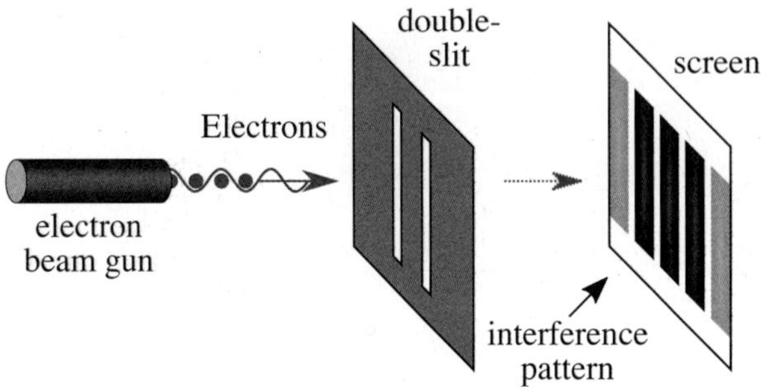

(a) 전자의 이중성 실험장치

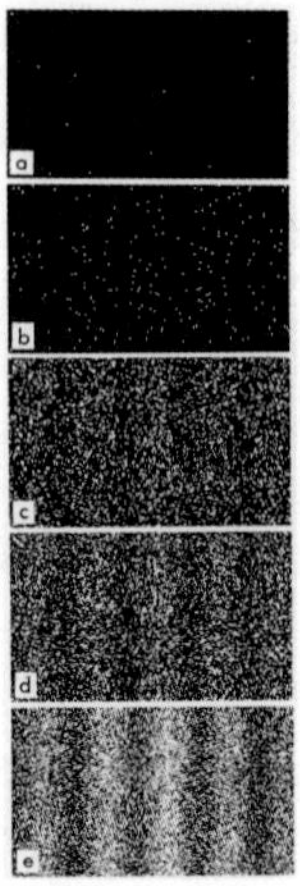

(b) 단일전자에 의한 간섭

그림 4.1: (a) 전자를 하나씩 보내 형광판에 점이 어디에 찍히는지를 기록한다.
(b) 점의 개수가 증가함에 따라 간섭무늬가 나타난다.
(그림 출처: Wikipedia: Double-slit experiment)

즉 빛의 세기가 극단적으로 낮을 때 빛은 위치를 갖는 입자의 성격을 가진다 할 수 있고 이것이 광자이다. 나아가 빛의 세기가 강할 때에도 결국 광자들의 개수가 많을 뿐 빛은 역시 광자들로 이루어졌다고 볼 수도 있는 것이다.

이제 완전히 같은 실험을 광자 대신 전자로 해보자. 그림 4.1를 보라. 이때는 구멍의 간격이 대략 전자운동의 드브로이 파장 (h/mv) 정도가 되도록 조절하고 스크린에는 형광장치를 설치한다. 그런 연후에 전자를 하나 보내면 스크린의 한 점에서 불이 번쩍인다. 즉 도착한 것은 위치를 가지는 입자인 것이다. 도달한 개개의 전자는 잘 정의된 위치를 갖는다. 그러나 전자의 개수가 충분히 쌓이면 도달점들의 집합은 간섭무늬를 이룬다. 그러면 전자도 빛처럼 구멍 2개를 동시에 통과하는 것일까? 이를 확인하기 위해 구멍 뒤에 측정장치를 달면 전자가 오른쪽 혹은 왼쪽구멍 중 하나를 통과하는 것을 확인할 수 있는데, 놀라운 것은 이를 확인하면 형광막에서의 간섭무늬가 사라진다는 것이다. 즉, 전자는 구멍근처나 형광막에서 '위치'를 측정하면 입자처럼 보이고 측정하지 않으면 파동으로 보인다.

이 실험은 어떻게 전자가 입자이면서 동시에 파동이라는 것인지를 보여준다. 미시 세계에

관한 모든 실험은 통계적인 것이며 이 통계적 처리를 위한 가장 간단한 처방은 단일입자에 파동성을 부여하는 것이다. 이것이 양자역학의 정통적 해석이라 할 수 있는 코펜하겐 해석이다. 즉 실험을 설명하기 위한 수학적인 도구인 파동과 실재 사이에 그 어떤 중간물도 놓을 필요도 없으며 따라서 파동은 수학적 도구일 뿐 아니라 실재 그 자체라는 것이다. 보른은 다음과 같이 해석하였다: 전자파동을 $\psi(x)$ 라 하면 전자라는 입자가 위치 x 에서 발견될 확률은 $|\psi(x)|^2$ 이다.

4.3 양자역학의 공리들

1. **입자의 파동성과 중첩의 원리** 입자의 파동성을 인정하면, 입자의 상태는 위치와 모멘텀이 아니라 파동함수에 의해 주어지게 된다. 중첩의 원리가 성립한다고 "가정"하면 파동함수는 선형공간을 이루고 상태는 이 공간의 한 벡터로 표시된다. 이는 물질파를 기술하는 파동방정식이 선형 미분방정식이어야 함도 내포한다. 상태공간은 함수공간으로서 일반적으로 무한차원공간이며, 내적이 정의되고 기저에 대한 전개가 가능한 소위 힐베르트 공간이 된다.

2. **측정량과 연산자 :** 우리의 논의를 모멘텀으로부터 시작하자. 아인슈타인의 빛에 관한 관계식 $E = \hbar\omega,\ p = \hbar k$ 가 입자에 대해서도 성립한다고 가정하자. 그러면 드브로이 관계식 $\lambda = h/p = 2\pi/k$ 로부터 에너지가 E, 모멘텀이 p 인 자유전자를 기술하는 파동은

$$e^{i(kx-\omega t)} = e^{i(px-Et)/\hbar}, \tag{4.21}$$

로 쓸 수 있음을 안다. 이로부터

$$pe^{i(px-Et)/\hbar} = \frac{\hbar}{i}\frac{\partial}{\partial x}e^{i(px-Et)/\hbar} \tag{4.22}$$

즉 자유전자의 파동함수 앞에서 모멘텀은 위치미분(연산자)과 같음을 알 수 있다. 그러나 힘을 받는 입자는 위와 같은 간단한 파동으로 기술될 수 없으며 일반적으로 위치나 모멘텀을 정확히 기술할 수는 없게 된다. 이 경우 미분연산자와 모멘텀의 관계는 매우 불투명하다. 하나의 가능성은 입자의 상태를 기술하는 파동함수가 무엇이든 그와 관계없이 미분연산자 $\frac{\hbar}{i}\frac{\partial}{\partial x}$ 를 모멘텀에 대응시키고 이를 연산자 p_{op} 라고 부르는 것이다. 양자역학에 연산자(operator)가 나타나는 이유는 자유입자에 대해서만 분명한 모멘텀과 미분연산자의 관계를 비자유입자의 경우로 일반화했기 때문이다. 양자역학을 얼마나 이해하느냐는

것은 이 과정을 얼마나 수긍하는가에 있다. 모멘텀에 대한 이러한 고찰은 일반적 물리량에 대한 명제로 승격되어 **모든 고전역학의 물리량** $A(x,p)$ **이 양자역학에선 연산자** $\hat{A}(x,p_{op})$ **로 대체**되어야 한다는 공리가 설정되었다. 특별히 위치에 대해서도 마찬가지의 논리를 적용하면 모멘텀과 위치는 서로 교환가능하지 않은 연산자가 된다. $p_{op}=\frac{\hbar}{i}\frac{\partial}{\partial x}$ 는 양자화 조건

$$[x_{op},p_{op}]=i\hbar$$

과 동치이며, 이 비교환성은 아래 예제에서 보듯이 측정과 상관없이 하이젠베르크의 불확정성 원리를 내포한다.

3. **측정값과 고윳값:** 다시 모멘텀으로 돌아가자. 입자의 모멘텀과 연산자 $p_{op}=\frac{\hbar}{i}\frac{\partial}{\partial x}$ 의 관계는 무엇인가? 그 답은 이 연산자의 고윳값 방정식

$$p_{op}\psi_p=p\psi_p \tag{4.23}$$

을 풀어 나오는 고윳값을 모멘텀의 **측정값**으로 대응시키는 것으로 주어진다. 이때 ψ_p 는 일반적 입자의 상태를 기술하는 파동이 아니라 모멘텀이 정확히 정의되는 특별한 상태 즉 p_{op} 의 고유상태(eigenstate)를 나타낸다. 모멘텀과 마찬가지로, 임의의 측정량 $\hat{A}$ 에 대해서도 고윳값 방정식

$$\hat{A}\phi_n=a_n\phi_n \tag{4.24}$$

을 통해 **측정값은 고윳값** a_n 에 대응된다고 설정하는 것이 자연스럽다. 연산자가 된 측정량 $\hat{A}$ 의 고윳값은 실수여야 하므로 측정량은 에르밋 연산자(Hermitian operator)에 대응되어야 한다. 특별히, 에너지는 해밀토니안이라 불리는 에너지 연산자 $H_{op}(x,p_{op})=p_{op}^2/2m+V(x)$ 의 고윳값에 해당하며 그의 고윳값 방정식 $H_{op}\varphi_n=E_n\varphi_n$ 은 **시간 무관 슈뢰딩거 방정식**이라 불린다.

4. **기저 전개와 확률해석 :** 일반적 상태는 정확한 모멘텀을 갖는 것이 아니므로 그렇다면 주어진 상태함수로부터 어떤 모멘텀을 측정하게 될 것인가에 대한 처방이 필요하게 된다. 임의의 상태함수는 모멘텀 고유벡터들의 선형결합으로 표시될 수 있는데 왜냐하면 이것은 다름 아닌 푸리에 전개 $\psi(x)=\sum_p c_p\psi_p$ 로 잘 알려지 있기 때문이다. 그리고 측정에서 확정된 모멘텀을 얻을 수 없다는 것이 확실해졌으므로, 확률적 접근을 할 수밖에 없으며 모멘텀 p 를 얻을 확률이 이 전개에 있어서 각 모멘텀 고유벡터의 계수 c_p 들과 연결되어 있다는 생각은 자연스럽다.

모멘텀 외의 다른 측정량의 경우도 마찬가지이다. 계의 상태가 특별히 고유상태에 있는 경우가 아니라면 같은 상태를 여러 개 만들어 이들을 한 번씩 측정했을 때 언제나 같은 값을 얻는 것은 아니다. 상태 ψ는 $\hat{A}$의 고유벡터 ϕ_n 들의 중첩 $\psi = \sum_n c_n \phi_n$ 으로 표시하는 것이 항상 가능하다. (사실은 이것이 가능하다는 조건이 상태공간이 힐베르트 공간이란 말이다.) 이때 물리량 A를 측정하여 고윳값 a_n 을 측정할 확률이 $|c_n|^2$ 이라 가정하면 측정량이 위치였을 때 보른의 해석과 일치하는 결과를 준다.

상태를 알고 있어도 어떤 측정값을 얻느냐 하는 것이 확률적으로 알 수밖에 없다는 것은 고전역학에 익숙한 사람들에게 매우 불편한 진실이다. 물리량 A에 대한 측정을 여러 번 했을 때의 평균값을 $\langle A \rangle$ 라 표시하면

$$\langle A \rangle = \sum_n |c_n|^2 a_n \tag{4.25}$$

임이 되는 것이 예상된다. 그런데 $\langle \psi | \hat{A} | \psi \rangle$ 를 계산하면 위식의 우변이 됨을 쉽게 확인할 수 있으니 양자역학에선 상태가 ψ에 있을 때 물리량 A를 측정하면 그 기댓값은 다음으로 주어지게 된다.

$$\langle A \rangle_\psi = \langle \psi | \hat{A} | \psi \rangle \tag{4.26}$$

지금부터는 물리량 A와 그에 대응되는 연산자 $\hat{A}$를 동일시하기로 한다.

주의할 점은 측정되기 전에 같은 상태를 두 개 만들어 각각에 대하여 같은 양을 재는 것과, 한 개의 계를 측정하고 이 측정된 계를 다시 측정한다는 것은 완전히 다른 결과를 준다는 사실이다. 공리 4가 이야기하는 것은 전자의 경우이며, 후자는 아래 공리 5의 주제이다.

5. **측정과 양자도약:** $\hat{A}$를 측정하여 a_n 이란 값을 얻고나서 측정이 가해진 시스템에 다시 $\hat{A}$를 측정하면 그때부터는 몇 번을 재어도 같은 값이 측정된다. 이는 고전적인 측정의 일의성과 일치하지만, 한편으론 파동이 원래의 상태 ψ에서 ϕ_n 으로 도약했다고 가정하지 않으면 이미 설정한 공리들과는 일치하지 않는다. 만일 측정 후 도약 없이 측정되기 전의 상태로 남아 있는다면 반복되는 측정 시마다 다른 결과가 나오며 그 분포는 공리 4가 이야기하듯 확률분포 $|c_n|^2$ 를 따를 것이기 때문이다. 이 공리 5는 실험적으로는 쉽게 확인되지만 고전적 직관으로 이해하기는 어려운 가정이다. 물리학자들은 도약의 원인을 관측되는 미시계와 측정기기라는 거시계 사이의 상호작용이라 생각하고 있는데 이에 관해서는 다음 절에서 더 논의하도록 한다.

6. **슈뢰딩거 방정식:** 계의 초기 상태가 $|\psi(0)\rangle$로 주어졌을 때 중간에 측정이 행해지지 않는다면 t초 후의 상태를 기술하는 것은 파동방정식

$$i\hbar\partial_t|\psi(t)\rangle = H_{op}|\psi(t)\rangle \tag{4.27}$$

의 해로 주어진다. 이렇게 가정하면 초기 상태가 $|\psi(0)\rangle = \sum_n c_n|\varphi_n\rangle$로 주어졌을 때 계의 시간 진행에 대한 해는

$$|\psi(t)\rangle = \exp(-itH_{op}/\hbar)|\psi(0)\rangle = \sum_n c_n e^{-iE_nt/\hbar}|\varphi_n\rangle$$

로 주어진다. 시간 무관 슈뢰딩거 방정식은 에너지의 고윳값 E_n들과 고유벡터 $|\varphi_n\rangle$들을 결정하는 방정식이며 실제 계를 기술하는 상태의 시간변화를 결정하는 것이 아니라는것에 주목하기 바란다.

디랙에 의해 정리된 이러한 체계는 어디까지나 가설일 뿐 이론적으로 증명할 방법은 없다. 물리학에 있어서 어떤 법칙이나 가설도 절대적인 것은 있을 수 없으니, 위의 공리들이 옳은가는 실험적 검증의 영역이다. 양자역학이 오늘날까지 살아남은 이유는 반례를 찾지 못했기 때문이다. 그러나 더 세밀하고 극한의 상황에서 위 가설이 대체될 가능성은 얼마든지 열려 있다. 다체(manybody)를 기술하는 물질파가 벡터공간을 이루는지는 검증되지 않았다.[2]

예제 4.4 불확정성 원리의 증명

임의의 연산자 A에 대해 불확정성 ΔA를 $(\Delta A)^2 = \langle (A - \langle A\rangle)^2\rangle$로 정의한다. 이 정의에 입각하여 불확정성 원리 $\Delta x\Delta p \geq \hbar/2$를 증명하라.

답) $\tilde{A}_{op} = A_{op} - \langle A_{op}\rangle$라 하면 $[\tilde{x}_{op}, \tilde{p}_{op}] = i\hbar$도 성립한다. 임의의 연산자 A에 대해 $||A|\psi\rangle||^2 = \langle\psi|A^\dagger A|\psi\rangle = \langle A^\dagger A\rangle$ 임에 유의하면 실변수 t의 2차식

$$F(t) = ||(\tilde{x}_{op}t + i\tilde{p}_{op})|\psi\rangle||^2 = t^2\langle\tilde{x}^2\rangle - t\langle[\tilde{x}_{op}, \tilde{p}_{op}]/i\rangle + \langle\tilde{p}^2\rangle, \tag{4.28}$$

이 항상 음이 아니므로 판별식은 양이 아니다. $[\tilde{x}_{op}, \tilde{p}_{op}] = i\hbar$ 임에 유의하면 이 판별식 조건이 불확정성 원리를 주는 부등식이다.

---

[2] 오히려 다체의 물질파가 선형공간을 이루지 않는다고 생각하는 것이 다체를 간단하고 효과적으로 기술하는 경우도 있다. 예를 들어 임계점 주위의 란다우의 질서변수는 선형방정식의 해로 주어질 수는 없다.

4.4 중첩의 원리와 슈뢰딩거의 고양이

양자역학의 공리 중 가장 비직관적인것은 양자도약과 벡터공간 공리이다. 그러나 양자도약은 측정이 무엇인가를 생각하면 이해하기 어렵지 않다. 측정이란 미시세계의 정보가 인간의 감각에 도달하기까지 미시계와 거시계 사이의 상호작용을 의미하니, 비유하자면 코끼리가 거미를 밟았는데 거미가 멀쩡하면 이상한 것이다. 따라서 측정에 의해 계의 파동함수가 갑작스런 도약을 한다는 것은 측정의 본질을 생각하면 전혀 이상한 일이 아니다. 오히려 이해하기 미묘한 것은 중첩의 원리이다.

이 중첩의 원리야말로 양자역학 체계를 선형대수학의 기반 위에 있도록 하는 근거인 동시에 물리량을 확률적으로만 알 수 있다고 해석할 수밖에 없도록 강제하는 것이기 때문이다. 상태에 대해 모든 것을 알고 있어도 측정값은 확률적으로만 예측할 수 있다는 개념은 실로 거시 세계에선 매우 생소한 개념이며 누구라도 적응하기 어려운 개념이다. 깊은 고민을 통해 이러한 결론에 처음 도달한 보어와 그 문하생들 이외엔 당시의 대부분 물리학자들은 여기에 잘 적응하지 못했다. 양자 개념을 처음 물리적으로 도입한 아인슈타인과 파동방정식을 만든 슈뢰딩거마저도 이러한 상황을 불편해했다. 아인슈타인은 이를 마땅하게 생각하지 않아 이 책의 후반부에 소개할 EPR-패러독스라는 문제를 제출하였다.

4.4.1 슈뢰딩거 고양이

슈뢰딩거는 미시세계의 상태와 거시세계의 상태를 연결하면 비상식적인 패러독스가 나온다고 지적하고, 유명한 슈뢰딩거 고양이 문제를 제출하였다. 원자핵의 방사능 붕괴가 일어나면 가이거 계수기가 이를 측정하여 신호를 확대하고, 확대된 신호에 의해 고양이 방에 설치된 독가스가 든 그릇이 깨진다. 원자의 상태는 붕괴한다와 안 한다의 중첩상태이니 고양이의 상태도 죽은 고양이와 산 고양이라는 두 상태의 중첩상태인데, 거시계인 고양이의 상태가 중첩상태에 있다는 것이 말이 되느냐고 물었다.

이 문제가 더 많은 사람을 사로잡은 것은 측정과 관련시켜, 단순히 커튼을 열고 고양이를 보는 것이 고양이를 죽일 수 있다고 드라마틱하게 해석하면서부터다. 스토리는 다음과 같다. 고양이의 상태가 생사의 중첩이라면 생 혹은 사라는 고유상태로 확정되는 것은 양자역학 공리에 의하면 고양이를 측정하는 행위이다. 따라서 당신이 커튼을 열고 확인했을 때 죽어 있으면 당신이 죽인 거라고 말하는 것이다. 과연 잠깐 엿보는 것만으로도 고양이를 죽일 수 있다는 것일까? 물론 말이 안 되는 이야기다. 그러나 위그너와 같은 위대한 과학자도 이 문제에 관해 생각하다가 인식능력이 있는 존재의 관찰이 측정의 핵심요소라고 하였으니 당시의 물리학자들이 이 문제에 대해 얼마나 혼란스러워 했는지 짐작할 만하다. 아래에 소개하는 바와 같이 최근까지도 이 문제가 실험가의 연구대상이 되었다는 사실을 먼저 말해 두고 싶다.

4.4.2 버키볼 간섭실험

오늘날은 비교적 무거운 입자들을 가지고도 간섭성 실험을 할 수 있다. 예를 들어 전자보다 훨씬 무거운 Buckyball C_{60}를 가지고 영의 실험을 해도 역시 간섭성을 확인할 수 있다.[3] 이러한 사실은 고양이와 같은 거시적 대상도 조건만 맞으면 간섭성을 보여줄 것이라 추측하게 한다. 정말 거시계라 할지라도 간섭성이 존재한다면 고양이와 전자를 차별할 정성적인 이유는 사라질 것이다. 간섭성은 실험장치의 정밀도를 나타내는 스케일, 즉 슬릿의 간격 a가 실험에 사용되는 파동의 파장과 비슷해야 관측되는데

$$a \sim \lambda = h/MV \tag{4.29}$$

이므로 비록 버키볼이 전자보다 150만배 무거워도 버키볼의 속도가 빛의 속도보다 150만배 느린 초당 200m/sec 정도로 컨트롤된다면 속도의 느림은 질량의 무거움을 상쇄할 것이다. 따라서 버키볼은 여전히 미시세계에 속한다고 논증할 수 있다. 반면, 고양이의 경우 간섭효과를 보려면 슬릿 간격은 플랑크 길이 (10^{-33}cm) 만큼이나 작아야 한다. 이렇게 작은 스케일 내에 고양이를 가둘 수는 없으므로 고양이 상태의 간섭성은 없다고 해도 좋다. 따라서 전자와 버키볼 그리고 고양이의 차이는 질량의 대소에 불과하며 미시와 거시의 경계란 혼합된 채로 서서히 사라진다. 그러나 고양이 문제의 핵심은 확실한 미시와 확실한 거시를 연결할 때 생기는 문제이므로 버키볼 실험이 원래 고양이 문제의 해는 될 수 없다.

4.4.3 고양이 문제의 분석

슈뢰딩거의 문제의 핵심은 방사성 동위원소의 붕괴라는 미시적 문제를 고양이의 죽고 사는 거시적 문제와 연결했다는 데에 있으며 패러독스에 대한 해의 핵심은 측정이 언제 이루어졌는가를 밝히는 것에 있다. 이 문제에는 세 가지 중요한 측정사건이 있다. 그 중 두 가

---

[3] **https://doi.org/10.1038/44348** .

지는 분명하다. 시간적으로 고양이의 죽음에 가까운 순으로 이야기하자면 첫째는 고양이의 상태를 사람이 확인한 사건이며, 둘째는 붕괴 시 나온 알파입자를 가이거 계수기가 검출한 사건이다. 알파입자가 검출되면 독약병이 깨지도록 설정되어 있으니 두 번째가 미시와 거시를 연결한 사건이라 생각할 수 있다. 슈뢰딩거는 이 미시-거시의 연결문제에선 알파입자의 검출확률은 1이라 보았다. 현대적 검출기에 있어 이는 큰 어려움이 아니므로 받아들이는 것이 좋겠다.

여러분 중엔 미시사건과 거시사건을 연결하는 것에 문제가 있다고 생각할 사람도 있을 것인데 이는 매우 탁월한 생각이다. 닐스 보어도 이 부분에 착안하여 가이거 검출기가 알파입자를 검출하는 순간 측정이 이루어진 것이며 이로 인해 간섭성이 사라진다고 보았다. 이를 결맞음 잃음(decoherence)이라 한다. 따라서 고양이의 상태는 중첩상태에 있지 않다. 필자는 이 해석에 근사적으로 동의하는 편이다. 그러므로 양자역학을 처음 대하는 독자는 여기서 다음 다음 절로 넘어가도 좋다.

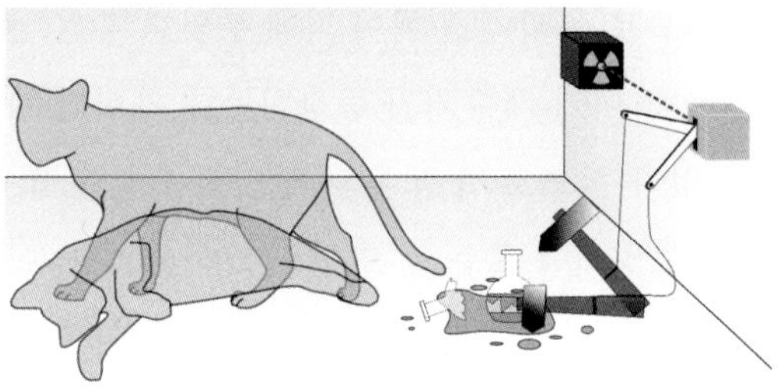

(a) 슈뢰딩거 고양이

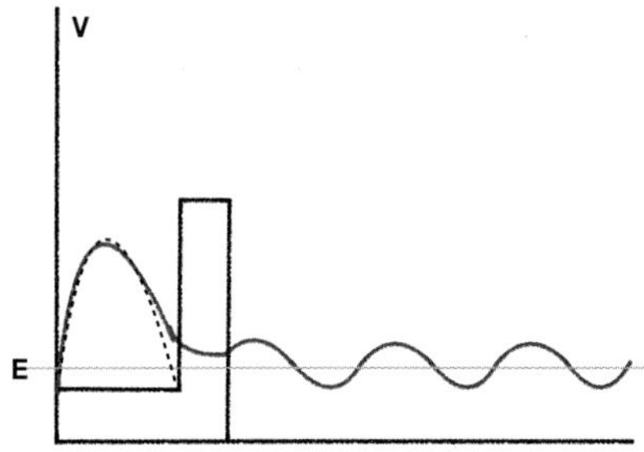

(b) 핵의 붕괴와 고유함수

그림 4.2: (a)슈뢰딩거 고양이: 방사성 원소가 붕괴하면 가이거 계수기가 이를 감지하고 독약병을 깨트려 고양이는 죽는다.
(그림 출처: Dhatfield, https://commons.wikimedia.org/w/index.php?curid=4279886)
(b) 핵붕괴 전의 알파입자의 고유상태는 안과 밖에 있는 상태들의 중첩이다.

4.4.4 고양이 문제 더 생각하기 *

그러나 저자가 보기에 보어의 이야기가 완전하지는 않은데, 그 이유는 가이거 계수기가 알파입자를 검출하기 전에 이미 알파입자의 간섭성은 사라져 있기 때문이다. 가이거 계수기가 확률 1로 측정할 수 있다는 사실은 이미 알파입자의 상태가 중첩성을 가지고 있지 않다는

뜻이다. 이같은 일이 생기는 것은 가이거 계수기 이전에 제3의 측정이 더 있기 때문이라고 밖엔 할 수 없다. 필자의 생각에 이는 알파입자가 방사성 원소의 벽을 뚫고 나올 때 이루어진 것이다. 알파입자가 원자핵의 벽에 부딪칠 때마다 알파입자는 확률적으로 방출된다. 불안정한 핵 내의 알파입자의 상태는, 안에 있는 $|in\rangle$ 상태와 밖에 있는 $|out\rangle$ 상태의 중첩으로 기술할 수 있는데 왜냐하면 이 문제의 에너지 고유상태를 기술하는 파동함수는 밖에서 0이 아니기 때문이다.[4] 알파입자가 경험하는 퍼텐셜은 다른 핵자들 전체가 제공하는 것이며, 알파입자가 핵의 퍼텐셜 벽에 부딪는 사건은 알파입자와 외부세계와의 상호작용인데 이는 곧 측정이다. 여기서 외부세계란 핵 내 알파입자 외의 다른 핵자들 전부를 말한다. 물론 이 측정은 사람이 한 것이 아니라 자연이 한 것이다. 측정이 되었으므로 퍼텐셜벽을 뚫고 나온 다음엔 알파입자의 상태는 $|out\rangle$ 이라는 고유상태에 있다. 즉, 퍼텐셜벽에 부딪기 전의 알파입자의 상태는 중첩상태에 있으나 부딪힌 후의 알파입자는 핵밖에 있음과 핵내에 있음이라는 두 고유상태의 혼합상태에 있다. 알파입자가 나오지 못했을 때는 알파입자는 순간적으로 $|in\rangle$의 상태에 있게 되나 다시 핵의 퍼텐셜이 주는 힘을 받아 중첩상태로 돌아가 실험이 반복된다. 이 셋업은 사람이 한 것이 아니므로 우리에겐 핵이 벽에 부딪힌 후의 상태에 대한 정보가 없다. 이 시점에서 보어가 주목한 가이거 계수기가 등장하는데 가이거 계수기는 확률 1로, 있는 것을 있다 하고 없는 것을 없다 하므로 측정 후의 상태의 도약은 없다. 따라서 이는 양자역학적 측정이 아니다. 사람이 고양이를 보는 것 또한 그러하다. 고양이의 상태는 알파입자가 핵의 퍼텐셜 벽에 부딪히는 사건이 이루어진 직후의 알파입자의 상태와 동등하며 따라서 고양이의 상태는 생 혹은 사의 두 고유상태의 중첩이 아닌 혼합상태(mixed state)에 있다. 혼합상태란 정보의 부재 때문에 생기는 확률적 기술을 포함하는 상태이다. 이 경우 알파입자의 상태는 이미 양자도약하여 안 혹은 밖이라는 상태로 확정되었으며 따라서 고양이의 상태도 생 혹은 사의 상태로 확정되었는데 측정의 기록을 우리가 갖지 않고 있으므로 반반의 확률로 살아있거나 죽어 있는 것으로 기술할 뿐이다.[5] 이와 대비되는 중첩상태란 상태에 대한 100%의 정보를 다 가진 상태이다. 그림 4.2(b)와 그 설명문을 보라.

이상에서 기술한 슈뢰딩거 고양이 문제에 대한 필자의 의견은, 붕괴 자체가 측정을 포

---

[4] 우리가 붕괴라 부르는 사건은, 핵의 내부만을 물리적 영역으로 한정할 때 생긴다. 이 때 에너지의 고윳값은 허숫값을 갖도록 기술되는데 시간이 갈수록 핵 내에 있을 확률이 줄어든다. 핵의 측면에서는 직관적이나, 알파입자의 입장에선 매우 이상한 기술이다. 알파입자는 '붕괴'된 적이 없기 때문이다.

[5] 11장에서 소개할 밀도행렬로 표현하면 $\rho = \frac{1}{2}\Big(|\text{생}\rangle\langle\text{생}| + |\text{사}\rangle\langle\text{사}|\Big)$ 로 표현되는 혼합상태이다.

함하고 있어서 붕괴 후의 알파입자의 상태는 양자중첩상태라고 설정할 수 없다는 것이다. 고양이의 상태는 붕괴 후의 알파입자의 상태와 같은데 후자는 측정 후의 상태이므로 중첩이 아니라 혼합상태이다. 앞에서 필자가 보어의 의견에 근사적으로만 동의한다는 것은 결맞음을 잃은 이유가 측정기가 알파입자를 측정했기 때문이 아니라 알파입자가 핵의 벽을 뚫고 나왔을 때 이미 결맞음을 잃었다는 뜻이다. 확률 100%로 검증되는 상태는 고유상태이지 중첩상태가 될 수 없는 것이다. 따라서 고양이의 상태는 중첩일 수 없고 따라서 슈뢰딩거가 제출한 문제는 중첩의 원리를 논의하기 위해 쓰일 수 없다.

4.4.5 간략히 한 고양이 문제

방사성 동위원소라는 미시계는 중첩상태의 본질을 파악하기엔 의도치 않게 복잡하다. 따라서 문제를 조금 쉽게 변형하겠다. 그림 4.3을 보라.

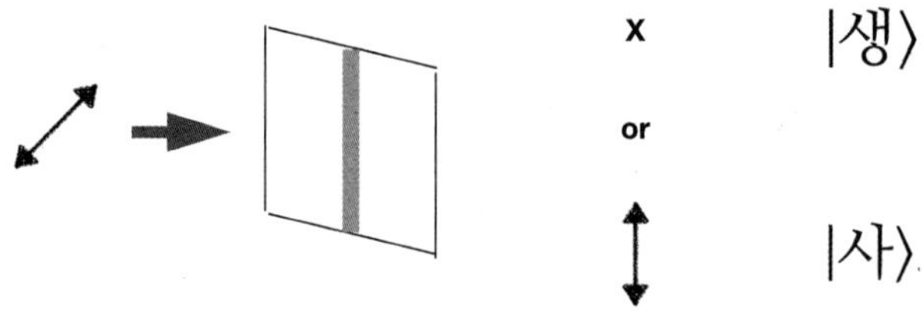

그림 4.3: 광자와 고양이: 45도 선형 편광된 광자 하나가 y축 편광만 통과시키는 슬릿을 통과시키면 반반의 확률로 흡수되거나 통과한다. 통과하면 독약병이 깨어지고 고양이는 죽는다.

45도 선형 편광된 광자는 x축방향의 편광 $|x\rangle$과 y축방향의 편광 $|y\rangle$의 중첩상태

$$\frac{1}{\sqrt{2}}(|x\rangle + |y\rangle) \tag{4.30}$$

에 있다. 이제 이 광자 하나가 y축 편광만 통과시키는 슬릿을 통과시키면 반반의 확률로 통과하거나 흡수된다. 통과하면 이전과 마찬가지로 가이거 계수기가 역할하여 독약병이 깨어지도록 장치되어 있다. 방사성 동위원소를 중첩상태에 있는 광자로 대치한 것이므로 미시-거시를 연결하려는 의도에 있어서 문제는 완전히 동일하다. 슬릿을 지날 때 광자는 흡수되었거나 (즉 고유상태 $|x\rangle$) 혹은 통과하였다(즉 고유상태 $|y\rangle$). 고양이의 상태는 슬릿 통과 후의 광자의 상태에 의해 결정된다. 슬릿을 통과하면 사람이 지켜보지 않아도 실험은 수행된 것이며, 광자의 상태는 우리가 기록하지 않아서 알지 못하더라도 $|x\rangle$ (미검출) 혹은 $|y\rangle$(검출)로 확정된 상태이다. 고양이의 상태도 |생⟩ 혹은 |사⟩로 확정된 상태에 있으며 중첩상태에 있지 않다.

우리가 고유상태에 있는 광자에 대해 확률이 반반이라 할 때는 정보의 부재, 즉 이미 슬릿을 통과했다는 (혹은 흡수되었다는) 사실을 기록하지 않은 것 때문이다. 반면 중첩상태에 있다는 것은 광자의 상태에 대한 정보를 100% 다 가지고 있음에도 불구하고 확률로밖에는 알 수 없다는 것이니 이 둘을 혼동하지 않는 것이 중요하다.[6] 결론적으로 고양이의 상태는 생과 사의 중첩이 아니라 생 혹은 사라는 확정된 상태의 혼합상태이며 사람이 고양이를 보고 안 보고는 고양이의 생사에 관계가 없다.

여기서 나아가 더 강한 결론을 내릴 수도 있는데, 미시와 거시를 연결하는 계는 어떤 경우에도 혼합상태에 있을 수밖에 없다는 것이다. 적어도 한 단계에서 중첩상태에 있는 계를 측정하여 고유상태로 전환하는 측정의 과정이 반드시 포함되어야 하기 때문이다. 예를 들어 간단히 한 고양이 문제에 있어선 45도 슬릿에 의해 측정이 이루어지고 그 결과치에 따라 독약병이 깨어지기 때문이다. 일단 측정이 일어난 계는 중첩상태일 수는 없는 것이다.

4.5 양자역학 공리 요약

1. 물질의 미시 상태들의 집합은 내적이 존재하는 **벡터공간**을 이룬다.

2. 상태와 관계없이 $p_{op} = \frac{\hbar}{i}\partial_x$ 로 주어진다. 이는 **불확정성 원리**를 내포한다. 같이하여 임의의 **물리량** A 에는 에르밑 연산자 A_{op} 가 대응한다.

3. 물리량 A_{op} 의 **측정값**은 A_{op} 의 고윳값의 하나가 된다.

4. 상태 ψ 의 A_{op} 고유벡터 **전개식** $\psi = \sum_n c_n \phi_n$ 이 존재하며 측정결과가 a_n 이 될 **확률**은 $|c_n|^2$, 동일한 상태를 많이 만들어 측정을 여러 번 실행했을 때의 기댓값은 $\langle\psi|A_{op}|\psi\rangle = \sum_n a_n |c_n|^2$ 이다.

5. 상태벡터는 **측정** 후 측정된 값에 대응되는 고유벡터로 **도약**한다.

6. 상태의 시간 변화는 **슈뢰딩거의 방정식** $i\hbar\partial_t\psi = H_{op}\psi$ 으로 기술된다.

---

[6] 11장에서 취급할 숨은변수이론은 중첩상태로부터 오는 불확실성을 알려지지 않은 변수에 대한 정보의 부재탓으로 돌리려는 시도인데 미리 말하자면 벨의 정리 이후 그 가능성은 부인되었다.

제5장
자기장 안에 있는 전자

입자의 양자역학은 해밀토니안을 써야 하므로 먼저 하전 입자가 외부 전자기장안에서 갖는 해밀토니안이 무엇인지를 알아야 한다. 이 경우 입자가 받는 힘은 전장과 자장으로 표시될 수 있으나 입자의 에너지는 놀랍게도 전자기장으로 표시할 수 없고 소위 전자기 퍼텐셜을 써야 한다.

5.1 전자기장과 전자기 퍼텐셜

전자기장 안의 하전입자가 받는 힘은 로렌츠의 힘

$$\mathbf{F} = q(\mathbf{E} + \mathbf{v} \times \mathbf{B}) \tag{5.1}$$

으로 표시된다. 전장과 자장은 전자기 퍼텐셜 $(\phi, \mathbf{A})$로

$$\mathbf{E} = -\nabla\phi - \frac{\partial \mathbf{A}}{\partial t}, \quad \mathbf{B} = \nabla \times \mathbf{A} \tag{5.2}$$

와 같이 쓰일 수 있는데, 이들의 우변은 게이지 변환

$$\mathbf{A} \to \mathbf{A} + \nabla\Lambda, \quad \phi \to \phi - \frac{\partial \Lambda}{\partial t} \tag{5.3}$$

에 대해 불변이다. Λ는 실험에 의해 측정되지 않는 양이므로 자연을 기술하는 방정식은 이 게이지 변환에 대해 반드시 불변이어야 한다. 양자역학의 가장 놀라운 점 중의 하나는 전자기장 안의 하전입자의 양자역학적 기술을 실제의 전장과 자장만으로 할 수 없고 반드시

퍼텐셜을 써야 한다는 점이다. 로렌츠 힘을 받는 하전 입자의 뉴턴의 방정식

$$m\frac{d^2\mathbf{x}}{dt^2} = q(\mathbf{E} + \mathbf{v} \times \mathbf{B}), \tag{5.4}$$

은 아래 예제가 보여 주듯이 라그랑지안

$$\mathcal{L}[x, v] = \frac{1}{2}m\dot{\mathbf{x}}^2 - q\phi + q\mathbf{v} \cdot \mathbf{A}, \tag{5.5}$$

과 그 운동방정식

$$\mathbf{p} = \frac{\partial \mathcal{L}}{\partial \mathbf{v}}, \quad \frac{d\mathbf{p}}{dt} = \frac{\partial \mathcal{L}}{\partial \mathbf{x}} \tag{5.6}$$

과 동치이다. 해밀토니안은 일반적인 관계식

$$H[x, p] = \mathbf{p} \cdot \mathbf{v} - \mathcal{L} \tag{5.7}$$

으로부터

$$H = \frac{1}{2m}(\mathbf{p} - q\mathbf{A})^2 + q\phi \tag{5.8}$$

로 주어짐을 알 수 있다.

예제 5.1

1. 라그랑지안 (5.5)으로부터 뉴턴의 방정식 (5.4)을 유도하라.
2. 위의 라그랑지안으로부터 해밀토니안 (5.8)을 유도해 보라.

답) 1. $p_i = mv_i + qA_i$ 이고 라그랑지 운동방정식은

$$m\dot{v}_i + qv_j\partial_j A_i - q\partial_i(v_j A_j - \phi) = 0.$$

$\partial_i A_j - \partial_j A_i = \epsilon_{ijk}B_k$ 임에 유의하면 원하는 뉴턴 방정식이 얻어진다.

2. 모든 mv를 $p - qA$로 표시하면 원하는 결과를 얻는다.

5.2 양자화와 게이지 원리

디랙은 고전역학에서 양자역학으로 가는 과정 즉 양자화를 고전역학의 포아송 관계식[1]

$$\{x_i, x_j\} = 0 = \{p_i, p_j\}, \quad \{x_i, p_j\} = \delta_{ij} \tag{5.9}$$

[1] 고전역학에서 A, B가 x_i, p_i의 함수일 때 포아송브라켓은 $\{A, B\} = \sum_i \left(\frac{\partial A}{\partial x_i}\frac{\partial B}{\partial p_i} - \frac{\partial A}{\partial p_i}\frac{\partial B}{\partial x_i}\right)$로 주어진다.

에서 변수 x_i, p_j를 연산자화한 다음 포아송 묶음 $\{,\}$을 연산자의 교환자 $[,]/i\hbar$로 바꾸는 것으로 기술하였다. 오늘날까지도 이 양자화를 정통(canonical) 양자화라 하며 표준적인 것으로 받아들인다.

2장에서 $[x,p] = i\hbar$로부터 x-표현에서는 x는 실수로 취급하고 $p = -i\hbar\nabla$로 표현하면 된다는 것을 안다. 이 때 슈뢰딩거 방정식은

$$i\hbar\partial_t\psi(\mathbf{x}) = \left[-\frac{\hbar^2}{2m}(\nabla - iqA)^2 + q\phi\right]\psi \tag{5.10}$$

인데 여기서 공변미분

$$D_t = \partial_t + i\phi/\hbar, \quad \mathbf{D} = \nabla - iq\mathbf{A}/\hbar, \tag{5.11}$$

를 도입하면 슈뢰딩거 방정식은

$$i\hbar D_t\psi(\mathbf{x}) = -\frac{\hbar^2}{2m}\mathbf{D}^2\psi \tag{5.12}$$

로 쓰인다.

> 문제 5.1 A^i를 $\mathbf{A}$의 세 성분이라 하고 $A_t = \phi$, $A_i = -A^i$라 정의하면 게이지변환과 공변미분은 다음과 같은 4벡터 형태로 간단히 기술할 수 있음을 보여라.
>
> $$A_\mu \to A_\mu + \partial_\mu\Lambda, \quad D_\mu = \partial_\mu + iqA_\mu \tag{5.13}$$

양자역학에서의 게이지 불변성과 게이지 원리

양자역학에 있어서 Λ는 그 의미가 분명해진다. 국소적 위상변화 $\psi \to e^{i\theta(x)}\psi$에 대해 $\nabla\psi \to e^{i\theta(x)}(\nabla + i\nabla\theta)\psi$ 이므로 $\theta = q\Lambda/\hbar$라 하면 $\mathbf{D}\psi = (\nabla - iq\mathbf{A}/\hbar)\psi$에 있어서 위상의 미분은 게이지 변환 $\mathbf{A} \to \mathbf{A} + \nabla\Lambda$에 의해 상쇄되어 $\mathbf{D}\psi$는 다음과 같이 간단히 변환한다.

$$\mathbf{D}\psi \to e^{iq\Lambda/\hbar}\mathbf{D}\psi \tag{5.14}$$

이러한 이유로 상태함수의 국소적 위상변환은 게이지 변환의 일부로 생각한다. 이때의 게이지 변환의 단순성이 $\mathbf{D}$를 공변미분이라 부르는 이유이다.

> 문제 5.2 게이지 변환에 대해 $D_i^2\psi \to e^{iq\Lambda/\hbar}D_i^2\psi$ 임을 보여라.

공변미분은 게이지변환에 대해 불변하는 운동에너지 항을 간단히 만들 수 있도록 해준다. 예를 들어 $\mathbf{D}^2\psi$는 가장 대표적인 예이며 어떤 4벡터 γ^μ에 대해 $\gamma^\mu D_\mu\psi$도 좋은 예이다. 후자는 디랙방정식의 라그랑지안을 만드는 데 쓰인다. 이 소절에서 우리는 전자기장하에서 하전입자의 운동방정식을 아는 것으로 하여 이 운동방정식을 주는 라그랑지안과 해밀토니안을 만들었다. 역으로 자유입자의 파동방정식에서 시작하여 이 방정식의 게이지 불변성을 요구하면 미분은 공변미분으로 대치된다. 이로부터 입자와 게이지 퍼텐셜 사이의 상호작용 항을 얻을 수 있으므로 이것을 상호작용의 형태를 결정하는 원리로 쓸 수 있는데 이를 게이지 원리라 한다. 이는 새로운 입자가 나타났을 때 그의 상호작용항을 결정하는 원리로 쓸 수 있어 입자물리학이 즐겨 사용해 온 기본 원리이다.

5.3 자장 안의 하전입자

5.3.1 란다우 게이지

물리학이 게이지 변환에 대해 불변해야 한다는 성질은, 게이지 변환을 통해 퍼텐셜이 특별히 편리한 형태를 갖도록 설정할 수 있다는 것도 말해준다. z축 방향으로 주어진 자기장 $\mathbf{B} = B\hat{z}$에 대해 퍼텐셜에 대한 다음과 같은 선택을 란다우 게이지라 한다.

$$\mathbf{A} = B(0, x, 0). \tag{5.15}$$

이러한 선택은 x방향의 병진대칭성과 z축중심의 회전대칭성을 깬다.

이 게이지 하에서의 해밀토니안은 다음과 같이 된다.

$$H = \frac{1}{2m}\Big(p_x^2 + (p_y - qBx)^2 + p_z^2\Big). \tag{5.16}$$

y, z방향의 병진대칭성은 명시적이어서

$$[p_y, H] = [p_z, H] = 0 \tag{5.17}$$

따라서 p_y, p_z, H의 공통고유벡터 $\psi = e^{ik_y y + ik_z z}\chi(x)$가 존재한다. $H_x = \frac{1}{2m}(p_y - qBx)^2$라 하면 이는 다음과 같이 쓰여진다.

$$H_x = \frac{p_x^2}{2m} + \frac{1}{2m}(\hbar k_y - qBx)^2 = \frac{p_x^2}{2m} + \frac{1}{2}m\omega_c^2(x - x_0)^2. \tag{5.18}$$

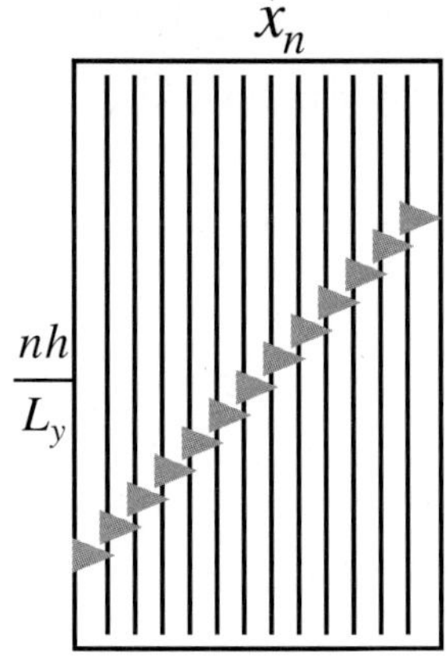

그림 5.1: 란다우 게이지

모멘텀 p_y 는 x_0 의 위치를 결정하나 에너지는 이에 무관하다. 전장을 가해 모멘텀을 한 단위 올리면 x_0 도 한 단위 이동한다. 만일 란다우 준위의 모든 상태가 다 차 있다면 전하를 왼쪽 변에서 오른쪽 변으로 옮겨 전류 q/T 가 생성된다.

그런데 이것은 $x_0 = \frac{\hbar k_y}{qB} := k_y l_B^2$ 를 중심으로 각진동수 $\omega_c = \frac{qB}{m}$ 를 갖는 단진자의 해밀토니안이다. 따라서 에너지 고윳값은

$$\epsilon_n = \hbar\omega_c(n + \frac{1}{2}) \tag{5.19}$$

이다. 이 고윳값을 란다우 준위라 한다. 파동함수는

$$\psi(x) = Ne^{ik_y y + ik_z z} H_n(x - x_0) e^{-\frac{1}{2l_B^2}(x-x_0)^2} \tag{5.20}$$

로서 입자의 존재 확률은 x_0 주변의 폭 l_B 의 좁은 띠 안에 몰려있다. 놀라운 것은, 모멘텀의 고윳값 $p_y = \hbar k_y$ 가 파동진폭의 최댓값의 위치 $x_0 \sim k_y$ 를 결정할 뿐 에너지에는 기여하지 않는다는 것이다. 그림 5.1을 보라. 따라서 (k_y, ϵ) 공간에서 에너지가 모멘텀에 무관한 수평한 평평한 분산구조를 가진다.[2]

겹침의 개수

샘플의 x 방향의 길이를 L_x, y 방향의 길이를 L_y 라 할 때 하나의 란다우 레벨에 있는 상태의

[2] 이러한 분산관계가 고체 안의 다체문제에서 일어난다면 이는 수평띠(flat band) 구조가 있다는 뜻이다. 이유 여하를 막론하고 수평띠가 있는 고체계는 자장이 없이도 강한 자장 안에서나 일어나는 여러 현상이 일어날 수 있다고 기대할 수 있다.

개수 $\mathcal{N}$을 구해보자. y 방향에 주기함수라는 경계조건을 주면 $e^{ik_yL_y}=1$. 따라서 어떤 정수 n_y이 있어 $k_y=2\pi n_y/L_y$이 성립해야 한다. 따라서 $n_y=\frac{L_y}{2\pi}k_y$도 성립한다.
이제

$$0<x_0=k_yl_B^2<L_x \tag{5.21}$$

로부터

$$0<n_y<\frac{L_xL_y}{2\pi l_B^2}=\mathcal{N} \tag{5.22}$$

를 얻는데, $\mathcal{N}$은 다음과 같이 쓸 수도 있다.

$$\mathcal{N}=\frac{AB}{h/e}=\frac{\Phi_B}{\Phi_0} \tag{5.23}$$

여기서 $\Phi_0=h/e$를 자속 양자(flux quantum)라 한다. 위에서 본 바와 같이 하나의 란다우 준위에는 $\mathcal{N}$개의 가용한 상태가 있다. 이 중 실제로는 N개의 전자만 차 있을 때

$$\nu=\frac{N}{\mathcal{N}}=\frac{N\Phi_0}{\Phi_B}=\frac{Nh}{ABe} \tag{5.24}$$

를 채움도 (filling fraction)라 한다.

문제 5.3 자기적 길이
$q=e,\ B=1$Tesla일 때 l_B를 계산하라.
답) $2.5\times10^{-8}m=25nm$.

5.3.2 대칭 게이지*

$\mathbf{A}=\frac{1}{2}\mathbf{B}\times\mathbf{x}=\frac{1}{2}B(-y,x,0)$로 설정하고 같은 문제를 풀어보자.

$$H=\frac{1}{2m}\Big((p_x+qBy/2)^2+(p_y-qBx/2)^2+p_z^2\Big) \tag{5.25}$$
$$=-\frac{\hbar^2}{2m}\nabla^2+\frac{1}{2}m\omega_L^2(x^2+y^2)-\omega_L L_z \tag{5.26}$$
$$=\frac{p_z^2}{2m}+H_{iso2}-\omega_L L_z \tag{5.27}$$

여기서 H_{iso2}는 각진동수가 $\omega_L=\frac{1}{2}\omega_c$인 2차원 등방 진동자의 해밀토니안이다. 세 연산자 $H_{iso2}, L_z, \frac{p_z^2}{2m}$ 들은 서로 교환되니 주어진 각운동량과 모멘텀 p_z를 갖는 H_{iso2}의 고윳값과 고유벡터를 구하면 충분하다. 편의상 $p_z=0$로 선택한다.

시리즈 해법

먼저 H_{iso2}의 시리즈 해법을 생각해 보자.

$$H_{iso2} = -\frac{\hbar^2}{2m}\nabla^2 + \frac{1}{2}m\omega_L^2 r^2 \tag{5.28}$$

x, y공간의 극좌표 r, φ에 대하여 $\nabla^2 = \partial_r^2 + \frac{1}{r}\partial_r + \frac{1}{r^2}\partial_\varphi^2$ 임을 상기하고 $\psi = e^{il\varphi}\phi(r)$이라 두면

$$H_{iso2} = -\frac{\hbar^2}{2m}\partial_r^2 + \frac{1}{r}\partial_r + \frac{1}{r^2}\partial_\varphi^2 + \frac{1}{2}m\omega_L^2 r^2 \tag{5.29}$$

이제 $r = \alpha\rho$라 스케일하고 슈뢰딩거 방정식 $H_{iso2}\psi = E\psi$에 $\frac{2m}{\hbar^2}\alpha^2$를 곱하여 다시 쓰면

$$\left[\partial_\rho^2 + \frac{1}{\rho}\partial_\rho + \frac{-l^2}{\rho^2} + \left(\frac{2m}{\hbar^2}E\alpha^2 - \frac{1}{2}\frac{2m}{\hbar^2}m\omega_L^2\rho^2\alpha^4\right)\right]\phi = 0 \tag{5.30}$$

이제 $\frac{m^2\omega_L^2}{\hbar^2}\alpha^4 = 1$이 되도록 α를 정하면 $\alpha = \sqrt{\frac{\hbar}{m\omega_L}}$. 이제 $\epsilon = \frac{E}{\hbar\omega_L}$라 정의하면, 방정식은

$$\left[\partial_\rho^2 + \frac{1}{\rho}\partial_\rho - \frac{l^2}{\rho^2} + (2\epsilon - \rho^2)\right]\phi = 0 \tag{5.31}$$

여기서 $\rho^2 = \xi$라 두면

$$\partial_\rho = 2\rho\partial_\xi, \quad \partial_\rho^2 = 2\partial_\xi + 4\xi\partial_\xi^2. \quad \text{따라서 } \frac{1}{\rho}\partial_\rho = 2\partial_\xi \tag{5.32}$$

새 변수로 방정식을 다시 쓰고 방정식을 4ξ로 나누어서

$$\left[\partial_\xi^2 + \frac{1}{\xi}\partial_\xi + \left(\frac{\epsilon}{2\xi} - \frac{1}{4} - \frac{l^2}{4\xi^2}\right)\right]\phi = 0 \tag{5.33}$$ [3]

이제 $\xi = 0$근방에서의 방정식이 $\xi \sim \xi^a$ 형태의 해를 갖는다면 주력항은 첫 두항과 마지막항이 된다. 따라서 $a^2 = l^2/4$. 여기서 l은 음양이 모두 가능하나 원점에서의 유한성을 요구하면 $a > 0$. 그러므로 $a = |l|/2$. 한편 $\xi = \infty$ 근방에서는 첫째 항과 괄호안의 상수항이 된다. 이때의 해는 $\phi \sim e^{-\xi/2}$. 이제 이들 특이점 근방의 행동을 인수분해하면 $\phi = \xi^{|l|/2}e^{-\xi/2}f(\xi)$. 이 식의 양변의 로그를 취하고 미분하면

$$\frac{\phi'}{\phi} = \frac{|l|}{2\xi} - \frac{1}{2} + \frac{f'}{f} \tag{5.34}$$

양변을 한 번 더 미분하여

$$\frac{\phi''}{\phi} - \left(\frac{\phi'}{\phi}\right)^2 = -\frac{|l|}{2\xi^2} + \frac{f''}{f} - \left(\frac{f'}{f}\right)^2 \tag{5.35}$$

---

[3] 이 방정식은 수소 원자에서의 슈뢰딩거 방정식과 놀랍도록 닮아 있음을 알게 될 것이다.

위의 결과들을 방정식 (5.33)에 대입하여 정리하면

$$\left[\partial_\xi^2 + \left(\frac{|l|+1}{\xi} - 1\right)\partial_\xi + \frac{\epsilon - |l| - 1}{2\xi}\right] f = 0 \tag{5.36}$$

이제 $f = \sum_{n=0}^{\infty} a_n \xi^n$ 이라 두면 위의 방정식은 다음과 같이 쓰인다.

$$\sum_{n=0}^{\infty}[n(n-1)a_n + na_n(|l|+1)]\xi^{n-2} - \sum_{n=0}^{\infty} na_n\xi^{n-1} + \sum_{n=0}^{\infty}\frac{1}{2}(\epsilon - |l| - 1)a_n\xi^{n-1} = 0 \tag{5.37}$$

첫 번째 수열합의 차수를 $n \to n+1$ 으로 변경하고 전체 방정식의 ξ^{n-1} 의 계수를 0으로 놓으면

$$[(n+1)(n+(|l|+1)]a_{n+1} + (-n + (\epsilon - |l| - 1)/2)a_n = 0, \tag{5.38}$$

$$\text{즉 } a_{n+1} = \frac{n - (\epsilon - |l| - 1)/2}{(n+1)(n+(|l|+1)}a_n \tag{5.39}$$

만일 어떤 항도 0이 아니라면 큰 n 에 대하여 $a_{n+1} = (1/n)a_n$ 따라서 $a_n \sim \frac{1}{n!}$. 따라서 $f \sim e^{\xi}$. 이는 ψ 를 $\xi = \infty$ 에서 발산하게 한다. 그러므로 급수는 유한한 항 a_N 에서 끝나야 한다. $a_{N+1} = 0$ 에서 $\epsilon = 2N + |l| + 1$.

$$E_{iso2} = \hbar\omega_L\epsilon = \hbar\omega_L(2N + |l| + 1) \tag{5.40}$$

이제 우리의 문제인 대칭 게이지에서의 란다우 문제로 돌아가자. $k_z = 0$ 일 때 $H = H_{iso2} - \omega_L L_z$ 이므로 $L_z = \hbar l$ 일 때에

$$E = \hbar\omega_c\left(N + \frac{1}{2} + \frac{1}{2}(|l| - l)\right) \tag{5.41}$$

인데 $l > 0$ 이면 놀랍게도 이는 각운동량 l 에 무관하다. 여기서 $\omega_L = \frac{1}{2}\omega_c$ 임을 썼다. 란다우 게이지에서는 k_y 에 무관했으며 이것이 란다우 준위의 겹침도를 제공했음을 상기하기 바란다. 위의 고윳값에 해당하는 고유벡터는 라게르 함수에 의해 주어짐이 알려져 있다. 다음 소절에서 우리는 연산자 해법을 통해 일반적인 준위의 고유벡터를 구하게 될 것이다.

대칭게이지에서의 연산자 해법 *

복소 좌표변수 $x + iy = w$ 를 도입하면

$$\partial = \partial_w = \frac{1}{2}(\partial_x - i\partial_y), \ \bar{\partial} = \partial_{\bar{w}} = \frac{1}{2}(\partial_x + i\partial_y), \quad L_z = \hbar(w\partial_w - \bar{w}\partial_{\bar{w}}). \tag{5.42}$$

여기서 주목할 것은 $w\partial_w$ 이 파동함수의 w의 멱수를 세고 $\bar{w}\bar{\partial}$이 파동함수의 $\bar{w}$의 멱수를 세니 L_z의 역할은 그 차를 세는 것이다. $w = l_B u$라 두면 해밀토니안은 다음과 같이 쓰여진다.

$$H = \hbar\omega_c \left(-2\partial\bar{\partial} + \frac{1}{8}u\bar{u} - \frac{1}{2}(u\partial_u - \bar{u}\partial_{\bar{u}}) \right), \tag{5.43}$$

이제 $\psi = e^{-\alpha u\bar{u}} f(u, \bar{u})$라 하면 f의 방정식은

$$\left(-2\partial\bar{\partial} + (\frac{1}{8} - 2\alpha^2)u\bar{u} + (2\alpha - \frac{1}{2})u\partial_u + (2\alpha + \frac{1}{2})\bar{u}\partial_{\bar{u}} + 2\alpha \right) f = \epsilon f, \tag{5.44}$$

이 되는데 여기서 $\epsilon = E/\hbar\omega_c$이다. 이제 $u\bar{u}$의 계수가 0이 되도록 α를 정하면 $\alpha = 1/4$. 이때 방정식은

$$\left(-2\partial\bar{\partial} + \bar{u}\partial_{\bar{u}} + \frac{1}{2} \right) = \epsilon f. \tag{5.45}$$

$D = \partial_u - \bar{u}/2$라 두면 위의 방정식은

$$\left(-2D\bar{\partial} + \frac{1}{2} \right) f = \epsilon f. \tag{5.46}$$

이제 이 방정식을 연산자 해법으로 풀어보자. $N = -2D\bar{\partial}$라 하면 그 고윳값 방정식은

$$N f_n = n f_n. \tag{5.47}$$

교환자 관계식

$$[D, \bar{\partial}] = \frac{1}{2} \tag{5.48}$$

를 사용하여

$$N\bar{\partial} f_n = (n-1)\bar{\partial} f_n, \quad N D f_n = (n+1) D f_n \tag{5.49}$$

를 각각 확인할 수 있고 이 식들은 각각

$$\bar{\partial} f_n = c_n f_{n-1}, \quad D f_n = d_n f_{n+1} \tag{5.50}$$

임을 의미한다. 이제 내적을

$$\langle f|g \rangle = \int d^2u e^{-\frac{1}{2}u\bar{u}} f^*(u) g(u) \tag{5.51}$$

로 정의하면 다음을 보일 수 있다.

$$\bar{\partial}^\dagger = -D, \quad D^\dagger = -\bar{\partial} \tag{5.52}$$

이를 사용하여

$$c_n^2 = ||\bar{\partial} f_n||^2 = \langle f_n|\bar{\partial}^\dagger \bar{\partial} f_n\rangle = \langle f_n| - D\bar{\partial} f_n\rangle = n/2, \tag{5.53}$$

$$d_n^2 = ||Df_n||^2 = \langle f_n| - \bar{\partial} D f_n\rangle = (n+1)/2 \tag{5.54}$$

$\bar{\partial}^k f_n = c'_{n,k} f_{n-k}$ 이니, 만일 n 이 정수가 아니면 충분히 큰 정수 k 에 대해 $n-k$ 가 음이므로

$$||\bar{\partial} f_{n-k}||^2 = (n-k)/2 < 0 \tag{5.55}$$

이는 확률해석과 모순된다. 따라서 n 은 정수값이고 $\bar{\partial}^n f_n$ 는 f_0 에 도달한다. (5.54)에서, $c_0 = 0$ 이니 기저상태 f_0 는

$$\bar{\partial} f_0 = 0 \tag{5.56}$$

을 만족한다. 따라서 임의의 해석함수는 기저상태가 된다.

이제 일반해를 구해 보자. $f_n = \sqrt{2/n} D f_{n-1}$ 이므로 D 는 올림 사다리 연산자이다. 이를 반복하면

$$f_n(u, \bar{u}) = \frac{2^{n/2}}{\sqrt{n!}} D^n f_0(u) \tag{5.57}$$

원래의 파동함수는 $\psi_n = f_n e^{-|u|^2/4}$ 로 주어진다. 이때 에너지 고윳값은 $E = \hbar\omega_c(n + \frac{1}{2})$ 로 주어지며 각운동량에는 무관하다. 이러한 에너지의 각운동량 무관성이 란다우 준위의 겹침을 설명해 준다.

> 문제 5.4 (5.52)를 증명하라.
> 힌트) 부분 적분으로 $\langle f|Dg\rangle = \langle -\bar{\partial} f|g\rangle$ 임을 보이면 된다.

기저상태의 겹침수

임의의 복소해석함수가 기저상태를 준다면 기저상태에 있는 서로 다른 상태의 개수, 즉 겹침의 개수는 무한대인가? 유한이라면 무엇이 이를 결정하는가? $\psi_0 = w^l e^{-|w|^2/4l_B^2}$ 는 각운동량 $l\hbar$를 가지고 있고 $\log|\psi_0|^2$ 를 미분해 보면 반경 $r_l = \sqrt{2l} l_B$ 인 원주에 확률이 집중되어 있음을 알 수 있다. 따라서 원판모양의 계가 있다면 각 $l = 1, 2, 3, \cdots$ 에 따라 서로 다른 상태가 되고 이 원판의 반경이 최대 각운동량상태를 결정한다. 즉, $R = \sqrt{2l_{max}} l_B$. 따라서

$$l_{max} = \frac{\pi R^2}{2\pi l_B^2} = \frac{\text{Area} \times B}{h/e} = \Phi_B/\Phi_0 \tag{5.58}$$

이것이 겹침의 수인데, 이는 란다우 게이지에서 셈한 $\mathcal{N}$과 일치하며 계의 크기에 의해 결정된다. 이는 다음과 같이 계산해도 좋다: 동심원 사이의 면적은 $\pi(r_{l+1}^2 - r_l^2) = 2\pi l_B^2$ 로서 일정하니 반경 R의 면적을 가진 계에는 $\frac{Area}{2\pi l_B^2}$ 개의 상태가 존재한다.

5.4 양자홀 효과

2차원의 금속판에 수직한 방향으로 자장을 걸고 y 방향으로 전류를 흘리면 전하가 자장의 영향을 받아 전류는 x 방향으로 휘어서 경계면에 쌓인다. 이 쌓인 전하는 자장이 주는 힘을 상쇄시키는 방향으로 전압을 생성한다. 이를 홀 전압이라 한다. 전하가 쌓여 전장의 힘과 자장의 힘이 평형을 이루면 전류는 더이상 힘을 받지 않고 똑바로 흐른다. 이렇게 자장의 영향으로 전류와 자장에 수직한 방향으로 전압이 유도되는 현상을 홀효과라 한다. 전하밀도를 ρ_e, y-방향 전류를 J_y 이라 하면,

$$\rho_e = eN/L_xL_y, \quad J_y = \rho_e v_y \tag{5.59}$$

홀 전압의 정의에서 $F_x = e(E_x + v_yB_z) = 0$ 이니

$$J_y = -\frac{\rho_e}{B}E_x := \sigma_{yx}E_x \tag{5.60}$$

따라서 홀 전도도 $\sigma_H = \sigma_{xy} = -\sigma_{yx} = \frac{\rho_e}{B}$ 가 $1/B$에 비례하니 그 역수인 비저항은 B에 비례한다.[4] 이것이 고전적으로 홀 효과에서 기대하는 것이다. 그런데 매우 높은 자장과 낮은 온도에서 비저항을 B의 함수로 측정하여 그리면, 비저항은 B에 단순히 비례하는 대신 어떤 띄엄띄엄한 비저항 값들에서 B에 무관한 평평한 영역을 만든다. 그림 5.2를 보라. 즉 전도도와 비저항이 양자화되어 있다. 이러한 일은 홀 전도도가 $\frac{e^2}{h}$의 정수배가 되는 자장 주변에서 일어나는데 이 현상을 양자홀 효과라 한다. 양자역학으로 이를 이해해 보자.

5.4.1 정수 양자홀 효과

란다우 게이지로 돌아가 y 방향으로 매우 천천히 매우 작은 전장 E_y를 걸어 Δt 라는 시간동안 y 방향의 양자화된 모멘텀 $p_y = \frac{2\pi\hbar}{L_y}n_y$ 을 한 단위 올렸다고 하자. 그러면 뉴턴방정식에

---

[4] $\sigma_{xx} = 0$ 이라 가정하였다. 다음 소절에서 설명하듯이 이는 양자홀 효과가 일어나는 곳에선 사실이다. 양자홀 효과가 일어나면 계는 내부에서 부도체로 행동한다.

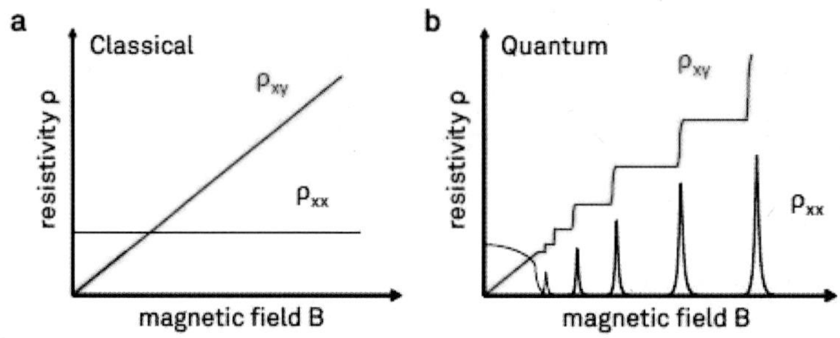

그림 5.2: 홀저항은 고전적으로 자장에 비례하나 (그림a), 양자역학적으로는 양자화 되어 있다 (그림 b). 저항은 고전적으로 자장에 무관한 0 아닌 값을 갖지만 양자홀 효과가 일어나게 되면 0이된다. 그림 출처: https://www.azonano.com/article.aspx?ArticleID=5177

서

$$\Delta p_y = eE_y\Delta t. \quad \text{즉} \quad \Delta t = \frac{h}{L_y e E_y} \tag{5.61}$$

이때 전하는 x 방향으로 $\Delta x_0 = \Delta k_y l_B^2 = \frac{2\pi}{L_y} l_B^2$ 만큼 움직인다. 만일 란다우 레벨에 전하가 완전히 차 있다면 $\Delta x_0 \mathcal{N} = L_x$ 만큼 움직인다. 즉 각 위치에서의 전자가 Δx_0 만큼 소폭 움직여 전체적으론 전자 하나가 샘플의 왼쪽 끝에서 오른쪽 끝까지 움직인 것에 해당하니 Δt 라는 시간 동안 x 방향의 전류가 $I_x = e/\Delta t$ 만큼 생긴 것이다. 그림 5.1을 보라.

이때 전하밀도는 $J_x = I_x/L_y = e/(\Delta t L_y)$ 이므로 위에서 구한 Δt 를 여기에 대입하여 정리하면

$$J_x = \frac{e^2}{h} E_y \tag{5.62}$$

이 성립하고 이를 옴의 법칙 $J_x = \sigma_{xy} E_y$ 와 비교하여 양자화된 홀 전도도 $\sigma_{xy} = e^2/h$ 를 얻는다. 여기서 $-e$ 는 전자의 전하이다. 첫 번째 란다우 준위가 다 차면 여기있는 전자는 왠만해선 여기될 수 없다. 왜냐하면 전자는 $\hbar\omega_c$ 만큼 높은 두 번째 준위로 올라가야 하기 때문이다. 이를 란다우 갭이라 한다. 이 갭으로인해 전자계는 내부에서 부도체로 행동하게 된다. 그러나 한쪽 경계에서 다른 경계로 전자가 이동하였으므로 샘플의 경계에선 전류가 흘러야 하는 매우 특별한 일이 일어나게 된다. 19장에서 다시 이야기 하겠으나 이 정수 홀 효과는 위상부도체라고하는 일반적인 현상의 가장 간단한 예가 된다. 경계에서 일어나는 현상은 사실 다체를 기술하는 파동함수가 경계에서 다른 경계까지 펼쳐진 경우에 일어나며, 경계에서 전자의 움직임이 있을때 그 변화를 내부영역에선 지각하기 어렵기 때문에 내부에선 아무런 움직임이 없는 부도체로 기술된다. 반대로 경계에선 경계영역에만 국소화 되어

있는 경계현상으로 기술될 수 있다. 이 현상을 벌크-경계 대응성이라 한다. 독자들은 이것이 같은 현상의 다른 기술임을 알아두기 바란다.

n번째 란다우 준위까지 꽉 다 차 있는 경우 각각의 란다우 준위는 같은 만큼 전도도에 기여하므로

$$\sigma_{xy} = \frac{e^2}{h} n \tag{5.63}$$

가 된다. 이때 정수 n은 채워진 란다우 준위의 개수로서 채움도이기도 하다. 정수홀 효과가 일어나는 모든 경우에 전자계는 고체 내부에서 부도체로 행동하게 되며 진행방향의 전도도는

$$\sigma_{xx} = 0$$

이 된다.

홀전도도는 수송계수의 하나로서 이는 미시적 입자의 성질을 기술하는 양이 아니라 아보가드로 수만큼의 많은 전자가 협력하여 이루어지는 거시적인 현상을 기술하는 양이다. 거시적 양이 근본 물리상수들만으로 쓰여진다는 사실은 매우 놀라운 일이다. 이 발견은 1980년에 이루어졌으며 이 업적으로 클리칭(Klaus von Klitzing)은 1985년의 노벨상을 수상하였다. 정수화된 양자홀 저항은 언제나 일정한 값을 안정적으로 재공하므로 저항값의 표준으로 채택되었다.

그런데 거시적인 양이 양자화됨을 이해하기 위해선 위상기하에 대한 이해가 필요하다. 사울레스(David Thouless)는 양자홀 효과에서의 전도도가 위상불변량인 천 넘버(Chern number)라는 것을 보였으며 이 결과로 그는 코스틀리츠, 할데인과 함께 2016년의 노벨상을 수상하였다.

5.4.2 분수 양자홀 효과

1982년 추이와 스퇴머(Tsui and Störmer)는 매우 강한 자기장 내의 매우 깨끗한 2차원 샘플에서 채움도가 정수가 아닌 경우의 양자홀 효과를 발견하였으며 이를 분수 양자홀 효과라 한다. 이 발견으로 추이와 스퇴머는 1998년의 노벨상을 수상하였다. 정수분수홀 효과는 전자 간의 상호작용이 큰 역할을 하지 않으나 분수홀 효과에선 전자 간의 상호작용이 매우 중요한 역할을 하고 있음이 알려져 있다.

여기서 자세한 논의를 하지 않겠으나 아이디어는 다음과 같다. 정수홀 효과에선 그림 5.1의 전자는 방을 하나만 차지하고 있다. 그런데 효과 쿨롱력이 매우 강하다면 전자 하나가

여러 개의 방을 차지할 수도 있다. 예를 들어 전자 하나가 방을 3개(홀수 개)씩 차지한다면 파울리 원리를 만족시키면서도 쿨롱력의 세기를 반영할 수도 있다. 이 경우 한 란다우 준위에 전자가 1/3만 차 있어도 정수홀 효과에서 일어난 것과 같은 일이 일어날 수 있지 않을까 기대해 볼 수 있다. 왜냐하면 이 경우 파울리 원리를 만족시키려면 각개 전자는 오른쪽으로 3칸씩 가야 하므로 Δp_y가 3단위씩 되어야 한다. 방정식 (5.61)에 의하면 시간이 이전의 3배가 되어야 한다는 이야기다. 즉 $\Delta t = 3\frac{h}{L_y e E_y}$. 이 시간 동안 전자 하나가 좌측 끝에서 우측 끝으로 이동하므로 $J_x = I_x/L_y = e/(\Delta t L_y)$에 Δt를 대입하여 정리하면

$$J_x = \frac{1}{3}\frac{e^2}{h}E_y \tag{5.64}$$

같이 하여 채움도가 $\nu = 1/(2n+1)$인 경우는

$$\sigma_{xy} = \nu\frac{e^2}{h}, \tag{5.65}$$

임을 알 수 있다. 이러한 물리적 직관으로 간단한 분수홀 효과를 설명할 수 있으나 분자가 1이 아닌 복잡한 경우는 이 책에서 다루지 않겠다. 로플린은 파동함수에 자스트로우 인수 $\prod_{i<j}(z_i - z_j)^3$을 도입하여 위에서 말한 각개 전자가 3칸식 차지하도록 함으로써 $\nu = 1/3$인 경우를 설명했고 제인(J.K. Jain)은 자기 플럭스와 전자가 결합한 복합입자를 생각함으로써 다양한 분수홀 효과를 설명한 바 있으나 분수홀 효과에 대한 동역학적 고려에 대해선 전자간의 강상호작용이 주는 어려움으로 인해 아직 체계적 이해가 없다고 보아도 좋다.

5.5 아하로노프-봄 효과

양자역학은 자장의 효과를 기술할 때 자기퍼텐셜 $\mathbf{A}$를 사용해야 한다. 아하로노프와 봄은 그 결과 전자가 자장이 0인 곳에서만 운동하고 있어도 자기장의 효과를 관측할 수 있는 경우가 생긴다고 지적했다. 이를 보기 위해 전자에 의한 이중 슬릿 간섭실험을 생각하되 약간의 변형을 가하자. 즉 슬릿 사이에 부도체로 격리된 반경 R인 솔레노이드를 놓고 여기에 전류를 가하면 솔레노이드 안에만 균일한 자장이 존재하게 된다. 밖에서 자장은 0이나 자기퍼텐셜은 0이 아니다. 제안된 실험은 솔레노이드에 전류를 흘리지 않을 때와 흘릴 때의 간섭무늬가 변하는지를 확인하는 것이다. 전자는 자기장을 경험하지 못하므로 변하지 않을 것으로 기대하는 것이 고전적 상식이나 실제로 수행된 실험결과는 변한다는 것이다.

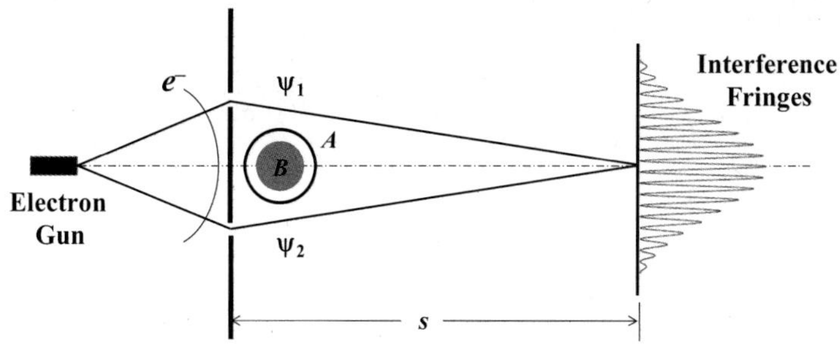

그림 5.3: 아하로노프-봄 효과: 전자는 도달할 수 없도록 숨겨진 자장도 느낀다. 자장이 국소화되어도 퍼텐셜은 전 영역에 퍼져 있기 때문이다. 그림에선 전자의 간섭 실험에 숨겨진 자장을 추가하여 위상의 이동을 관측한 것이다.

(그림 출처: archive:1812.01724.pdf)

이 문제를 위한 슈뢰딩거 방정식은

$$H\psi = \left[\frac{-\hbar^2}{2m}\left(\nabla - i\frac{q}{\hbar}\mathbf{A}\right)^2 + V\right]\psi = E\psi \tag{5.66}$$

이제 게이지 변환 $\psi = \exp(\frac{iq}{\hbar}\int_C d\mathbf{r}\cdot\mathbf{A})\phi$에 의해 위의 방정식은 ϕ의 방정식으로 쓸 수 있다.

$$\left[\frac{-\hbar^2}{2m}\nabla^2 + V\right]\phi = E\phi \tag{5.67}$$

이 방정식의 해와 원래 방정식의 해는

$$\psi[C] = \exp[i\frac{q}{\hbar}\int_C d\mathbf{r}\cdot\mathbf{A}]\phi \tag{5.68}$$

로 연결되며 솔레노이드 밖의 한 경로 C에 의존한다. 그러나 경로 C가 자장이 있는 영역을 지나가지 않는 한 선적분은 경로에 무관하다. 그림 5.3와 같이 경로 C_1, C_2를 같은 시작점 P과 스크린 위의 도착점 Q를 갖되 하나는 솔레노이드의 위쪽 구멍을, 다른 하나는 솔레노이드의 아래쪽 구멍을 지나도록 택하자. 이제 점 P에서 출발한 전자가 스크린의 한 점 Q에 도달할 파동을 생각하자. 위 구멍을 통과하는 전자의 파동함수를 ϕ_1는 아래 구멍을 통과하는 전자의 파동함수를 ϕ_2라 하면 전자의 파동함수가 자장을 켜기 전의 Q에서의 전체 파동함수는 이들의 합으로 나타난다.

$$\psi = \phi_1 + \phi_2. \tag{5.69}$$

따라서 도착점 Q를 이동시킴에 따라 파동함수는 간섭무늬를 준다. 이제 자장을 켜면

$$\psi = \psi[C_1] + \psi[C_2] = (\phi_1 + e^{i\frac{q}{\hbar}\Lambda}\phi_2)\exp[i\frac{q}{\hbar}\int_{C_1} d\mathbf{r}\cdot\mathbf{A}] \tag{5.70}$$

로 주어진다. 여기서

$$\Lambda = \int_{C_2} d\mathbf{r}\cdot\mathbf{A} - \int_{C_1} d\mathbf{r}\cdot\mathbf{A} = \oint_{C_2-C_1} d\mathbf{r}\cdot\mathbf{A} = \iint_S d\mathbf{S}\cdot\mathbf{B} = \pi R^2 B = \Phi_B, \tag{5.71}$$

이며 스톡스의 정리를 적용하였다.

위상차 $\exp(i\frac{q}{\hbar}\Lambda)$로 인해 간섭무늬는 약간의 이동을 겪게 되며 이는 전자가 자기장이 있는 위치를 지나지 않았음에도 불구하고 자기장의 존재에 의해 영향을 받는다는 것을 증명해 준다. 이 위상차 $\exp(i\frac{q}{\hbar}\Phi_B)$를 아하로노프-봄의 위상이라 하며 그 존재는 실제의 실험으로 확인되었다. 특별히 $\frac{q}{\hbar}\Phi_B = 2\pi n$일 때 즉 자속 Φ_B가 $\Phi_0 = h/e$의 정수배일 때는 위상차가 보이지 않을 것이다. 초전도체 내부에선 Φ의 값이 플럭스의 최솟값

$$\Phi_0 = h/2e = 2.068\times 10^{-15}Tm^2 \tag{5.72}$$

의 정수배로 양자화되는 것으로 측정되므로 초전도체 내에서는 기본입자의 전하가 전자의 2배임을 알수 있다.[5]

예제 5.2 **원통대칭인 국소화된 자장에 의한 벡터 퍼텐셜**을 계산해 보라.
답) 자장의 방향을 z축이 되도록 원통좌표계를 설정하면 $\mathbf{A}$는 전류의 방향이 되므로 원통주변의 반경이 r인 원형 선로 C위에서의 선적분을 생각하면 $\int_C \mathbf{A}\cdot d\mathbf{r} = \iint_S d\mathbf{S}\cdot\mathbf{B} = \Phi_B$ 따라서

$$\mathbf{A} = \frac{\Phi_B}{2\pi r}\hat{\varphi} \tag{5.73}$$

예제 5.3 자장이 통과하는 원 주위의 하전입자 전하가 반경 r의 원 주위에 있고 원 안에 자속 Φ_B가 통과하고 있다.

1. 해밀토니안을 적어보라.
2. 에너지의 고윳값과 고유벡터를 구하라.
3. 게이지 변환 $\psi = e^{i\alpha}\tilde{\psi}$을 통해 자기퍼텐셜을 해밀토니안에서 없앨 수 있는가? 새로운 파동함수가 원위에서 단일 값을 갖기 위한 조건은 무엇인가?

답) 1. $H = -\frac{\hbar^2}{2m}(\frac{1}{r}\partial_\phi - i\frac{q}{\hbar}A_\phi)^2$, $A_\phi = \frac{\Phi_B}{2\pi r}$.

[5] 여기서 $2e$는 쿠퍼쌍의 전하량이다.

2. $\psi_n = e^{in\phi}$, $E_n = \frac{\hbar^2}{2mr^2}\left(n - \frac{q\Phi}{2\pi}\right)^2$.

3. $\psi = e^{i\frac{q}{\hbar}\Phi\phi}\tilde{\psi}$. 이때 $\tilde{H} = -\frac{\hbar^2}{2m}(\frac{1}{r}\partial_\phi)^2$ 이 게이지 변환은 $\tilde{\psi}$가 $\phi = 0, 2\pi$에서 같은 값을 가져야 하니, Φ_B가 (h/q)의 정수배일 때만 게이지 변환이 정의된다.

5.6 자기홀극*

전하 또는 전기홀극 q가 있으면 전장 $\mathbf{E} = \frac{q}{4\pi\epsilon_0}\frac{\mathbf{r}}{r^3}$을 준다. 이와 유사하게 자기장

$$\mathbf{B} = \frac{g}{4\pi}\frac{\mathbf{r}}{r^3} \tag{5.74}$$

을 주는 물체가 있다면 이를 자하 g를 갖는 자기홀극이라 한다. 여기서 g는 MKSC단위계에선 $\mu_0 g$를 말하는 것이다. 자기홀극의 존재는 자연계에서 아직 발견되지 않았으나, 전기와 자기 사이의 관계를 더 대칭적으로 만들며 양자역학을 통해 자연계에 존재하는 모든 전하가 전자가 가진 전하의 정수배가 되는 이유를 설명해 준다. 따라서 그 자체로도 흥미로운 대상이나 최근엔 고체계에도 전혀 다른 이유로 같은 수학적 구조가 나타나고 있어 물리학에서 이 개념의 중요도가 높아지고 있다.

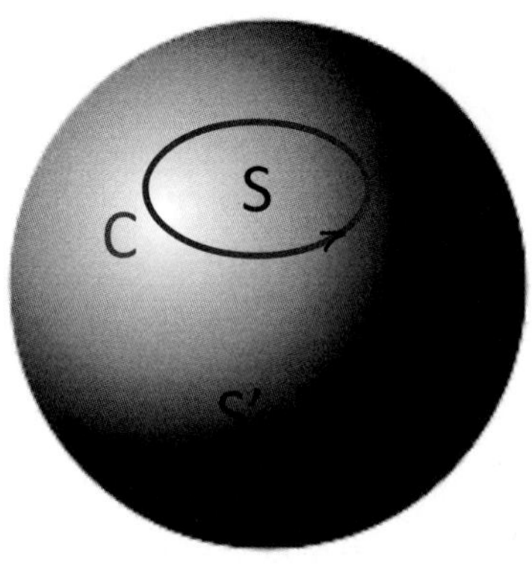

그림 5.4: 자기홀극 주위를 움직이는 전하의 아하로노프-봄 위상.

자기홀극의 존재는 맥스웰의 방정식을 $\nabla \cdot B = 0$에서 $\nabla \cdot B = g\delta(\mathbf{r})$로 변형시킨다. 발산이 0인 아닌 것은 모든 곳에서 잘 정의된 자기 포텐셜이 존재할 수 없음을 의미한다. 이제 전하의 양자화가 어떻게 나오는지 보기 위해 자기홀극 g 주위에서 움직이는 전하 q의 양자역학을 생각하자. 전 소절의 아하로노프-봄 위상의 논의에 나오는 2개의 선로 C_1, C_2를

하나는 제자리에 가만히 있도록 택하고 다른 하나는 시작점에서 출발해 자하 주위의 구면에 있는 어떤 폐곡선 C를 따라 움직여 원래의 위치로 돌아오도록 택한다. 그러면 전하의 파동함수는 아하로노프-봄의 위상 $e^{i\theta}$을 획득한다. 여기서

$$\theta = \frac{q}{\hbar}\oint_C \mathbf{A}\cdot d\mathbf{r} = \frac{q}{\hbar}\iint_S \mathbf{B}\cdot d\mathbf{S} = \frac{q}{\hbar}\frac{g}{4\pi}\Omega \tag{5.75}$$

물론 모든 위상각은 2π의 정수배만큼의 모호함이 있다. 여기서 S는 폐곡선 C에 의해 정의되는 곡면이다. Ω는 원점에서 S의 내부로 펼쳐진 공간각이다. 그런데 S는 곡선 C의 방향에 의해 결정되며 C가 달리는 왼쪽에 있는 영역이다. 따라서 방향이 바뀐 곡선 $(-C)$가 정의하는 영역 S'는 S와 합하여 구면을 이루는 영역이다. S'을 선택한 위상각의 계산은

$$\theta' = -\frac{q}{\hbar}\oint_{-C} \mathbf{A}\cdot d\mathbf{r} = -\frac{q}{\hbar}\iint_{S'} \mathbf{B}\cdot d\mathbf{S} = -\frac{q}{\hbar}\frac{g}{4\pi}\Omega' \tag{5.76}$$

을 준다. 여기서 Ω'는 원점에서 S'의 내부로 펼쳐진 공간각이다. 이러한 겉보기 불일치는 이들이 파동함수에는 같은 결과를 준다는 것을 요구함으로써 해소된다. 즉 $e^{i\theta} = e^{i\theta'}$. 이는 어떤 정수 n에 대하여 $\theta = \theta + 2\pi n$, 다시 말해

$$\frac{q}{\hbar}\frac{g}{4\pi}\Omega = -\frac{q}{\hbar}\frac{g}{4\pi}\Omega' + 2\pi n \tag{5.77}$$

임을 의미하는데, $\Omega + \Omega' = 4\pi$이므로 이로부터 다음과 같은 전하의 양자화 조건을 얻는다.

$$q = 2\pi\hbar n/g \tag{5.78}$$

거꾸로 q가 이미 양자화된 최소한의 전하 즉 전자의 전하임을 가정하면 이는 자하의 양자화를 의미하며 $n = 1$일 때 g는 다름 아닌 자속양자 $\Phi_0 = h/e$임을 주목하기 바란다. 이러한 사실을 처음으로 발견한 사람은 디랙이다. 양자역학이 자연의 근본 구조에 얼마나 깊이 관련될 수 있는지를 보여주는 놀라운 통찰이라 하겠다. 후의 연구에 의하면 디랙의 양자화는 여러 가지 다른 이론으로 확장되었다. 예를 들어 두 입자가 전하와 자하를 모두 가질 때에는 디랙-츠반치거 양자화 조건

$$q_1 g_2 - q_2 g_1 = 2\pi n \tag{5.79}$$

이 요구된다는 것을 아래 예제와 같은 방식으론 보일 수 있다.

예제 5.4 입자 1, 2의 총 파동함수의 위상변화를 생각하여 식 (5.79)를 증명하라.

답) 자하 g_2가 전하 q_1을 돌 때 생기는 위상변화는 전하 q_1이 자하 q_2를 $-C$를 따라 돌 때 생기는 위상변화로 계산된다. 따라서 두 입자의 총 파동함수의 아하로노프-봄 위상은

$$\left(\frac{q_2}{\hbar}\frac{g_1}{4\pi} - \frac{q_1}{\hbar}\frac{g_2}{4\pi}\right)\Omega \tag{5.80}$$

이하의 논증은 위와 같다.

예제 5.5 자하 g_2가 전하 q_1 주위에서 얻는 아하로노프-봄 위상을 직접 생각하여 식 (5.79)를 증명하라. 즉 입자 2만의 파동함수를 생각함으로써 위의 문제를 풀어라.

답) 다이온은 (q, g)의 전하,자하를 가진 입자이다. 입자 2가 입자 1 주위를 움직이는 것으로 하면 입자2는 전하 q_2가 받는 로렌츠 힘 $\mathbf{F_q} = q_2(\mathbf{E_1} + \mathbf{v_2} \times \mathbf{B_1})$ 외에도 자하 g_2가 받는 쌍대 로렌츠힘

$$\mathbf{F_g} = g_2(\mathbf{E_1} - \mathbf{v_2} \times \mathbf{E_1}) \tag{5.81}$$

를 받는다. (이하 벡터기호는 생략.) 이로부터 입자2의 라그랑지안은

$$\mathcal{L} = \frac{1}{2}mv_2^2 + q_2(v_2 \cdot A_1^M - \phi_1^E) + g_2(-v_2 \cdot A_1^E - \phi_1^M) \tag{5.82}$$

따라서 $p_2 = mv_2 + q_2A_1^M - q_2A_1^E$. 이제 입자 2의 총 해밀토니안은

$$H = \frac{1}{2m_2}\left(p_2 - q_2A_1^M + g_2A_1^E\right)^2 + q_2\phi_1 \tag{5.83}$$

총 위상은

$$\frac{1}{\hbar}\oint_C (q_2A_1^M - g_2\mathbf{A}^E)\cdot d\mathbf{r} = \left(\frac{g_1}{\hbar}\frac{q_2}{4\pi} - \frac{g_2}{\hbar}\frac{q_1}{4\pi}\right)\Omega \tag{5.84}$$

이하의 논증은 바로 전 예제에서와 같다.

제6장

각운동량

퍼텐셜이 구 대칭성을 가질 경우 3차원의 슈뢰딩거 방정식은 다음과 같이 쓰인다.

$$\left(-\frac{\hbar}{2m}\nabla^2 + V(r)\right)\psi = E\psi$$

각운동량 연산자를 $\mathbf{L}$ 이라 하면 해밀토니안은 구좌표계 (r, θ, φ) 에서

$$H = \frac{1}{2m}\left(p_r^2 + \frac{\mathbf{L}^2}{r^2}\right) + V(r), \quad p_r = \partial_r + \frac{1}{r} = \frac{1}{r}\partial_r r$$

로 쓰이므로 $\mathbf{L}^2$ 에 대한 고윳값을 구해 놓으면 모든 구대칭퍼텐셜에 대해 다 적용될 수 있다. 특별히 $V = -\frac{e^2}{4\pi\epsilon_0 r}$ 일 때 다음 장에서 다룰 수소 원자의 경우가 된다.

6.1 각운동량의 양자화

여기서는 사다리 연산자 방법을 이용하여 각운동량의 고윳값과 고유벡터들을 구해 보기로 한다. 이 장에서 모든 대문자는 연산자를 나타내고 소문자는 그에 해당하는 고윳값을 나타내기로 한다. 이에 따라 $X_i = x_{i,op}$, $P_i = p_{i,op}$ 등이고 각운동량의 경우 $L_i = \epsilon_{ijk}X_jP_k$ 이다. 표기의 편의상 $\hbar = 1$ 라 두고 계산하고 마지막 답에선 $\hbar$를 살리기로 한다.

예제 6.1 $[L_i, L_j] = i\hbar\epsilon_{ijk}L_k$ 임을 증명하라.

답)

$$
\begin{aligned}
[L_1, L_2] &= [X_2P_3 - X_3P_2, X_3P_1 - X_1P_3] \\
&= X_2[P_3, X_3]P_1 + [X_3, P_3]X_1P_2 \\
&= i(X_1P_2 - X_2P_1) = iL_3
\end{aligned}
$$

이제 사다리 연산자와 카시미르 연산자를 $L_\pm = L_1 \pm iL_2$와 $L^2 = L_1^2 + L_2^2 + L_3^2$로 정의하면 다음과 같은 교환관계를 만족함을 보일 수 있다.

$$[L^2, L_i] = 0, \quad [L_3, L_\pm] = \pm\hbar L_\pm, \quad [L_+, L_-] = 2\hbar L_3. \tag{6.1}$$

문제 6.1 위의 교환 관계식들을 증명하라.

각운동량의 세 성분은 서로 교환가능하지 않으므로 L^2와 L_3의 공통 기저를 건설해 보자.

$$L^2|a, m\rangle = a\hbar^2|a, m\rangle, \quad L_3|a, m\rangle = m\hbar|a, m\rangle \tag{6.2}$$

사다리 연산자가 $|a, m\rangle$에 어떤 작용을 하는지를 알아 보자.

$$L^2L_\pm|a, m\rangle = L_\pm L^2|a, m\rangle = aL_\pm|a, m\rangle, \tag{6.3}$$

$$L_3L_\pm|a, m\rangle = L_\pm L_3 \pm \hbar L_\pm|a, m\rangle = \hbar(m \pm 1)L_\pm|a, m\rangle \tag{6.4}$$

따라서 $L_\pm|a, m\rangle = c_\pm(a, m)|a, m\pm1\rangle$. 즉, 사다리 연산자는 L_3의 고윳값을 한 단계 올리거나 내린다. 그런데

$$||L_+|a, m\rangle||^2 = |c_+(a, m)|^2 = \langle a, m|L_-L_+|a, m\rangle = a - m(m+1)\hbar^2 \tag{6.5}$$

$$||L_-|a, m\rangle||^2 = |c_-(a, m)|^2 = \langle a, m|L_+L_-|a, m\rangle = a - m(m-1)\hbar^2 \tag{6.6}$$

인데 여기서

$$L_-L_+ = L_1^2 + L_2^2 - \hbar L_3 = L^2 - L_3^2 - \hbar L_3, \tag{6.7}$$

$$L_+L_- = L_1^2 + L_2^2 - \hbar L_3 = L^2 - L_3^2 + \hbar L_3 \tag{6.8}$$

임을 사용하였다. 만일 m이 무한히 크거나 작을 수 있다면 (6.5),(6.6)은 음의 크기를 갖는 벡터가 있다는 말이므로 모순이다. 따라서 m은 위로도 아래로도 유계이다. m의 최댓값을 l

이라 하고 최솟값을 $-l'$ 이라 하면 $L_+|a,l\rangle = 0, L_-|a,-l'\rangle = 0$. 따라서 $a = l(l+1) = l'(l'+1)$. l, l' 은 양수이므로 $l = l'$. 한편 $|a,l\rangle$ 에서 출발하여 정수 계단을 내려와 $|a,-l\rangle$ 에 도달해야 하므로 계단의 총 수 $2l$ 은 정수여야 한다. $|a,m\rangle$ 를 $|l,m\rangle$ 라 쓰고 이상의 결과를 정리하면

$$L^2|l,m\rangle = l(l+1)\hbar^2|l,m\rangle, \tag{6.9}$$

$$L_3|l,m\rangle = m\hbar|l,m\rangle, \tag{6.10}$$

$$L_\pm|l,m\rangle = \hbar\sqrt{l(l+1)-m(m\pm1)}|l,m\pm1\rangle \tag{6.11}$$

즉 각운동량은 정수나 반정수로 양자화되어야 하며, L^2 의 측정값이 $l(l+1)\hbar^2$ 로 주어졌을 때 L_3 의 측정값은 $\hbar$ 단위로

$$-l, -(l-1), \cdots, (l-1), l \tag{6.12}$$

의 2l+1개의 값을 가질 수 있다. 교환관계에 의해 알 수 있는 것은 여기까지이다.

한편 우리가 애초에 목표로 했던 '궤도 각운동량' 의 l, m 값은 사실은 정수가 된다는 것이 알려져 있다. 이를 보기 위해서는 다음 소절의 내용이 필요한데 아이디어는 $L_3 = -i\hbar\partial_\varphi$ 이므로 $|lm\rangle$ 대신 $Y_{lm}(\theta,\varphi)$ 라 하면 $L_3|l,m\rangle = m\hbar|l,m\rangle$ 로 부터 $Y_{lm} \sim e^{im\varphi}$ 가 바로 얻어지며 우변이 φ의 2π 주기함수임을 적용하면 m 이 정수인 것을 확인할 수 있고 l 은 m 의 최댓값이니 역시 정수임을 알 수 있다.

아래 소절은 조금 기술적이므로 처음 읽는 독자는 줄거리만 파악하기 바란다.

6.1.1 구상조화함수*

구상조화함수를 구하기 위해선 $L_\pm$ 이 함수에 작용할 때의 표현을 알아야 하는데 이는 ∇ 연산자를 직교좌표계와 구좌표계에서 표현하고 이들을 등치시켜서 구할 수 있다.

$$\nabla = \hat{\mathbf{x}}\frac{\partial}{\partial x} + \hat{\mathbf{y}}\frac{\partial}{\partial y} + \hat{\mathbf{z}}\frac{\partial}{\partial z} = \sum_i \hat{\mathbf{q}}^i \frac{\partial}{h_i \partial q^i} \tag{6.13}$$

여기서 일반화된 직교좌표계의 움직이는 기저 $\hat{\mathbf{q}}^i$ 는 $\hat{\mathbf{q}}^i = \frac{1}{h_i}\frac{\partial \mathbf{r}}{\partial q^i}$ 로 정의되며 구좌표계에선 $q^1 = r,\ q^2 = \theta,\ q^3 = \varphi$ 이며 유클리드 공간의 미소거리의 표현

$$ds^2 = \sum_i (dx^i)^2 = \sum_i h_i^2 (dq^i)^2 = dr^2 + r^2 d\theta^2 + r^2 \sin^2\theta d\varphi^2 \tag{6.14}$$

으로부터 $h_1 = 1, h_2 = r, h_3 = r\sin\theta$ 임을 안다. 식 (6.13)의 양변에 $\hat{\mathbf{x}}^i$ 와의 내적을 취하여

$$\frac{\partial}{\partial x^i} = \hat{\mathbf{x}}^i \cdot \hat{\mathbf{q}}^j \frac{\partial}{h_j \partial q^j} = \frac{\partial x^i}{\partial q^j}\frac{1}{h_j^2}\frac{\partial}{\partial q^j} \tag{6.15}$$

여기서 $\hat{\mathbf{x}}^i \cdot \hat{\mathbf{q}}^j = \frac{1}{h_i}\frac{\partial \hat{\mathbf{x}}^i \cdot \mathbf{r}}{\partial q^j} = \frac{1}{h_i}\frac{\partial x^i}{\partial q^j}$ 임을 썼고 반복된 첨수는 더하는 것으로 하되 합의 기호는 생략하는 소위 '합의 관습'을 적용하였다. 이 결과를

$$x = r\sin\theta\cos\varphi,\ y = r\sin\theta\sin\varphi,\ z = r\cos\theta \tag{6.16}$$

의 경우에 적용하면

$$\frac{\partial}{\partial x} = \sin\theta\cos\varphi\partial_r + \frac{\cos\theta\cos\varphi}{r}\partial_\theta - \frac{\sin\varphi}{r\sin\theta}\partial_\varphi, \tag{6.17}$$

$$\frac{\partial}{\partial y} = \sin\theta\sin\varphi\partial_r + \frac{\cos\theta\sin\varphi}{r}\partial_\theta - \frac{\cos\varphi}{r\sin\theta}\partial_\varphi, \tag{6.18}$$

$$\frac{\partial}{\partial x} = \cos\theta\partial_r - \frac{\sin\theta}{r}\partial_\theta \tag{6.19}$$

이를 각운동량의 직교좌표계에서의 정의에 대입하여

$$L_x = \frac{\hbar}{i}[-\sin\varphi\partial_\theta - \cot\theta\cos\varphi\partial_\varphi], \tag{6.20}$$

$$L_y = \frac{\hbar}{i}[\cos\varphi\partial_\theta - \cot\theta\sin\varphi\partial_\varphi], \tag{6.21}$$

$$L_z = \frac{\hbar}{i}\partial_\varphi \tag{6.22}$$

를 얻고 첫 두 식으로부터

$$L_\pm = \hbar e^{i\varphi}[\pm\partial_\theta + i\cot\theta\partial_\varphi] \tag{6.23}$$

를 얻는다. 이제 $\langle\theta,\varphi|L_+|ll\rangle = L_+Y_{ll} = 0$는 미분방정식

$$[\partial_\theta + i\cot\theta\partial_\varphi]Y_{ll} = 0 \tag{6.24}$$

으로 표현되며, $Y_{lm}(\theta,\varphi) = e^{il\varphi}P_{lm}(\theta)$ 라 하면

$$[\partial_\theta - l\cot\theta]P_{ll}(\theta) = 0 \tag{6.25}$$

이 된다. 이 방정식의 해는 $P_{ll}(\theta) = \sin^l\theta$ 이니

$$Y_{ll}(\theta,\varphi) = c_l e^{il\varphi}\sin^l\theta \tag{6.26}$$

정규화 상수의 절댓값은 $\int\sin\theta d\theta d\varphi|Y_{ll}|^2 = 1$로부터

$$|c_l| = \sqrt{\frac{(2l+1)!!}{4\pi(2l)!!}} = \sqrt{\frac{(2l+1)}{4\pi}}\frac{\sqrt{(2l)!}}{2^l l!} \tag{6.27}$$

로 결정된다. 이 결과에 Y_{ll}에 L_-를 $l-m$번 반복 적용하면 Y_{lm}이 얻어진다.

한편 $c_l = (-1)^l|c_l|$로 결정되었는데 그 이유는 $Y_{lm} = (-1)^m|Y_{lm}|$이 모든 m에 대해 성립하도록 하기 위함이다. 아래의 문제 3.2의 (7)에서 볼 수 있듯이 $Y_{l,-l} = (-1)^l Y_{ll}$가 성립하는데 위 약속의 결과 $Y_{l,-l}$의 계수는 항상 양이 된다. 반면 $Y_{l,l}$의 계수의 부호는 $(-1)^l$로 주어진다. 이러한 약속하에서 결정된 구상조화함수의 일반형은

$$Y_{lm}(\theta,\varphi) \;=\; Y_l^m(\theta,\varphi) = (-1)^m\sqrt{\frac{(2l+1)}{4\pi}\frac{(l-m)!}{(l+m)!}}\,P_l^m(\cos\theta)\,e^{im\varphi}, \tag{6.28}$$

$$P_l^m(x) := \frac{1}{2^l l!}(1-x^2)^{m/2}\partial_x^{l+m}(x^2-1)^l \tag{6.29}$$

로 주어지며 다음과 같은 중요한 대칭성이 있다.

$$Y_{lm}^*(\theta,\varphi) = (-1)^m Y_{l,-m}(\theta,\varphi) \tag{6.30}$$

여기서 P_l^m은 일반화된 르장드르 함수이며 위 결과의 증명은 아래 문제를 참고하기 바란다. 자주 쓰이는 낮은 차수의 것들을 아래에 예시한다.

$$\begin{aligned}
Y_0^0 &= \sqrt{\frac{1}{4\pi}}\\
Y_1^0 &= \sqrt{\frac{3}{4\pi}}\cos\theta, \quad Y_1^{\pm1} = \mp\sqrt{\frac{3}{8\pi}}\sin\theta e^{i\varphi}\\
Y_2^0 &= \sqrt{\frac{5}{16\pi}}(3\cos^2\theta-1), \quad Y_2^{\pm1} = \mp\sqrt{\frac{15}{8\pi}}\sin\theta\cos\theta e^{i\varphi}, \quad Y_2^{\pm2} = \sqrt{\frac{15}{32\pi}}\sin^2\theta e^{2i\varphi},\\
Y_3^0 &= \sqrt{\frac{7}{16\pi}}(5\cos^3\theta-3\cos\theta), \quad Y_3^{\mp1} = \mp\sqrt{\frac{21}{64\pi}}\sin\theta(5\cos^2\theta-1)e^{i\varphi},\\
Y_3^{\pm2} &= \sqrt{\frac{105}{32\pi}}\sin^2\theta\cos\theta e^{2i\varphi}, \quad Y_3^{\pm3} = \mp\sqrt{\frac{35}{64\pi}}\sin^3\theta e^{3i\varphi}
\end{aligned} \tag{6.31}$$

다음과 같은 특별한 경우를 주목해 두기 바란다.

$$Y_l^0(\theta,\varphi) = \sqrt{\frac{2l+1}{4\pi}}P_l(\cos\theta), \quad Y_l^m(0,\varphi) = \sqrt{\frac{2l+1}{4\pi}}\delta_{m0}. \tag{6.32}$$

$$Y_l^{\pm l}(\theta,\varphi) = \frac{(\mp1)^l}{2^l l!}\sqrt{\frac{(2l+1)!}{4\pi}}\sin^l\theta\,e^{\pm il\varphi} \sim (x\pm iy)^l/r^\ell, \tag{6.33}$$

구상조화 함수의 모양은 그림6.1에서 알 수 있다.

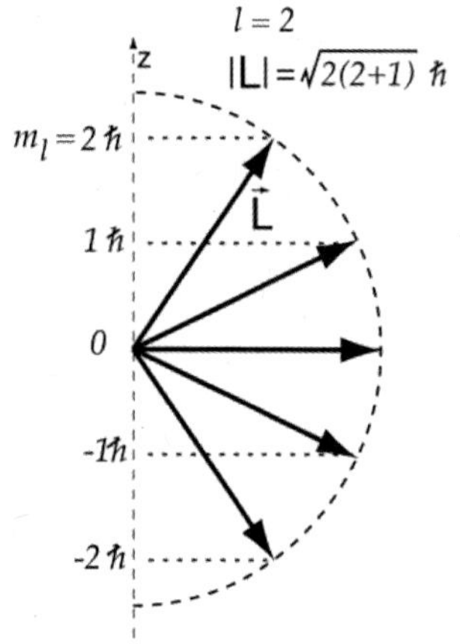

(a) 각운동량

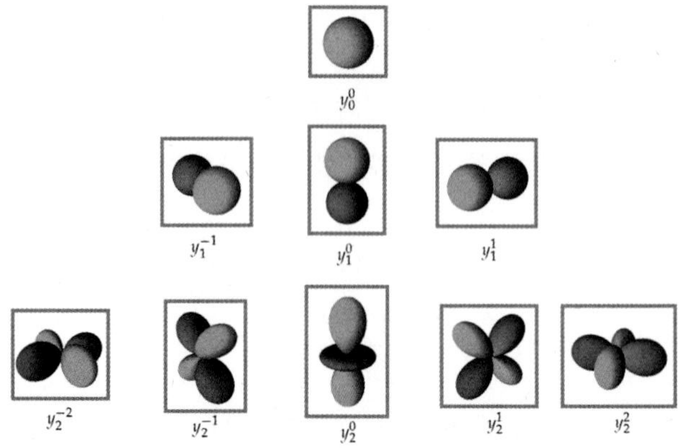

(b) Y_{lm}

그림 6.1: (a) l, m 의 관계. $l = m_{max}$.

(b) $r = Y_{lm}(\theta, \phi)$; 진한 색은 양, 연한 색은 음의 값을 표시.

문제 6.2 다음 결과들을 순서대로 증명하라.*

1. $Y_{lm}(\theta,\varphi) = \sqrt{\frac{(l+m)!}{(2l)!(l-m)!}}(L_-)^{l-m}Y_{ll}(\theta,\varphi)$,

2. $Y_{lm}(\theta,\varphi) = \sqrt{\frac{(l-m)!}{(2l)!(l+m)!}}(L_+)^{l+m}Y_{l,-l}(\theta,\varphi)$,

3. $|c_l| = \sqrt{\frac{(2l+1)!!}{4\pi(2l)!!}} = \sqrt{\frac{(2l+1)}{4\pi}}\frac{\sqrt{(2l)!}}{2^l l!}$,

4. $L_-Y_{lm} = -e^{-i\varphi}[\partial_\theta + m\cot\theta]Y_{lm} = e^{-i\varphi}\sin^{1-m}\theta\frac{d}{d\cos\theta}(\sin^m\theta Y_{lm})$,

   $L_+Y_{lm} = e^{i\varphi}[\partial_\theta - m\cot\theta]Y_{lm} = e^{-i\varphi}\sin^{1+m}\theta\frac{d}{d\cos\theta}(\sin^{-m}\theta Y_{lm})$,

5. $(L_-)^nY_{lm} = -e^{-in\varphi}\sin^{n-m}\theta\frac{d^n}{(d\cos\theta)^n}(\sin^m\theta Y_{lm})$,

6. $Y_{lm}(\theta,\varphi) = c_l\sqrt{\frac{(l+m)!}{(2l)!(l-m)!}}e^{im\varphi}\sin^{-m}\theta\frac{d^{(l-m)}}{(d\cos\theta)^{(l-m)}}\sin^{2l}\theta$,

7. $Y_{l,-l} = \frac{c_l}{(2l)!}e^{-il\varphi}\frac{d^{2l}}{(d\cos\theta)^{2l}}\sin^{2l}\theta = (-1)^l c_l\sin^l\theta e^{-il\varphi} = (-1)^l Y_{ll}$,

8. $Y_{lm}(\theta,\varphi) = (-1)^l c_l\sqrt{\frac{(l-m)!}{(2l)!(l+m)!}}(-1)^{l+m}e^{im\varphi}\sin^m\theta\frac{d^{(l+m)}}{(d\cos\theta)^{(l+m)}}\sin^{2l}\theta$
   $= (-1)^m\sqrt{\frac{(2l+1)}{4\pi}\frac{(l-m)!}{(l+m)!}}P_l^m(\cos\theta)e^{im\varphi}$.

6.2 스핀1/2

각운동량 1/2의 대표적 예는 전자의 스핀이다. 많은 미시적 물리량이 그렇듯이 스핀의 물리적 실체를 고전적 직관으로 이해하기는 어렵다. 스핀에 관한 물리적, 역사적 서술은 9장으로 미루고, 여기서 우리는 스핀 각운동량의 '이해'는 오직 스핀의 역할과 동역학적 결과를 잘 기술함으로써만 얻어질 수 있다는 입장을 취하도록 한다. 우선 스핀 연산자의 행렬 표현을 구해보자. 스핀1/2의 경우 상태는 $2\frac{1}{2}+1=2$개 존재하고 그 두 상태를 $|\uparrow\rangle, |\downarrow\rangle$ 혹은 더 간단히 $|+\rangle, |-\rangle$로 표시하며 이들 이중항들은 스피너(spinor)로 불린다. 스핀 각운동량 연산자를 따로 S_i라 표기하면 이들은 정의에 의해 각운동량 대수 $[S_i, S_j] = i\epsilon_{ijk}S_k$를 만족시킨다. 지난 절의 결과 식 (6.11)를 쓰면 $S_+|+\rangle = 0,\ \ S_+|-\rangle = |+\rangle$이므로 S_+는 $|-\rangle$를 $|+\rangle$로 변환시키는 연산자, 즉 $S_+ = |+\rangle\langle -|$가 된다. 같이하여 S_-와 S_3의 켓-브라 표현을 얻을 수 있으니 이들을 정리하면 다음과 같다.

$$S_+|+\rangle = 0, \quad S_- = |-\rangle\langle +|, \quad S_3 = \frac{1}{2}\Big(|+\rangle\langle +| - |-\rangle\langle -|\Big) \tag{6.34}$$

3차원 벡터가 회전에 의해 성분이 특정한 방식으로 변하듯이 이중항 $|+\rangle, |-\rangle$들도 스핀 각운동량 연산자에 의해 생성되는 회전을 한다. 기저를 $|+\rangle = \begin{pmatrix}1\\0\end{pmatrix}$, $|-\rangle = \begin{pmatrix}0\\1\end{pmatrix}$로 표현하고 $S_1 = (S_+ + S_-)/2,\ S_2 = (S_+ - S_-)/2i$ 임을 쓰면 스핀 연산자들의 행렬 표현은

$$\begin{gathered} S_+ = \begin{pmatrix}0 & 1\\ 0 & 0\end{pmatrix}, \quad S_- = \begin{pmatrix}0 & 0\\ 1 & 0\end{pmatrix} \\ S_1 = \frac{1}{2}\begin{pmatrix}0 & 1\\ 1 & 0\end{pmatrix}, \quad S_2 = \frac{1}{2}\begin{pmatrix}0 & -i\\ i & 0\end{pmatrix}, \quad S_3 = \frac{1}{2}\begin{pmatrix}1 & 0\\ 0 & -1\end{pmatrix} \end{gathered} \tag{6.35}$$

를 얻는다. 따라서 모든 S_i의 행렬은 파울리 행렬 σ_i에 비례한다. $\hbar$를 복원하면

$$S_i = \frac{\hbar}{2}\sigma_i \tag{6.36}$$

스피너에 작용하는 x^j-축 중심의 φ만큼의 회전은 $\exp(-\frac{i}{\hbar}\varphi S_j)$이며, 마찬가지로 $\mathbf{n}$축 중심의 φ만큼의 회전은

$$\exp(-\frac{i}{\hbar}\varphi\mathbf{n}\cdot\mathbf{S}) \tag{6.37}$$

로 기술된다.

각운동량 1

스핀 1/2에 적용했던 방법은 다른 각운동량에 대해서도 그대로 적용된다. 스핀1이라 해도 좋으나 이번엔 궤도 각운동량 1이라 생각하자. $|1, m\rangle$ 대신 단순히 $|m\rangle$ 라 쓰기로 하면 $L_+|1\rangle = 0,\ \ L_+|0\rangle = \sqrt{2}|1\rangle,\ \ L_+|-1\rangle = \sqrt{2}|0\rangle$ 이므로

$$L_+ = \sqrt{2}\Big(|1\rangle\langle 0| + |0\rangle\langle -1|\Big) \tag{6.38}$$

이고 같은 방법으로 L_- 를 얻을 수 있다. L_3 는 이 기저에서 대각화되어 있으므로 이들을 정리하면

$$L_- = \sqrt{2}\Big(|0\rangle\langle 1| + |-1\rangle\langle 0|\Big), \quad L_3 = |1\rangle\langle 1| + |-1\rangle\langle -1| \tag{6.39}$$

를 얻는다. 이제 $L_1 = (L_+ + L_-)/2,\ \ L_2 = (L_+ - L_-)/2i$ 를 쓰고 기저벡터를 열벡터 $|1\rangle = (1,0,0)^T,\ |0\rangle = (0,1,0)^T,\ |-1\rangle = (0,0,1)^T$ 로 표시하면 각운동량 1의 연산자의 행렬표현

$$L_+ = \sqrt{2}\begin{pmatrix} 0 & 1 & 0 \\ 0 & 0 & 1 \\ 0 & 0 & 0 \end{pmatrix}, L_- = \sqrt{2}\begin{pmatrix} 0 & 0 & 0 \\ 1 & 0 & 0 \\ 0 & 1 & 0 \end{pmatrix},$$

$$L_1 = \tfrac{1}{\sqrt{2}}\begin{pmatrix} 0 & 1 & 0 \\ 1 & 0 & 1 \\ 0 & 1 & 0 \end{pmatrix}, L_2 = \tfrac{1}{\sqrt{2}}\begin{pmatrix} 0 & -i & 0 \\ i & 0 & -i \\ 0 & i & 0 \end{pmatrix}, L_3 = \begin{pmatrix} 1 & 0 & 0 \\ 0 & 0 & 0 \\ 0 & 0 & -1 \end{pmatrix}$$

을 얻는데, 여기서 $\hbar$를 복원시키려면 모든 L_i의 우변에 $\hbar$를 곱하면 된다.

l값이 확정되면 L_i의 행렬표현은 위와 같은 방법으로 구할 수 있고 l값이 확정되지 않은 L_i의 행렬표현은 이들을 구성요소로 하는 블록 대각화된 행렬로 이해 할 수 있다. 이렇게 블록 대각화된 형태로 쓸 수 있는 행렬을 가약 표현, 더 이상 블록대각화 할 수 없는 행렬을 기약표현(irreducible representation)이라 한다. 즉 임의의 표현은 기약표현들의 합으로 쓸 수 있다. 아래 그림 6.2은 L_+의 일반표현을 나타낸 것이다.

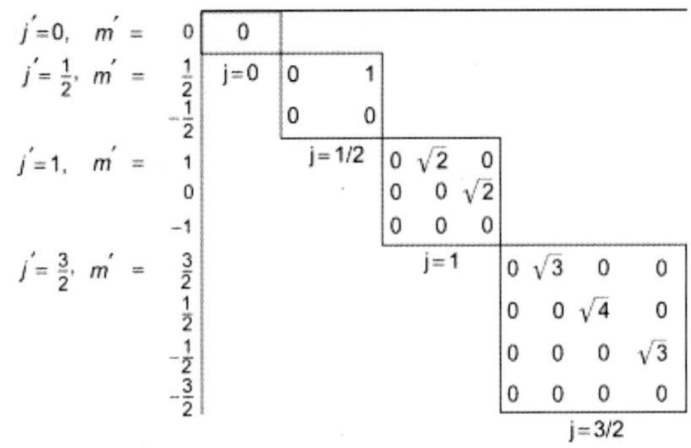

그림 6.2: L_+의 기약과 가약표현

6.3 각운동량의 합

자주 두 입자의 각운동량의 합을 구할 필요를 마주한다. 먼저 각입자의 상태벡터들이 각각 기저벡터들 $|\phi_n^{(1)}\rangle$과 $|\phi_m^{(2)}\rangle$들로 기술될 때 두 입자를 기술하는 토탈 상태벡터는

$$|\Psi(1,2)\rangle = \sum_{nm} c_{nm}|\phi_n^{(1)}\rangle \otimes |\phi_n^{(2)}\rangle \tag{6.40}$$

로 기술됨을 유의하자. 같은 명제는 $|\phi_n^{(1)}\rangle$들과 $|\phi_m^{(2)}\rangle$이 동일한 입자의 다른 자유도를 기술하는 경우에도 성립한다.

6.3.1 클렙쉬-고르돈 계수

각운동량의 합 $\mathbf{J} = \mathbf{J}_1 + \mathbf{J}_2$ 문제는 토탈 각운동량의 고유 벡터 $|j_1, j_2; j, m\rangle$을 각각의 각운동량의 고유벡터들의 텐서 곱 $|j_1 m_1\rangle \otimes |j_2 m_2\rangle$들의 합으로 표시하는 문제이다. 즉

$$|j_1 j_2; j m_j\rangle = \sum_{m_1 m_2} |j_1 j_2; m_1 m_2\rangle\langle j_1 j_2; m_1 m_2|j_1 j_2; j m_j\rangle \tag{6.41}$$

로 전개할 때의 계수 $\langle j_1 j_2; m_1 m_2|j_1 j_2; j m_j\rangle$을 클렙쉬-고르돈 (CG) 계수라 하며 이들을 구하는 것이 우리의 문제이다. 무엇보다 먼저 위 식의 양변에 $J_z = J_{1z} + J_{2z}$의 양변을 각각 작용시키고 양변에 $\langle j_1 j_2; m_1 m_2|$를 곱한 뒤 좌변에서 우변을 빼면

$$(m_j - m_1 - m_2)\langle j_1 j_2; m_1 m_2|j_1 j_2; j m_j\rangle = 0 \tag{6.42}$$

를 얻으므로 CG계수는 $m_j = m_1 + m_2$이 성립하는 항만이 살아남는다. m_j의 최댓값은 $j_1 + j_2$가 되니 j의 최댓값도 $j_1 + j_2$이다. 따라서 가장 큰 토탈 각운동량의 최고중항

$|j_1, j_2; j_1+j_2, j_1+j_2\rangle$ 는 $|j_1 j_2; m_1 m_2\rangle$ 기저의 $|j_1 j_2; j_1 j_2\rangle$ 와 같을 수 밖에 없다.

$$|j_1+j_2, j_1+j_2\rangle = |j_1 j_2; m_1 m_2\rangle \tag{6.43}$$

의 양변에 $\mathbf{J}_- = \mathbf{J}_{1-} + \mathbf{J}_{2-}$ 를 걸어 $2(j_1+j_2)+1$ 개의 상태를 얻는다. 그 다음 높은 토탈 각운동량은 $j = j_1 + j_2 - 1$ 이고 여기에 $\mathbf{J}_-$ 를 걸어 $2(j_1+j_2-1)+1$ 개의 상태를 얻는다. j 의 최솟값이 $j_{min} = j_1 + j_2 - l$ 라 하면 고유벡터의 총수는 각운동량 고유벡터의 텐서 곱의 개수로부터 $(2j_1+1)(2j_2+1)$ 이니 이것이 $\sum_{k=0}^{l}[(2(j_1+j_2-k)+1]$ 과 같아야 한다. 따라서 다음 식을 얻는다.

$$(2j_1+1)(2j_2+1) = (2j_1+2j_2+1-l)(l+1) \tag{6.44}$$

l 을 미지수로 하는 이 방정식의 해는 $l = 2j_1$ 혹은 $l = 2j_2$ 임이 명백하다. 각각의 경우 $j_{min} = j_2 - j_1$ 혹은 $j_{min} = j_1 - j_2$ 인데 어느 경우나 양수여야 하므로 $l = \min(j_1, j_2)$ 이고 $j_{min} = |j_2 - j_1|$ 임을 안다. 따라서

$$|j_1 - j_2| \le j \le j_1 + j_2 \tag{6.45}$$

아래에서 간단한 경우들을 다루어 본다. 예제를 다룰 때는 표현을 간략히 하기 위해 이미 정해진 j_1, j_2 를 생략하여 $|j_1 j_2; j m_j\rangle$ 를 $|j m_j\rangle$ 로, $|j_1 j_2; m_1 m_2\rangle$ 를 줄여서 $|m_1 m_2\rangle$ 로 쓰기로 한다.

6.3.2 두 스핀의 합: $\frac{1}{2} \otimes \frac{1}{2} = 1 \oplus 0$

두 입자의 스핀 각운동량을 더하는 경우, 즉 $\mathbf{S} = \mathbf{S}_1 + \mathbf{S}_2$ 의 문제이다. 2개 전자의 스핀상태는 $|\pm\pm\rangle := |\pm\frac{1}{2}, \pm\frac{1}{2}\rangle$ 의 네 가지 상태가 존재한다. m_j 의 최댓값은 1이고 최솟값은 0이니 토탈 각운동량은 0과 1이 가능하다. 스핀 1은 $|+,+\rangle$ 처럼 m_1, m_2 가 서로 더해질 때 나타난다. 실제로 $|+,+\rangle$ 은 토탈 스핀이 1인 것들 중에서 S_z 성분이 가장 높은 상태이니 토탈스핀의 고유벡터를 $|j,m\rangle$ 이라 표시할 때 $|1,1\rangle$ 에 해당한다. 따라서

$$|1,1\rangle = |+,+\rangle \tag{6.46}$$

$S_z = S_{1z} + S_{2z}$ 의 양변을 각각 위 식의 양변에 작용하고 식 (6.11)을 사용하면 우변은 $(S_{1-} + S_{2-})|++\rangle = |-+\rangle + |+-\rangle$ 이고 좌변은 $S_-|1,1\rangle = \sqrt{2}|1,0\rangle$ 이 되어

$$|1,0\rangle = \frac{1}{\sqrt{2}}(|-+\rangle + |+-\rangle) \tag{6.47}$$

이 결과에 다시 한 번 S_- 를 작용하면

$$|1,-1\rangle = |--\rangle \tag{6.48}$$

를 얻는다. 스핀이 1인 상태엔 3개의 벡터가 있으므로 삼중항(triplet)이라 한다. 사다리 연산자는 서로 다른 j 들을 갖는 상태를 연결하지는 못하므로 $|1,0\rangle$ 과 $|0,0\rangle$ 은 직교한다. 이 조건으로부터

$$|0,0\rangle = \frac{1}{\sqrt{2}}(|+-\rangle - |-+\rangle) \tag{6.49}$$

스핀 0에는 하나의 벡터만 있으므로 $|0,0\rangle$ 를 단일항(singlet)이라 한다.

6.3.3 궤도 각운동량 1과 스핀 1/2의 합: $1 \otimes \frac{1}{2} = \frac{3}{2} \oplus \frac{1}{2}$

같은 방법론으로 $|3/2,3/2\rangle$ 부터 시작하여 사다리 연산자 $J_- = L_- + S_-$ 를 차례로 가함으로써 $|3/2,m\rangle$, $m = 1/2, -1/2, -3/2$ 를 구할 수 있고 $|1/2,1/2\rangle$ 는 $|3/2,1/2\rangle$ 와의 직교조건으로부터 구할 수 있으며 여기에 다시 J_- 를 걸어서 $|1/2,-1/2\rangle$ 을 구할 수 있다.

문제 6.3 위에서 기술된 과정의 결과가 다음과 같음을 보여라.

$$|3/2,1/2\rangle = \sqrt{\frac{2}{3}}|0,+\rangle + \sqrt{\frac{1}{3}}|1,-\rangle, \tag{6.50}$$

$$|1/2,1/2\rangle = -\sqrt{\frac{1}{3}}|0,+\rangle + \sqrt{\frac{2}{3}}|1,-\rangle, \tag{6.51}$$

$$|1/2,-1/2\rangle = -\sqrt{\frac{2}{3}}|-1,+\rangle + \sqrt{\frac{1}{3}}|0,-\rangle \tag{6.52}$$

이 문제는 다음과 같이 확장할 수 있다.

6.3.4 궤도 각운동량 l 과 스핀 1/2의 합: $l \otimes \frac{1}{2} = (l+\frac{1}{2}) \oplus (l-\frac{1}{2})$

이 경우는 궤도각운동량과 스핀을 더하는 일반적인 문제이니 숙달해 둘 필요가 있다. 가장 높은 m_j 를 주는 (m_1, m_2) 는 $(l, \frac{1}{2})$ 이며 이 때 $j = l + \frac{1}{2}$ 이니 이 상태의 최고중항은 $|j,m\rangle = |l+\frac{1}{2}, l+\frac{1}{2}\rangle$ 이다. 여기에 $\mathbf{J}_- = \mathbf{L}_- + \mathbf{S}_-$ 를 작용하고 정규화함으로써

$$|l+\frac{1}{2}, l-\frac{1}{2}\rangle = \sqrt{\frac{l}{l+1/2}}|l-1,1/2\rangle + \sqrt{\frac{1/2}{l+1/2}}|l,-1/2\rangle \tag{6.53}$$

를 얻는다. 여기서 좌변은 토탈 각운동량 기저 $|j, m\rangle$ 이고 우변은 각운동량의 텐서곱 $|m_1, m_2\rangle$ 기저이다. 위의 결과에 차례로 내림사다리 연산자를 걸어 모든 $|l+\frac{1}{2}, m\rangle$ 가 얻어진다. $|j, m\rangle = |l-\frac{1}{2}, l-\frac{1}{2}\rangle$ 는 $|l+\frac{1}{2}, l-\frac{1}{2}\rangle$ 와의 직교조건으로부터

$$|l-\frac{1}{2}, l-\frac{1}{2}\rangle = -\sqrt{\frac{1/2}{l+1/2}}|l-1, 1/2\rangle + \sqrt{\frac{l}{l+1/2}}|l, -1/2\rangle \tag{6.54}$$

로 주어진다. 위 식의 좌변과 같이 각 j 의 최고항 $|jj\rangle$ 의 전개에 있어서는 전체적 사인을 정하는 방법을 책정할 필요가 있는데 전개항 $|m_1 m_2\rangle$ 들 중에 m_1 이 가장 큰 항 $|j_1, j-j_1\rangle$ 의 사인이 양이 되도록 하는 것이 일반적이다.

예제 6.2 다음 식이 성립함을 보여라.

$$|l \pm 1/2, m\rangle = \frac{1}{(2l+1)^{1/2}}\Big[\pm(l+\frac{1}{2}\pm m)^{1/2}|m-\frac{1}{2}, \frac{1}{2}\rangle + (l+\frac{1}{2}\mp m)^{1/2}|m+\frac{1}{2}, -\frac{1}{2}\rangle\Big] \tag{6.55}$$

답) 일반항은 위에서와 같이 J_- 를 차례로 걸고 그 일반항을 유추해도 좋으나 다음과 같이 결정할 수도 있다. $m_j = m_1 + m_2$ 이고 $m_2 = \pm 1/2$ 밖에 없으므로 $|l \pm 1/2, m\rangle$ 의 전개식엔 두 항만 있다.

$$|l, \frac{1}{2}; l+\frac{1}{2}, m\rangle = a|l, \frac{1}{2}; m-\frac{1}{2}, \frac{1}{2}\rangle + b|l, \frac{1}{2}; m+\frac{1}{2}, -\frac{1}{2}\rangle \tag{6.56}$$

$$|l, \frac{1}{2}; l-\frac{1}{2}, m\rangle = a'|l, \frac{1}{2}; m-\frac{1}{2}, \frac{1}{2}\rangle + b'|l, \frac{1}{2}; m+\frac{1}{2}, -\frac{1}{2}\rangle \tag{6.57}$$

각 좌변의 정규화 조건과 두 상태의 직교조건으로부터

$$a^2 + b^2 = a'^2 + b'^2 = 1, \quad aa' + bb' = 0 \tag{6.58}$$

변수는 4개인데 이미 3개의 조건이 있으니 하나의 조건만 더 구하면 된다.

$$\mathbf{J}^2 = j(j+1) = \mathbf{L}^2 + \mathbf{S}^2 + 2\mathbf{L}_z\mathbf{S}_z + \mathbf{L}_+\mathbf{S}_- + \mathbf{L}_-\mathbf{S}_+ \tag{6.59}$$

를 식 (6.56)에 적용하여 $\frac{b}{a} = \sqrt{\frac{l-m+1/2}{l+m+1/2}} := t$ 를 얻는다. 정규화 조건으로부터 $a = 1/\sqrt{1+t^2}$, $b = t/\sqrt{1+t^2}$ 를 얻고 $b' > 0$ 임과 직교조건으로부터 $b' = a, a' = -b$ 를 얻고 t 값을 대입하여 위의 결과를 얻는다.

이 절을 떠나기 전에 CG계수들의 일반적 성질을 정리해 두자.

문제 6.4 요약:

본문에서 다음 사실들을 확인하라.

1. $|j_1 - j_2| \leq j \leq j_1 + j_2$ 일 때만 CG는 0이 아니다.

2. $m_1 + m_2 = m_j$ 일 때만 CG는 0 이 아니다.

3. $\langle j_1 j_2; m_1 m_2 | j_1 j_2; jm\rangle = (-1)^{j_1+j_2-j}\langle j_1 j_2; -m_1, -m_2 | j_1 j_2; j, -m\rangle$

4. 모든 계수는 실수이며 특별히 $\langle j_1 j_2; j_1, (j - j_1) | j_1 j_2; j, j\rangle$ 를 양으로 정한다.

6.4 텐서 연산자와 위그너-에카르트 정리*

회전에 관해 특별한 성질을 갖는 연산자들이 있다. 즉 우리가 잘 아는 유클리드 공간상의 스칼라, 혹은 벡터나 텐서처럼 변하는 **연산자**들을 공부하려한다.[1] 3차원공간의 한 벡터 $V = v^i e_i$ 는 회전을 기술하는 직교 행렬 R 의해

$$v^i \to R^i_j v^j \tag{6.60}$$

로 변환한다. 이는 거꾸로 기저 벡터들이

$$e_j \to e_i R^i_j \tag{6.61}$$

와 같이 변한다고 할 수도 있다. 행렬 R은 유클리드공간에서 작용하므로 위와 아래의 인덱스를 구별하지 않겠다. 따라서 $R_{ij} = R^i_j$ 이다. 이제 회전 행렬은 3차원에서는

$$[J^i, J^j] = i\epsilon^{ijk} J^k \tag{6.62}$$

---

[1] 텐서는 공간과 작용하는 그룹에 따라 유클리드 공간의 회전텐서, 민코프스키 공간의 로렌츠텐서 등으로 불린다. 일반상대론의 텐서는 굽은 공간의 좌표변환 텐서(Diffeomorphism tensor)이다. 어느 경우나 그 기본 아이디어는 같다. 즉 물리나 기하학은 특정 좌표계에 무관하다는 것으로, 관찰자의 프레임이 달라진다 하여 자연법칙이 변하는 것은 아니라는 것이다. 이는 물리법칙이 텐서로 쓰여야 한다는 말과 동치이며 상대성원리나 등가원리와도 동치이다. 이는 자연을 기술하는 라그랑지안이 계에 작용하는 대칭성 그룹에 대해 불변해야 한다는 물리학의 근본 원리를 제시해 준다. 자연을 기술하는 힘은 이 근본원리에 의해 기술된다.

를 만족시키는 3개의 3×3 행렬 J^i, $i = 1, 2, 3$에 의해 생성된다. (주의 : 이 절에서는 $\hbar = 1$이라 한다. $\hbar$를 되살리고 싶으면 모든 곳에서 $J \to J/\hbar$라 두면 된다.) 이들 행렬의 성분들은

$$(J^i)_{jk} = -i\epsilon_{ijk}, \tag{6.63}$$

로 주어진다. 즉 임의의 회전 행렬은 단위 벡터 $\hat{n}$ 을 축으로 각 θ만큼 돌리는 행렬

$$R = e^{-i\hat{n}\theta \cdot \mathbf{J}} \tag{6.64}$$

로 기술된다. 앞으로는 $\theta = \theta\hat{n}$ 이라 쓰기로 하고 θ가 작을 때만 고려해도 충분하다.

회전 그룹은 3차원이 아닌 임의 N차원의 벡터공간에도 작용할 수 있는데 이때 회전 행렬은 연산자($N \times N$ 행렬) $U(R) = e^{-i\theta^a \mathcal{J}^a}$ 에 대응되는데 여기서 $N \times N$ 행렬 $\mathcal{J}$는 이 공간에서의 J의 표현이다. 이 공간에 속하는 벡터 $|\psi\rangle$의 길이 $\langle\psi|\psi\rangle$를 보존하기를 원하므로 $U(R)$는 유니터리 행렬이 된다. 이 벡터공간이 각운동량 j인 기약표현공간(irreducible representation)이라면 $N = 2j + 1$이 되고, 함수공간에 작용할 때는 $N = \infty$가 된다. (아래 문제를 보라.) 이제 이 공간에 작용하는 벡터 연산자 V^a가 있다면 $U(R)$는 V^a에 다음과 같이 작용한다.

$$V^a \to U(R)^\dagger V^a U(R) = R_{ab} V^b \tag{6.65}$$

V^a의 각 성분은 연산자(혹은 $N \times N$ 행렬) 임을 유의하라. 작은 각 θ에 대해 위 식은

$$V^a + i\theta^b [\mathcal{J}^b, V^a] + O(\theta^2) = (1 - i\theta \cdot \mathbf{J} + \cdots)^{ab} V^b = V^a + (\theta \times V)^a + \cdots . \tag{6.66}$$

마지막 식에서 $(J^c)^{ab} = -i\epsilon^{cab}$ 임을 사용하였다. 따라서

$$[\mathcal{J}^a, V^b] = i\epsilon^{abc} V^c. \tag{6.67}$$

여러분은 이것을 벡터연산자의 정의라 생각해도 좋다. 같이하여 스칼라 연산자는 회전에 대해 불변이므로

$$[\mathcal{J}^a, S] = 0 \tag{6.68}$$

텐서의 경우

$$T^{ab} \to U(R)^\dagger T^{ab} U(R) = R_{aa'} R_{bb'} T^{a'b'} \tag{6.69}$$

로부터

$$[\mathcal{J}^a, T^{bc}] = i\epsilon^{abd} T^{dc} + i\epsilon^{acd} T^{bd} \tag{6.70}$$

를 유도할 수 있다.

문제 6.5

1. 함수공간에 작용할 때 $\mathcal{J}^a = L^a = -i\epsilon^{abc}x^b\partial_c$ 로 주어짐을 보여라.

2. 이 경우 $U(R) = \exp(-i\theta\cdot\mathbf{L})$ 를 사용하여 $[L^a, V^b] = i\epsilon^{abc}V^c$ 임을 보여라.

힌트 1: $U(R)|\mathbf{r}\rangle = |\mathbf{r}+\theta\times\mathbf{r}\rangle$ 이므로 $\langle\mathbf{r}|U(R)|\psi\rangle \simeq \psi(\mathbf{r}-\theta\times\mathbf{r}) = (1-i\theta\cdot\mathbf{r}\times\mathbf{p}+\cdots)\psi(x)$.

힌트 2: $R_{ab}V^b = V^a + (\theta\times\mathbf{V})^a$ 임을 써라.

구상 텐서 연산자

텐서연산자의 성분들을 잘 배열하여 회전에 대해 구상조화함수 $Y_{lm}(\theta,\varphi)$ 처럼 회전에 대해 기약(irreducible) 텐서로 행동하도록 만든 것을 구상 텐서 연산자라 하고 T_l^m 혹은 T_{lm} 로 쓴다. 회전에 대해 구상조화함수는

$$Y_{lm} \to U(R)Y_{lm} = \sum_{m'} Y_{lm'}\langle lm'|U(R)|lm\rangle = \sum_{m'} Y_{lm'}D^{(l)}_{m'm} \tag{6.71}$$

와 같이 l 을 변화하지 않고 변하니 T_{lm} 도 그에 준한다. 여기서 행렬 $D^{(l)}_{m'm}$ 이 뒤에서 작용하는 이유는 $|lm\rangle$ 이 기저텐서이기 때문이다.

$$T_{lm} \to U(R)T_{lm}U(R)^\dagger = \sum_{m'} T_{lm'}\langle lm'|U(R)|lm\rangle := \sum_{m'} T_{lm'}D^{(l)}_{m'm}. \tag{6.72}$$

다음과 같은 교환관계를 증명할 수 있다.

$$\begin{aligned} [J_\pm, T_{lm}] &= \sqrt{l(l+1)-m(m\pm1)}\,T_{l,m\pm1}, \\ [J_z, T_{lm}] &= mT_{lm} \end{aligned} \tag{6.73}$$

예제 6.3 회전에 대해 $T_{kq}|lm\rangle$ 는 $|kq\rangle\otimes|lm\rangle$ 와 같이 행동함을 보여라.

답)

$$U(R)T_{kq}|lm\rangle = U(R)T_{kq}U(R)^\dagger U(R)|lm\rangle \tag{6.74}$$

$$= \sum_{q'm'} T_{kq'}|lm'\rangle D^{(k)}_{q'q}D^{(l)}_{m'm} \tag{6.75}$$

위의 예제가 의미하는 것은 T_{kq} 은 $|lm\rangle$ 에 각운동량을 (k,q) 만큼을 더해준다는 것이다. 각운동량의 덧셈에서 배운 지식을 활용하면 행렬 성분 $\langle\alpha'j'm'|T_{kq}|\alpha lm\rangle$ 은 $|k-j|\le j'\le k+j$

이고 $m' = m + q$가 성립할 때만 살아남는다는 것을 알 수 있다. 이는 매우 중요한 **선택규칙(selection rule)**을 준다. 예를 들어 스칼라 연산자가 작용할 경우엔 $\langle \alpha' j' m' | T_{00} | \alpha j m \rangle$은 $j = j'$ 이고 $m = m'$일 때만 살아남는다. 같이하여 $\langle \alpha' j' m' | V_x | \alpha j m \rangle$ 등은 $j' = j \pm 1$이고 $m' = m \pm 1$일 때만 살아 남는다. 벡터 연산자들은 간단한 조합 $V_x \pm V_y = \mp\sqrt{2} T_{1,\pm 1}$, $V_3 = T_{10}$에 의해 구상 텐서 연산자와 연결됨을 알고 있으면 편리하다.

이러한 관찰은 다음과 같은 일반적인 명제로 정리된다.

정리 6.1 위그너-에카르트 정리(Wigner-Eckart Theorem)

$$\langle \alpha' j' m' | T_{j_2 m_2} | \alpha j_1 m_1 \rangle = \langle \alpha' j' || T_{j_2} || \alpha j_1 \rangle \langle j_1 j_2 ; j' m' | j_1 j_2 ; m_1 m_2 \rangle \tag{6.76}$$

여기서 우변의 첫째 인수는 방향변수 $m_1 m_2 m'$에 관계가 없는 공통인수란 뜻이다. 이 인수를 결정하면 나머지 $(2j_1' + 1)(2j_1 + 1)(2j_2 + 1)$개의 행렬 성분은 CG에 의해 결정된다는 것에 이 정리의 중요성이 있다.

제7장
수소 원자

이번 장에서는 양자역학의 가장 대표적 문제인 수소 원자 문제를 다룬다. 수소 원자는 하나의 핵과 하나의 전자로 구성된 구속계이다. 전자와 양성자의 질량과 위치를 각 전자의 질량을 m_1 양성자의 질량을 m_2, 전자와 양성자의 위치를 각각 $\mathbf{r_1}, \mathbf{r_2}$라 하면 운동에너지는 총질량 $M = m_1 + m_2$과 환산질량 $\mu = \frac{m_1 m_2}{m_1+m_2}$에 의해 $\frac{p_1^2}{2m_1} + \frac{p_2^2}{2m_2} = \frac{P^2}{2M} + \frac{p^2}{2\mu}$로 쓰어지고 힘은 두 입자 사이의 거리에만 관계되니 퍼텐셜은 양자 사이의 거리만의 함수 $V(r)$로 쓰인다. 질량중심계에서 $P = 0$이니 3차원의 슈뢰딩거 방정식은 환산질량과 상대거리 r만으로 쓰인다.

$$\left(-\frac{\hbar^2}{2\mu}\nabla^2 - \frac{e_*^2}{r}\right)\psi = E\psi, \quad e_*^2 = \frac{e^2}{4\pi\epsilon_0} \tag{7.1}$$

먼저 3차원에서의 물리계과 구대칭성을 가질 경우 일반적인 퍼텐셜 $V(r)$에 대한 슈뢰딩거 방정식이 어떻게 쓰이는지를 공부하자.

7.1 구 대칭성을 가진 계에서의 슈뢰딩거 방정식

우선 $x = r\sin\theta\cos\phi, \quad y = r\sin\theta\sin\phi, \quad z = r\cos\theta$로부터

$$ds^2 = dx^2 + dy^2 + dz^3 = dr^2 + r^2 d\theta^2 + r^2 \sin\theta^2 d\phi^2 := g_{\mu\nu}dx^\mu dx^\nu \tag{7.2}$$

여기서 아인슈타인의 관례에 따라 위아래 반복된 첨수에 대한 합의 기호는 생략하였다. 라플라시안은

$$\nabla^2 = \frac{1}{\sqrt{g}}\partial_\mu \sqrt{g} g^{\mu\nu}\partial_\nu = \frac{1}{r^2}\partial_r r^2 \partial_r + \frac{1}{r^2 \sin\theta}\partial_\theta \sin\theta \partial_\theta + \frac{1}{r^2 \sin^2\theta}\partial_\phi^2 \tag{7.3}$$

이제 극좌표계에서 각운동량의 표현

$$L^2 = -\hbar^2 \left(\frac{1}{\sin\theta}\partial_\theta \sin\theta\partial_\theta + \frac{1}{\sin^2\theta}\partial_\phi^2\right), \quad L_z = \frac{\hbar}{i}\partial_\phi \tag{7.4}$$

를 쓰면 슈뢰딩거 방정식은 임의의 구상대칭성이 있는 퍼텐셜에 대해

$$\left[-\frac{\hbar^2}{2\mu r}\partial_r^2 r + \frac{L^2}{2\mu r^2} + V(r)\right]\psi(r,\theta,\phi) = E\psi(r,\theta,\phi) \tag{7.5}$$

로 쓰인다. 여기서

$$\frac{1}{r^2}\partial_r r^2 \partial_r = \partial_r^2 + \frac{2}{r}\partial_r = \frac{1}{r}\partial_r^2 r = \left(\frac{1}{r}\partial_r r\right)^2 \tag{7.6}$$

임을 썼다. 이제

$$\psi(r,\theta,\phi) = R_{nl}(r)Y_{lm}(\theta,\phi) \tag{7.7}$$

와 같이 변수 분리를 가정하면 구면방향의 문제는 반경방향의 문제와 완전히 분리된다.

$$L^2 Y_{lm} = \hbar^2 l(l+1)Y_{lm}, \quad L_z Y_{lm} = \hbar m Y_{lm} \tag{7.8}$$

이므로 반경 r에 대한 방정식은

$$\left[-\frac{\hbar^2}{2\mu r}\partial_r^2 r + \frac{\hbar^2 l(l+1)}{2\mu r^2} + V(r)\right]R_{nl}(r) = E R_{nl}(r) \tag{7.9}$$

마지막으로 우리의 문제에선 $V(r) = -\frac{e_*^2}{r}$ 임을 상기하면 수소 원자에 대한 반경방향의 방정식이 유도된다. 이 방정식은 $u = rR$을 도입하고 양변에 r을 곱하여 다음과 같이 쓸 수도 있다.

$$\left[-\frac{\hbar^2}{2\mu}\partial_r^2 + \frac{\hbar^2 l(l+1)}{2\mu r^2} - \frac{e_*^2}{r}\right]u(r) = Eu(r) \tag{7.10}$$

이 식은 원심력과 쿨롱력하에서의 가상의 1차원 슈뢰딩거 방정식과 같다. 다만 $r > 0$이어야 하므로 원점에서의 경계치에 대한 특별한 주의가 필요하다.

문제 7.1

1. ∂_r^2가 영역 $0 \le r < \infty$서 1차원의 해밀토니안이 에르밀(hermitian)이기 위해서

$\left[v^*\partial_r u - u\partial_r v^*\right]_0^\infty = 0$ 임을 보여라. $v(r) = u(r)$ 라 두고 이 결과를 적용하면 에르밑 조건은 $r = 0$ 에서 특별한 조건을 요구하지 않는다는 사실을 알수 있다.

2. 이와는 달리 $\langle \frac{1}{r} \rangle$ 가 유한이라는 조건을 요구함으로써, 원점 근방에서 $u \sim r^\alpha$ 이라 하면 $\alpha > 1/2$ 임을 보여라.

주의: 이 문제의 결과, 수소 원자 문제에 있어 $\psi \sim c/r$ 의 행동을 하는 파동함수는 제외되어야 함을 알수 있다. 결과적으로 원점근방에서 확률의 총합뿐 아니라 확률밀도 자신이 발산하지 않는다는 것을 요구해야 한다는 것이다.

7.2 수소 원자의 스펙트럼 ($E < 0$)

먼저 $E < 0$, 즉 전자가 핵에 붙잡혀 갇혀 수소 원자가 형성된 경우를 생각하자. 방정식을

$$u'' + \left(\frac{2\mu}{\hbar^2}E - \frac{l(l+1)}{2\mu r^2} + \frac{2\mu}{\hbar^2}\frac{e_*^2}{r}\right)u(r) = 0 \tag{7.11}$$

으로 쓰고 미분방정식을 시리즈 해법으로 풀기로 하자. 먼저 변수를 $r = \beta\rho$ 로 조정하여 방정식을 최대한 간략히 써보자.

$$u'' + \left(\frac{2\mu}{\hbar^2}\beta^2 E - \frac{l(l+1)}{r^2} + \frac{2\mu\beta}{\hbar^2}\frac{e_*^2}{r}\right)u(r) = 0 \tag{7.12}$$

이제 $E < 0$ 임을 상기하여 $\frac{2\mu}{\hbar^2}\beta^2 E = -1$ 이 되도록 $\beta = \sqrt{\frac{\hbar^2}{2\mu|E|}}$ 으로 정하고 $\frac{2\mu\beta}{\hbar^2}e_*^2 := \lambda$ 라 두면

$$\lambda = e_*^2\sqrt{\frac{2\mu}{\hbar^2|E|}} = \sqrt{\frac{2\mu c^2 e_*^4}{\hbar^2 c^2|E|}} = \sqrt{\frac{2\mu c^2\alpha^2}{|E|}} \tag{7.13}$$

여기서 $\alpha = \frac{e_*^2}{\hbar c} \simeq 1/137$ 는 차원이 없는 '미세구조상수' 이다.[1]

$$u'' + \left(-1 - \frac{l(l+1)}{\rho^2} + \frac{\lambda}{\rho}\right)u(\rho) = 0 \tag{7.14}$$

$r \to \infty$ 일 때의 마지막 두 항은 무시될 수 있으니 $u \sim e^{\pm r}$ 이며 수렴성을 생각하면 $u \sim e^{-r}$ 이고, $r = 0$ 근방에서는 괄호 안에서 $\frac{l(l+1)}{r^2}$ 이 지배적인 항이므로 다른 항들은 무시할 수

[1] 이 숫자가 작다는 것은 양자전기역학에서 전기력의 크기가 작음을 나타냄과 동시에 양자론적 전기역학에서 섭동론이 잘 작동한다는 것을 보장해 주는 상수이기도 하다.

있다. 따라서 $r \sim r^a$ 라 하면, $a(a-1) - l(l+1) = 0$ 이고 따라서 $a = l+1$ 혹은 $a = -l$ 인데 원점에서의 유한성을 고려하면 $u \sim r^{l+1}$ 만이 허용된다.

미분방적식 해법의 정석을 따라 특이점들 $r = 0, \infty$ 에서의 행동을 인수로 분해하여 $u(r) = e^{-r} r^{l+1} v(r)$ 라 두면 v 에 관한 방정식

$$v'' + \left(-2 + \frac{2l+2}{\rho}\right) v'(r) + \left(\frac{\lambda - 2l - 2}{\rho}\right) v = 0, \tag{7.15}$$

이 얻어진다. 여기서 $(ABC)'' = A''BC + AB''C + ABC'' + 2(A'B'C + AB'C' + A'BC')$ 임을 활용하면 편리하다. 이제 v를 시리즈로 전개하여 $v = \sum_{k=0}^{\infty} d_k \rho^k$ 로 두면, 방정식은

$$\sum_k \Big[\big(k(k+1) + (k+1)(2l+2)\big) d_{k+1} - (2k + 2l + 2 - \lambda) d_k\Big] \rho^{k-1} = 0 \tag{7.16}$$

이 되니

$$(k+1)\big(k + 2l + 2\big) d_{k+1} = (2k + 2l + 2 - \lambda) d_k \tag{7.17}$$

이 모든 k에 대해 성립해야 한다. 만일 이 전개가 무한급수라면 큰 k에 대해 $d_{k+1} \sim (2/k) d_k$ 가 되니 $\rho \sim \infty$ 부근의 행동은 $v \sim e^{2\rho}$ 가 되어 원래의 파동함수 $u \sim e^{-\rho} e^{2\rho}$ 는 수렴성이 없다. 따라서 v는 어떤 유한 정수 n_r 에 대해 n_r 차의 다항식이어야 한다. 그 조건은 $d_{n_r+1} = 0$ 이니

$$\lambda = 2n_r + 2l + 2 \tag{7.18}$$

이 성립해야 한다. 에너지와 λ의 관계식인 식 (7.13) 에 따르면

$$E = -\frac{1}{2} \mu c^2 \alpha^2 \frac{1}{(n_r + l + 1)^2} \tag{7.19}$$

이제 $n_r + l + 1 := n$ 이라 두면 $E = -\frac{1}{2} \mu c^2 \alpha^2 \frac{1}{n^2} = -13.6eV$ 가 되고 이는 n을 주양자수로 하는 보어의 결과와 일치한다. $\beta = \sqrt{\frac{\hbar^2}{2\mu|E|}} = \frac{\hbar}{\mu c \alpha} n := a_0 n$ 이니

$$r = \beta \rho = a_0 n \rho \tag{7.20}$$

여기서 $a_0 = \frac{m_e}{\mu} a_B$ 는 환산질량을 쓴 보어 반경이다. 이러한 수소 원자에서의 성공은 슈뢰딩거에게 확신을 심어주었고 물리학자들에게 드브로이 물질파에 의존한 전자의 존재양상에 대한 정량적 직관을 제공하였다. 이것이 $|\psi|^2$ 에 대한 보른의 확률해석이다. 위의 결과는 임의의 n, l, m 에 대한 일반적인 파동함수를 쓸 수 있게 해주며 아래 소절에서 보는 바와 같이 그 결과는 일반화된 라게르 다항식에 의해 표현된다.

예제 7.1 n이 주어 졌을 때 궤도각운동량의 최댓값은 $l = n-1$이다. 이 때 전자를 발견할 가장 확률이 높은 반경은 얼마인가?

답) 확률은 $\int r^2 dr d\Omega |\psi_{nlm}|^2 = 4\pi \int dr |u(r)|^2$ 그러므로 확률밀도함수 $P(r) = 4\pi\rho^{2n}e^{-2\rho}$. 미분하여 0으로 놓음으로써 $\rho_n = n$에서 최댓값을 가짐을 알고, 이때의 실 반경은

$$r_n = a_0 n \rho_n = a_0 n^2 \tag{7.21}$$

임을 안다. 이는 보어모델의 결과와 일치한다. 각운동량이 최대일 때 $n_r = 0$ 이므로 반경방향 절편(node)이 없다는 사실에 주목하기 바란다.

문제 7.2 $\psi = \psi_{nlm}$에 대하여 다음 사실들을 차례로 증명하라.

1. $\frac{d}{dt}\langle \mathbf{r}\cdot\mathbf{p}\rangle = 0.$

(힌트: $i\hbar\frac{d}{dt}\langle A\rangle = \langle [A,H]\rangle$를 쓰되 에너지 고유상태에 대해선 우변은 항상 0.)

2. $\langle T\rangle = -\frac{1}{2}\langle V\rangle.$

3. $\langle \frac{1}{r}\rangle = 1/r_n$.

7.2.1 수소 원자의 일반적 파동함수*

라게르 다항식 $L_N^k(x)$은 미분방정식

$$xy'' + (k+1-x)\,y' + N\,y = 0 \tag{7.22}$$

의 다항식 해로 정의되며 그 중 첫 몇 개는

$$\begin{aligned}
L_0^{(k)}(x) &= 1\\
L_1^{(k)}(x) &= -x + (k+1)\\
L_2^{(k)}(x) &= \frac{x^2}{2} - (k+2)x + \frac{(k+1)(k+2)}{2}\\
L_3^{(k)}(x) &= \frac{-x^3}{6} + \frac{(k+3)x^2}{2} - \frac{(k+2)(k+3)x}{2} + \frac{(k+1)(k+2)(k+3)}{6}
\end{aligned}$$

로 주어진다. 일반적인 라게르 다항식의 표현은 다음과 같다.

$$L_N^{(k)}(x) = \sum_{i=0}^{N}(-1)^i\binom{N+k}{N-i}\frac{x^i}{i!} \tag{7.23}$$

식 (7.15)과 (7.22)을 비교하면 전자는 $x = 2\rho, y = v$과 $k = 2l+1, N = \lambda/2-l-1 = n-l-1$에 의해 후자로 맵핑된다. 따라서

$$\psi_{n\ell m}(r,\theta,\varphi) = \mathcal{N}_{n,l} e^{-x/2} x^{\ell} L^{2\ell+1}_{n-\ell-1}(x) Y^m_{\ell}(\theta,\varphi), \quad x = 2\rho = \frac{2r}{na_0} \tag{7.24}$$

로 주어짐을 알 수 있다.

> 예제 7.2 정규화 상수는 $\mathcal{N}_{n,l} = \sqrt{\left(\frac{2}{na_0^*}\right)^3 \frac{(n-\ell-1)!}{2n(n+\ell)!}}$ 로 주어짐을 보여라.
> 힌트: 잘 알려진 관계식
>
> $$\int_0^{\infty} dx x^{k+1} e^{-x} [L^k_N(x)]^2 = \frac{(N+k)!}{N!}(2N+k+1),$$
>
> 을 사용하고 $k = 2l+1, N = n+l-1, \int x^2 dx = \left(\frac{2}{na_0^*}\right)^3 \int r^2 dr$ 임에 유의하라.

7.2.2 수소 원자의 스펙트럼 정리

앞에서 이미 살펴 본 바와 같이 반경 방향의 파동함수 $R(r)$이 만족하는 방정식은 $u(r) = rR(r)$을 도입하면 1차원의 슈뢰딩거 방정식으로 표현된다.

$$\left[-\frac{\hbar^2}{2\mu}\partial_r^2 + \frac{\hbar^2 l(l+1)}{2\mu r^2} - \frac{e_*^2}{r}\right] u(r) = Eu(r) \tag{7.25}$$

여기서 $e_*^2 = e^2/4\pi\epsilon_0$ 이며 $\mu = m_e m_p/(m_e + m_p)$는 전자와 핵의 환산질량이다. $E_{n_r,l,m}$이 자기장이 없을 때는 m에 무관하고 $n+l$에만 의존한다는 것이다. 즉

$$E_{n_r,l,m} = -\frac{1}{2}\mu c^2 \alpha^2/(n_r + l + 1)^2 \tag{7.26}$$

그러므로 $n = n_r + l + 1$을 도입하면 에너지는 n만의 함수이며 이를 주양자수라 부른다. 여기서 $l = 0, 1, \cdots, n-1$ 까지의 정수인데 에너지는 m에는 무관하므로 주어진 l에 대해선 $2l+1$ 개의 같은 에너지를 갖는 상태가 있음은 쉽게 알 수 있으나 주어진 에너지 E_n을 갖는 상태의 수는 이를 훨씬 뛰어넘어 $n = n_r + l$에만 의존하여 주어진 n에 대해 $\sum_{l=0}^{n-1}(2l+1) = n^2$와 같음을 알 수 있다. 이러한 추가적 겹침은 각운동량에 관한 마지막 고찰에서 살핀 것과 같이 수소 원자 문제엔 $SO(4)$ 대칭성이 있기 때문이다. 놀라운 것은 이것이 스핀을 고려하면 $2n^2 = 2, 8, 18, \cdots$ 등인데 이는 불활성 원소의 원자번호에 해당하는 매직 넘버를 주어 주기율표를 설명하는 근간이 된다는 것이다. 수학적 대칭구조가 자연의 비밀을 설명하는 데에 이렇게 요긴하게 쓰여 본 적은 일찍이 없었다.

주양자수 n이 각운동량이 아니라는 사실은 보어 모델과 실험 사실 사이에 차이를 준다는 것도 주목할 필요가 있다. 보어 모델의 기저상태는 각운동량이 1인 상태이나 양자역학에선 기저상태의 각운동량이 0이다. 어떻게 전자가 각운동량이 없이 작은 공간에서 핵과의 충돌 없이 존재하는가 하는 물음에 우리의 직관을 만족시킬 답이 현재로선 없다. 기저상태에 관한 러더퍼드-보어의 행성모형은 '전혀' 작동하지 않는다. 우리의 질문은 행성모형으로부터 왔는데 이 직관은 미시세계에 적용되지 않는 것이다. 새로운 물리학을 만날 때마다 우리는 직관을 새 이론에 맞추어야 함을 기억하기 바란다. 최선의 그림은 않는 전자 구름이 조용히 원점 주위에 분포하고 있는 것이다. 높은 양자수에 대해서도 보어의 소위 "각운동량" 양자수는 사실은 주양자수이며 $n_r \neq 0$인 상태는 보어의 고전 모형에선 없는 상태들이다. 주기율표를 이해하기 위해선 이렇게 새롭게 출현한 상태들과 스핀에 의한 새로운 상태들, 그리고 스핀과 궤도 각운동량 사이의 상호작용을 이해하는 것이 필수적이다.

7.2.3 수소 원자의 $O(4)$ 대칭성과 스펙트럼의 겹침

임의의 구상대칭성이 있는 퍼텐셜에 대해서도 주어진 l에서 m의 의존성은 없으므로 겹침의 개수가 $2l+1$만큼 존재하며 이는 계에 회전 대칭성 즉, $SO(3)$ 대칭성이 존재하기 때문이다. 각운동량 연산자는 이 대칭성의 생성자(generator)임을 밝힌 바 있다. 그러나 수소 원자의 에너지는 반경방향의 양자수 n_4과 궤도각운동량 양자수 l 각각에 의존하지 않고 오로지 이들의 합으로 이루어진 주양자수 $n = n_r + l + 1$에만 의존한다. 그 결과 주어진 n에는

$$\sum_{l=0}^{n-1}(2l+1) = n^2, \tag{7.27}$$

만큼의 겹침이 존재한다. 이러한 겹침은 계에 $SO(3)$보다 더 큰 대칭성이 있기 때문에 나타나며 수소 원자의 경우에 그 대칭성은 $SO(4)$임이 알려져 있다. 이제 그 이야기를 해 보자. 고전역학에서 $1/r$ 퍼텐셜하에서는 지구는 태양을 초점으로 하는 타원을 이룬다. 이는 또한 태양에서 지구의 궤도의 근지점까지를 잇는 위치 벡터와 평행한 벡터인

$$\mathbf{N} = \mathbf{p} \times \mathbf{L} - \mu k \frac{\mathbf{r}}{r} \tag{7.28}$$

가 시간에 대해 불변임을 의미한다. 만일 이 벡터가 시간적으로 변한다면 궤도는 닫힌 곡선을 이루지 못할 것이기 때문이다. 여기서 $k = e_*^2$이다.

양자역학적으로는 다음과 같이 정의된 룬게-렌츠(Runge-Lenz) 벡터연산자

$$\mathbf{N} = \frac{1}{2}\Big(\mathbf{p} \times \mathbf{L} - \mathbf{L} \times \mathbf{p}\Big) - \mu k\,\frac{\mathbf{r}}{r} \tag{7.29}$$

가 해밀토니안과 서로 교환적임을 의미한다. 여기서 나아가 이들 스스로가 벡터인 동시에 각운동량과 얽혀 있다. 즉

$$\begin{aligned}
[H, N_a] &= 0, \\
[L_a, L_b] &= i\epsilon_{abc}L_c, \\
[L_a, N_b] &= i\epsilon_{abc}N_c, \\
[N_a, N_b] &= i(-2\mu E)\epsilon_{abc}L_c
\end{aligned} \tag{7.30}$$

문제 7.3 위의 교환관계식들을 증명하라.

위의 교환식들은 두 개의 독립적인 각운동량 연산자들이 존재함을 암시하고 있다. 즉,

$$\mathbf{J}^{(\pm)} = \frac{1}{\sqrt{2}}\Big(\mathbf{L} \pm \frac{1}{\sqrt{2\mu|E|}}\mathbf{N}\Big) \tag{7.31}$$

라 하면 $\mathbf{J}^{(+)}, \mathbf{J}^{(-)}$은 독립적인 각운동량 대수를 만족시킨다. 즉, $[J_a^{(+)}, J_b^{(-)}] = 0$.
따라서 대칭성

$$SO(3) \times SO(3) \simeq SO(4) \tag{7.32}$$

가 존재한다.

이제 $\mathbf{N}$은 벡터 연산자이므로 이로써 랭크가 1인 구상텐서연산자 $N_{1,m}$을 만들 수 있다.[2]

$$N_1^{\pm} = \frac{\mp 1}{\sqrt{2}}(N_1 \pm iN_2), \quad N_1^0 = N_z. \tag{7.34}$$

그러면 수소 원자의 고유상태 $|nll\rangle$을 생각하고 $N_{1,1}|nll\rangle$은 에너지가 같은 또 하나의 고유벡터이고 하나 더 높은 각운동량을 갖는다. 따라서

$$N_1^1|nll\rangle = C|11\rangle \otimes |nll\rangle = C|n, l+1, l+1\rangle \tag{7.35}$$

---

[2] 이 표기는 일반적이다. 즉 임의의 벡터 연산자 A_i에 대해

$$A_1^{\pm} = \frac{\mp 1}{\sqrt{2}}(A_1 \pm iA_2), \quad A_1^0 = A_z. \tag{7.33}$$

따라서 $N_{1,1}$ 에 의해 같은 n (따라서 같은 에너지)을 갖고 다른 l 을 갖는 모든 상태가 서로 연결되며 L_- 에 의해서 같은 l 을 주는 모든 상태들이 서로 연결된다. 이로써 겹침이 일어나는 n^2 개의 모든 상태를 $|n,0,0\rangle$ 로부터 건설할 수 있다.

문제 7.4 3차원의 등방적 조화진동자의 해밀토니안은 $H = \sum_i a_i^\dagger a_i + 3/2$ 로 주어진다.

1. $[H, T_{ij}] = 0$, 즉 $T_{ij} = a_i^\dagger a_j$ 는 보존됨을 보여라.

2. T_{ij} 들을 기약의 스칼라 S, 벡터 V_i, 텐서 Q_{ij} 성분들로 분해하라.

3. 각운동량 연산자를 $a_i, a_i^\dagger$ 로 표시하라.

4. $|n,0,0\rangle$ 로부터 시작하여 에너지가 같은 모든 고유벡터를 건설하라.

힌트 2. $S = \sum a_i^\dagger a_i$, $V_i = \epsilon_{ijk} a_j^\dagger a_k$, $Q_{ij} = a_i^\dagger a_j + a_j^\dagger a_i - 2/3S$.

힌트 3. $\mathbf{x} = \frac{1}{\sqrt{2}}(\mathbf{a} + \mathbf{a}^\dagger)$, $\mathbf{p} = \frac{1}{\sqrt{2}}(\mathbf{a} - \mathbf{a}^\dagger)$, $\mathbf{L} = \mathbf{x} \times \mathbf{p} = -i(\mathbf{V} - \mathbf{V}^\dagger)$.

힌트 4. $|n,1,1\rangle = cV_1^1|n,0,0\rangle$, 여기서 L_- 를 사용하여 3개의 상태벡터를 얻는다. 다음에 ${Q^2}_2 = {a_1^1}^\dagger {a_1}^1 = \frac{1}{2}[(a_1^\dagger a_1 - a_2^\dagger a_2) + i(a_1^\dagger a_2 + a_2^\dagger a_1)]$ 를 써서 $|n,2,2\rangle = cQ_2^2|n,0,0\rangle$ 를 만들고 이전처럼 L_- 를 계속 작용하여 5개의 상태벡터를 얻을 수 있다. 총 1+3+5=9개.

7.3 양성자 주위를 지나가는 전자의 스펙트럼 ($E > 0$)

이제 $E > 0$, 즉 양성자 주위를 지나가는 전자를 생각하자. 방정식을

$$u'' + \left(k^2 - \frac{l(l+1)}{r^2} + \frac{2\mu}{\hbar^2}\frac{e_*^2}{r}\right)u(r) = 0, \quad k^2 = \frac{2\mu E}{\hbar^2} \tag{7.36}$$

로 쓰고 전자가 핵에서 멀리 떨어진 경우를 생각하면 마지막 두 항은 무시될 수 있고 그 해는 $e^{\pm ikr}$ 로 주어진다. 원심력은 멀리서 무시할 수 있으나 쿨롱상호작용은 원거리력이어서 이 경우 멀리서의 파동함수는 평면파가 아니다. 보정을 생각하기 위해 $u = e^{\pm ikr}v(r)$ 이라 하고 전 소절과 같이 v 에 관한 미분방정식을 구하면

$$v'' \pm 2ikv' - \frac{2\mu V}{\hbar^2}v = 0 \tag{7.37}$$

파동함수의 멀리서의 지배적 행동은 이미 빼내었으므로 v는 천천히 변화하는 함수이다. 따라서 v''는 다른 항들보다는 작아야 하므로 이를 무시할 수 있다. 그러면 방정식은 적분이 가능하고 $V = -e_*^2/r$일 경우의 해는 $v = v_0 \exp[\pm \frac{i\mu e_*^2}{k\hbar^2} \ln r/r_0]$ 이며 이것이 쿨롱력에 의해 전파 파동이 평면파로부터 얼마나 변했는지를 나타내는 양이다. 로그 스케일로 천천히 변하기 때문에 멀리 가도 무시할 수 없기 때문에 다음과 같이 주어지는 전체 파동함수

$$u(r) = \exp\left[\pm i\Big(kr + \frac{\mu e_*^2}{k\hbar^2} \ln r/r_0\Big)\right] \tag{7.38}$$

는 설사 전자가 양성자와 상당히 멀다 하더라도 전자의 파동함수는 평면파와 다르다.

구면좌표에서의 자유입자

앞으로 산란의 문제를 다룸에 있어 대부분의 퍼텐셜은 쿨롱력보다 단거리력이어서 멀리서의 퍼텐셜은 무시될 수 있다. 이 경우 구면좌표계에서의 자유입자문제를 다룰 필요가 있으므로 여기서 그 바탕을 깔아놓고 가는 것이 좋겠다. 우리의 출발점은 방정식

$$u'' + \left(k^2 - \frac{l(l+1)}{r^2}\right) u(r) = 0 \tag{7.39}$$

이다. 양변을 k^2로 나누고 $\rho = kr$이라 하면 위의 방정식에서 k는 사라진다. $l = 0$이라 하면 $u_0(\rho) = \sin\rho$, 혹은 $\cos\rho$. 따라서 $R_0 = u_0/\rho$는 다음과 같이 주어진다.

$$R_0 = \frac{\sin\rho}{\rho} := j_0 \text{ 혹은 } R_0 = -\frac{\cos\rho}{\rho} := n_0(\rho) \tag{7.40}$$

원점에서 전자는 유한하고 후자는 발산한다. $u = rR$을 사용하여 위의 방정식은 다음과 같이 쓸 수 있다.

$$R'' + \frac{2}{\rho}R' + \left(1 - \frac{l(l+1)}{\rho^2}\right) R = 0 \tag{7.41}$$

이 방정식의 일반해를 구상베셀함수라 하고 원점에서 유한한 정칙해를 $j_l(\rho)$, 원점에서 발산하는 비정칙해를 $n_l(\rho)$라 부른다. 구상베셀함수는 잘 연구되어 있으므로 필요할 때 테이블에서 찾아 쓰면 된다. 예를 들어 구의 내부에 갇혀 있는 전자를 기술할 때에는 $r = 0$에서 유한한 $j_l(\rho)$를 쓰고 구의 밖에 머물러야 하는 경우는 $r = \infty$에서 유한한 $n_l(\rho)$를 쓰면 된다. 둘 다 써야 하는 경우는 전자가 2개의 구각 사이에서 머무는 경우이다. 한편 산란의 문제에선 매우 멀리 떨어진 전자가 밖으로 또는 안으로의 운동을 기술할 필요가 있는데 이는 1차원의 경우 산란 전후의 상태가 평면파인 $u \sim e^{\pm i(kx-\omega t)}$로 기술되듯이 구면파 $R = u(r)/r = e^{\pm i(kr-\omega t)}/r$로 기술될 것이다. 이에 대응하는 것이 제 1,2종의 구상 한켈의 함수 $h_l^{(1)}, h_l^{(2)}$ 이다. 중심에서

멀 때 구상베셀의 행동이 다음과 같으므로

$$j_l(\rho) \sim \frac{1}{r}\sin(rk - \pi(l+1)/2) \tag{7.42}$$

$$n_l(\rho) \sim \frac{1}{r}\cos(rk - \pi(l+1)/2) \tag{7.43}$$

구상 한켈함수의 정의는 자연스럽게 다음과 같이 되어야 한다.

$$h_l^{(1)}(\rho) := j_l + in_l, \quad h_l^{(2)}(\rho) := j_l - in_l \tag{7.44}$$

이들의 응용에 관해선 산란을 다룬 장에서 취급하겠다.

제 8 장

대칭성

본 장에선 대칭성과 보존량사이의 관계에 대해 기술한다. 계의 대칭성이란 어떤 변환에 대한 계의 불변성을 말한다. 먼저 연속적 대칭성, 이어서 이산대칭성에 대해 논의한다.

8.1 연속적 대칭성과 보존량: 뇌터정리

계가 회전에 대해 불변하면 각운동량이 보존되고 시간이나 공간에 대한 병진에 대해 불변하면 에너지나 운동량이 보존된다. 이것이 고전역학에서의 뇌터정리이다. 이를 보는 간단한 방법은 일반화된 변수 q의 라그랑주 방정식을 생각하는 것이다.

$$\frac{d}{dt}\frac{\partial \mathcal{L}}{\partial \dot{q}} = \frac{\partial \mathcal{L}}{\partial q} \tag{8.1}$$

여기서 $\mathcal{L}$이 변수 q에 무관하면 우변은 0이니 모멘텀 $p = \frac{\partial \mathcal{L}}{\partial \dot{q}}$은 보존된다.

예제 8.1 어떤 변환 $q \to q + \delta q$에 대한 라그라랑지안의 불변성으로부터 뇌터의 정리를 직접 증명해 보라.

답) $\delta \mathcal{L} = \frac{\partial \mathcal{L}}{\partial q}\delta q + \frac{\partial \mathcal{L}}{\partial \dot{q}}\delta \dot{q} = \frac{d}{dt}\frac{\partial \mathcal{L}}{\partial \dot{q}}\delta q + \frac{\partial \mathcal{L}}{\partial \dot{q}}\frac{d}{dt}\delta q = \frac{d}{dt}(p\delta q) = 0$. 여기서 $\delta q = \epsilon$가 상수이면 $\frac{d}{dt}p = 0$.

8.1.1 보존량과 픽처

양자역학에선 이 뇌터의 정리가 어떻게 확장될까? 우선 물리량은 어떤 연산자 A에 해당하고 계가 시각 0에서 상태 $|\psi\rangle$에 있었다면 시각 t에선 $|\psi(t)\rangle = U(t)|\psi\rangle$ 인데 여기서 $U(t) = \exp(-itH/\hbar)$는 시간진화 연산자이다. 양자역학에서 측정가능한 것은 물리량의 기댓값 $\langle A\rangle$ 뿐이니 시간이 흘러도 기댓값이 불변하면 이 물리량이 보존된다고 할 수 있다. 그러므로

$$\langle A\rangle(t) = \langle\psi(t)|A|\psi(t)\rangle = \langle\psi|U^\dagger AU|\psi\rangle \tag{8.2}$$

의 시간미분이 0이면 된다. 해밀토니안의 명시적 시간 의존성은 없다고 하면 $i\hbar\dot{U} = HU$ 이니, 기댓값이 보존될 조건은

$$i\hbar\partial_t\langle A\rangle(t) = \langle\psi|U^\dagger[A,H]U|\psi\rangle = 0. \tag{8.3}$$

따라서 **해밀토니안과 교환되는 물리량은 보존**되니, 이것이 뇌터정리의 양자역학적 버전이다. 이상의 논의는 시간진화하는 연산자 $A_H(t) := U^\dagger AU$를 정의하여

$$i\hbar\frac{d}{dt}A_H(t) = U^\dagger[A,H]U = [A_H(t),H]. \tag{8.4}$$

를 사용하여 논의해도 좋다. $A_H(t)$를 연산자 A의 하이젠베르크 연산자라 한다. 이상의 논의와 같이 물리량 자체가 시간변화를 갖고 상태는 시간변화가 없도록 정의하여 논의하는 시각을 **하이젠베르크 픽처**라 하고, 이에 반해 계의 시간변화를 상태가 가지고 다닌다는 시각을 **슈뢰딩거 픽처**(picture)라 한다. 슈뢰딩거 픽처에선 우리가 이미 아는 대로 초기 상태 ψ의 시간진화는

$$\psi_S(t) = U(t)\psi \tag{8.5}$$

이며 연산자는 시간진화를 하지 않는다.

> 문제 8.1 위의 하이젠베르크 연산자의 논의를 연산자가 명시적인 시간 의존성을 가질 때, 즉 $\dot{A} \neq 0$일 때로 확장해 보라.
> (힌트: 식 (8.4)의 우변에 $\dot{A} \neq 0$을 더하면 된다.)

상호작용 픽처

하이젠베르크 픽처와 슈뢰딩거 픽처의 중간쯤 되는 것으로 상호작용 픽처가 있다. 이는

해밀토니안이 이미 고유벡터와 고윳값이 알려진 H_0와 상호작용의 합

$$H = H_0 + V \tag{8.6}$$

로 주어져 있을 때 **연산자는 H_0가 주는 시간 진화를 하고 상태는 V가 주는 시간진화를 하는 경우**이다. 좀 더 정확히 말해

$$U_0 = e^{-itH_0/\hbar}, \quad U = e^{-itH/\hbar}, \quad U_I = e^{itH_0/\hbar}e^{-itH/\hbar} = U_0^\dagger U \tag{8.7}$$

라 정의할 때 슈뢰딩거 픽처의 초기 상태를 ψ라 할 때 상호작용 픽처에서의 연산자 A의 상호작용 픽처들의 시간진화는

$$A_I = U_0^\dagger A U_0 \tag{8.8}$$

로 정의되고 상태의 진화는

$$\psi_I(t) = U_0^\dagger \psi_S(t) = U_0^\dagger U\psi = U_I\psi \tag{8.9}$$

로 정의된다. 이들 정의는 연산자의 기대치가 모든 픽처에서 같도록 정의한 것이다.

$$\langle A\rangle(t) = \langle \psi_S(t)|A|\psi_S(t)\rangle = \langle \psi|A_H(t)|\psi\rangle = \langle \psi_I(t)|A_I|\psi_I(t)\rangle \tag{8.10}$$

이들은 아래 방정식들을 만족시킨다.

$$i\hbar\partial_t\psi_I = V_I\psi_I \tag{8.11}$$

$$i\hbar\partial_t U_I = V_I U_I \tag{8.12}$$

$$i\hbar\partial_t A_I = [A_I, H_0] \tag{8.13}$$

이러한 결과들은 H_0와 V가 서로 교환되지 않을 때도 성립하며 상호작용항 V가 시간 의존적이어도 성립한다.

예제 8.2 위의 식 (8.12)를 증명하라.
답) $i\hbar\partial_t U_I = -H_0U_0^\dagger U + U_0^\dagger HU = U_0^\dagger V(t)U = U_0^\dagger V(t)U_0U_0^\dagger U = V_I U_I$.
다른 것들의 증명도 같이하면 된다.

8.1.2 정준변환과 양자역학*

뇌터정리는 계의 연속적 변환과 보존량을 연결한 것인데 위의 논의는 보존량이란 말을 양자역학적으로 번역한 것이며 결국 물리량의 기댓값이 시간에 대해 불변이란 것인데 이를

위해 시간에 무관한 연산자가 해밀토니안과 교환되면 보존량이라 할 수 있다. 우리가 이제 이해해야 할 부분은 어떤 변환에 대해 계가 불변이란 말이 양자역학적으로 어떻게 번역되어야 하는가이다. 우선 고전역학에서의 같은 문제를 살펴보자. 우선 변환을 생성시키는 생성자를 정의하자. 우리는 이미 시간변환의 생성자가 해밀토니안이라는 것을 안다. 포아송 브라켓을 다음과 같이 정의할 때

$$\{A, B\} = \sum_i \frac{\partial A}{\partial q_i}\frac{\partial B}{\partial p_i} - \frac{\partial A}{\partial p_i}\frac{\partial B}{\partial q_i} \tag{8.14}$$

$\{A, B\} = -\{B, A\}$를 만족한다. 해밀토니안 동역학에 의하면 기본 변수들의 미소 시간변환은

$$\delta_t q = \dot{q}\epsilon = \frac{\partial H}{\partial p}\epsilon = \{q, H\}\epsilon, \tag{8.15}$$

$$\delta_t p = \dot{p}\epsilon = -\frac{\partial H}{\partial q}\epsilon = \{p, H\}\epsilon \tag{8.16}$$

로 주어지며, 우리가 목적하는 변환의 생성자 G는 해밀토니안 동역학에서 H의 역할을 담당하는 것으로 정의된다. 따라서 다음을 만족한다.

$$\delta q = \frac{\partial G}{\partial p}\epsilon = \{q, G\}\epsilon, \tag{8.17}$$

$$\delta p = -\frac{\partial G}{\partial q}\epsilon = \{p, G\}\epsilon \tag{8.18}$$

임의의 물리량 A는 G가 생성하는 미소변환 $\delta : (q, p) \to (q + \delta q, p + \delta p)$에 대해 다음과 같이 변환할 것이다.

$$\delta A = \frac{\partial A}{\partial q}\delta q + \frac{\partial A}{\partial p}\delta p = \frac{\partial A}{\partial q}\frac{\partial G}{\partial p}\epsilon - \frac{\partial A}{\partial p}\frac{\partial G}{\partial q}\epsilon = \{A, G\}\epsilon \tag{8.19}$$

이제 계의 동역학은 해밀토니안에 의해 결정되니 $A = H$라 하자. 그러면 $\delta H = \{H, G\}\epsilon$이니 계가 G가 생성하는 변환에 대해 불변이라 함은 $\{H, G\} = 0$임을 의미한다. 한편 물리량으로서의 생성자 G의 ϵ만큼의 시간진화는 $\delta G = \{G, H\}\epsilon$이니 $\{H, G\} = 0$는 계가 (i) G-변환에 대해 불변임과, (ii) G의 시간진화에 대한 불변성 즉 보존성 두 가지를 동시에 의미한다. 이것이 해밀턴역학에 있어서의 뇌터정리이다.

디랙의 양자화에 따르면 이의 양자역학적 표현은 포아송 브라켓 $\{A, B\}$ 을 연산자화된 물리량들의 교환자$[A_{op}, B_{op}]/i\hbar$로 바꾸는 것에 불과하다. 즉

$$[G_{op}, H_{op}] = 0 \tag{8.20}$$

는 양자역학에 있어 계의 동역학이 G_{op} 가 생성하는 변환에 대해 불변임을 의미하는 동시에 G_{op} 의 시간진화에 대한 보존성을 의미한다. 양자역학에선 유니터리 연산자 U_a 가 어떤 에르밑 연산자 G_{op} 에 의해 $U_a = e^{-iaG_{op}/\hbar}$ 로 쓰일 수 있을 때 상호작용 픽처란 G_{op} 를 U_a 의 생성자(generator)라고 한다. 여기서 양자역학과 고전역학을 구별하기 위해 아래 첨자 $_{op}$ 를 명시하였으나 혼동이 없을 경우는 생략하겠다. 여기선 고전역학의 정준변환과 양자역학의 교환자의 관계를 통해 뇌터이론의 양자역학 버전을 논술하였다. 다음 두 소절에선 생성자가 모멘텀일 때와 각운동량일 때를 통해 보다 구체적으로 살펴볼 것이다.

8.1.3 병진대칭

여기서는 모멘텀이 양자역학적으로 병진운동의 생성자임을 보다 체계적으로 공부해 보자. 먼저 위치와 모멘텀 연산자의 고유상태와 고유벡터를 도입하자.

$$x_{op}|x\rangle = x|x\rangle, \quad p_{op}|p\rangle = p|p\rangle \tag{8.21}$$

이들 고유벡터들은 다음과 같이 정규화되어 있다.

$$\langle x'|x\rangle = \delta(x - x'), \quad \langle p'|p\rangle = \delta(p' - p) \tag{8.22}$$

$|x\rangle$ 와 $|p\rangle$ 의 의미는 각각 위치와 모멘텀이 x 및 p 로 정확히 결정된 상태를 나타낸다. 이들 연산자의 교환자는 0이 아니니,

$$[x_{op}, p_{op}] = i\hbar \tag{8.23}$$

위치와 모멘텀은 동시에 지정할 수 없으며 이런 관계에 있는 물리량들을 서로 상보성이 있다고 말한다.

병진이동 연산자와 모멘텀

$|x\rangle$ 를 $|x + a\rangle$ 로 이동시키는 연산자를 T_a 라 하면

$$T_a|x\rangle = |x + a\rangle \tag{8.24}$$

$T_aT_b = T_{a+b}$ 임은 정의에 의해 명백하고 T_a 는 확률을 보존해야 하므로 유니터리 연산자여야 한다. 이 사실은 다음과 같이 정식화할 수 있다.

$$\langle x'|T_a^\dagger T_a|x\rangle = \langle x' + a|x + a\rangle = \delta(x - x') \tag{8.25}$$

이니 임의의 x, x' 에 대한 $T_a^\dagger T_a$ 의 행렬성분이 연산자 1의 그것과 같으므로 $T_a^\dagger T_a = 1$ 이다. 여기서 $\langle x'|T_a^\dagger = \langle x'+a|$ 임을 썼다. 이제 모든 x 에 대해

$$x_{op}T_a|x\rangle = (x+a)|x+a\rangle = (x+a)T_a|x\rangle, \tag{8.26}$$

$$T_a x_{op}|x\rangle = x|x+a\rangle \tag{8.27}$$

이므로 $(x_{op}T_a - T_a x_{op})|x\rangle = a|x+a\rangle = aT_a|x\rangle$ 가 성립한다. 위치 기저는 완전 기저이므로 이로부터

$$[x_{op}, T_a] = aT_a \tag{8.28}$$

가 연산자 레벨에서 성립함을 안다. 이동연산자의 생성자를 G 라 하면 작은 ϵ 에 대해서 $T_\epsilon = e^{-i\epsilon G/\hbar} \simeq 1 - i\epsilon G/\hbar + \cdots$ 이므로, 위의 관계식은 $[x_{op}, -i\epsilon G/\hbar] = \epsilon(1+\mathcal{O}(\epsilon))$ 이 된다. 따라서 $[x_{op}, G] = i\hbar$ 가 되니 $G = p_{op}$, 즉 병진이동연산자의 생성자는 다름 아닌 모멘텀연산자임을 알 수 있다. 일반적으로 3차원의 병진 이동에 대해서는

$$T_{\mathbf{a}} = \exp(-i\mathbf{a}\cdot\mathbf{p}/\hbar) \tag{8.29}$$

이제 연산자 A 를 a 만큼 이동한 연산자는 다음과 같고

$$T_a^\dagger A T_a = A - i\frac{a}{\hbar}[p, A] + \cdots \tag{8.30}$$

A 의 병진 불변성은 $T_a^\dagger A T_a = A$ 으로 표시되며 작은 a 에 대해서는 다음과 동치이다.

$$[p, A] = 0 \tag{8.31}$$

그러므로 계의 동역학적 병진 불변성은 $[p, H] = 0$ 과 같으며 또

$$p(t) = U^\dagger(t)pU(t) = p + i\frac{t}{\hbar}[H, p] + \cdots \tag{8.32}$$

인데 이는 $[H, p] = 0$ 와 동치이고 모멘텀의 시간보존성을 나타낸다. 이 두 조건이 같으니 뇌터정리의 양자역학적 버전 (8.20) 이 모멘텀 경우에 명시적으로 증명되었다.

모멘텀 연산자의 위치표현과 푸리에 변환

이제 정의식 $T_a|x\rangle = |x+a\rangle$ 의 짝벡터를 취하여 임의벡터 $|\psi\rangle$ 에 작용하면

$$\langle x+a|\psi\rangle = \langle x|T_a^\dagger|\psi\rangle \tag{8.33}$$

좌변은 $\psi(x+a) = \psi(x) + a\partial_x\psi + \cdots$, 우변은 $\langle x|(1+iap/\hbar+\cdots)|\psi\rangle = \psi(x) + i(a/\hbar)\langle x|p|\psi\rangle$ 이니 $a \to 0$의 극한에서

$$\langle x|p_{op}|\psi\rangle = \frac{\hbar}{i}\frac{\partial}{\partial x}\langle x|\psi\rangle \tag{8.34}$$

임을 알 수 있다. 이로부터 "위치 표현에서 모멘텀은 미분연산자"라는 사실과 식 (8.23) 이 동치임을 알 수 있다. 이제 $|\psi\rangle = |p\rangle$ 라 하면 위 식의 좌변은 $p\langle x|\psi\rangle$ 와 같으므로

$$p\langle x|p\rangle = \frac{\hbar}{i}\frac{\partial}{\partial x}\langle x|p\rangle, \qquad \text{즉 } \langle x|p\rangle = Ne^{ipx/\hbar} \tag{8.35}$$

여기서 N 을 결정하려면

$$\langle x'|x\rangle = \int dp\langle x'|p\rangle\langle p|x\rangle = \delta(x'-x) \tag{8.36}$$

임과 $\langle f|g\rangle^* = \langle g|f\rangle$, 그리고 $\int_{-\infty}^{\infty} dk \exp[ik(x-x')] = 2\pi\delta(x-x')$ 을 쓰면 $N = 1/(2\pi\hbar)^{1/2}$ 으로 결정된다. 마지막으로

$$\langle x|\psi\rangle = \int dp\langle x|p\rangle\langle p|\psi\rangle \tag{8.37}$$

$$\langle p|\psi\rangle = \int dx\langle p|x\rangle\langle x|\psi\rangle \tag{8.38}$$

인데, $\langle x|p\rangle = e^{ipx/\hbar}/(2\pi\hbar)^{1/2}$ 이고 $\langle p|x\rangle = \langle x|p\rangle^*$ 임을 생각하면 위 식은 푸리에 변환과 역변환에 해당함을 알 수 있다. 즉 푸리에 변환이란 함수공간에서의 기저변환의 하나일 뿐이다.

문제 8.2 위와 같은 논법으로 모멘텀 고유벡터 $|p\rangle$ 의 이동연산자 S_k 를 $S_k|p\rangle = |p+k\rangle$ 로 도입하고 그 생성자를 G 라 하면 $S_k = e^{-ikG/\hbar}$. 이로부터 $[p_{op}, G] = i\hbar$ 를 유도하고 $G = -x_{op}$ 임을 보여라. 또

$$\langle p|x_{op}|\psi\rangle = i\,\hbar\frac{\partial}{\partial p}\langle p|\psi\rangle \tag{8.39}$$

임을 보여라. 이로부터 $\langle p|x\rangle = Ne^{-ipx/\hbar}$ 임을 보여라.

예제 8.3 선형 퍼텐셜과 에어리 함수

x 의 양의 구간에서 $V(x) = Cx$ 로 주어지고 음의 구간에선 무한 퍼텐셜에 의해 차단된 문제를 풀어보라.

답) 이 경우는 모멘텀 공간에서 푸는 것이 자연스럽다. 위의 문제에서 본 것처럼 모멘텀 공간에선 $x = i\hbar\frac{\partial}{\partial p}$ 이므로 슈뢰딩거 방정식은

$$[\frac{p^2}{2m} + Ci\hbar\partial_p - E]\tilde{\psi}(p) = 0 \tag{8.40}$$

이를 간단히 적분하여 $\tilde{\psi}(p) = A\exp[i(p^3/6m - Ep)/C\hbar]$. 위치 공간에서의 파동함수는 이의 푸리에 변환

$$\psi(x) = \int dpe^{ipx/\hbar}\exp[i(p^3/6m - Ep)/C\hbar] \tag{8.41}$$

으로 주어진다. 이 함수는 에어리의 함수

$$Ai(x) = \frac{1}{\pi}\int_0^\infty \cos\left(t^3/3 + tx\right) \tag{8.42}$$

와 연결되는데 이는 WKP근사를 배울 때 좀 더 자세히 공부할 것이다. 이 계는 입자가 원점과 $V(x_0) = E$로 주어지는 반환점 x_0 사이에서 거리에 무관한 일정한 힘을 받는 구속계이다. 쐐기형의 퍼텐셜의 모양으로부터 에너지는 양자화된 값들 $E_n = \alpha\epsilon_n$ 만을 가져야 함을 알 수 있다.

예제 8.4 p를 스케일하여 α값을 구하라. 수치 계산을 통해 첫 몇 개의 값은 $\epsilon_1 = 2.338, \epsilon_2 = 4.008, \epsilon_3 = 5.521, \cdots$ 등으로 주어짐을 확인하라.

답) $p \to \lambda p$ 로 놓고 첫째 항의 계수로 방정식을 나눈 결과에서 둘째 항의 계수가 i가 되도록 λ를 정하면 $\lambda = (2mC\hbar)^{1/3}$. 마지막 항의 계수를 ϵ라 하면

$$E = \epsilon\lambda^2/2m = (C^2\hbar^2/2m)^{1/3}\epsilon := \alpha\epsilon \tag{8.43}$$

수치해는 매스매티카에 의존하여 해결해도 좋고, 에어리 함수의 제로들을 테이블에서 읽어도 좋다.

8.1.4 회전변환과 각운동량

z방향으로 각 θ만큼의 회전을 기술하는 회전 연산자를

$$R_{z,\theta}|\mathbf{x}\rangle = |R_{z,\theta}\mathbf{x}\rangle = |\cos\theta x - \sin\theta y, \sin\theta x + \cos\theta y, z\rangle, \tag{8.44}$$

로 도입하자. 그 생성자를 J_z 라 하면 $R_{z,\theta} = e^{-i\theta J_z/\hbar}$. 작은 θ에 대하여는

$$R_{z,\theta}|\mathbf{x}\rangle = |R_{z,\theta}\mathbf{x}\rangle = |x - \theta y, y + \theta x, z\rangle \tag{8.45}$$

이제 위 식의 짝 벡터를 취하여 $|\psi\rangle$ 에 곱하면

$$\langle\mathbf{x}|R^\dagger_{z,\theta}|\psi\rangle = \langle\mathbf{x}|e^{i\theta J_z/\hbar}|\psi\rangle = \langle x - \theta y, y + \theta x, z|\psi\rangle \tag{8.46}$$

$$\langle\mathbf{x}|(1 + i\theta J_z/\hbar)|\psi\rangle + \cdots = \psi(\mathbf{x}) + \theta(x\partial_y - y\partial_x)\psi(\mathbf{x}) + \cdots \tag{8.47}$$

$$\langle\mathbf{x}|J_z|\psi\rangle = (xp_y - yp_x)\psi(\mathbf{x}) = L_z\psi(\mathbf{x}) \tag{8.48}$$

이는 회전의 생성연산자 J가 파동함수에 작용할 때는 궤도 각운동량 연산자임을 말해준다. 회전에 대해 해밀토니안이 불변일 조건은 $R^\dagger_{z,\theta}HR = H$, 즉 $[J_z, H] = 0$. 시간진화 연산자를 $U(t) = \exp(-i\frac{t}{\hbar}H)$ 에 대하여 각운동량이 시간에 대해 불변일 조건은 $U^\dagger J_z U(t) = J_z$. 이는 $[H, J_z] = 0$ 로서 계가 회전에 대해 불변일 조건과 일치한다. 즉 이 경우도 "불변이면 보존" 이라는 뇌터의 정리를 실현하고 있다.

일반적으로 단위벡터 $\mathbf{n}$ 을 축으로 하여 θ 만큼 돌리는 연산자를 $R_{\mathbf{n},\theta}$ 라 하고 그 생성자를 $G_{\mathbf{n}}$ 라 하면 스칼라 함수에 작용할 때의 생성자는 $J_{\mathbf{n}} = \mathbf{L}\cdot\mathbf{n}$ 임을 보일 수 있다. 즉,

$$R_{\mathbf{n},\theta} = e^{-i\theta\mathbf{n}\cdot\mathbf{L}/\hbar} \tag{8.49}$$

예제 8.5

$$\langle\varphi|L_z|\psi\rangle = \frac{\hbar}{i}\frac{\partial}{\partial\varphi}\langle\varphi|\psi\rangle \tag{8.50}$$

임을 보여라.

답) z 방향으로 각 α 만큼의 회전을 기술하는 회전 연산자 $R_{z,\alpha}$ 을 $R_{z,\alpha}|\varphi\rangle = |\varphi + \alpha\rangle$ 로 도입하면 이는 유니터리 연산자이다. 식 (8.49)에 따르면 $R_{z,\alpha} = e^{-i\varphi/\hbar L_z}$ 이 되고 식 (8.47)으로부터

$$\langle\varphi + \alpha|\psi\rangle = \psi(\varphi + \alpha) = \psi(\varphi) + \alpha\frac{i}{\hbar}L_z\psi(x)\cdots \tag{8.51}$$

에서 α 가 매우 작을 때 좌변을 테일러 전개하면 증명하고자 하는 식을 얻는다.

문제 8.3 위의 예제에서 $|\psi\rangle$를 L_z의 고유벡터를 $|m\rangle$이라 하고 이 고유벡터의 위치 표현 즉 고유함수 $\langle\varphi|m\rangle$을 구하라. 고유함수의 $\varphi=0$와 $\varphi=2\pi$에서의 값이 일치하기 위한 조건으로부터 m이 정수임을 보여라.

8.2 이산 대칭성

이 절에선 공간의 역전과 시간역전이 양자역학에서 하는 역할을 공부해 보자.

8.2.1 공간역전

3차원에서 공간의 역전(inversion) 혹은 패리티는

$$P:\mathbf{x}\to-\mathbf{x} \tag{8.52}$$

로 정의된다. 2차원에선 이렇게 정의하면 180도 회전과 차이가 없으므로 x,y 중의 하나만 역전시키는 것으로 정의한다. 공간에 대한 작용이 정의되면 모멘텀에 대한 액션은 저절로 정의된다. 따라서 3차원에선

$$P:(\mathbf{x},\mathbf{p})\to(-\mathbf{x},-\mathbf{p}) \tag{8.53}$$

여기서의 관심은 공간역전이 파동함수에 대해선 어떻게 작용하느냐는 것이다. 공간역전이 파동함수에 작용할 때의 연산자를 Π라 하면

$$\Pi:|\mathbf{x}\rangle\to|-\mathbf{x}\rangle \tag{8.54}$$

이므로

$$\Pi:\psi(\mathbf{x})\to\psi(-\mathbf{x}) \tag{8.55}$$

로 정의됨이 좋을 것이다. 또 $p=-i\hbar\partial_x$ 이므로

$$\Pi:|\mathbf{p}\rangle\to|-\mathbf{p}\rangle \tag{8.56}$$

이 된다. x,p가 연산자일 때에도

$$\Pi\mathbf{x}\Pi^\dagger=-\mathbf{x},\quad \Pi\mathbf{p}\Pi^\dagger=-\mathbf{p} \tag{8.57}$$

일단 x, p에 관한 액션이 결정되면 그들로부터 파생된 연산자에 대해선 저절로 주어진다. 예를 들어 궤도 및 스핀 각운동량에 대해선

$$\Pi \mathbf{L} \Pi^\dagger = +\mathbf{L}, \quad \Pi \mathbf{S} \Pi^\dagger = +\mathbf{S} \tag{8.58}$$

앞에서도 이야기했지만 벡터의 정의는 회전에 대해 위치처럼 변화하는 양이다. 벡터가 패리티에 대해서도 위치처럼 변화하면 극성 벡터 혹은 그냥 벡터라 하고 불변하면 가성(pseudo) 벡터라 부른다. 예를 들어 각운동량은 가성벡터이다. 같은 이유로 스칼라에 대해서도 패리티에 대해 부호가 불변하면 그냥 스칼라, 변하면 가성 스칼라라고 부른다. 예를 들어 $\mathbf{S} \cdot \mathbf{x}$는 가성 스칼라이다.

패리티는 두 번 작용하면 원래대로 돌아와야 하고 유니터리인 동시에 에르미션이다. 즉,

$$\Pi^2 = 1, \quad \Pi^\dagger = \Pi^{-1} = \Pi \tag{8.59}$$

그러한 이유로 만일 $|\psi\rangle$가 패리티의 고유벡터라 하면

$$\Pi |\psi\rangle = \eta |\psi\rangle \tag{8.60}$$

인데 $\Pi^2 = 1$로부터 $\eta^2 = 1$이니 $\eta = \pm 1$ 각각의 고윳값에 대응하는 고유벡터를 각각 패리티 양,음의 상태라 부른다. 만일 해밀토니안이 패리티와 교환된다면 해미토니안의 고유벡터들은 패리티가 양이거나 음이 되도록 잡을 수 있다. 즉

$$\Pi H \Pi^\dagger = H, \quad \leftrightarrow [H, \Pi] = 0 \tag{8.61}$$

스핀이 없는 계에선 위 식은 $H(-p, -x) = H(p, x)$로 쓸 수 있다. 예를 들어, 조화진동자의 에너지 고유함수는 패리티가 양이거나 음이 되도록 잡을 수 있다. 즉 에너지 고유함수는 우함수이거나 기함수가 되도록 할 수 있다. 또 구상조화함수의 패리티에 대한 행동양식도 중요하다.

$$\Pi : \quad Y_{lm}(\theta, \varphi) \to Y_{lm}(\pi - \theta, \varphi + \pi) = (-1)^l Y_{lm}(\theta, \varphi) \tag{8.62}$$

이런 이유로 수소 원자의 파동함수는

$$\Pi : \quad \psi_{nlm}(\mathbf{x}) \to \psi_{nlm}(-\mathbf{x}) = (-1)^l \psi_{nlm}(\mathbf{x}) \tag{8.63}$$

로 주어지는 분명한 패리티를 갖는다. 최고중항의 경우는 $Y_{ll} \sim e^{il\varphi} \sin^l \theta$로부터 바로 체크가 되고 패리티가 m에 관계가 없음은 L_-가 패리티와 교환되기 때문이다. 두 입자로 구성된

구조가 있는 입자의 토탈 패리티는 각자의 본성 패리티의 곱과 상대궤도 각운동량의 패리티 $(-1)^l$를 곱한 것으로 정의한다. 각 입자에 고유한 본성적 패리티를 어떻게 할당하느냐 하는 것은 비상대론적 양자론에선 음이든 양이든 둘 다 가능하고 구별의 방법이 없으나 상대론적 양자론에선 그 구별이 가능하다. 왜냐하면 상대론에 의하면 스핀이 1/2인 입자들의 총 파동함수는 입자의 교환에 대해 반 대칭이라는 파울리의 원리가 증명될 수 있기 때문이다. 즉 파울리의 원리를 쓰는 순간 우리가 상대론을 쓰고 있다는 점을 기억해야 한다. 다음 예제는 파이온의 본성 패리티를 결정한 유명한, 그리고 유용한 예시이다.

예제 8.6 **입자의 본성(intrinsic) 패리티**

$$\pi^- d \to nn \tag{8.64}$$

에서 파이온의 스핀은 0, 듀트론스핀은 1이며 그들 사이의 궤도모멘텀이 0임이 실험적으로 알려져 있다. 이 데이터를 사용하여 파이온의 본성 패리티를 결정해 보라.

답) 좌변의 토탈 각운동량은 1. 우변의 스핀은 0 또는 1이다. 스핀이 0이라면 궤도 각운동량이 1이어야한다. 그런데 우변은 동일한 2개의 페르미온이므로 파동함수는 두 입자의 교환에 대해 완전히 반 대칭이어야 한다. 스핀단일항은 그 자체로 반 대칭이고 궤도각운동량 1도 반 대칭함수이니 토털 파동함수는 대칭함수. 따라서 부적격이다. 그러므로 스핀은 1이어야 하고 우변의 스핀파동함수는 대칭함수이다. 따라서 이 경우 궤도각운동량이 1이어야 반 대칭이다. 따라서 우변은 $S=1, L=1$에 있고 토탈 패리티는 -1이다. 좌변의 토탈 패리티도 음이어야 하니 파이온의 본성 패리티는 -1이어야 한다.

8.2.2 시간역전

고전역학에서 뉴턴의 방정식

$$m\frac{d^2\mathbf{x}}{dt^2} = \mathbf{F} \tag{8.65}$$

의 좌변은 시간에 대해 2계이고 따라서 시간역전 $t \to -t$에 대해서 불변이다. 따라서 힘이 시간역전에 대해 불변이 아니면 뉴턴방정식은 성립하지 않는다는 중요한 결과를 얻는다. 예를 들어 전자기장 안에서 힘을 받고 있는 하전입자의 방정식을 생각하면

$$m\frac{d^2\mathbf{x}}{dt^2} = q(\mathbf{E} + \dot{\mathbf{x}} \times \mathbf{B}) \tag{8.66}$$

전장은 자신을 생성하는 전하에 비례하니 시간역전에 대해 불변이고, 자장은 그 생성 전류에 비례하니 시간역전에 의해 부호가 바뀐다. 그러나 입자의 속도 또한 시간역전에 대해 부호가 변하니 위의 방정식은 시간역전에 대해 불변이라 할 수 있다. 그 결과 만일 $\mathbf{x}(\mathbf{t})$ 가 방정식의 해이면 $\mathbf{x}(-t)$ 도 해이다. 시간역전이 있다는 것은 계의 운동을 촬영하여 필름을 거꾸로 돌려도 여전히 사실처럼 보인다는 뜻이다. 중력장 안에서 움직이는 공의 운동이 좋은 예이다. 그러나 물에 잉크가 퍼지는 것을 찍어 거꾸로 돌리면 관객은 이것이 사실이 아니라는 것을 안다. 실제로 확산을 기술하는 다음 방정식

$$\frac{\partial n(x,t)}{\partial t} = D\nabla^2 n(x,t) \tag{8.67}$$

은 뉴턴의 방정식과는 달리 시간에 대한 미분이 1계이어서 시간역전에 대해 불변이 아니기 때문이다.

이제 양자역학에서의 시간역전을 생각하자. 우선 시간역전 연산자 Θ 는 다음을 만족해야 한다.

$$\Theta \mathbf{x} \Theta^{-1} = \mathbf{x}, \quad \Theta \mathbf{p} \Theta^{-1} = -\mathbf{p} \tag{8.68}$$

다음에, 미시세계의 법칙을 주관하는 양자역학을 기술하는 파동방정식이 외부의 간섭이 없는 상태에서 시간역전에 대해 불변하지 않는다면 이는 받아들이기 어렵다. 그러나 슈뢰딩거 방정식

$$i\hbar \partial_t \psi = H\psi \tag{8.69}$$

또한 확산방정식과 같이 시간미분에 대해 1계여서 시간의 부호를 바꾸면 좌변은 부호가 바뀐다. 그러나 허수 i 가 있어 전체의 켤레복소수를 ψ^* 가 만족시키는 방정식은 원래의 방정식과 같다. (여기서 잠정적으로 해밀토니안은 실수 연산자라 가정하였다.) 즉 $\psi(t)$ 가 해이면 $\psi^*(-t)$ 도 해이다. 이로부터 Θ 는 복소켤레쌍을 취하는 연산자 K 를 포함해야 함을 알 수 있다. 이를 뒷받침하는 예로서

$$[x_i, p_j] = i\hbar\delta_{ij} \tag{8.70}$$

의 시간역전을 생각하자. 시간의 부호를 바꿀 때 좌변은 부호를 바꾸고 우변은 바꾸지 않는다. 그러나 시간의 부호를 바꾼 뒤 양변에 K 를 시행하면 우변도 부호를 바꾸어 불확정성 원리를 기술하는 위의 관계식은 시간역전에 대해 불변이 된다. 슈뢰딩거 방정식과 x, p 의 기본 교환 관계식에 i 가 포함되어 있는 것이 미시세계를 기술함에 있어 얼마나 중요한지를 알 수 있다. Θ 가 스칼라가 아닌, 스피너나 벡터와 같이 여러 개 성분을 갖는 파동함수에 작용할 때는 K

외에도 유니터리 연산자 U가 있어 파동함수의 성분들을 섞을 수 있다. 즉,

$$\Theta = UK \tag{8.71}$$

이상에서 본 여러 이유로 Θ는 K를 포함하고

$$\Theta(\alpha\psi + \beta\phi) = \alpha^*\Theta\psi + \beta^*\Theta\phi \tag{8.72}$$

를 만족시키는 반선형(antilinear) 연산자이다. 아래에 선형연산자 L과 반선형 연산자 A의 몇 가지 중요한 차이를 비교 열거한다.

- 브라에 작용하기

$$(\langle\phi|L)|\psi\rangle = \langle\phi|(L|\psi\rangle), \;\; vs \quad (\langle\phi|A)|\psi\rangle = [\langle\phi|(A|\psi\rangle)]^* \tag{8.73}$$

- 켤레 연산자의 정의

$$\langle L\phi|\psi\rangle = \langle\phi|L^\dagger\psi\rangle, \;\; vs \quad \langle A\phi|\psi\rangle = \langle\phi|A^\dagger\psi\rangle^* \tag{8.74}$$

- 유니터리 및 안티유니터리 연산자

$$\langle L\psi_1|L\psi_2\rangle = \langle\psi_1|\psi_2\rangle, \;\; vs \quad \langle A\psi_1|A\psi_2\rangle = \langle\psi_1|\psi_2\rangle^* \tag{8.75}$$

반선형 연산자는 되도록 우측에만 작용하는 것으로 한다. 위의 식 (8.75)에 의하면 시간역전 연산자는 안티유니터리 연산자이며 따라서 확률을 보존한다. 스피너와 같이 파동함수가 다중항일 때에는 더 재미있는 일이 일어나는데 이는 스핀을 공부한 다음에 살피기로 한다.

제9장
스핀

본 장에서는 스핀의 발견에 대한 역사적 관점에서 시작하여 일반적인 방향의 스핀에 대한 표현, 스피너와 텐서 그리고 스핀이 있는 경우의 시간역전 연산자와 크레이머스 정리 등을 배운다.

9.1 스핀의 발견과 비고전성

9.1.1 자기 모멘트

자기장 $\mathbf{B}$ 안에서의 전류가 받는 토크를 계산함으로써, 닫힌 회로가 갖는 자기모멘트 μ는 고전적으로 다음과 같은 토크를 받는다는 사실을 알고 있다.

$$\tau = \mu \times \mathbf{B} \tag{9.1}$$

여기서 $\mu = I\mathbf{A}$ 이고 $\mathbf{A}$는 회로가 만드는 면적벡터이다. 면적벡터의 방향은 면적에 수직이다. 이를 적분하여 다음과 같은 잘 알려진 사실을 얻는다.

$$U = -\mu \cdot \mathbf{B} \tag{9.2}$$

이 결과는 양자역학적으로도 성립한다.

이제 이 결과를 전하 q인 반경 r의 원궤도를 돌고 있는 전자에 적용하자. 전류는

$$I = q/T = \frac{q}{2\pi r/v}$$

이고 따라서 자기모멘트는 다음과 같이 계산된다.

$$\mu = \frac{qv}{2\pi r}\pi r^2 = \frac{q}{2m}mrv = \frac{q}{2m}L := \gamma L \tag{9.3}$$

$L = \hbar$ 일 때의 자기모멘트를 보어 마그네톤이라 하고, 그 크기는

$$\mu_B = \frac{e\hbar}{2m} = 0.6 \times 10^{-8} eV/Gauss$$

와 같다. 따라서 각운동량의 방정식은 다음과 같고

$$\tau = \frac{d\mathbf{L}}{dt} = \mu \times \mathbf{B} = (-\gamma \mathbf{B}) \times \mathbf{L} := \mathbf{\Omega} \times \mathbf{L} \tag{9.4}$$

이는 자기장을 축으로 하여 각속도 $\Omega = -\gamma B = -\frac{qB}{2m}$ 로 운동하는 팽이의 세차운동을 기술한다.

예제 9.1 자기장 안에서 움직이는 하전입자의 해밀토니안이 $U = -\mu \cdot \mathbf{B}$ 항을 가지고 있음을 보여라.

답)

$$H = (\mathbf{p} - q\mathbf{A})^2/2m = \mathbf{p}^2/2m - q\mathbf{A} \cdot \mathbf{p}/m + q^2\mathbf{A}^2/2m \tag{9.5}$$

여기서 쿨롱게이지 $\nabla \cdot \mathbf{A} = 0$ 을 썼다. 따라서 $H_{int} = -\frac{q}{m}\mathbf{A} \cdot \mathbf{p}$. 이제 상수 자기장의 경우

$$\mathbf{A} = \frac{1}{2}\mathbf{B} \times \mathbf{r}, \quad \mathbf{L} = \mathbf{r} \times \mathbf{p}, \quad \mu = \frac{q}{2m}\mathbf{L}$$

임을 쓰면 원하는 결과 $H_{int} = -\mu \cdot \mathbf{B}$ 를 얻는다.

주의: 이 결과는 $\mathbf{A} = \frac{1}{2}\mathbf{B} \times \mathbf{r}$ 라는 선택에 의존한다. 만일 란다우 게이지를 선택했다면 결과는 이와는 달랐을 것이다. 그러나 $\mathbf{A}$ 에 있어서 그 차이는 $\Lambda = \frac{B}{2}xy$ 의 경사미분에 비례할 것이다. 이는 파동함수에 $e^{iq\Lambda/\hbar}$ 를 곱하여 없앨수 있다. 여기서는 그리 복잡하지 않지만 이 예시는 물리학이 게이지 선택에 무관함을 증명하는 것이 때로는 어려울 수도 있음을 암시해 준다.

9.1.2 스핀의 발견

수소 원자를 다룰 때 자기양자수 m 은 자기장이 없을 때는 겹침의 수를 제공할 뿐 에너지에의 기여는 없다고 했는데 원자가 자기장 안에 있으면 어떻게 될까? 자장의 방향을 z 축이라

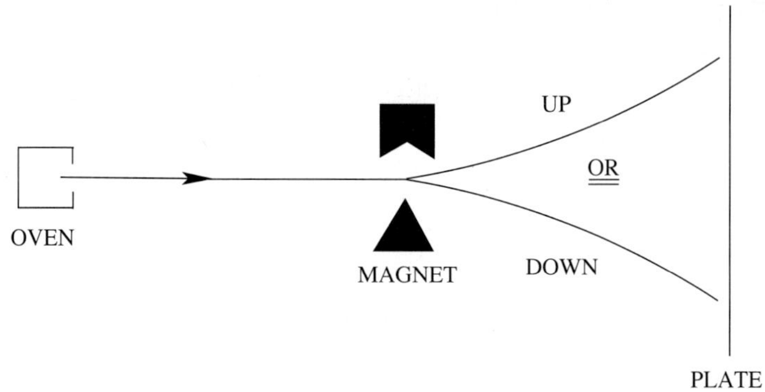

그림 9.1: 슈테른과 게를라흐(Stern-Gerlach)의 실험.
불균질 자장을 지난 은 원자 빔은 두 줄기로 나뉜다. (그림 출처:arXiv:1401.0896)

하면 $U = -\mu \cdot \mathbf{B}$ 인데 $\mu = \frac{q}{2m}\mathbf{L}$ 이니 에너지 스펙트럼은 L_z 의 고윳값 m 에 비례하는 양으로서 각 경우로 분리 될 것임을 기대할 수 있다. 여기서 자기모멘트가 궤도 각운동량으로부터 오는 것이라면 스펙트럼은 언제나 $2l+1$ 개 즉 홀수 개로 분리될 것이다. 이를 정상 제만 효과라 한다.

그러나 몇몇 물질에서 스펙트럼이 짝수 개로 분리되는 경우가 있는데 이를 비정상 제만효과라 한다. 원자 내에서의 스펙트럼과는 별도로 1922년 슈테른과 게를라흐는 은의 원자를 불균일한 자장 안을 지나게 하면 원자 빔이 2개로 쪼개지는 것을 관찰하였는데 이는 $2l+1=2$, 즉 크기가 1/2인 각운동량이 존재함을 의미한다.[1] 그러나 궤도 각운동량은 l 이 정수이므로 이는 알려지지 않은 새로운 각운동량이어야 한다. 이러한 이유로 1925년 조지 울렌벡과 사무엘 구드스미트는 '스핀' 각운동량을 제안하였다. 궤도 각운동량일 때와는 달리 스핀 각운동량의 경우엔 자기모멘트값이 예상보다 큰 $\mu = \frac{gq}{2m}\mathbf{S}$ 으로서 당시로선 이해 못할 $g=2$ 인수가 추가로 있어야 실험 사실과 옳게 맞아 들어갔기 때문에 이러한 제안이 처음부터 환영받은 것은 아니었다. 토마스가 문제가 되던 인수 2를 상대론으로 설명한 이후엔 파울리를 비롯한 다수의 물리학자들이 이를 인정하였다. 나중에 디랙은 그의 유명한 디랙방정식에서 특별한 고려없이 바로 유도할 수 있음을 보였고 이는 디랙 방정식이 바로 환영받게 된 큰 이유가 되었다.

[1] 불균일한 자장이 필요한 이유는 힘이 $F = -\nabla U$ 이기 때문에 균일한 장 안에서는 전자가 힘을 받지 않기 때문이다.

9.1.3 스핀의 비고전적 성질

스핀 각운동량이 비록 측정사실을 위해 도입되었다고는 하나 그 근원을 고전적 직관으로 이해하기는 쉽지 않다.

예제 9.2 스핀의 비고전적 성질: 전자의 스핀이 전자의 자전 운동으로부터 온다고 하자. 전자의 스핀 각운동량을 얻기 위해서 전자의 표면은 빛보다 빠른 속도로 돌아야 함을 보여라.

답) 전자가 반경 R인 균질의 구체라 하면 $L = I\omega = Iv/R = \hbar/2, I = 2/5MR^2$. 이들을 연결하면 $v = RL/I = 5/2L/MR \sim c(\hbar/Mc)/R \sim c\cdot$(전자의 컴프턴 반경)/(전자의 실반경). 그런데 전자의 실반경은 지금까지 측정하지 못했을 정도로 작다. 전자의 고전반경 $r_c = e^2/Mc^2$을 실반경으로 삼으면 표면 속도는 $v \sim \frac{\hbar c}{e^2}c \sim 137c$ 여서 전자 표면은 빛보다 훨씬 더 큰 속도로 움직여야 한다는 것이므로 모순이다. 즉, 전자 스핀의 고전적 모형은 성공적이지 않다.

따라서 스핀 각운동량 $\mathbf{S}$은 전자 그 자체의 고유한 성질로서 전자의 궤도 운동에 따른 결과가 아니라고 정리하는 것이 좋겠다. 두 가지 상태가 가능하므로 하나를 업(up) 상태, 다른 하나를 다운(down) 상태라 부른다. 새로운 각운동량이 도입되었으므로 외부 토크가 없을 때 보존되는 것은 $\mathbf{L}$ 이나 $\mathbf{S}$ 가 아니라 전체 각운동량 $\mathbf{J} = \mathbf{L} + \mathbf{S}$ 이다. 양자수가 1/2 일 때의 각운동량 연산자를 스핀연산자라 하는데 7.2 절에서 이 연산자의 표현을 이미 구한 바 있다.

9.2 스핀의 행렬표현

전자는 스핀 각운동량 1/2을 갖는다. 이 경우 스핀각운동량 혹은 스핀 s_z 의 고유상태를 $(1,0)^T$ $(0,1)^T$ 이라 할 때[2]

$$S_i = \frac{\hbar}{2}\sigma_i, i = x, y, z; \quad \sigma_x = \begin{pmatrix} 0 & 1 \\ 1 & 0 \end{pmatrix}, \quad \sigma_y = \begin{pmatrix} 0 & -i \\ i & 0 \end{pmatrix}, \quad \sigma_z = \begin{pmatrix} 1 & 0 \\ 0 & -1 \end{pmatrix} \tag{9.6}$$

[2] 여기서 ^{T} 는 행과 열을 뒤바꾸는 전치행렬을 뜻한다.

이제 스핀에 관해 좀 더 깊은 이해를 해보자. x 방향의 스핀의 업, 다운 상태는 s_x의 고유상태로 정의할 수 있을 것이고 이들은 $(1,\pm 1)^T/\sqrt{2}$로 주어진다. 그러므로

$$|x,+\rangle = \frac{1}{\sqrt{2}}(|z,+\rangle \pm |z,+\rangle) \tag{9.7}$$

> 문제 9.1 다음 등식들을 증명하라.
>
> 1. $\sigma_i\sigma_j = \delta_{ij} + i\epsilon^{ijk}\sigma_k$.
>
> 2. $\mathrm{Tr}\sigma_k$=0.
>
> 3.$(\mathbf{n}\cdot\sigma)^2 = 1$. 여기서 $\mathbf{n}^2 = 1$.
>
> 4.$(\mathbf{A}\cdot\sigma)(\mathbf{B}\cdot\sigma) = (\mathbf{A}\cdot\mathbf{B})\mathbb{1} + \mathbf{i}(\mathbf{A}\times\mathbf{B})\cdot\sigma$.
>
> 5. $M = x^\mu\sigma^\mu$ 이면 $x^\mu = \frac{1}{2}Tr\sigma^\mu M$, 여기서 $\sigma^\mu = (1,\vec{\sigma})$.

9.2.1 일반적인 방향의 스핀

이제 주어진 특정한 방향

$$\mathbf{n} = (\sin\theta\cos\varphi, \sin\theta\sin\varphi, \cos\theta) \tag{9.8}$$

으로 향해 있는 스핀 상태를 어떻게 기술할지를 생각해 보자. $\mathbf{x}$ 방향의 스핀이 S_x 이듯이 $\mathbf{n}$ 뱡향의 스핀은 $S_n = \mathbf{S}\cdot\mathbf{n}$에 의해 기술될 것이니 이 방향으로의 스핀 업, 다운 상태는 S_n의 고유상태가 될 것이다.

$$S_n = \frac{\hbar}{2}\begin{pmatrix}\cos\theta & \sin\theta e^{-i\phi}\\ \sin\theta e^{i\phi} & -\cos\theta\end{pmatrix} \tag{9.9}$$

간단한 계산으로 이 행렬의 고유상태들은

$$|n,+\rangle = \begin{pmatrix}\cos\frac{\theta}{2}\\ \sin\frac{\theta}{2}e^{i\phi}\end{pmatrix}, \quad |n,-\rangle = \begin{pmatrix}-\sin\frac{\theta}{2}e^{-i\phi}\\ \cos\frac{\theta}{2}\end{pmatrix} \tag{9.10}$$

임을 알 수 있고 실제로

$$\langle n,\pm|\mathbf{S}|n\pm\rangle = \pm\frac{\hbar}{2}\mathbf{n} \tag{9.11}$$

임을 보일 수 있다.

문제 9.2 식 (9.11)을 증명하라.

$S_n = US_zU^\dagger$로 변환하는 유니터리 행렬 U를 구할 수 있는데, 그런 U는 다름 아닌 $|n,+\rangle, |n,-\rangle$를 2개의 열벡터로 하는 2×2 행렬이다. 왜냐하면 S_nU에서 S_n는 U의 각 열에 작용하므로 $U^\dagger S_n U = S_z$임이 자명하기 때문이다. 즉,

$$U = \begin{pmatrix} \cos\frac{\theta}{2} & -\sin\frac{\theta}{2}e^{-i\phi} \\ \sin\frac{\theta}{2}e^{i\phi} & \cos\frac{\theta}{2} \end{pmatrix} \tag{9.12}$$

이다. 그런데 이 행렬은 다음과 같이 쓸 수 있다.

$$U = \cos\frac{\theta}{2} - i\sin\frac{\theta}{2}\hat{\boldsymbol{\theta}}\cdot\sigma = \exp(-i\theta\hat{\boldsymbol{\theta}}\cdot\boldsymbol{\sigma}/2) = \exp(-\frac{i}{\hbar}\theta\hat{\boldsymbol{\theta}}\cdot\mathbf{S}) \tag{9.13}$$

여기서 $\hat{\boldsymbol{\theta}} = (-\sin\phi, \cos\phi, 0)$이며 이는 $\hat{z}\times\mathbf{n}$방향의 단위벡터 즉 $\hat{\boldsymbol{\theta}} = \frac{\hat{z}\times\mathbf{n}}{||\hat{z}\times\mathbf{n}||}$이다. 한편,

$$S_n|n,+\rangle = US_zU^\dagger|n,+\rangle = \frac{\hbar}{2}|n,+\rangle, \tag{9.14}$$

의 양변에 $U^\dagger$를 곱하면

$$S_zU^\dagger|n,+\rangle = \frac{\hbar}{2}U^\dagger|n,+\rangle. \tag{9.15}$$

이 결과는 $U^\dagger|n,+\rangle$가 S_z의 고윳값이 $\frac{\hbar}{2}$인 고유벡터임을 말해 준다. 따라서

$$U^\dagger|n,+\rangle = |z,+\rangle.$$

이 식의 양변에 U를 곱하면

$$|n,+\rangle = U|z,+\rangle = \exp(-\frac{i}{\hbar}\theta\hat{\boldsymbol{\theta}}\cdot\mathbf{S})|z,+\rangle \tag{9.16}$$

이 식은 U의 기하학적 의미가 z축 방향에서 업스핀을 $\hat{n}$축 방향의 업스핀으로 회전시키는 연산자임을 분명하게 보여 준다. 이상의 논의로부터 다음 정리를 얻는다.

정리 9.1 주어진 단위 벡터 $\mathbf{n} = (\sin\theta\cos\varphi, \sin\theta\sin\varphi, \cos\theta)$에 대해, $\hat{\boldsymbol{\theta}}$를 $\hat{z}\times\mathbf{n}$ 방향의 단위벡터라 정의하고 $\vec{\theta} := \theta\hat{\boldsymbol{\theta}}$라 하자. 그러면 $\mathbf{n}$은 $\hat{\boldsymbol{\theta}}$를 축으로 하여 $\hat{\mathbf{z}}$를 θ만큼 돌려 얻은 벡터이며 $\mathbf{S}\cdot\mathbf{n}$의 고유상태 $|n,\pm\rangle$는 $|z,\pm\rangle$를 $\hat{\boldsymbol{\theta}}$를 축으로 θ만큼 회전하여 얻는 스피너이다.

문제 9.3 $\mathbf{n}$은 $\hat{z}$를 먼저 y축 중심으로 θ만큼 돌린후 z축 중심으로 ϕ만큼 돌려서 얻을 수 있으므로 U또한 그렇게 얻을 수 있을 것으로 기대된다. 즉 다음 식이 성립함을 보여라.

$$U = U(\theta; \hat{\boldsymbol{\theta}}) = U(\phi; \hat{z})U(\theta; \hat{y}) \tag{9.17}$$

9.3 자기장 안의 스핀

자기장 안의 스핀은 자기장 안의 궤도 각운동량에 준해서 기술한다. 스핀도 각운동량이므로 $\mu = \gamma_s \mathbf{S}$ 임이 예상되나 γ_s는 궤도 각운동량에 의한 것보다 약 2배가 된다. 이를 스핀의 g 인자라 하고

$$\mu = \frac{-eg}{2m}\mathbf{S} \tag{9.18}$$

이 된다. 이에 의한 해밀토니안은

$$H^1 = -\mu \cdot \mathbf{B} = \frac{eg}{2m}\mathbf{S} \cdot \mathbf{B} \tag{9.19}$$

실험적으로 g값은 2에 가깝고, 다음장에 이야기 하겠지만 디랙 방정식은 $g = 2$임을 보였는데 이는 디랙방정식이 성취한 가장 중요한 결과이다. g값이 정확히 2가 아닌 이유는 양자전기역학적 효과 때문이다. 즉 불확정성 원리가 허용하는 범주 내에서 전자는 스스로가 낸 광자와 반응하며 이는 자기모멘트에서 약간의 차이를 가져온다. 이를 처음으로 계산한 사람은 줄리언 슈윙거(Julian Schwinger)이며 그 결과는 다음과 같다.

$$g = 2\left[1 + \frac{\alpha}{2\pi} + \cdots\right]. \tag{9.20}$$

지금은 이 결과가 $(\alpha/\pi)^3$항까지 계산되어 소수점 이하 11자리까지 실험과 계산이 일치하는 결과를 얻었다.[3] 이 전무후무한 정확도는 중간 과정에 무한대가 나타나는 애매함이 존재함에도 불구하고 양자전기역학과 양자장론이 광범위하게 받아들여진 이유가 되었다. 그러나 이러한 행운은 핵력의 기술에는 계속되지 못하였다. 디랙 방정식은 이 경우에도 역시 $g = 2$를 예측해 주지만 실험값은 이와는 너무나 큰 차이가 있다. 양성자의 경우 $g = 5.6$, 중성자의 경우도 $g = -3.8$이나 된다. 불행히도 이 숫자들은 아직 계산으로 재현하지 못하였다. 이러한

[3] **T. Kinoshita**, **PhysRevLett.75.4728**.

차이는 상호작용의 세기가 큰 경우에 양자장론을 계산하는 방법이 아직 없기 때문인데 21세기 물리학이 해결해야할 큰 과제라 하겠다. 전자의 문제로 돌아와, 전자가 자기장 내에 있을 때 병진운동을 제외한 동역학을 기술하는 해밀토니안은 다음과 같이 쓸 수 있다.

$$H = -\gamma \mathbf{S} \cdot \mathbf{B}, \quad \gamma = -e/m \tag{9.21}$$

시간진화의 연산자 $U = e^{-itH/\hbar} = \exp(i\gamma t(\mathbf{S} \cdot \mathbf{B})/\hbar)$는 스핀에 어떤 작용을 할 것인가? 우리는 위에서 이미 스핀을 회전시키는 연산자가 $\exp(-\frac{i}{\hbar}\vec{\theta} \cdot \mathbf{S})$ 임을 알고 있으니 $\vec{\theta} = -\gamma \mathbf{B} t$가 됨을 알 수 있다. 즉 해밀토니안은 자기장을 축으로 하여 스핀이 각속도 $\Omega = -\gamma B$로 세차운동하게 함을 알 수 있다. 자기장이 z축으로 있다면 $U = \exp(i\Omega t\sigma_z/2)$이므로 초기에 스핀이

$$\psi(0) = |n, +\rangle = \begin{pmatrix} \cos\frac{\theta}{2} e^{-i\phi/2} \\ \sin\frac{\theta}{2} e^{i\phi/2} \end{pmatrix}, \tag{9.22}$$

상태에 있었다면 시간 t 후에는

$$\psi(t) = \exp(i\Omega t\sigma_z/2)\psi(0) = \begin{pmatrix} \cos\frac{\theta}{2} e^{-i(\phi - t\Omega)/2} \\ \sin\frac{\theta}{2} e^{i(\phi - t\Omega)/2} \end{pmatrix}, \tag{9.23}$$

의 상태에 있다는 것을 알 수 있다.

9.4 스피너와 텐서*

기호의 편의를 위해 스피너의 업 다운 첨수 대신 1,2라는 첨수를 쓰자. 스핀 1/2과 1/2의 덧셈에서 스핀 0 단일항의 존재는 우리에게 많은 시사점을 준다. 왜냐하면 로렌츠 변환이나 회전변환에 있어서 단일항(singlet)은 스칼라와 같은 변환을 해야 한다는 것을 의미하기 때문이다. 이제 회전에 대해 스피너가

$$\psi'^{\alpha} = a^{\alpha\beta}\psi^{\beta} \tag{9.24}$$

와 같이 변환한다면

$$\psi'^1\phi'^2 - \psi'^2\phi'^1 = (a^{1\alpha}a^{2\beta} - a^{2\alpha}a^{1\beta})\psi^{\alpha}\phi^{\beta} = \det(a)(\psi^1\phi^2 - \psi^2\phi^1) \tag{9.25}$$

인데, 단일항의 불변성으로부터

$$\det(a) = 1 \tag{9.26}$$

한편, 스피너 입자를 위치 x에서 관측할 확률

$$\psi^1\psi^{*1} + \psi^2\psi^{*2} \tag{9.27}$$

는 스칼라여야 한다는 사실로부터 행렬 a는 행렬식이 1이고 2×2 유니터리 행렬이어야 한다는 것을 알 수 있다 . 즉, 스피너는 회전에 대해 $SU(2)$의 그룹의 요소에 의해 변환한다. 3차원에서의 회전그룹과 $SU(2)$그룹은 그 생성자의 대수가 모두 각운동량 대수로 주어진다는 공통점이 있어 국소적으로는 같아야 한다. 그러나 대국적인 연결성은 다른데 왜냐하면 $SU(2) \simeq S^3$와 같지만 $SO(3) \simeq S^3/Z_2$이기 때문다. 여기서 $Z_2 = \{1, -1\}$이다. 이를 이해하기 위해선 아래 문제를 참조하기 바란다.

문제 9.4

1. 실수 x^i, $i = 1, 2, 3$과 3개의 파울리 행렬에 의해 표시되는 행렬의 집합 $V = \{\sum_{i=1}^3 x^i\sigma_i\}$는 3차원 유클리드 실공간 R^3와 1:1 대응이 됨을 보여라. 즉 둘을 동일시해도 좋다.

2. $A(x) = \sum_{i=1}^3 x^i\sigma_i$로 정의되는 맵 $A : R^3 \to V$은 내적을 보존한다. 즉 $\frac{1}{2}\mathrm{Tr}\,[A(\mathbf{x})A(\mathbf{y})] = \langle \mathbf{x}, \mathbf{y} \rangle$ 임을 보여라. 좌변은 V의 내적, 우변은 R^3의 내적이다.

3. $SU(2)$의 원소 U에 대하여 g_U는 V에 다음과 같이 작용한다.

$$g_U(A(x)) = UA(x)U^{-1}$$

g_U는 V의 내적을 보존함을 보여라. 즉, $\mathrm{Tr}\,[g_U(A(x))g_U(A(y))] = \mathrm{Tr}\,(A(x)A(y))$.

4. $\phi_U := A^{-1} \circ g_U \circ A$은 R^3에 작용한다. $\langle \phi_U(\mathbf{x}), \phi_U(\mathbf{y}) \rangle = \langle \mathbf{x}, \mathbf{y} \rangle$ 임을 보임으로써 ϕ_U가 내적을 보존함을 보여라. 이는 정의에 의해 ϕ_U가 $SO(3)$그룹의 요소임을 의미한다.

5. $SU(2) \simeq S^3$ 임을 보여라.
(힌트: $U = \begin{pmatrix} \alpha & -\beta^* \\ \beta & \alpha^* \end{pmatrix}$ 이면, 유니터리티 조건으로부터 $|\alpha|^2 + |\beta|^2 = 1$.)

6. ϕ는 $U \to \phi_U$ 라는 대응을 통해 $SU(2)$에서 $SO(3)$로의 맵을 정의한다고 볼 수 있다. 계산을 통해 $\phi_{U_0}(\mathbf{x}) = \mathbf{x}$가 되는 U_0를 구하라.
(답: $U_0 = 1, -1$) 이는 $SU(2)$가 $O(3)$를 두 번 덮고 있음을 의미한다.

7. $(\phi_U)_{ij} = \frac{1}{2}\mathrm{Tr}\,[\sigma_i U \sigma_j U^\dagger]$ 임을 보여라.

(힌트: ϕ_U 의 정의로부터 $UA(x)U^\dagger = A[\phi_U(x)]$. 양변을 각각 계산하여 x^j 의 계수를 같이 놓아라. 특별히 $[\phi_U(x)]_i = [\phi_U]_{ij}x_j$ 임에 유의하라.)

스피너 공간의 메트릭 스피너 공간에서

$$\psi_\alpha = g_{\alpha\beta}\psi^\beta$$

가 되도록 메트릭을 정의하고자 한다.

$$\phi^\alpha\psi_\alpha = \phi^\alpha g_{\alpha\beta}\psi^\beta. \tag{9.28}$$

$$\phi^1\psi^2 - \phi^2\psi^1 := \varepsilon_{\alpha\beta}\phi^\alpha\psi^\beta, \quad \varepsilon_{\alpha\beta} = i\sigma_2 \tag{9.29}$$

단일항의 불변성과 유일성으로부터 두 식의 좌변을 같은 것으로 보면 우변도 일치해야 하고 이로부터 스피너 공간의 메트릭은

$$g_{\alpha\beta} = \varepsilon_{\alpha\beta}$$

임을 알 수 있다.

예제 9.3 다음을 보여라.

1. $\psi^\alpha = \psi_\mu g^{\mu\alpha}$ 로 정의하면 $g^{\alpha\beta} = \varepsilon_{\alpha\beta}$ 임과 $g_{\mu\nu}g^{\alpha\nu} = \delta^\alpha_\mu$.
2. $\psi_\alpha\phi^\alpha = -\psi^\alpha\phi_\alpha$. 따라서 $\psi_\alpha\psi^\alpha = 0$.

9.5 시간역전과 크레이머스 정리*

9.5.1 크레이머스 정리

시간역전 연산자를 스피너에 적용하면 대단히 흥미로운 일이 일어난다. 슈뢰딩거 방정식은 $t \to -t$ 는 방정식의 좌변의 부호를 바꾸지만 $i \to -i$ 로 바꾸는 연산자, 즉 $\psi \to K\psi = \psi^*$ 의 수반에 의해 불변성이 회복된다. 이는 이미 언급한 바 있다. 이제 상태함수가 스피너와 같이 다중항인 경우 켤레 복소수를 취하는 연산자 K 외에도 다중항에 작용하는 유니터리 행렬 U_T 가 더 있어야 한다. 즉 스피너에 대한 시간역전 연산자는 다음과 같이 표현된다.

$$\Theta = U_T K \tag{9.30}$$

그런데 스핀 1/2에 대한 스핀각운동량의 표현은 $\mathbf{S} = \frac{\hbar}{2}\vec{\sigma}$로 이미 알고 있고 각운동량으로서 시간역전에 대해선 궤도각운동량과 같은 방식 즉

$$\Theta S_i \Theta^{-1} = -S_i \tag{9.31}$$

로 변환되어야 함도 알고 있다. S_x, S_z는 실수행렬이고 S_y는 허수행렬이니,

$$U_T \sigma_{x,z} U_T^{-1} = -\sigma_{x,z}, \quad U_T \sigma_y U_T^{-1} = \sigma_y \tag{9.32}$$

를 모두 만족해야 한다. 따라서 U_T는 σ_y와 교환되며 σ_x, σ_z와 반교환되니 $U_T = \eta\sigma_y$이다. U_T는 유니터리이니 $\bar{\eta}\eta = 1$. 편의상 $\eta = i$로 택하면

$$U_T = \begin{pmatrix} 0 & 1 \\ -1 & 0 \end{pmatrix} \tag{9.33}$$

이 되어 이는 실수행렬인 동시에 스피너 공간의 매트릭과 일치한다.[4] 이때 시간역전 연산자의 제곱은

$$\Theta^2 = U_T^2 = -1 \tag{9.34}$$

이제 해밀토니안이 시간역전에 대해 대칭이면 $\Theta H \Theta^{-1} = H$ 혹은

$$[H, \Theta] = 0 \tag{9.35}$$

이므로 해밀토니안의 고윳값 E인 고유함수 ψ_E에 대해

$$H\Theta\psi_E = E\Theta\psi_E \tag{9.36}$$

이니 $\Theta\psi_E$와 ψ_E는 같은 에너지 고윳값을 갖는 고유벡터들이다. 만일 이들이 같지 않다면 해밀토니안의 각 에너지에는 두 개의 상태가 존재한다는 말이 된다. 이들이 서로 같을 수도 있을까? 같다면 어떤 $\alpha = e^{i\phi}$에 대하여

$$\Theta\psi = \alpha\psi \tag{9.37}$$

이 성립한다. 이 식의 양변에 다시 Θ를 걸어서

$$\Theta^2\psi = \alpha^*\Theta\psi = |\alpha|^2\psi = \psi$$

---

[4]확률밀도함수 $\sum_\alpha \psi^\alpha \psi^{*\alpha}$는 스칼라여야 한다. 따라서 $\psi^{*\alpha}$는 회전에 관해 ψ_α처럼 행동해야 한다. 따라서 $\Theta = U_T K$일 때 U_T가 매트릭과 일치함은 우연이 아니다.

따라서 $\Theta^2 = 1$이다. 이는 식 (9.34) 에 모순된다. 즉 $\Theta\psi$와 ψ는 서로 독립인 두 상태이다. 따라서 스핀이 반 정수일 때 시간역전에 대칭인 해밀토니안의 고윳값은 반드시 2개의 겹침을 가진다. 이를 **크레이머스의 정리**라 한다.

9.5.2 스핀이 있는계의 시간역전 연산자

일반적인 스피너 상태를 $\Psi_{sm} := |sm\rangle\psi(x)$ 인데 여기서는 $\psi(x)$는 잠시 잊기로 하고 또 이 소절에선 $\hbar = 1$이라 두겠다. 그러면 (9.31)로부터

$$S_z\Theta|sm\rangle = -\Theta S_z|sm\rangle = -m\Theta|sm\rangle \tag{9.38}$$

따라서 $\Theta|sm\rangle$는 S_z의 고윳값이 $-m$인 고유벡터이다. 따라서 절댓값이 1인 복소수 α_m에 대해

$$\Theta|sm\rangle = \alpha_m|s,-m\rangle \tag{9.39}$$

이제 $S_\pm = S_1 \pm iS_2$라 하면, $\Theta S_\pm\Theta^{-1} = -S_\mp$로부터

$$S_+\Theta = -\Theta S_-. \tag{9.40}$$

이 식의 양변을 $|sm\rangle$에 작용하여

$$\alpha_m = -\alpha_{m-1} \tag{9.41}$$

를 얻는다. 따라서 적당한 위상 η에 대하여 $\alpha_m = (-1)^m\eta$가 성립해야 한다. 스핀이 1/2일 때 $\Theta|+\rangle = |-\rangle$가 되도록 하려면 $\eta = -i$로 정하면 된다. 따라서

$$\Theta|sm\rangle = (-1)^{m-1/2}|s,-m\rangle \tag{9.42}$$

예제 9.4 식 (9.41)를 증명하라.

답) $|s,m\rangle$에 식 (9.40)의 좌변을 작용하면 $\alpha_m\sqrt{s(s+1)-m(m-1)}|s,-m+1\rangle$, 식 (9.40)의 우변을 작용하면 $-\alpha_{m-1}\sqrt{s(s+1)-m(m-1)}|s,-m+1\rangle$. 이들이 같으므로 식 (9.41)를 얻는다.

제10장
상대성 이론과 디랙 방정식

상대론과 양자역학을 조화시키는 시발점은 슈뢰딩거 방정식의 상대론적 확장을 꾀하는 것이다. 디랙 방정식은 앞에서 입자 물리학을 소개할 때 언급하였으나 여기서는 대칭성과 관계하여 좀 더 자세히 알아보도록 한다. 슈뢰딩거 방정식이 에너지와 모멘텀의 관계식을 통해 얻어졌듯이 여기서도 그리하면 될 것이다. 다만 디랙은 당시에 구드스미트(*Goudsmit*)와 울렌벡(*Uhlenbeck*)에 의해 *1925*년 실험적으로 알려져 있던 스핀 자유도, 그리고 현상론적으로 파울리가 이미 도입했던 스피너의 존재를[1] 여기에 어떻게 삽입시킬 것인가를 고려해야 했다. 이 장에선 음의 에너지의 해석, 그리고 디랙방정식이 가진 대칭성과 보존량 등을 눈여겨보기 바란다.

10.1 클라인-고르돈의 방정식과 그 문제점들

슈뢰딩거의 방정식이 $E = \frac{p^2}{2m}$과 대응관계 $E \to i\hbar\frac{\partial}{\partial t}, p \to -i\hbar\frac{\partial}{\partial x}$에서 출발하였으므로 가장 간단한 상대론적 방정식은 $E^2 = p^2c^2 + (mc^2)^2$로부터 얻는 다음 방정식일 것이다.

$$-\hbar^2\partial_t^2\psi(x,t) = (-\hbar^2c^2\nabla^2 + m^2c^4)\Psi(x,t) \tag{10.1}$$

상대론적인 표기법

$$\partial_\mu = (\partial_{ct}, \nabla), \quad \partial^\mu = (\partial_{ct}, -\nabla), \quad p_\mu = i\hbar\partial_\mu, \quad \partial^2 := \partial_\mu\partial^\mu = \frac{1}{c^2}\partial_t^2 - \nabla^2 \tag{10.2}$$

---

[1] doi:10.1098/rspa.1928.0023

을 쓰면 위의 방정식은 다음과 같이 쓰인다.

$$\left[\partial^2 + \left(\frac{mc}{\hbar}\right)^2\right]\Psi(x,t) = 0 \tag{10.3}$$

클라인-고르돈(Klein-Gordon) 방정식이라고 불리는 이 방정식은 ψ가 실수라면 전하가 없는 입자, 복소수라면 전하를 갖는 입자의 파동을 기술한다.

예제 10.1 보존량 Ψ가 복소수일 때 $J^\mu = \frac{i}{2m}[\Psi^*\partial^\mu\Psi - \Psi\partial^\mu\Psi^*]$ 라 하면 $\partial_\mu J^\mu = 0$ 임을 보이고 이로부터

$$Q = \int d^3x J^0(x) \tag{10.4}$$

가 보존량임을 보여라.

답) 클라인-고르돈 방정식에 Ψ^*를 곱하고 이 결과에서 그 자신의 복소수 켤레짝을 빼면 원하는 결과를 얻을 수 있다.

클라인-고르돈 방정식의 이 보존량을 무엇이라 해석해야 할까? 비상대론적 슈뢰딩거 방정식의 경우, 같은 계산을 하면 나오는 $\rho = \Psi^*\Psi$ 는 양수이며 확률밀도함수로 해석이 가능했다. 그런데 상대론적인 경우는

$$\rho = \frac{1}{c}J^0 = \frac{i}{2mc^2}\left[\Psi^*\partial_t\Psi - \Psi\partial_t\Psi^*\right] \tag{10.5}$$

를 얻는데 이는 양도 음도 될 수 있다. 따라서 확률밀도함수로서의 자격이 없다. 파동함수가 확률과 관계없다는 이러한 결론은 양자론과 상대론의 결합이 파동역학적 양자론의 범주에서 처리될 수 없음을 이야기해 준다. 아래에서 이를 해결하는 양자장론의 아이디어를 간단히 소개할 것이다. 위 보존량 $Q = \int \rho(x)d^3x$ 은 입자를 1, 반입자를 -1로 셀 때의 입자 수를 나타낸다. 상대론에서 입자와 반입자의 쌍창생과 쌍소멸은 빈번하므로 상식적 의미에서 입자 수의 보존은 없다. 확률밀도함수란 적분해서 1이 되는 양이므로 입자의 쌍창생 쌍소멸이 가능한 상대론에선 그런 양이 보존될 리도 없다. 그러나 반입자를 -1로 세는 입자 수, 즉 전하는 항상 보존되므로 위의 예제는 우리가 구한 양이 확률이 아닌 전하로 해석되어야 함을 말해 준다.

지금부터 이 장의 논의는 큰 불편이 없는 한 $\hbar = c = 1$로 두는 자연단위계를 취한다. 앞서의 논의와 같이 미분을 공변미분으로 대치

$$\partial_\mu \to D_\mu = \partial_\mu + iqA_\mu, \quad A_\mu = (\Phi/c, -A^i) \tag{10.6}$$

하면 전자기장과의 상호작용을 기술하는 방정식도 유도할 수 있다. 방정식이 $E^2 = p^2 + m^2$에서 출발하였으므로 에너지는 양수도 음수도 될 수 있다. 클라인 고르돈 방정식은 전자를 기술하기에는 적당하지 않다. 왜냐하면 이 방정식의 해는 스칼라인데 전자는 스핀을 갖기 때문이다. 실제로 이 방정식을 써서 수소 원자나 자기장 내의 스펙트럼 문제를 풀면 에너지 값들은 실험과 맞지 않는다. 이러한 불일치는 아래에 기술할 디랙 방정식에 의해 해소된다. 음의 에너지를 갖는 해 또한 해석상의 어려움을 가져다 준다. 입자가 현재 상태보다 낮은 에너지 상태로 천이하면서 빛을 방출한다면 우주의 물질은 그야말로 순식간에 소멸하고 에너지화할 것이기 때문이다. Ψ를 확률진폭으로 해석할 수 없다면 어떻게 해석해야 할까? 답은 입자를 생성 또는 소멸시킬 수 있는 양자화된 장으로 해석해야 한다는 것이다. 이러한 관점을 양자장론이라 하며 대략의 아이디어를 소개하면 다음과 같다. 편의상 평면파 기저와 적분에 관한 다음과 같은 기호를 도입하자.

$$e_k(x) := e^{ik.x - i\omega_k t}, \quad \omega_k := +\sqrt{k^2+m^2}, \quad \int_k := \int \frac{d^3k}{(2\pi)^{3/2}\sqrt{2\omega_k}}. \tag{10.7}$$

장은 언제나 다음과 같이 전개할 수 있다.

$$\Psi(\mathbf{x}, t) = \int_k [a_k e_k(x) + b_k^\dagger e_k^*(x)] \tag{10.8}$$

여기서 양의 에너지를 갖는 해 $a_k e_k$는 입자의 파동으로 해석하고 음의 에너지를 갖는 해 $b_k^\dagger e_k^*$는 반입자의 파동함수 $b_k e_k$의 켤레복소수로 생각한다는 것이다.[2] 이 푸리에 전개의 계수들을 연산자화하여 다음과 같은 교환 관계를 만족시킬 때

$$\begin{aligned} [a_k, a_{k'}^\dagger] &= \delta_{k,k'}, \quad [a_k, a_{k'}] = 0, \\ [b_k, b_{k'}^\dagger] &= \delta_{k,k'}, \quad [b_k, b_{k'}] = 0 \end{aligned} \tag{10.9}$$

장은 양자화되었다고 하고 이를 이차 양자화라 한다. 이차 양자화에 의해 장의 푸리에 계수들은 입자/반입자들을 생성$(a^\dagger, b^\dagger)$ 또는 소멸(a, b)시키는 연산자가 된다. 이로부터 자유입자의 경우의 에너지와 전하를 계산하면

$$\begin{aligned} H &= \sum_k \omega_k [a_k^\dagger a_k + b_k^\dagger b_k], \\ Q &= \sum_k [a_k^\dagger a_k - b_k^\dagger b_k] \end{aligned} \tag{10.10}$$

---

[2]푸리에 전개상수의 규격화 인자 $1/\sqrt{2\omega_k}$와 $[a_{k'}, a_k^\dagger] = \delta_{kk'}$이라는 양자화의 규격화 인자는 밀접히 연관되어 있다.

임을 보일 수 있으며, 이로부터 a_k 는 전하가 1인 입자, b_k 는 전하가 -1 인 반입자를 나타내고 있음이 분명해진다. 여기서 중요한 것은 해밀토니안의 구조가 입자와 반입자 모두 양의 에너지를 갖도록 설계되어 있다는 것이다. 이로써 음의 에너지 문제는 해결되었다. 그리고 $b_k b_k^\dagger$ 를 $-b_k^\dagger b_k$ 로 바꿀 때 나오는 상수를 버렸다는 것을 주목하기 바란다. 이를 강조하기 위해 위의 해밀토니안이나 전하 연산자를 정규순서화된(normal ordered) 연산자라고 한다.

문제 10.1 (10.9)로부터 식 (10.10)을 증명하라.

예제 10.2 스핀과 통계: 보존

1. 클라인-고르돈 방정식의 해인 스칼라장은 (10.8)와 같이 전개할 수 있다. 3+1차원에서의 두 사건 x, y가 공간적으로 분리되어 있을때 즉 $(x-y)^2 < 0$일때 다음을 증명하라.

$$[\phi(x), \phi(y)] = 0 \tag{10.11}$$

2. 만일 (10.9)의 모든 교환관계를 반 교환관계로 바꾸면 $[\phi(x), \phi(y)]_+ = 0$이 성립하겠는가?

답) 1. 간단한 계산으로

$$[\phi(x), \phi(y)] = \int \frac{d^3k}{(2\pi)^3 2\omega_k} \left(e^{i\mathbf{k}\cdot(\mathbf{x}-\mathbf{y}) - i\omega(x^0-y^0)} - e^{-i\mathbf{k}\cdot(\mathbf{x}-\mathbf{y}) + i\omega(x^0-y^0)}] \right)$$

$(x-y)^2 < 0$일때는 x, y가 동시에 일어나는 로렌츠 프레임이 존재하므로 이 프레임을 택하면 $x^0 = y^0$. 그러면 위식의 우변은 0이된다.

2. $[a_k, a_{k'}] \to [a_k, a_{k'}]_+ = 0$등으로 바꾸고 $[\phi(x), \phi(y)]_+$를 계산하면

$$[\phi(x), \phi(y)]_+ = \int \frac{d^3k}{(2\pi)^3 2\omega_k} \left(e^{i\mathbf{k}\cdot(\mathbf{x}-\mathbf{y}) - i\omega(x^0-y^0)} + e^{-i\mathbf{k}\cdot(\mathbf{x}-\mathbf{y}) + i\omega(x^0-y^0)}] \right).$$

우변은 $x^0 = y^0$ 으로 택해도 0이 되지 않는다. 따라서 인과적으로 변연결되지 않는 두 점에서의 시그널이 서로 영향을 미치고 있음을 말하고 있으니 인과율에 저촉된다. 이 문제는 보존을 반대칭 교환관계로 양자화하면 인과율과 마찰을 일으킴을 보여주고 있다.

문제 10.2 전자기장과 결합된 클라인 고르돈 방정식은

$$[(p-qA)_\mu^2 - m^2]\psi = 0.$$

으로 쓸 수 있다. $A_0 = -\tilde{e}^2/r$ 로 두고 방정식을 풀어서 에너지의 고유값을 구하고 슈뢰딩거 방정식의 결과와 비교하라.

답) 반경방정식은

$$-u'' + \left(\frac{l(l+1) - Z^2\alpha^2}{r^2} - \frac{2ZE\alpha}{\hbar cr} + \frac{m^2c^4 - E^2}{\hbar^2c^2}\right)u(r) = 0. \tag{10.12}$$

이것을 비 상대론적인 경우인

$$-u'' + \left(\frac{l(l+1)}{2\mu r^2} - \frac{2\mu}{\hbar^2}\frac{e_*^2}{r} - \frac{2\mu}{\hbar^2}E\right)u(r) = 0 \tag{10.13}$$

와 비교하며 급수해법으로 풀면 아래와 같이 주어지는 스펙트럼을 구할 수 있다.

$$E = mc^2\left(1 + \frac{(Z\alpha)^2}{n-(l+1/2)+\sqrt{(l+1/2)^2 - Z^2\alpha^2}}\right)^{-1/2}. \tag{10.14}$$

이 결과의 가장 두드러진 특징은 주양자수n와 부양자수 l 모두에 의존하여 보어나 슈뢰딩거의 결과와 배치된다는 것이다. 이는 상대론적인 효과에 의해 $1/r$ 퍼텐셜이 갖는 $O(4)$ 대칭성이 깨어지기 때문이다.

10.2 디랙 방정식

디랙은 스핀이 있는 입자의 상대론적 방정식을 구하고자 했고, 4개의 성분을 갖는 스피너와 그에 작용하는 4×4 행렬을 써서 이를 실현하였다. 디랙이 왜 행렬을 생각을 하게 되었는지는 당시에 이미 2개의 성분을 가진 스핀1/2의 존재가 알려져 있었기 때문에 아래와 같이 추측할 수 있다. 스핀1/2는 2개의 성분을 가진 스피너가 기본이므로 스피너 ϕ, χ가 서로 연결되면, 2계미분 방정식이 된다. 예를 들어

$$i\partial_t\phi = H_{11}\phi + H_{12}\chi, \quad i\partial_t\chi = H_{21}\phi + H_{22}\chi \tag{10.15}$$

여기서 H_{ij} 는 각각 2×2행렬이며 모멘텀 연산자를 포함할 수 있다. 이 식은 4개 성분을 갖는 스피너 $\psi = \begin{pmatrix} \phi \\ \chi \end{pmatrix}$ 를 도입하면 모멘텀 혹은 미분 연산자를 포함하는 어떤 4×4 행렬 H 에 대해

$$i\partial_t \psi = H\psi \tag{10.16}$$

와 같이 쓸 수 있다. 이 식을 제곱하여 클라인-고르돈 방정식을 얻고자 하므로 디랙은 행렬 $\alpha^i, i = 1, 2, 3$ 와 β 를 도입하여 해밀토니안을 다음과 같이 적었다.

$$H = p^i \alpha^i + m\beta \tag{10.17}$$

이의 제곱이 $H^2 = \mathbf{p}^2 + m^2$ 을 만족시켜야 하므로

$$H^2 = \sum_{ij} \alpha^i \alpha^j p^i p^j + p^i(\alpha^i \beta + \beta \alpha^i) + m^2 \beta^2 = \mathbf{p}^2 + m^2 \tag{10.18}$$

이 성립해야 하고 이를 위해선

$$\alpha^i \alpha^j + \alpha^j \alpha^i = 2\delta_{ij}, \quad \alpha^i \beta + \beta \alpha^i = 0, \quad \beta^2 = 1 \tag{10.19}$$

이 성립해야 한다. 이를 만족하는 행렬들은 유일하지 않은데, 디랙은 다음과 같은 행렬들을 선택하였다.[3]

$$\alpha^i = \begin{pmatrix} 0 & \sigma^i \\ \sigma^i & 0 \end{pmatrix} = \sigma^1 \otimes \sigma^i, \quad \beta = \begin{pmatrix} \mathbb{1} & 0 \\ 0 & -\mathbb{1} \end{pmatrix} := \sigma^3 \otimes \mathbb{1} \tag{10.20}$$

여기서 σ^i 는 잘 알려진 파울리 행렬이며 다음과 같이 주어진다.

$$\sigma^1 = \begin{pmatrix} 0 & 1 \\ 1 & 0 \end{pmatrix}, \quad \sigma^2 = \begin{pmatrix} 0 & -i \\ i & 0 \end{pmatrix}, \quad \sigma^3 = \begin{pmatrix} 1 & 0 \\ 0 & -1 \end{pmatrix}, \tag{10.21}$$

따라서 디랙은 다음 방정식을 제안하였다.

$$i\hbar\partial_t \psi = (cp^i \alpha^i + mc^2 \beta)\psi \tag{10.22}$$

여기서 원래 형태를 보여주기 위해 $c, \hbar$를 잠시 되살렸다. 이 방정식은 오늘날 디랙 방정식이라고 불린다. 여기서 $\mathbf{p} = -i\hbar\nabla$ 이다. 이를 상대론적인 공변형으로 쓰기 위해 $\gamma^0 = \beta, \quad \gamma^i = \beta\alpha^i, p_\mu = i\hbar(\partial_0, \nabla)$ 를 도입하면 새로운 행렬 γ^μ 는

$$\gamma^\mu \gamma^\nu + \gamma^\nu \gamma^\mu = 2g^{\mu\nu} \tag{10.23}$$

---

[3] 이를 만족하는 임의의 행렬은 디랙이 선택한 행렬과 닮음변환 $\gamma^\mu = S\gamma^\mu_D S^{-1}$ 에 의해 연결된다.

를 만족한다. 여기서 $g^{\mu\nu} = \text{diag}(1, -1, -1, -1)$. 이들을 사용하고 다시 $c = 1 = \hbar$라 두면 위에서 얻은 디랙 방정식은 양변에 β를 곱하여

$$[i\gamma^\mu \partial_\mu - m]\psi = 0. \tag{10.24}$$

축소된 기호 $\not\partial = \gamma^\mu \partial_\mu$를 도입하면 이 방정식은 형식적으로 공변적이며 다음과 같은 라그랑지안으로부터 유도될 수 있다.

$$\mathcal{L} = \bar{\psi}[i\not\partial - m]\psi \tag{10.25}$$

여기서 $\bar{\psi}$와 ψ는 서로 독립적인 양이라고 간주하여야 한다.

> 문제 10.3
> 1. ψ의 짝 모멘텀은 $\Pi_\psi = \frac{\partial \mathcal{L}}{\partial \dot{\psi}} = i\psi^\dagger$ 임을 보여라.
> 2. $\mathcal{H} = \Pi_\psi \dot{\psi} - \mathcal{L} = \psi^\dagger(x)[\boldsymbol{\alpha} \cdot \mathbf{p} + \beta m]\psi(x)$ 임을 보여라.
> 3. ψ가 디랙방정식의 해 일때, $\mathcal{H} = \psi^\dagger(x) i\partial_t \psi(x) = \bar{\psi} i\gamma^0 \dot{\psi}$ 임을 보여라.

10.2.1 보존량

전류 J^μ를 $J^\mu = \bar{\psi}\gamma^\mu\psi$
라 정의하면 디랙 방정식으로부터

$$\partial_\mu J^\mu = 0, \tag{10.26}$$

즉 J^μ는 보존전류임을 보일 수 있다. 이를 보기 위해 먼저 디랙방정식의 복소수짝을 취하고 전치 행렬을 취하면 $\partial_\mu \psi^\dagger(-i(\gamma^\mu)^\dagger) - m\psi^\dagger = 0$. 이 식의 오른쪽에 γ^0를 곱하고 $(\gamma^0)^2 = 1$, 그리고 $\gamma^0(\gamma^\mu)^\dagger\gamma^0 = \gamma^\mu$ 임을 쓰면 $-i\partial_\mu\bar{\psi}\gamma^\mu - m\bar{\psi} = 0$. 여기서 $\bar{\psi} := \psi^\dagger\gamma^0$ 이다. 원래의 디랙방정식의 왼편에 $\bar{\psi}$를 곱한 결과에서 위 방정식에 ψ를 곱한 결과를 변변 빼면 구하고자 하는 방정식 $\partial_\mu(\bar{\psi}\gamma^\mu\psi) = 0$을 얻는다. 아래에서 보듯 디랙방정식의 보존전하는 항상 음이 아닌듯이 보인다.

$$J^0(x) = \bar{\psi}\gamma^0\psi = \psi^\dagger\psi \geq 0 \tag{10.27}$$

그러나 음의 에너지를 해결하기 위해선 모드들이 반교환으로 양자화되어야 하고 이로 인해 결백해 보이는 위의 부등식은 깨지게 된다. (예제 10.3을 보라.) 그러나, 아래 예제에서 보듯이, 이로 인해 해밀토니안이 양수로 될 수 있으니 얼마의 비용을 치르더라도 반드시 획득해야 할 아이디어임은 의심할 여지가 없다.

예제 10.3 자유입자에 대해 $J^\mu = \frac{p^\mu}{m}\bar{\psi}\psi$ 임을 보여라.

답) 자유입자의 디랙방정식

$$\psi = \frac{\not{p}}{m}\psi, \quad \bar{\psi} = \bar{\psi}\frac{\not{p}}{m} \tag{10.28}$$

를 보존전류의 정의식

$$J^\mu = \frac{1}{2}[\bar{\psi}\gamma^\mu.\psi + \bar{\psi}.\gamma^\mu\psi] \tag{10.29}$$

에 대입하여 원하는 식을 얻는다.

각운동량

먼저 해밀토니안과 오비탈 각운동량의 교환자는 0이 아님을 보일 수 있는데 이는 오비탈 각운동량이 보존되지 않는다는 것을 의미한다. 실제로

$$[H, L^i] = [\alpha^l p^l, \epsilon^{ijk}x^j p^k] = \alpha^l \epsilon^{ijk}[p^l, x^j]p^k = -i\alpha^j \epsilon^{ijk}p^k = -i\alpha \times \mathbf{p} \tag{10.30}$$

이제 디랙스피너에 작용하는 스핀 행렬 Σ^k를

$$\Sigma^k = \begin{pmatrix} \sigma^k & 0 \\ 0 & \sigma^k \end{pmatrix} := \mathbb{1} \otimes \sigma^k \tag{10.31}$$

로 정의하면

$$[\alpha^l p^l, \frac{1}{2}\Sigma^i] = \frac{1}{2}\sigma_1 \otimes [\sigma^l, \sigma^i]p^l = i\sigma_1 \otimes \epsilon^{lik}p^l\sigma^k = +i(\alpha \times \mathbf{p})^i. \tag{10.32}$$

가 성립하므로 총 각운동량을

$$J^k = L^k + \frac{1}{2}\Sigma^k \tag{10.33}$$

라 정의하면

$$[H, J^i] = 0 \tag{10.34}$$

이니 예상대로 총 각운동량은 보존된다.

10.2.2 자유입자해와 반입자

이제 디랙 방정식 $i\partial_t\psi = H\psi$를 풀어보자. 우선 $\psi = e^{-iEt+ik\cdot x}w$라 하면 디랙 방정식은 $Ew = Hw$가 되고 양변에 $i\partial_t$를 다시 걸어 $E^2 = p^2 + m^2$를 얻는다. 먼저 정지해 있는 경우의

디랙방정식은 $m\beta w = Ew$ 이니 이 방정식은 네 개의 해를 갖고 이는 각각

$$w^T = (1,0,0,0),(0,1,0,0),(0,0,1,0),(0,0,0,1)$$

으로 둘 수 있는데 방정식 $m\beta w = Ew$ 은 처음 두 해가 양의 에너지 $E = m$ 을 갖고 나중의 두 해는 음의 에너지양의 에너지 $E = -m$ 을 갖는다는 것을 말해준다. z방향 스핀연산자는

$$S^z = \mathbb{1} \otimes \sigma_z = \mathrm{diag}(1,-1,1,-1)$$

이니 첫째와 셋째 해는 스핀이 업, 둘째와 넷째 해는 스핀이 다운이다. 즉 처음 두 해는 각각 양의 에너지를 갖는 스핀 업 다운 해들이고 나중의 두 해는 음의 에너지를 갖는 스핀 업 다운 해들이다.

이제 모멘텀을 갖는 경우를 생각하자. 에너지가 양인 스칼라 평면파를

$$e_p(x) = e^{-iE_pt+ipz}$$

라 하고 양의 에너지를 갖는 해를 $\psi_{+,s} = u_s e_p(x), s = 1,2$, 음의 에너지 $-E_p$ 를 갖는 두 해를 $\psi_{-,s} = v_s e_p^*(x)$ 라 두자. 그러면 u_s, v_s 는 각각 다음 방정식을 만족한다.

$$(\not{p} - m)u_s = \begin{pmatrix} E_p - m & -\mathbf{p}\cdot\boldsymbol{\sigma} \\ \mathbf{p}\cdot\boldsymbol{\sigma} & -E_p - m \end{pmatrix} u_s = 0, \quad s = 1,2 \tag{10.35}$$

$$(\not{p} + m)v_s = \begin{pmatrix} E_p + m & -\mathbf{p}\cdot\boldsymbol{\sigma} \\ \mathbf{p}\cdot\boldsymbol{\sigma} & -E_p + m \end{pmatrix} v_s = 0, \tag{10.36}$$

이제 2성분 스피너 $\xi_1 = (1,0)^T, \xi_2 = (0,1)^T$, 를 써서 $u_s = \begin{pmatrix} \xi_s \\ \chi_s^+ \end{pmatrix}, v_s = \begin{pmatrix} \chi_s^- \\ \xi_s \end{pmatrix}, s = 1,2$ 로 표시하여 위의 방정식에 대입하면 우리가 구하고자 하는 미지성분 $\chi_s^\pm$ 은

$$\chi_s^+ = \chi_s^- = \frac{\mathbf{p}\cdot\boldsymbol{\sigma}}{E_p + m}\xi_s.$$

즉,

$$u_1 = N_1 \begin{pmatrix} 1 \\ 0 \\ \frac{p_3}{E_p+m} \\ \frac{p_+}{E_p+m} \end{pmatrix}, \; u_2 = N_2 \begin{pmatrix} 0 \\ 1 \\ \frac{p_-}{E_p+m} \\ \frac{-p_3}{E_p+m} \end{pmatrix}, \; v_1 = N_3 \begin{pmatrix} \frac{p_3}{E_p+m} \\ \frac{p_+}{E_p+m} \\ 1 \\ 0 \end{pmatrix}, \; v_2 = N_4 \begin{pmatrix} \frac{p_-}{E_p+m} \\ \frac{-p_3}{E_p+m} \\ 0 \\ 1 \end{pmatrix}. \tag{10.37}$$

이제 N_r 들을 구해 정규화하자. 로렌츠 불변량은 $\psi^\dagger\psi$ 가 아니라 $\bar{\psi}\psi$ 인데 그 값은 이 네 해에 대해 각각 $\bar{u}_s u_{s'} = N_s^2 \frac{2m}{(E+m)}\delta_{ss'} = -\bar{v}_s v_{s'}$, 이므로 정규화 상수는 모두 같고

$$N_r = \sqrt{\frac{E_p + m}{2m}}, \qquad r = 1, 2, 3, 4. \tag{10.38}$$

위의 정규화된 네 개의 스피너를 차례로 $w^{(r)}, r = 1, 2, 3, 4$ 라 부르자. $r = 1, 2$ 에 대해서는 $\epsilon_r = 1, r = 3, 4$ 에 대해서는 $\epsilon_r = -1$ 라고 하면 정규화된 스피너는 다음을 만족한다.

$$\bar{w}^r w^{r'} = \epsilon_r \delta_{rr'}, \quad w_r^\dagger w_{r'} = \frac{E_p}{m}\delta_{rr'}, \tag{10.39}$$

한편 (10.37)의 명시적 표현으로부터 $w_r, r = 1, 2, 3, 4$ 를 네 개의 행벡터로하는 행렬 S 은 에르미션임을 알 수 있다. 이로부터

$$\sum_r^4 w_\alpha^r \bar{w}_\beta^r = \epsilon_\alpha \delta_{\alpha\beta}, \qquad \sum_r^4 \epsilon^r w_\alpha^r \bar{w}_\beta^r = \delta_{\alpha\beta}. \tag{10.40}$$

문제 10.4 1. 다음이 성립함을 보여라.

$$\bar{u}_s(\not{p} - m) = 0, \quad \bar{v}_s(\not{p} + m) = 0. \tag{10.41}$$

2. 정규화 조건을 u_s, v_s 들의 관계식으로 다시 쓰면 다음과 같음을 확인하라.

$$\bar{u}_s u_{s'} = \delta_{ss'} = -\bar{v}_s v_{s'}, \quad \bar{u}_s v_{s'} = 0 = \bar{v}_s u_{s'}, \tag{10.42}$$

$$u_s^\dagger u_{s'} = \bar{v}_s^\dagger v_{s'} = \frac{E_p}{m}\delta_{ss'}, \quad u_s^\dagger v_{s'} = 0 = v_s^\dagger u_{s'}. \tag{10.43}$$

예제 10.4 **스피너의 해밀토니안과 전하 : 스핀과 통계**

1. 먼저 디랙방정식 $[i\not{\partial} - m]\psi = 0$ 의 양의 에너지를 갖는 평면파 해를 $u_{ks}e_k(x)$, 음의 에너지 평면파 해를 는 $v_{ks}e_k^*(x)$, 라 하고 식 (10.7)과 같이 평면파 기저와 적분에 관한 축약 기호를 도입하되 $2\omega_k \to E_k/m$ 이라 둔다. 그러면 디랙의 스피너장은 언제나 다음과 같이 전개할 수 있다.

$$\psi(\mathbf{x}, t) = \int_k [c_{ks}u_{ks}e_k(x) + d_{ks}^\dagger v_{ks}e_k^*(x)] \tag{10.44}$$

여기서도 양의 에너지를 갖는 해 $c_{ks}e_k$ 는 입자의 파동으로 해석하고 음의 에너지를

갖는 해 $d_{ks}^{\dagger}e_k^*$는 반입자의 파동함수 $d_{ks}e_k$의 켤레복소수로 생각한다. 이 푸리에 전개의 계수들을 다음과 같이 반교환자에 의해 양자화하면

$$\begin{aligned}&\{c_{ks}, c_{k's'}^{\dagger}\} = \delta_{k,k'}\delta_{ss'}, \quad \{c_{ks}, c_{k's'}\} = 0,\\&\{d_{ks}, d_{k's'}^{\dagger}\} = \delta_{k,k'}\delta_{ss'}, \quad \{d_{ks}, d_{k's'}\} = 0\end{aligned} \tag{10.45}$$

에너지 $H = \int d^3x\psi^{\dagger}(x)[\boldsymbol{\alpha}\cdot\mathbf{p}+\beta m]\psi(x)$와 전하 $Q = \int d^3x\psi^{\dagger}(x)\psi(x)$가 다음과 같이 주어짐을 보여라.

$$\begin{aligned}H &= \sum_k \omega_k[c_k^{\dagger}c_k + d_k^{\dagger}d_k],\\Q &= \sum_k [c_k^{\dagger}c_k - d_k^{\dagger}d_k]\end{aligned} \tag{10.46}$$

여기서도 입자와 반입자 모두 양의 에너지를 갖도록 조정되어 있으며 위에서 언급한 바와 같이 전하는 음도 양도 될 수 있음은 보존(boson)의 경우와 같음을 주목하라. 이로써 음의 에너지 문제는 해결되었다.

2. 이 문제에서 c, d들이 반교환자가 아니라 교환자에 의해 양자화되어 있었다면 그 결과는 어떻게 되었을지를 계산으로 답해 보라.

3. 위 식의 전개에 있어 $d^{\dagger}$를 d로 바꾸고 반교환자를 교환자로 바꾸어 계산하고 의미있는 결과가 있는지 답하라.

4. $\{\psi_{\alpha}(x), \psi_{\beta}^{\dagger}(y)\} = 0$임을 보여라.

5. 모든 진동자의 양자화를 반대칭 교환자로 바꿀 때 $[\psi_{\alpha}(x), \psi_{\beta}^{\dagger}(y)] = 0$가 성립하는가? 답) 1. 계산은 직선적이다. 다만 무한대의 상수를 버렸음에 유의하라.

2. H 와 Q 모두에서 $d_k^{\dagger}d_k$ 앞의 부호가 바뀐다. 따라서 반교환자에 의한 양자화는 필수적임을 알 수 있다. 이 문제는 스핀이 정수인 장(보존)은 교환자로 양자화되고 반정수인 장(페르미온)은 반교환자로 양자화되어야 한다는 스핀-통계 정리의 예를 보여준다.

3. 의미없다. 4. 계산해 보라. 5. 성립하지 않는다. 여기서도 페르미온은 반 교환자로 양자화 되지 않으면 인과율에 모순됨을 알 수 있다.

음의 에너지 해의 해석, 디랙의 정공이론과 반입자

위에서 본 바와 같이 디랙 방정식 또한 음양의 에너지값 모두를 해로 갖는다. 그렇다면 양의

에너지에서 음의 에너지로의 전이가 가능한데 이는 모든 물질은 불안정하다는 뜻이 된다. 따라서 이런 일을 일어나서는 안 된다. 디랙은 물질의 안정성을 보장하기 위해 진공이란 음의 에너지 준위가 모두 차있는 상태라고 가정하였는데, 이렇게 하면 파울리의 원리에 의해 양의 에너지에서 음의 에너지로의 전이가 불가능하게 되기 때문이다. 이러한 진공을 디랙의 바다라 부른다. 디랙 방정식이 전자를 기술한다고 해보자. 디랙의 바다에서 음의 에너지 상태를 갖는 전자 하나가 결손된 상태는, 진공에서 양의 전하, 양의 에너지를 가진 입자가 하나 생성된 것에 해당한다. 이를 디랙의 정공이론이라 한다. 이 해석에 따르면 음의 에너지 해를 $\psi_{E<0} = \psi_0 e^{ipx-iEt}$ 라 하면 정공 혹은 반입자를 기술하는 해는

$$\psi^*_{E<0} = \psi^*_0 e^{-ipx-i|E|t} \tag{10.47}$$

이며 이는 양의 에너지를 갖는다. 디랙은 처음 이 정공을 양성자라 생각했으나 수리물리학자인 헤르만 바일이 그 입자의 질량은 전자의 질량과 정확히 일치해야 함을 지적하자 곧 수정하여 정공을 양전자(positron)라 하였다. 그 후 칼 앤더슨이 우주선(cosmic ray)에서 양전자를 발견하였고, 이 업적으로 앤더슨은 1936년의 노벨 물리학상을 수상하였다.

10.2.3 클라인의 패러독스*

3+1차원에서의 디랙행렬이 $\gamma^0 = \sigma_3 \otimes \mathbb{1}$, $\gamma^1 = i\sigma_2 \otimes \sigma_i$ 에서 주어지므로 1+1차원에서의 디랙행렬은 $\gamma^0 = \sigma_3$, $\gamma^1 = i\sigma_2$ 로 선택할 수 있다. 따라서 $\beta = \gamma^0 = \sigma_3$, $\alpha = \beta\gamma^1 = \sigma_1$, 퍼텐셜이 있는 1+1차원의 해밀토니안은 2×2 행렬

$$H = p\sigma_1 + m\sigma_3 + V(x) \tag{10.48}$$

로 주어진다. 포텐셜이 $x < 0$에선 0이고 $x > 0$에선 V인 1차원의 디랙방정식을 풀어서 턴넬링계수 T와 반사계수 R을 구하고 이들 사이의 관계를 구해보자.

$\psi^T = (a, b)e^{ipx-iEt}$ 라 놓고 $H\psi = i\partial_t\psi$를 성분별로 다시 쓰면

$$(m+V)a + pb = Ea, \tag{10.49}$$

$$pa + (V-m)b = Eb \tag{10.50}$$

여기서 V는 주어진 퍼텐셜이고 E도 들어오는 입자의 에너지로서 양의 값을 가진 주어진 수이니 이 방정식의 해는

$$p^2 = (E-V)^2 - m^2 \tag{10.51}$$

이다. 비상대론적으로 입자의 에너지보다 높은 퍼텐셜 스텝에 입사하는 입자는 100% 반사된다. 놀라운 일은 상대론적으로는 그렇지 않은 경우가 있다는 것이다. p^2를 양으로 만드는 에너지의 범위는 $E > V + m$뿐만이 아니라 $E < V - m$이어도 되므로, 주어진 퍼텐셜 계단에서 $m < E < V - m$이면 비상대론적으론 퍼넨셜이 있는 곳에서 파동함수는 지수적으로 감소하여 왼쪽에서 입사하는 입자가 모두 반사하겠지만 상대론적으로는 투과해도 문제가 없는 것이다. 그림 10.1을 보라. 이를 클라인의 패러독스라 한다. 패러독스란 비 상대론적 관점에서는 있을 수 없는 일이라는 말인데 상대론적으로 이러한 일은 얼마든지 일어날 수 있다.[4]

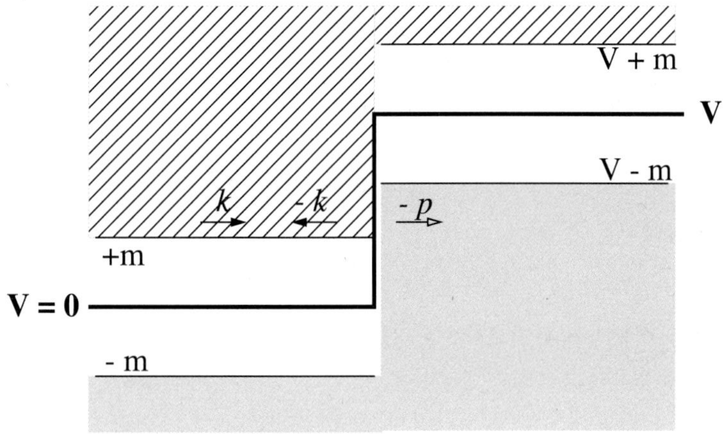

그림 10.1: 클라인 패러독스: 전자가 $V > 2m$인 퍼텐셜 계단에서 산란하고 있다. 전자의 운동은 검은 화살촉, 정공의 운동은 빈화살촉으로 나타내었다. 입자의 영역은 빗금으로, 정공의 영역은 회색으로 나타낼때 입자와 정공은 $m < E < V - m$일 때는 겹치게 된다. 따라서 입자가 왼쪽에서 진입하면 전자가 반사하는 동시에 정공이 마치 투과된 전자처럼 퍼텐셜 아래에서 우측으로 진행하게 된다.

(그림 출처: arXiv: quant-ph/9905076.)

주어진 에너지에 대해 $a = -p, b = m - E + V$이니 상수 퍼텐셜이 있을 때의 해는

$$\psi(x) = \begin{pmatrix} -p \\ m + V - E \end{pmatrix} e^{ipx - iEt} \tag{10.52}$$

---

[4]그래핀의 밴드구조는 디랙콘을 가지므로 이런 현상은 쉽게 관측될 수 있다. 위의 설명에서 $m = 0$으로 놓으면 그래핀에서의 현상을 기술하는 모델이 된다. 참고: T. Ando, T. Nakanishi, and R. Sato, J. Phys. Soc. Jpn 67, 2857 (1998).

로 주어진다.

예제 10.5 디랙방정식을 풀어 $R+T=1$임을 확인하라.

답) $x<0$에서의 모멘텀을 k, $x>0$에서의 모멘텀을 p라 하고 입사파는 왼쪽에서만 온다고 하면

$$\psi(x<0)=\begin{pmatrix}-k\\ m-E\end{pmatrix}e^{ikx}+r\begin{pmatrix}k\\ m-E\end{pmatrix}e^{-ikx}:=\psi_{in}+\psi_r \tag{10.53}$$

$$\psi(x>0)=t\begin{pmatrix}-p\\ m+V-E\end{pmatrix}e^{ipx}:=\psi_{tr} \tag{10.54}$$

$x=0$에서의 연속성을 요구하면 r,t에 관한 2개의 식을 얻고 이들을 연결하면 다음 식을 얻는다.

$$\frac{1-r}{1+r}=\frac{-p}{k}\frac{E-m}{m-E+V}:=\kappa,\quad t=\frac{k}{p}(1-r) \tag{10.55}$$

두 식을 연립하여 r,t를 구할 수 있다. 한편 입사파, 반사파 및 투과파의 흐름

$$J=\bar{\psi}\sigma_x\psi=\psi_1^\dagger\psi_2+c.c, \tag{10.56}$$

들을 계산하면 $J_{in}=2k(E-m),\quad J_r=-2r^2k(E-m),\quad J_{tr}=2t^2(-p)(V+m-E)$. 이제 R,T를 각각 $R=-J_r/J_{in}$와 $T=J_{tr}/J_{in}$로 정의하면

$$R=r^2,\quad T=t^2\frac{-p}{k}\frac{V+m-E}{E-m}=(1-r)^2/\kappa=1-r^2=1-R \tag{10.57}$$

따라서 원하는 식이 증명되었다. 여기서 (10.55)의 결과를 썼다. 만일 $p>0$이면 $T<0$이어서 오른쪽에 소스가 있다는 이야기가 되니 입사파는 왼쪽에서만 들어온다는 우리의 가정에 모순되므로 $p=-\sqrt{(E-V)^2-m^2}<0$으로 택한다. 디랙의 정공 이론을 $E<V-m$인 영역에도 적용하면 음의 운동량을 가진 전자는 양의 운동량을 가진 정공에 해당한다.

10.3 전자와 전자기장의 결합

3장에서 이미 이야기한 바와 같이 전자와 전자기장의 결합은 벡터 퍼텐셜 $A^\mu = (\phi, \mathbf{A})$를 사용하여 $p_\mu \to p_\mu - qA_\mu$로 대치하면 된다. 디랙 방정식에 이 논법을 적용하면 전자기장하에서의 전자의 방정식은 아래와 같다.

$$[\gamma^\mu(p_\mu - qA_\mu) - m]\psi = 0 \tag{10.58}$$

혹은

$$i\partial_t\psi = [\alpha \cdot (\mathbf{p} - q\mathbf{A}) + m\beta + q\phi]\psi \tag{10.59}$$

이와 같이 단순한 미분 연산자의 확장으로 물질과 빛의 상호작용이 설명된다는 것은 참으로 놀라운 일이다. 물론 그 정당성은 실험에 의해서만 증명될 수 있을 것이다. 중요한 것은 이러한 물질과 전자기력의 결합형식이 핵력이나 약력에서도 성립할 것이라고 추정한 것이 지난 80년간의 실험과 일치한다고 확인되었다는 것이다. 이러한 물질의 기본상호작용의 형태를 **최소결합의 원리**(minimal coupling principle) 혹은 게이지 원리(gauge principle)라 하며 현대 물리학이 이룩한 가장 중요한 업적 중의 하나이다.

자기모멘트와 $g = 2$

위에서 논한 최소결합의 원리에 따라 자기장 안의 전자는 다음 방정식으로 기술된다.

$$\begin{pmatrix} m & \sigma \cdot \pi \\ \sigma \cdot \pi & -m \end{pmatrix} \begin{pmatrix} u \\ v \end{pmatrix} = E \begin{pmatrix} u \\ v \end{pmatrix}, \quad \pi = p - qA \tag{10.60}$$

이 방정식은 다음 식과 동치이다.

$$u = \frac{\sigma \cdot \pi}{E - m} v, \quad v = \frac{\sigma \cdot \pi}{E + m} u \tag{10.61}$$

이제 이 방정식의 비상대론적 극한인 $p << m$인 경우를 생각하자. $E + m \simeq 2m$으로 근사하고 운동에너지를 $E - m = K$로 두면 위의 식은

$$Ku = \frac{\sigma \cdot \pi \sigma \cdot \pi}{2m} u \tag{10.62}$$

로 근사된다.

$$\sigma^i \sigma^j = \delta^{ij} + i\epsilon^{ijk}\sigma^k \tag{10.63}$$

를 적용하면

$$\sigma \cdot \pi \sigma \cdot \pi = \pi \cdot \pi + i\sigma \cdot \pi \times \pi \tag{10.64}$$

그런데 $\epsilon^{ijk}\partial_i A_j = \frac{1}{2}\epsilon^{ijk}(\partial_i A_j - \partial_i A_j) = B^k$ 임에 유의하면

$$i\sigma \cdot (\pi \times \pi)u = -i\epsilon^{ijk}\sigma^k(\partial_i - iqA_i)(\partial_j u - iqA_j u) \tag{10.65}$$

$$= -q\epsilon^{ijk}\sigma^k[\partial_i(A_j u) + A_i\partial_j u] = -q(\sigma \cdot B)u \tag{10.66}$$

이므로

$$K = \frac{\pi \cdot \pi}{2m} - \mu \cdot \mathbf{B}, \qquad \mu = \frac{q}{2m}\sigma = \frac{q}{m}\mathbf{S} \tag{10.67}$$

전자의 자기 모멘트값을 구했으니 일반적인 관계식

$$\mu = \frac{gq}{2m}\mathbf{S} \tag{10.68}$$

과 비교하여 $g = 2$를 얻는다. 이는 디랙 방정식의 대표적인 성취 중의 하나이다.

문제 10.5 게이지 불변성과 최소결합의 원리

1. 게이지 변환 $\mathbf{A} \to \mathbf{A} + \nabla\Lambda, \quad \phi \to \phi - \nabla\Lambda,$ 이 파동함수의 변환 $\psi \to e^{i\Lambda/\hbar}\psi$ 에 수반되면 디랙 방정식은 불변임을 보여라.

2. 라그랑지안이

$$L = \frac{1}{2}m\mathbf{v}^2 + q\mathbf{v} \cdot \mathbf{A}(\mathbf{x}),$$

로 주어진 입자계의 해밀토니안이

$$H = (\mathbf{p} - q\mathbf{A})^2/2m + q\phi,$$

로 주어짐을 보여라.

10.4 디랙방정식의 대칭성

10.4.1 상대론적 공변성*

위에서 디랙 방정식이 비록 공변형으로 쓰인다고는 하나 이는 어디까지나 형식적 이야기일 뿐이다. 감마 행렬에 벡터 인덱스를 붙였다고 하여 숫자의 나열에 불과한 행렬이 좌표계

변환에 대해 변화할 리는 만무한 것이다. 좌표계변환이

$$x'^{\mu} = a^{\mu}_{\ \nu} x^{\nu} \tag{10.69}$$

으로 주어졌다고 할 때 그 미분은 $\partial'_{\nu} = (a^{-1})^{\mu}_{\ \nu}\partial_{\mu}$ 로 변환하고, 스피너가 $\psi \to \psi'$ 으로 변환한다고 하면 이 변환 관계는 a의 함수인 행렬 S에 의해 주어지는 선형변환

$$\psi'(x') = S(a)\psi(x) \tag{10.70}$$

으로 주어질것을 요구하자. 행렬 a는 로렌츠 그룹 $SO(3,1)$의 한 원소이니 민코프스키 메트릭을 $g_{\mu\nu}$ 라 할 때, $x^{\mu} g_{\mu\nu} x^{\nu} = x'^{\alpha} g_{\alpha\beta} x'^{\beta}$ 가 성립해야 한다. 이를 행렬기호로 쓰면

$$g = a^T g a \tag{10.71}$$

ω를 행렬 a의 미소 생성자, 즉 $a = e^{\omega} \simeq 1 + \omega$ 라 하면 위 식은 $\omega^T g + g\omega = 0$가 되고 $g_{\mu\alpha}\omega^{\alpha}_{\ \nu} = \omega_{\mu\nu}$ 임에 유의하면 이는

$$\omega_{\mu\nu} + \omega_{\nu\mu} = 0 \tag{10.72}$$

즉 $\omega_{\mu\nu}$가 반 대칭 행렬임을 의미한다. 새 좌표계 x' 에서의 운동방정식은

$$[i\gamma^{\mu}\partial'_{\mu} - m]\psi'(x') = 0$$

이니 이를 (10.70)를 사용하여 옛 좌표계 x로 다시 쓰고 왼쪽에서 S^{-1}를 곱하면

$$S^{-1}[i\gamma^{\mu}(a^{-1})^{\nu}_{\ \mu}\partial_{\nu} - m]S\psi(x) = 0, \tag{10.73}$$

로렌츠 공변이라 함은 디랙 방정식이 신구 좌표계에서 그 형태가 같아야 한다는 것이니 그 필요충분조건은

$$S^{-1}\gamma^{\mu}S(a^{-1})^{\nu}_{\ \mu} = \gamma^{\nu} \tag{10.74}$$

이다. 재미있는 것은, 감마행렬 자체가 로렌츠 변환을 한 것은 아님에도 불구하고 위의 식을

$$(a^{-1})^{\nu}_{\ \mu}\gamma^{\mu} = S\gamma^{\nu}S^{-1} \tag{10.75}$$

으로 쓰고 우변을 새 좌표계에서의 감마행렬 γ'^{ν} 로 해석하면 이 식은 마치 감마행렬이 로렌츠 벡터연산자처럼 변환하는 것으로 해석될 수 있다는 것이다. [5]

---

[5] 다시말해, 위의 식은 주어진 로렌츠변환 행렬 a에 대하여 파동함수 스피너 ψ를 변환시키는 행렬 S를 결정하는 조건인데 이를 S가 파동함수대신 감마행렬들을 변환시키는 것이라 해석해도 형식적으로는 같은 결과를 얻는다는

남은 문제는 S를 ω와 γ의 함수로 구하는 것인데 작은 A에 대하여 $S = e^A$라 하면 작은 양들의 1차항들까지 전개하여 식 (10.75)은 다음과 같이 간단히 된다.

$$[A, \gamma^\nu] = -\omega^\nu{}_\alpha \gamma^\alpha \tag{10.76}$$

여기서 A는 인덱스 구조상 스칼라이며 ω에 비례하므로 $A = k\omega_{\alpha\beta}\gamma^\alpha\gamma^\beta$라 두어야 함을 예상할 수 있고, 이때 위 식의 좌변을 계산하면

$$[A, \gamma^\nu] = 4k\omega^{\nu\alpha}\gamma_\alpha \tag{10.77}$$

가 되므로 위의 두 식의 우변을 비교하여 $k = 1/4$를 얻는다. 이제 $\Sigma^{\alpha\beta} = \frac{i}{2}[\gamma^\alpha, \gamma^\beta]$라 정의하면 $A = -\frac{1}{8}\omega_{\mu\nu}[\gamma^\alpha, \gamma^\beta] = \frac{i}{4}\omega_{\alpha\beta}\Sigma^{\alpha\beta}$로 쓸 수 있으므로

$$S = \exp\left(-\frac{i}{4}\omega_{\alpha\beta}\Sigma^{\alpha\beta}\right) \tag{10.78}$$

가 된다. 식 (10.74)를 만족하는 S의 존재는 디랙 방정식이 로렌츠 공변임을 말해준다.

예제 10.6 (10.77)을 증명하라.

답) $[A, \gamma^\nu] = k(\gamma^\alpha\gamma^\beta\gamma^\nu - \gamma^\nu\gamma^\alpha\gamma^\beta)$. 첫 항을 그대로 두고 $\gamma^\nu\gamma^\alpha = 2g^{\nu\alpha} - \gamma^\alpha\gamma^\nu$를 두 번 써서 둘째 항의 γ^ν를 가장 오른쪽까지 이동시키면, 첫 항을 상쇄시키고 남는 2개의 항은 다음과 같다.

$$[A, \gamma^\nu] = -2k\omega_{\alpha\beta}(g^{\nu\beta}\gamma^\alpha - g^{\nu\alpha}\gamma^\beta) \tag{10.79}$$

$$= -2k(\omega^{\alpha\nu}\gamma_\alpha - \omega^{\nu\beta}\gamma_\beta) = 4k\omega^{\nu\beta}\gamma_\beta \tag{10.80}$$

마지막 등식을 위해 $\omega^{\mu\nu}$의 반 대칭성을 썼다.

10.4.2 패리티

5장에서 이미 패리티 연산자를 슈뢰딩거 방정식에 적용하여 퍼텐셜이 좌우 대칭이면 파동함수는 기함수 또는 우함수여야 한다는 것을 보았다. 여기선 이를 디랙방정식에 확장해

것이다. 물론 이는 논리적이지 않다. 디랙 자신도 스피너가 변환한다고 생각하기보다는 $\gamma'^\nu = S\gamma^\nu S^{-1}$와 같이 감마행렬이 프레임에 따라 변환한다고 생각했다. 중요한 발견이 논리보다는 형식미의 추구에 의해 발견되었다는 점은 매우 흥미롭다.

본다. 스피너에 작용하는 패리티는 $\Pi(\mathbf{x}, \mathbf{p})\Pi^\dagger = (-\mathbf{x}, -\mathbf{p})$와 같이 벡터 연산자들의 부호를 바꾸는 것 외에도 유니터리 행렬 U_P에 의해 스피너 성분들을 섞을 수 있다. 따라서 파동함수가 단순히 기함수 또는 우함수와 같이 간단하지 않을 수 있다. 패리티 연산자 $\mathcal{P}$는 해밀토니안과 벡터 및 스피너 파동함수 ψ에 다음과 같이 작용한다.

$$H'(x, p) = \mathcal{P}H(x, p)\mathcal{P}^\dagger = H(-x, -p) \tag{10.81}$$

$$\psi'(x) = \mathcal{P}\psi(x) = U_P\psi(-x), \tag{10.82}$$

$$A'_\mu(x) = \mathcal{P}A_\mu(x, t)\mathcal{P}^\dagger = (A_0(-x), -A_i(-x)), . \tag{10.83}$$

위에서 두 번째와 세 번째 식은 위치 x에서의 패리티 변환식이다. 이에 따라 위치 x'에서의 패리티 변환식은 아래와 같이 주어진다.

$$\psi'(x', t) = U_P\psi(x, t), \tag{10.84}$$

$$A'_\mu(x', t) = (A_0(x), -A_i(x)). \tag{10.85}$$

패리티 연산자는 x, p와 벡터함수, 스피너 파동함수에는 작용하나 γ^μ 행렬에는 작용하지 않는다. 감마 행렬은 상수에 불과하기 때문이다. 계가 패리티에 대해 불변이라 함은 물리계를 기술하는 방정식이 패리티에 대해 그 형식이 불변한다는 것을 의미한다. 위치 x'에서의 디랙 방정식은 위치 x'에서의 모멘텀 연산자는 여전히 p_μ 임에 유의하여

$$\gamma^\mu(p_\mu - qA_\mu(x')) - m]\psi(x', t) = 0.$$

여기에 패리티 연산자를 실행하면

$$\gamma^\mu(p'_\mu - qA'_\mu(x')) - m]\psi'(x', t) = 0. \tag{10.86}$$

여기서 p'_μ 는 p_μ의 패리티 변환 $(p_0, -p_i)$을 나타낸다. 이제 이 방정식을 x좌표에서 다시 쓰고 그 결과가 원래의 방정식과 같기 위한 조건을 구하자. 방정식 (10.84)(10.85)로부터

$$[\gamma^0(p_0 - qA_0(x)) + \gamma^i(-p_i + qA_i(x)) - m]U_P\psi(x, t) = 0. \tag{10.87}$$

행렬 $U_P^\dagger$를 왼쪽에서 곱하여

$$[U_P^\dagger\gamma^0U_P(p_0 - qA_0) - U_P^\dagger\gamma^iU_P(p_i - qA_i) - m]\psi(x, t) = 0. \tag{10.88}$$

디랙 방정식의 패리티 불변성이란 이 식이 원래의 디랙방정식 (10.58)과 같다는 것이니 필요충분조건은

$$U_P^\dagger\gamma^0U_P = \gamma^0, \quad U_P^\dagger\gamma^iU_P = -\gamma^i. \tag{10.89}$$

이 식들의 왼쪽에 U_P 를 곱하면 U_P 가 γ^0 와는 교환되고 γ^i 와는 반교환됨을 알 수 있다. 따라서

$$U_P = \gamma^0 = \beta \tag{10.90}$$

로 선택하면 충분하다. [6] 파동함수의 패리티를 정의하는 유니터리 행렬을 찾았고 패리티에 대해 디랙의 방정식이 불변하니 이로써 원하던 바인 '전자기장 안에서의 디랙방정식의 패리티 불변성'이 증명되었다.

문제 10.6 식 (10.86)은 x' 계에서의 패리티 변환된 방정식을 의미한다. 여기서 시작하여 이 방정식이 원방정식과 동일할 조건으로부터 U_P 를 구해보라.
힌트) 식 (10.84)를 쓰고 p'_μ 를 p_μ 으로 다시 쓴 후에 좌변에 U_P^{-1} 을 곱하여 원방정식과 비교한다.

10.4.3 시간역전

이미 전장에서 시간역전 연산자가 스피너에 작용할 때는 유니터리 행렬 U_T 이 추가로 작용함을 보았다. 시간역전 연산자 Θ 는 해밀토니안과 벡터 및 스피너 파동함수 ψ 에 다음과 같이 작용한다.

$$\Theta H(x,p)\Theta^{-1} = H^*(x,-p), \tag{10.91}$$

$$\Theta A_\mu(x,t)\Theta^{-1} = (A_0(-t), -A_i(-t)),\ A'_\mu(t') = (A_0(t), -A_i(t)), \tag{10.92}$$

$$\Theta\psi(x,t) = U_T\psi^*(x,-t), \qquad \psi'(t') = U_T\psi^*(t) \tag{10.93}$$

우리의 질문은 U_T 를 잘 정의함으로써 디랙의 방정식을 불변하게 할 수 있는가 하는 것이다. 우리는 이미 시간역전 연산자 Θ 가 켤레복소수를 취하는 연산을 포함하고 있다는 것을 알고 있으므로 먼저 디랙 방정식

$$i\hbar\partial_t\psi = (\alpha\cdot\mathbf{p} + m\beta)\psi \tag{10.94}$$

의 켤레 복소수를 취하자.

$$-i\partial_t\psi^*(t) = (\alpha^*\cdot\mathbf{p} + m\beta)\psi^*(t) \tag{10.95}$$

---

[6] 복소수 η 를 도입하여 $U_P = \eta\gamma^0$ 라 하여도 무방하다. 단, $U^\dagger U = 1$ 에서 $|\eta|^2 = 1$. 따라서 $\eta = e^{i\theta}$.

왼쪽에서 U_T 를 곱하고 $t' = -t, \mathbf{p} = -\mathbf{p}', U_T\psi^*(t) = \psi'(t')$ 를 써서 방정식을 다시 쓰면

$$i\partial_{t'}\psi'(t') = [U_T(-\alpha^* \cdot \mathbf{p}' + m\beta)U_T^{-1}]\psi'(t') \tag{10.96}$$

이 방정식이

$$i\partial_{t'}\psi'(t') = (\alpha \cdot \mathbf{p}' + m\beta)\psi'(t') \tag{10.97}$$

와 같으면 디랙방정식은 시간역전에 대해 불변이라 할 수 있다. 필요충분조건은

$$U_T\beta U_T^{-1} = \beta, \quad U_T\alpha^* U_T^{-1} = -\alpha \tag{10.98}$$

양변의 오른쪽에 U_T 를 곱하면, 우리의 행렬표현에서 U_T 는 허수 행렬인 α^2 와는 교환이고 실수 행렬인 α^1, α^3 와는 반교환임을 알 수 있다. 이러한 조건을 만족하는 행렬은 크기가 1인 임의의 복소수 η에 대해

$$U_T = \eta\alpha^1\alpha^3 = -i\gamma^1\gamma^3 = \mathbb{1} \otimes \sigma_2 \tag{10.99}$$

임을 쉽게 알 수 있다. 여기서는 $\eta = i$ 로 선택했다. $\psi^T = (\psi_+, \psi_-)^T$ 라 할때 2개의 성분을 가지는 스피너 $\psi_\pm$ 에 작용하는 시간역전 행렬이 모두 $U_T = \sigma_2$ 에 의해 주어진다는 사실을 기억해 두기 바란다.

예제 10.7 위의 과정을 $[\gamma^\mu(p_\mu - qA_\mu) - m]\psi(x,t) = 0$에 적용하여 U_T를 구해보라.

답) 먼저 켤레 복소수를 구하고 왼쪽에서 U_T 를 곱하면

$$[U_T(\gamma^\mu)^* U_T^{-1}(p_\mu - qA_\mu) - m]U_T\psi^*(t) = 0 \tag{10.100}$$

$p_\mu = \sum_\nu g_{\mu\nu}p'_\nu$, $A_\mu = \sum_\nu g_{\mu\nu}A'_\nu$, $U_T\psi^*(t) = \psi'(t')$ 을 써서 프라임계로 표시하면

$$[U_T(\gamma^\mu)^* U_T^{-1}\sum_\nu g_{\mu\nu}(p'_\nu - qA'_\nu) - m]U_T\psi^*(t) = 0 \tag{10.101}$$

이 방정식이 $[\gamma^\mu(p'_\mu - qA'_\mu) - m]\psi'(t') = 0$과 일치하려면

$$U_T\gamma^0 U_T^\dagger = \gamma^0, \quad U_T\gamma^{*\mathbf{i}}U_T^\dagger = -\gamma^{\mathbf{i}}. \tag{10.102}$$

이로부터 다시 (10.99)를 얻는다.

문제 10.7 본문의 논의는 변환되기 전의 계에서의 방정식 (10.94)에서 출발하여, 변환된 계에서의ㅗ 방정식이 출발점에서의 방정식(10.97)과 형태가 일치함을 보이는 방향으로 전개하였다. 역으로 방정식(10.97)에서 출발하여 원 방정식 (10.94)으로 회기되기 위한 조건으로부터 U_T를 구해보라.

10.4.4 전하켤레변환

모든 면에서 전자와 같고 그 부호만 반대인 반전자를 기술하는 디랙 방정식은 어떻게 구할까를 생각해 보자. 디랙 방정식

$$[\gamma^\mu(i\partial_\mu - qA_\mu) - m]\psi(x,t) = 0 \tag{10.103}$$

에서 q와 앞 항의 상대적 부호를 바꾸는 작업은 양변의 켤레 복소수를 취하면 된다. 그 결과

$$[-(\gamma^\mu)^*(i\partial_\mu + qA_\mu) - m]\psi^*(x,t) = 0 \tag{10.104}$$

만일

$$-(\gamma^\mu)^* = U_C^{-1}\gamma^\mu U_C \tag{10.105}$$

인 U_C를 찾을 수 있다면 이 결과를 위 식에 대입하고 양변에 U_C를 왼쪽에서 곱하여

$$[\gamma^\mu(i\partial_\mu + qA_\mu) - m]\psi_c(x,t) = 0 \tag{10.106}$$

를 얻는데, 여기서 $\psi_c(x,t) = U_C\psi^*$이다. 이 방정식을 원래의 디랙방정식과 비교하면, 전하의 부호가 전자와 반대이고 질량은 같은 입자를 기술함을 알 수 있다. 식 (10.105)에서 γ^2만 허수이고 나머지는 실수 행렬이므로 U_C는 γ^2와는 교환이고 $\gamma^{0,1,3}$와는 반 교환임을 안다. 따라서 U_C가 γ^2에 비례하도록 취하면 된다. $U_C = i\gamma^2$라 취하고 $U_C = (C\gamma^0)$라 두면

$$C = i\gamma^2\gamma^0 = -\sigma_1 \otimes i\sigma_2. \tag{10.107}$$

이 C 행렬은 다음과 같은 여러 성질을 가지고 있다.

$$C^\dagger = C^{-1} = C^T = -C, \quad C^2 = -1 \tag{10.108}$$

결과적으로 ψ의 전하켤레짝은

$$\psi_c = i\gamma^2\psi^* = C\gamma^0\psi^* = C(\bar{\psi})^T \tag{10.109}$$

으로 주어진다. 위에서 번거롭게 γ^0 를 붙여서 C를 정의하는 이유는 다음 관계식을 원하기 때문인데

$$-(\gamma^\mu)^T = C\gamma^\mu C^{-1} \tag{10.110}$$

이 식은 (10.105)의 양쪽에 γ^0를 곱한 결과의 좌변에 $\gamma^0(\gamma^\mu)^\dagger\gamma^0 = \gamma^\mu$의 켤레 복소수를 취한 결과를 대입함으로써 바로 얻는다.

10.4.5 마요라나 페르미온

다음 방정식을 마요라나 방정식이라 한다.

$$i\gamma^\mu\partial_\mu\psi = m\psi_c \tag{10.111}$$

이 방정식은 다음과 같이 쓸 수도 있다.

$$i\gamma^\mu\partial_\mu\psi_c = m\psi \tag{10.112}$$

마요라나 방정식은 다음 라그랑지안에서 유도할 수 있다.

$$\mathcal{L} = \bar{\psi}i\gamma^\mu\partial_\mu\psi - \frac{1}{2}m(\psi^T C\psi + \bar{\psi}C\bar{\psi}^T) \tag{10.113}$$

두 번째 항은 질량에 해당하는데 디랙의 질량항 $m\bar{\psi}\psi$ 경우와 어떻게 다른지를 잘 살펴보기 바란다.

예제 10.8 마요라나 방정식의 두 번째 형태를 첫 번째로부터 유도해 보라.
답) 원래 방정식의 복소 켤레짝을 취하고 $\gamma^2(\gamma^\mu)^*\gamma^2 = -\gamma^\mu$를 쓰면 바로 증명된다.

ψ와 ψ_c는 반대부호의 전하를 가지므로 전하가 없는 입자가 아니면 마요라나 방정식을 만족시킬수 없다. 만일

$$\psi_c = \psi \tag{10.114}$$

이면 이러한 스피너를 마요라나 스피너 혹은 마요라나 페르미온이라 한다. 개념적으로 이런 입자는 스스로의 반립자와 같아야 하므로 적당한 기저를 취하면 실수값을 갖는 페르미온이 된다. 따라서 하나의 복소수 디랙 페르미온은 두 개의 마요라나 페르미온의 합으로 쓸 수 있다.

$$f = \gamma_1 + i\gamma_2, \quad f^\dagger = \gamma_1 - i\gamma_2.$$

마요라나 페르미온은 입자물리학의 뉴트리노[7]를 기술하는 후보로서뿐만이 아니라 최근의 응집물리학의 위상초전도체[8] [9]나 양자스핀유체와 관련된 이슈로 등장하고 있고, 마요라나 페르미온이 양자컴퓨팅에 응용[10]될 수 있다는 제안이 있음을 언급해 둔다. 양자역학에 앞으로도 펼쳐질 장래가 멀고 넓다는 것을 말해주고 있다.

이 장을 마무리하기 전에 마요라나 페르미온과 함께 근래 응집물리학의 화두로 등장한 바일 페르미온에 대해 그 정의에 대해서만 간단히 기술해 둔다.

10.4.6 바일 페르미온 (Weyl Fermion)

로렌츠 그룹 대칭성은 6개의 생성자를 갖는다. 이는 3개의 각운동량 연산자 J^i 와 3개의 부스트 연산자 K^i 를 말함인데 이들을 결합한 $J^i_\pm = J^i \pm iK^i$ 들은 2개의 독립적인 각운동량 대수를 만들어 준다.

> 문제 10.8 위의 명제를 증명하라.

이 두 개의 각운동량 대수를 각각 $su(2)_L$ 와 $su(2)_R$ 로 부르자. 이들의 기본 표현 (fundamental representation)을 각각 χ_L, χ_R 라 하면 이들은 2개의 성분을 갖는 스피너들인데 이들을 바일 페르미온이라 한다. $\sigma^\mu = (\mathbb{1}, \sigma)$, $\bar{\sigma}^\mu = (\mathbb{1}, -\sigma)$ 를 도입하면 이들이 만족하는 방정식은 다음과 같이 쓸 수 있다.

$$\sigma^\mu \partial_\mu \chi_L = 0, \quad \bar{\sigma}^\mu \partial_\mu \chi_R = 0. \tag{10.115}$$

이 바일 페르미온들은 거의 독립적이나 패리티에 의해 서로 뒤바뀐다. 왜냐하면 패리티에 대해 J^i 는 부호가 바뀌지 않으나 K^i 는 부호가 바뀌므로 $J^i_\pm$ 는 서로 뒤바뀌기 때문이다. 이러한 이유로 패리티 연산자는 χ_L 와 χ_R 를 뒤바꾸는 행렬을 포함해야 하므로 4개 성분이 있는 디랙 페르미온을 $\psi_W = (\chi_L, \chi_R)$ 으로 하면 이전 디랙이 정의했던 것과는 패리티 연산자의 표현이 달라지게 된다. 디랙의 경우 패리티 연산자는 $U_P = \sigma_3 \otimes \mathbb{1}$ 인데 반해 지금은 패리티

---

[7] **J. Schechter and J. W. F. Valle**, **PhysRevD.25.2951**.

[8] **Kitaev**, **DOI 10.1070/1063-7869/44/10S/S29**.

[9] **https://doi.org/10.1103/PhysRevLett.100.096407**.

[10] **https://link.aps.org/doi/10.1103/RevModPhys.80.1083**.

연산자가 χ_L, χ_R를 서로 바꾸는 $U'_P = \sigma_1 \otimes \mathbb{1}$이어야 하기 때문이다. 이렇게 되면 디랙이 원래 도입했던 페르미온 ψ_D과 바일 페르미온의 이중항으로 도입한 새로운 4성분 스피너 ψ_W는 명백히 다르다. 그러나 이들이 서로 무관할 수는 없다. 이제 어떤 유니터리 행렬 S가 있어

$$\psi_W = S\psi_D \tag{10.116}$$

로 연결된다 하면 패리티 연산자는

$$U'_P = SU_PS^{-1} \tag{10.117}$$

로 연결되어야 한다. 그렇다면 모든 디랙의 감마 행렬도

$$\gamma^\mu_W = S\gamma^\mu_D S^{-1} \tag{10.118}$$

와 같이 연결될 수 있어야 한다. 아래 예제에서 이러한 행렬 S가 어떻게 구해지는지를 보게 될 것이다.

바일 페르미온은 패리티에 의해 좌우 (R, L) 카이랄리티가 바뀌므로 질량이 0인 경우에만 존재하고 또 카이랄리티가 짝수 시공간에만 존재하므로 바일 페르미온 또한 홀수 시공간엔 존재하지 않는다는 것도 알아두기 바란다.

예제 10.9 바일 표현과 디랙 표현을 연결하는 변환 행렬 S를 구하라.

답) 디랙방정식의 로렌츠 불변성은 어느 경우나 $\gamma^0 = U_P$ 이어야 함을 요구하므로 $\gamma^0_W = \sigma_1 \otimes \mathbb{1}$로 정해진다. 나머지 감마행렬은 디랙의 경우와 같기를 희망한다면 새로운 스피너 표현에선

$$\gamma^i_W = i\sigma_2 \otimes \sigma^i \tag{10.119}$$

로 정해지게 되고 행렬 S는 다음 역할을 해야 하는 데서 정해지게 된다.

$$S : \sigma_3 \otimes \mathbb{1} \to \sigma_1 \otimes \mathbb{1}, \qquad i\sigma_2 \otimes \sigma_i \to i\sigma_2 \otimes \sigma_i, \tag{10.120}$$

따라서 $S = s \otimes \mathbb{1}$의 형식이 되어야 한다. 그러면 2차원 유니터리 행렬 s는

$$s\sigma_3 s^{-1} = \sigma_1, \quad s\sigma_2 s^{-1} = \sigma_2 \tag{10.121}$$

을 만족해야 하므로 위 식 양변의 오른쪽에 s를 곱하고 임의의 2차원 행렬 s가 실수 a_μ로써 $s = a_\mu \sigma^\mu$로 전개되는 것을 이용하여 계산을 행하면 $a_0 = ia_2$, $a_1 = a_3$ 와

$a_1 = a_3 = 0$를 얻는다. s가 유니터리라는 조건은 $a_2^2 = 1/2$이어야 함을 요구하니 $a_2 = \pm 1/\sqrt{2}$. 이 중 양수해를 선택하면

$$S = \frac{i}{\sqrt{2}} \begin{pmatrix} 1 & -1 \\ 1 & 1 \end{pmatrix} \tag{10.122}$$

제 11 장
얽힘과 양자정보*

11.1 얽힘: entanglement

두 입자의 상호작용이 과거에도 없고 현재에도 없다면 두 입자의 상태는 각각의 상태를 나타내는 파동함수의 곱으로 주어질 것이다. 만일 이렇게 주어지지 못한다면 이를 얽혀있다고 하고 그 원인은 과거 두 입자 간에 상호작용이 있었기 때문이다.

예: 두 스핀

z 방향의 스핀1/2의 업 다운을 각각 $|+\rangle$ 과 $|-\rangle$ 이라 하자.

$$\psi_1 = |+\rangle \otimes |-\rangle := |+-\rangle, \text{ 얽힘 없음.} \tag{11.1}$$

$$\psi_2 = \frac{1}{\sqrt{2}}\Big(|+-\rangle - |-+\rangle\Big), \text{ 얽힘 있음.} \tag{11.2}$$

$$\psi_3 = \frac{1}{\sqrt{2}}\Big(|++\rangle + |+-\rangle\Big), \text{ 얽힘 없음.} \tag{11.3}$$

$$\tag{11.4}$$

두 번째 예는 EPR(Einstein, Podolski, Rosen) 상태라 불리는 유명한 예이며, 세 번째가 얽힘이 없는 이유는 이 상태가 $|+\rangle$ 와 $\frac{1}{\sqrt{2}}\Big(|+\rangle+|-\rangle\Big)$ 의 곱으로 쓰일 수 있기 때문이다. $|+-++-\cdots+\rangle$ 처럼 n 개 상태의 곱으로 표시된 상태를 n 큐빗이라 한다.

11.1.1 EPR 패러독스

양자역학의 탄생에 지대한 공헌에도 불구하고 아인슈타인은 양자역학에 대해 지속적으로 반대했다. 포돌스키와 로젠의 도움을 받아 양자역학의 맹점을 지적하기 위해 창안한 예를 제출했는데 이는 다음과 같다. 위의 예에서 언급된 상태 ψ_2 에 있는 두 스핀이 분리되어 각각 멀리 떨어져 있는 가영과 나영에게 도달하였다. 두 사람 중 누구라도 자신에게 도달한 스핀의 z-성분을 측정하면 절반의 확률로 업 혹은 다운으로 측정할 것이다. 그런데 가영이 측정하여 업을 얻은 순간 그는 나영의 스핀이 다운이라는 사실을 알게 된다. 이는 파동함수가

$$\frac{1}{\sqrt{2}}\Big(|+-\rangle - |-+\rangle\Big) \to |+-\rangle \tag{11.5}$$

로 축소 도약하기 때문이다. 문제는 이것이 순간적으로 일어나고 또 두 스핀 사이의 거리가 두 은하만큼 떨어져도 상관없다는 것이다. 아인슈타인은 이런 일은 인과율과 국소성이 성립하는 우주에선 일어날 수 없는 일이라고 주장하였다. 이를 EPR 패러독스라 한다.

그러나 가만히 생각해 보면 국소성이 깨진 것은 사실이나 인과율이 깨진 것은 아니다. 왜냐하면 이 일로 정보가 전달된 것은 아니기 때문이다. 가영의 스핀이 업으로 확정되는 순간 나영의 스핀도 다운으로 확정되니 국소성이 깨어진 것은 사실이다. 그러나 나영은 가영이 측정을 먼저하여 다운으로 확정한 결과로 자신의 측정결과가 업이 된 것인지 아니면 자신이 먼저 측정하여 확률 1/2로 업을 얻었는지 알 수 없다. 즉 누구의 측정이 원인이고 어느 것이 그 결과인지를 알 방법이 없으며 또 자신의 스핀이 업으로 확정되었다는 사실을 빛보다 빨리 전달할 방법도 없다. 그러나 이렇게 멀리 떨어진 둘 사이에 순간적으로 생기는 얽힘이 있다는 사실 자체가 아인슈타인을 몹시 불편하게 했다.

다음과 같은 일을 생각해 보자. 모피어스는 상자 2개를 네오와 트리니티에게 하나씩 주면서 둘 중의 하나는 파란 약, 다른 하나는 빨간 약이 들어있으니 각자는 헤어져 한 시간 후에 상자를 열어 약을 먹으라 일렀다. 네오가 상자를 열어보니 파란 약이 있었다. 따라서 네오는 그 순간 트리니티가 빨간 약을 먹는다는 사실을 안다. 가영이-나영이의 스핀과 네오-트리니티의 약은 동류의 현상인가? 물론 그렇지 않다. 가영이의 스핀상태는 측정할 때에야 결정되는 반면 모피어스의 알약은 준비할 때부터 약의 상태는 정해져 있었다. 다만 정보가 감추어져 있을 뿐이다. 분명 다른 현상이나 일견 유사하다. 전자는 모든 것을 알아도 상태는 확률로밖엔 알 수 없는 양자현상이며 후자는 이미 일상적으로 친숙한 고전적 현상이다. 두 현상 사이의 유사성은 사람들로 하여금 스핀의 경우도 알약의 경우처럼 기술되지 않을까 하는 생각을 갖게 했고 양자역학과는 달리 근본적 확률에 의존하지 않는 감추어진 인과성을 가진

이론이 존재할 것이라는 희망을 갖게 했다. 만일 이러한 이론이 있다면 파동함수 ψ_2 가 갖지 않은 어떤 숨겨진 정보가 있으며 이 정보를 갖지 않은 양자역학은 불완전한 이론일 수밖에 없다. 이러한 이론을 숨은변수이론(hidden variable theory)이라 한다. 만일 숨은변수이론이 존재한다면 양자역학적 확률의 기원은 우리가 가진 숨은 변수에 대한 무지일 뿐이다. 설사 이런 숨은 변수에 우리가 결코 접근할 수 없다 해도 숨은 변수의 존재만으로도 우주의 구조는 고전적이며 예측 가능한 것이 되고 국소성은 '피상적인' 양자역학에선 깨져 있어 보이지만 보다 깊은 레벨에서는 우리 우주에 구현되어 있다는 것이 된다. 그러나 이러한 기대는 아래에 이야기할 벨의 정리에 의해 일장춘몽이 되고 말았다.

11.1.2 벨 부등식

ψ_2 라 불렀던 스핀상태를 이제 $|\mathrm{EPR}\rangle$ 이라 부르자. 이 토탈 스핀 0의 단일항 상태는 회전에 대해 불변이므로 스핀을 어떤 방향에서 쟀다 하더라도 단일항이며 다음이 성립한다.

$$|\mathrm{EPR}\rangle = \frac{1}{\sqrt{2}}(|\mathrm{z};+-\rangle - |\mathrm{z};-+\rangle) = \frac{1}{\sqrt{2}}(|\mathbf{n};+-\rangle - |\mathbf{n};-+\rangle) \tag{11.6}$$

예제 11.1 위의 명제를 명시적 계산으로 보여라.

답) 방향 $\mathbf{n} = (\sin\theta\cos\varphi, \sin\theta\sin\varphi, \cos\theta)$ 으로 향해 있는 스핀 상태는 $S_n = \mathbf{S}\cdot\mathbf{n}$ 의 고유상태이다. 이미 스핀에 대한 장에서 $S_n = \frac{\hbar}{2}\begin{pmatrix} \cos\theta & \sin\theta e^{-i\phi} \\ \sin\theta e^{i\phi} & -\cos\theta \end{pmatrix}$ 의 고유상태들은

$$|n,+\rangle = \begin{pmatrix} \cos\frac{\theta}{2} \\ \sin\frac{\theta}{2}e^{i\phi} \end{pmatrix} = \cos\frac{\theta}{2}|+\rangle + \sin\frac{\theta}{2}e^{i\phi}|-\rangle, \tag{11.7}$$

$$|n,-\rangle = \begin{pmatrix} -\sin\frac{\theta}{2}e^{-i\phi} \\ \cos\frac{\theta}{2} \end{pmatrix} = -\sin\frac{\theta}{2}e^{-i\phi}|+\rangle + \cos\frac{\theta}{2}|-\rangle. \tag{11.8}$$

임을 보였다. 이들의 텐서곱으로부터 (11.6)의 우변을 계산하면 같은 식의 좌변이 얻어진다.

위의 결과 (11.7),(11.8)들에서 스핀이 z방향 업으로 주어졌을 때 S_n 의 스핀을 측정하여 $+1/2$ 을 측정할 확률은 $\cos^2\frac{\theta}{2}$ 이고 $-1/2$ 을 측정할 확률은 $\sin^2\frac{\theta}{2}$ 로 계산된다. ϕ 는 확률에 대한 기여가 없으므로 $\phi = 0$ 이라 두도록 하자. 편의상 $\hbar = 1$ 이라 두겠다.

멀리 떨어져 교통이 없는 두 관찰자가 같은 방향의 스핀을 잰다는 것은 물리적으로 있을 법하지 않다. 따라서 이제 가영이는 z축 방향의 스핀을 재고 나영이는 $\mathbf{n}$방향의 스핀을 잰다고 하자. 각자가 잴 수 있는 고유치는 $\pm 1/2$이다. 이를 그냥 $\pm$이라 쓰자. 가영의 스핀값이 $+$이면 나영의 스핀값은 z방향으로 $-$이어야 하니 가영의 스핀값이 $+$이고 나영의 스핀값이 $+$일 양자역학적 확률을 $P(z+;n+)$라 나타내면 (11.7)로부터

$$P(z+;n+) = (1/\sqrt{2})^2 \cdot |\langle n,+|z,-\rangle|^2 = \frac{1}{2}\sin^2\frac{\theta}{2} \tag{11.9}$$

임을 알 수 있다. 마찬가지로 하여 다음 결과들을 얻는다.

$$\begin{aligned} P(z+;n+) &= \frac{1}{2}\sin^2\frac{\theta}{2}, \quad P(z+;n-) = \frac{1}{2}\cos^2\frac{\theta}{2}, \\ P(z-;n+) &= \frac{1}{2}\cos^2\frac{\theta}{2}, \quad P(z-;n-) = \frac{1}{2}\sin^2\frac{\theta}{2}, \end{aligned} \tag{11.10}$$

예제 11.2 만일 가영은 $\mathbf{n}_1$ 방향을 재고 나영은 $\mathbf{n}_2$ 방향을 잰다면 위의 결과는 어떻게 변하겠는가?

답) $|EPR\rangle = (|n_1;+-\rangle - |n_1;-+\rangle)/\sqrt{2}$로 쓸 수 있고 가영이 측정결과 $+$를 얻었다면 상태는 $|n_1;+-\rangle$로 도약한다. 따라서 나영의 스핀의 상태는 $|n_1-\rangle$가 된다. 여기서 나영이 스핀 업을 관찰할 확률은 $|\langle n_2+|n_1-\rangle|^2$인데 이는 (11.7),(11.8)로부터 계산된다. 편의를 위해 $\phi_1, \phi_2 = 0$이라 두면 계산이 간단해진다.

$$P(n_1+;n_2+) = \frac{1}{2}|\langle n_2+|n_1-\rangle|^2 = \frac{1}{2}\sin^2\frac{(\theta_1-\theta_2)}{2} \tag{11.11}$$

다른 경우도 마찬가지로 하여 $\theta \to (\theta_1 - \theta_2)$로 바꾸면 된다. 사실 이 결과는 단일항 상태의 회전대칭성으로부터 자명하다.

숨은변수이론의 EPR 기술 이 같은 결과를 숨은변수이론에서는 어떻게 기술할까? 먼저 스핀단일항이 갖는 특성을 반영하려면 방향 n에 대하여 가영이 측정한 스핀값을 s_n^A, 나영이 측정한 스핀값을 s_n^B라 하면 임의의 방향 n에 대해 그 측정값은 $\pm\frac{1}{2}$이고

$$s_n^A = -s_n^B \tag{11.12}$$

이 성립해야 하므로 가영의 스핀만을 생각해도 좋다. 숨은변수이론에서 가영이의 z방향 스핀 값이 s_z^A이고 $\mathbf{n}$방향 스핀값이 s_n^A일 확률을 기술하는 함수를 $P_H(s_z^A, s_n^A)$라 하자. 숨은

변수이론은 결과에 있어서는 양자역학과 일치해야 하므로 지난 소절의 결과를 재현해야 한다. 따라서

$$P_H(s_z^A=+,s_n^A=-)=\frac{1}{2}\sin^2\frac{\theta}{2},\quad P_H(s_z^A=+,s_n^A=+)=\frac{1}{2}\cos^2\frac{\theta}{2},$$
$$P_H(s_z^A=-,s_n^A=-)=\frac{1}{2}\cos^2\frac{\theta}{2},\quad P_H(s_z^A=-,s_n^A=+)=\frac{1}{2}\sin^2\frac{\theta}{2}. \tag{11.13}$$

여기서 주목할 것은 지정되는 것이 가영이의 두 스핀값들이라는 것이다. 즉, 양자역학을 기술하는 (11.10)에선 가영과 나영의 스핀 연산자는 서로 독립이니 교환가능한 두 연산자의 스핀값을 지정하고 있는 반면, 숨은 변수를 기술하는 식 (11.13)은 서로 교환이 가능하지 않은 가영의 두 스핀에 대해 그 결과를 지정하고 있는 것이다. 이러한 사실은 숨은변수이론이 양자역학에선 금지된 무언가를 하고 있음을 말해준다. 그리고 (11.13)의 결과는 숨은변수이론 내에서 계산한 것이 아니고 양자역학적 결과를 재현해야 한다는 조건만으로 나온 것임을 기억하기 바란다. 하나의 스핀 측정을 더 추가하면 문제가 더 분명히 나타난다. 두 사람이 자신에게 도달한 입자의 스핀을 재는데 다음 세 방향 중의 하나를 골라 그 방향의 스핀을 측정한다고 하자.

$$\hat{z},\quad \mathbf{n}_1,\quad \mathbf{n}_2 \tag{11.14}$$

편의상 세 벡터는 x,z 평면 위에 있다고 하자. 가영의 스핀 $S_{n_i}^A$ 는 각각 측정값 $\pm$을 갖는다. 숨은변수이론이 존재한다고 하면 그 확률분포를 기술하는 함수 $p(s_z^A,s_{n_1}^A,s_{n_2}^A)$ 가 있어야 한다. 이제 $P_H(s_{n_1}^A,s_{n_2}^A)$를 생각하면 이는 주어진 확률분포 $p(s_z^A,s_{n_1}^A,s_{n_2}^A)$를 재지 않은 s_z 값에 대해 합하여 얻어진다. 따라서

$$\begin{aligned} P_H(s_{n_1}^A=+,s_{n_2}^A=+) &= p(+,+,+)+p(-,+,+)\\ &\le [p(+++)+p(++-)]+[p(-++)+p(--+)]\\ &= P_H(s_z^A=+,s_{n_1}^A=+)+P_H(s_z^A=-,s_{n_2}^A=+). \end{aligned} \tag{11.15}$$

이것이 벨 부등식이다. 그런데 양자역학의 결과 (11.10)는 위 식의 좌변과 우변이 식 (11.13)에 의해 주어져야 한다는 것을 말해주므로

$$\cos^2\frac{(\theta_1-\theta_2)}{2}\le\cos^2\frac{\theta_1}{2}+\sin^2\frac{\theta_2}{2} \tag{11.16}$$

을 준다. 문제는 이 부등식을 만족시키지 않는 θ_1,θ_2 가 많다는 것이다. 예를 들어 $\theta_1=2\theta_2$ 라 하면 위의 부등식은

$$\cos\theta_2\le\cos^2\theta_2$$

가 되어 $0 < \theta_2 < \pi/2$ 인 전 영역에서 부등식은 만족되지 않는다. 즉 양자역학과 벨 부등식은 많은 경우 양립하지 않는다. 따라서 숨은 변수가 존재한다는 가정은 양자역학과 양립되지 않는다.

11.1.3 벨의 부등식: CHSH 버전

클로저(Clauser), 호르네(Horne), 시모니(Shimony) 그리고 홀트(Holt)는 벨 부등식을 한층 더 간단한 형태로 표현한 버전을 제시하였다. 가영이는 A_1 혹은 A_2 를 측정하고 나영이는 B_1 혹은 B_2 를 측정하되 이들의 측정값은 모두 ± 1 이라 하자. 두 사람이 잰 양들 A_i 와 B_j 사이의 상보성은 없다고 하자. 즉

$$[A_i, B_j] = 0 \tag{11.17}$$

그러나 A_1, A_2 사이, 그리고 B_1,B_2 의 상보성은 있을 수 있다. 이제 다음 연산자의 측정을 생각하자.

$$C = (A_1 + A_2)B_1 + (A_1 - A_2)B_2 \tag{11.18}$$

각 연산자의 고윳값을 소문자 a_i, b_j 로 표시할 때 숨은변수이론에서의 평균값도 이들로 구성하고 표현되어야 한다. 숨은변수이론의 C 에 대응되는 양은 다음과 같이 될 것이다.

$$C_{h.v} = (a_1 + a_2)b_1 + (a_1 - a_2)b_2 \tag{11.19}$$

그런데 $a_i = \pm 1$ 이니 이들의 합, 차 중 하나는 반드시 0이다. 따라서 위 식에서 한 항은 0이다. a_i 의 합이 0 이면 차는 ± 2 이고 차가 0이면 합이 ± 2 이다. 따라서 $C_{h.v}$ 의 평균값은 ± 2 사이에 있다. 즉

$$|\langle C_{h.v}\rangle| \le 2 \tag{11.20}$$

이를 CHSH 부등식이라 한다. 이는 벨 부등식과 동류의 것이다.

이제 양자역학에서의 C 의 평균값에 대해 알아 보기 위해 C^2 을 생각하자. $A_i^2 = B_i^2 = 1$ 임에 주의하여

$$C^2 = 4 - [A_1, A_2][B_1, B_2] \tag{11.21}$$

임을 쉽게 보일 수 있다. 각 연산자의 고윳값이 ± 1 임에 유의하면 $|\langle [A_1, A_2]\rangle| \le |\langle A_1 A_2\rangle| + |\langle A_1 A_2\rangle| \le 2$, 가 성립하므로 $C^2 \le 8$ 임을 알 수 있다. 일반적으로 $\langle C\rangle^2 \le \langle C^2\rangle$ 이므로

$$|\langle C\rangle| \le 2\sqrt{2} \tag{11.22}$$

이는 숨은변수이론이 허용하는 범위 (11.20) 보다 크다. 즉 양자역학적 결과는 숨은변수이론으로 커버되지 않는 결과가 있다는 것이다. 그렇다면 실제로 CHSH 범위 (11.20)를 벗어나는 결과를 주는 양자역학의 연산자들이 존재하는가? 아래에서 보는 바와 같이 답은 '그렇다' 이다.

A_i, B_i를 $\sigma \cdot \mathbf{n}$의 형태로 하되 $\mathbf{n}$을 (x, z) 평면에서 잡고 A_1, A_2, B_1, B_2의 $\mathbf{n}$의 극각 θ를 차례로 $\pi/2, 0, \pi/4, 3\pi/4$로 택하고 아래 예제에서 증명할 등식

$$\langle EPR|\sigma_z^A \otimes \sigma_n^B|EPR\rangle = -\cos\theta \tag{11.23}$$

의 결과를 쓰면 $\langle A_1B_1\rangle = \langle A_2B_1\rangle = \langle A_1B_2\rangle = -1/\sqrt{2}, \langle A_2B_2\rangle = 1/\sqrt{2}$이므로 $\langle C\rangle = -2\sqrt{2}$를 만족하여 CHSH 부등식의 범주 밖에 있음을 알 수 있다.

예제 11.3 위의 등식 (11.23)를 증명하라.

$$\begin{aligned}
\langle EPR| \ & \sigma_z^A \otimes \sigma_\theta^B|EPR\rangle & (11.24)\\
&= \frac{1}{2}\left(\langle z;+-| - \langle z;-+|\right)\sigma_z^A \otimes \sigma_n^B\left(|n;+-\rangle - |n;-+\rangle\right) & (11.25)\\
&= \frac{1}{2}\left(\langle z;+-| + \langle z;-+|\right)\left(-|n;+-\rangle - |n;-+\rangle\right) & (11.26)\\
&= -\langle z;+|n;+\rangle\langle z;-|n;-\rangle - \langle z;+|n;-\rangle\langle z;-|n;+\rangle & (11.27)\\
&= \sin^2\theta/2 - \cos^2\theta/2 = -\cos\theta & (11.28)
\end{aligned}$$

σ_z^A는 브라벡터에 σ_n^B는 켓벡터에 작용하였다. 또 위의 줄을 얻는데 (11.7),(11.8)을 썼다.

문제 11.1 위의 등식 (11.21)를 증명하라.

11.1.4 벨 부등식의 GHZ 버전과 세 입자 간의 얽힘

그린버거(Greenberger), 호르네(Horne) 그리고 자일링거(Zeilinger) 세 사람은 다음과 같은 사고실험을 제안하였다. 상태

$$|GHZ\rangle = (|+++\rangle - |---\rangle)/\sqrt{2} \tag{11.29}$$

로 얽혀있는 세 입자를 서로 멀리 떨어져 있는 세 관찰자들에게 보내 그 중 한 사람은 x 방향의 스핀을 나머지 두 사람은 y 방향스핀을 측정하도록 하자. 그런데 간단히 다음 결과를 확인할 수 있다.

$$\sigma_x^A \sigma_y^B \sigma_y^C |GHZ\rangle = \sigma_y^A \sigma_x^B \sigma_y^C |GHZ\rangle = \sigma_y^A \sigma_y^B \sigma_x^C |GHZ\rangle = |GHZ\rangle \tag{11.30}$$

숨은변수이론이 이 양자역학적 결과와 일치하려면 s_i^A 들은 다음 성질을 만족해야 한다.

$$s_x^A s_y^B s_y^C = s_y^A s_x^B s_y^C = s_y^A s_y^B s_x^C = 1, \tag{11.31}$$

세 식을 변변 곱하여

$$s_x^A s_x^B s_x^C (s_y^A s_y^B s_y^C)^2 = 1, \tag{11.32}$$

따라서 숨은변수이론은

$$s_x^A s_x^B s_x^C = 1 \tag{11.33}$$

를 만족해야 한다. 그러나 양자역학은 파울리 행렬의 상태벡터에 작동한 결과가

$$\sigma_x^A \sigma_x^B \sigma_x^C |GHZ\rangle = -|GHZ\rangle \tag{11.34}$$

임을 바로 확인해 준다. 이는 바로 위의 숨은변수 이론의 결과 (11.33)와 일치하지 않는다. 2022년에 벨 부등식의 실험적 입증을 제공한 존 클라우저, 안톤 차일링거 그리고 알랭 아스페에게 노벨상이 수여됨으로써 양자정보이론은 마침내 물리학의 주류로 편입되었으며, 얽힘과 양자컴퓨팅을 비롯한 양자정보이론의 가능성에 대한 기대는 과거 어느 때보다도 높아져 있다.

11.1.5 벨 부등식: 오리지널 버전

벨 부등식은 많은 버전이 있고 위에서 고려한 것은 모두 그 변형들이다. 여기에 벨의 오리지널 버전을 소개한다. 이 절에서도 전자의 스핀값 $\hbar/2 = 1$로 둔다. 가영이가 $\mathbf{n_1}$ 방향의 스핀을 재고 나영이는 $\mathbf{n_2}$ 방향의 스핀을 잴 때 $|EPR\rangle$ 상태에서의 양자역학적 기댓값 $P(\mathbf{n_1}, \mathbf{n_2})$은 식 (11.23)로부터 다음과 같이 주어진다.

$$P(\mathbf{n_1}, \mathbf{n_2}) = -\mathbf{n_1} \cdot \mathbf{n_2} = -\cos\theta \tag{11.35}$$

숨은 변수 λ가 있어 $\mathbf{n}$ 방향의 가영의 스핀값을 $s_n^A(\lambda)$ 나영의 스핀값을 $s_n^A(\lambda)$라 하면 EPR 상태의 스핀에 관해서는 λ에 관계없이

$$s_n^A(\lambda) = \pm 1, \quad s_n^B(\lambda) = \pm 1, \quad s_n^B(\lambda) = -s_n^A(\lambda) \tag{11.36}$$

가 성립한다. 따라서 숨은변수이론에서의 평균값은

$$P_H(\mathbf{n_1}, \mathbf{n_2}) = \int d\lambda \rho(\lambda) s^A_{n_1}(\lambda) s^B_{n_2}(\lambda) = -\int d\lambda \rho(\lambda) s^A_{n_1}(\lambda) s^A_{n_2}(\lambda) \tag{11.37}$$

인데 여기서 $\rho(\lambda)$는 특정 숨은변수이론에서의 확률분포이다. 이것은 양자역학에는 부재한 정보이며 숨은변수이론을 특징짓는 함수인데 여기서 그 구체적 형태를 알 필요는 없다. 벨은 다음 부등식이 성립함을 증명하였다.

$$|P_H(\mathbf{n_1}, \mathbf{n_2}) - P_H(\mathbf{n_1}, \mathbf{n_3})| \le 1 + P_H(\mathbf{n_2}, \mathbf{n_3}) \tag{11.38}$$

그러나 양자역학에서는 본 부등식을 성립시키지 않는 예를 얼마든지 들 수 있다. 일례로 $\mathbf{n_1}$, $\mathbf{n_2}$, $\mathbf{n_3}$ 가 (x, z) 평면에 있는 세 벡터로서 그들의 극각 θ가 차례로 $0, \pi/2, \pi/4$라 하자. 양자역학에서도 벨 부등식의 좌변이 성립한다고 하면 $|P(\mathbf{n_1}, \mathbf{n_2}) - P(\mathbf{n_1}, \mathbf{n_3})| \le 1 + P(\mathbf{n_2}, \mathbf{n_3})$, 즉

$$|\cos\theta_2 - \cos\theta_3| \le 1 - \cos\theta_{23} = 2\sin^2\frac{\theta_{23}}{2} \tag{11.39}$$

가 성립한다는 것이다. 여기서 θ_{23}는 $\mathbf{n}_2$와 $\mathbf{n}_3$의 사잇각이다. 이는 $\frac{1}{\sqrt{2}} \le 1 - \frac{1}{\sqrt{2}}$가 성립한다는 것인데 이는 $\sqrt{2} \le 1$과 동치여서 모순이다. 즉, 양자역학에서 벨 부등식은 성립하지 않는다.

벨 부등식의 증명

$$P_H(\mathbf{n_1}, \mathbf{n_2}) - P_H(\mathbf{n_1}, \mathbf{n_3}) = -\int d\lambda \rho(\lambda) \Big(s^A_{n_1}(\lambda) s^A_{n_2}(\lambda) - s^A_{n_1}(\lambda) s^A_{n_3}(\lambda) \Big) \tag{11.40}$$

$$= -\int d\lambda \rho(\lambda) s^A_{n_1}(\lambda) s^A_{n_2}(\lambda) \Big(1 - s^A_{n_2}(\lambda) s^A_{n_3}(\lambda) \Big) \tag{11.41}$$

따라서

$$|P_H(\mathbf{n_1}, \mathbf{n_2}) - P_H(\mathbf{n_1}, \mathbf{n_3})| \le \int d\lambda \rho(\lambda) \Big(1 - s^A_{n_2}(\lambda) s^A_{n_3}(\lambda) \Big) \tag{11.42}$$

$$= 1 + P_H(\mathbf{n_2}, \mathbf{n_3}) \tag{11.43}$$

여기서 식 (11.36)를 사용하였다.

문제 11.2 양자역학과 숨은변수이론의 차이를 가져온 근본적인 이유는 무엇인가? 가영이가 z 방향 스핀을 재면서 만일 나영이가 n 방향 스핀업을 얻었을 때 자신은 n 방향 스핀 다운값을 얻는다라는 것을 아는 것은 z 방향과 n 방향의 스핀값을 동시에

지정할 수 있는 권리를 주는가?

문제 11.3 식 (11.10) 이후 이 소절 이전의 몇 개 소절에서 숨은변수이론의 처리에서 $\rho(\lambda)$와 숨은 변수 λ에 대한 적분(혹은 합)이 생략되어 있다. 적절한 스텝에서 숨은 변수를 명시적으로 도입하고 확률함수를 도입하여 이를 수정해 보라. 또 이 과정이 왜 생략 가능한지를 말해 보라.

11.1.6 복사불가의 정리

위에서 양자역학은 인과율을 위반하지 않았다고 강조했다. 그러나 같은 양자상태를 복사할 수 있다면 이야기가 달라진다. '네' 와 '아니오' 를 '(측정을) 한다' 와 '안 한다' 로 약속한 다음 두 사람은 충분히 멀리 떨어져 $|EPR\rangle$ 상태에 있는 전자를 받는다. 이제 전자를 받은 가영이는 '네' 를 보내고 싶으면 받은 즉시 측정을 한다. 그러면 상태는 업이든 다운이든 확정적 상태에 있게 된다. '아니오' 를 보내고 싶으면 측정하지 않는다. 그럼 상태는 $|EPR\rangle$ 상태에 남아 있다. 나영이는 받은 즉시 양자복사기로 전자의 상태를 되도록 여러 부 복사한다. 그리고 각각 복사된 상태를 측정한다. 계속 같은 결과가 나오면 '네' 이고 반반 나오면 '아니오' 를 받은 것이라 판단할 수 있다. 따라서 정보가 빛보다 빠르게 전달될 방법이 생긴것이다. 이러한 모순이 발생하지 않으려면 양자상태의 복사가 불가능해야 한다. 이를 증명해 보자.

만일 상태 $|\psi\rangle$를 복사하는 양자복사기가 존재한다면 상태 $|X\rangle$에 있는 입자를 원하는 상태 $|\psi\rangle$로 바꾸어야 한다.

$$|\psi\rangle|X\rangle \to |\psi\rangle|\psi\rangle \tag{11.44}$$

만일 상태가 중첩상태 $|\psi\rangle = \alpha|\psi_1\rangle + \beta|\psi_2\rangle$이면 어떻게 될까? 복사라는 작업도 양자역학 내에서는 (시간진화 연산자로 기술되어야 하므로) 선형연산자여야 한다. 따라서

$$|\psi\rangle|X\rangle \to \alpha|\psi_1\rangle|\psi_1\rangle + \beta|\psi_2\rangle|\psi_2\rangle \tag{11.45}$$

임이 기대된다. 그러나 실제 복사의 룰에 따르면

$$|\psi\rangle|X\rangle \to |\psi\rangle|\psi\rangle = (\alpha|\psi_1\rangle + \beta|\psi_2\rangle)(\alpha|\psi_1\rangle + \beta|\psi_2\rangle) \tag{11.46}$$

이는 위에서 기대했던 것과는 다르다. 이러한 불일치성은 중첩상태에 대한 양자복사기가 정의되지 않는다는 것을 의미한다.

> **예제 11.4** 여러 개의 $|EPR\rangle$ 상태를 생성시킬 수 있다는 것과 복사가 불가능하다는 것은 어떻게 다른가?
> 답) 만드는 것은 상태에 대한 정보를 알고 하는 것이고, 복사는 상태정보를 모르는 상태에서 하는 것이다.

11.2 얽힘 이용하기

지난 소절에서 우리는 양자역학은 얽힘에 의해 고전 이론과 화해할 수 없이 다르다는 것을 보았다. 이제 우리는 얽힘이 어떻게 고전역학이 할 수 없는 일을 해줄 수 있는지를 보자.

11.2.1 CHSH 게임

가영이와 나영이는 한편을 먹고 다음과 같은 카드 게임을 한다. 카드엔 0과 1 두 가지 숫자만이 적혀있다. 딜러는 두 사람에게 카드를 덮어 한 장씩만 분배한다. 두 사람은 카드를 상대방이 못 보게 살짝 보고 손으로 가위나 바위 둘 중 하나를 내밀어야 한다. 게임의 룰은 다음과 같다.

1. 둘의 카드가 모두 0이고 둘의 손모양이 다르면 이긴다.
2. 둘의 카드 중 하나라도 0이 아니고 손모양이 같으면 이긴다.
3. 다른 모든 경우는 딜러가 이긴다.

두 사람은 게임 테이블에 앉기 전에 어떤 전략을 취해야 승률이 최대인가? 물론 다른 카드 게임처럼 게임 테이블에서 서로 상의해선 안 된다.

이 게임이 고전적인 것이라면 두 사람은 카드에 관계없이 가위를 내는 것이 최선이다. 왜냐하면 이 경우 카드의 경우의 수만 상관이 있고 둘의 카드가 모두 0인 경우만 지게 되니 승률은 75%이고 이것이 최댓값이다. 손모양을 다르게 하면 둘의 카드가 모두 0인 경우만 이기게 되니 승률은 25%이다.

만일 가영이와 나영이가 양자역학에 정통해 있다면 게임에 임하기 전에 몇 개의 EPR 짝 (A_i, B_i)를 나누어 가진다. 즉 가영이는 A_i 나영이는 B_i. 이제 다음과 같이 약속한다. 가영이는 자신의 카드가 1이면 A_1을 측정하고 카드가 0이면 A_2을 측정한다. 측정시 +1이면 가위를 내밀고 −1이면 바위를 내민다. 나영이도 같이 한다. 즉 카드가 1이면 B_1을 측정하고 카드가 0이면 B_2을 측정하여, 결과가 +1이면 가위를 내밀고 −1이면 바위를 내민다.

이제 그 결과의 승률을 셈해보자. 먼저 두 카드가 모두 1인 경우를 생각하자. 그러면 A_1, B_1이 모두 +1인 경우와 모두 −1인경우는 이기고 나머지 경우는 진다. 즉 $A_1B_1 = 1$이면 이기고 $A_1B_1 = -1$이면 진다.

$$P(\text{승}) - P(\text{패}) = \langle A_1B_1 \rangle \tag{11.47}$$

둘 중하나가 0이고 다른 하나가 1인 경우도 같다.

$$P(\text{승}) - P(\text{패}) = \langle A_1B_2 \rangle, \tag{11.48}$$

$$P(\text{승}) - P(\text{패}) = \langle A_2B_1 \rangle \tag{11.49}$$

만일 두 카드 모두 0이라면 즉 $A_2B_2 = -1$이면 이기고 $A_2B_2 = 1$이면 진다. 따라서

$$P(\text{승}) - P(\text{패}) = -\langle A_2B_2 \rangle \tag{11.50}$$

각 경우는 모두 확률 1/4이므로 총 확률은

$$P(\text{승}) - P(\text{패}) = \frac{1}{4}\Big(\langle A_1B_1 + A_1B_2 + A_2B_1 - A_2B_2 \rangle\Big) \tag{11.51}$$

이는 다름 아닌 CHSH 버전의 벨 부등식을 증명할 때 나왔던 연산자 조합 (11.18)이다. 따라서

$$P(\text{승}) - P(\text{패}) \le \frac{1}{\sqrt{2}} \tag{11.52}$$

우리는 등호가 성립하는 경우가 있음을 이미 보았고 $P(\text{승}) + P(\text{패}) = 1$이므로 이때 $P(\text{승}) = \frac{1}{2}(1 + 1/\sqrt{2}) = 0.854$. 이는 고전적 승률의 최대치 0.75보다 크다.

첫인상이 그리 인상적이지 않을 수 있으나 양자얽힘이 이전엔 불가능했던 일을 해 줄 수 있다는 것을 보여주는 중요한 예이다. 이러한 능력을 실제적 일에 사용하겠다는 목표를 가지고 있는 토픽이 양자정보론이다. 아래에 몇 가지 예를 든다.

11.2.2 밀집 코딩(Dense coding)

가영이는 나영에게 0 또는 1이라는 고전적 정보를 양자 큐빗을 사용해 보내고 싶다. 물론 이렇게 하는데 드는 비용은 문제가 아니라 하자. 고전적 정보 0, 1은 큐빗 $|+\rangle, |-\rangle$에 대응

된다. 만일 나영에게 S_z를 측정하라고 알려주었다면 고전적 정보와 양자정보는 같다. 한 큐빗에는 하나의 고전정보만을 담을 수 있으므로 얻는 것이 없다. 그러나 가영이의 큐빗이 나영이와 공유된 $|EPR\rangle$ 상태에 있다면 한 큐빗에 2개의 고전정보를 담을 수 있다. 이를 밀집코딩(Dense coding)이라 한다. 이를 이해하기 위해 다음 4개의 서로 수직한 얽힘 상태를 도입하자.

$$|\chi_-\rangle = \frac{1}{\sqrt{2}}(|+-\rangle - |-+\rangle), \tag{11.53}$$

$$|\chi_+\rangle = \frac{1}{\sqrt{2}}(|+-\rangle + |-+\rangle), \tag{11.54}$$

$$|\phi_-\rangle = \frac{1}{\sqrt{2}}(|++\rangle - |--\rangle), \tag{11.55}$$

$$|\phi_-\rangle = \frac{1}{\sqrt{2}}(|++\rangle + |--\rangle) \tag{11.56}$$

가영이는 각 곱 상태의 첫째 스핀에만 작용할 수 있다. 이를 염두에 두고 가영이 $|\chi_-\rangle$ 상태에 $\sigma_x, \sigma_y, \sigma_z$ 중 하나를 작용하면 차례로

$$\sigma_x|\chi_-\rangle = -|\phi_-\rangle, \quad \sigma_y|\chi_-\rangle = i|\phi_+\rangle, \quad \sigma_z|\chi_-\rangle = |\chi_+\rangle, \tag{11.57}$$

우리는 간단히 네 상태가 서로 교환되는 두 연산자 $\sigma_x \otimes \sigma_x$ 와 $\sigma_z \otimes \sigma_z$의 고유상태임을 알 수 있다.

$$\sigma_x \otimes \sigma_x|\phi_\pm\rangle = \pm|\phi_\pm\rangle, \quad \sigma_x \otimes \sigma_x|\chi_\pm\rangle = \pm|\chi_\pm\rangle, \tag{11.58}$$

$$\sigma_z \otimes \sigma_z|\phi_\pm\rangle = |\phi_\pm\rangle, \quad \sigma_z \otimes \sigma_z|\chi_\pm\rangle = -|\chi_\pm\rangle \tag{11.59}$$

예제 11.5 두 연산자 $\sigma_x \otimes \sigma_x$ 와 $\sigma_z \otimes \sigma_z$ 이 서로 교환됨과 위의 식 (11.59)를 확인하라.

위의 명제는 가영이가 가진 스핀의 x, z 성분을 동시에 알 수는 없지만 두 사람의 스핀의 곱의 상태는 동시에 알 수 있다는 뜻이다. 이제 나영이가 가영이로부터 받은 스핀과 자신의 스핀에 두 연산자를 측정하여 $\sigma_x \otimes \sigma_x = +1$과 $\sigma_z \otimes \sigma_z = -1$을 얻었다 하면 본인이 $|\chi_+\rangle$ 상태를 가지고 있음을 알게 되고, 따라서 가영이가 보내기 전 σ_z를 작용시켰음도 알게 된다. 이 경우 가영이는 하나의 큐빗을 보냄으로써 2개의 고윳값 $(\sigma_x \otimes \sigma_x = +, \sigma_z \otimes \sigma_z = -1)$, 즉 2개의 고전정보를 보냈으니 흥미로운 일이다.

11.2.3 양자 전송

고객이 맡긴 양자정보를 전송할 수 있을까? 양자 우체부는 고객이 맡긴 소중한 양자정보가 든 봉투를 뜯어 볼 수는 없는 일이다. 밀집코딩이 양자정보를 통해 고전 정보를 보내는 것이라면 양자전송이란 고전정보를 통해 양자정보를 보내는 작업이다. 얼핏 보기엔 불가능한 일이지만 이전 밀집코딩의 예를 뒤집어 이것이 가능함을 보일 수 있다.

보내야 할 정보를 $\psi = \alpha|+\rangle + \beta|-\rangle$ 라 하자. 먼저 전송자 가영이는 수신자 나영이와 단일항 $|EPR\rangle$ 을 미리 공유한다. 그러면 토탈 스핀상태는 아래와 같이 $|\phi_\pm\rangle$ 및 $|\chi_\pm\rangle$ 과 다른 스핀상태의 곱의 선형 결합으로 표시할 수 있다.

$$|\psi\rangle \otimes |EPR\rangle = \frac{1}{\sqrt{2}}\Big(\alpha|++-\rangle - \alpha|+-+\rangle + \beta|-+-\rangle - \beta|--+\rangle\Big) \tag{11.60}$$

$$= \frac{1}{2}\Big(\alpha(|\phi_+\rangle + |\phi_-\rangle)|-\rangle - \alpha(|\chi_+\rangle + |\phi_-\rangle)|+\rangle \tag{11.61}$$

$$+\beta(|\chi_+\rangle - |\chi_-\rangle)|-\rangle - \beta(|\phi_+\rangle - |\phi_-\rangle)|+\rangle\Big) \tag{11.62}$$

$$= \frac{1}{2}\Big(|\phi_+\rangle(-\beta|+\rangle + \alpha|-\rangle) + |\phi_-\rangle(\beta|+\rangle + \alpha|-\rangle) \tag{11.63}$$

$$+|\chi_+\rangle(-\alpha|+\rangle + \beta|-\rangle) + |\chi_-\rangle(-\alpha|+\rangle - \beta|-\rangle)\Big) \tag{11.64}$$

이제 $\sigma_x \otimes \sigma_x$ 와 $\sigma_z \otimes \sigma_z$ 를 측정한다. 물론 각 연산자의 첫째 인자는 ψ 에 작용하고 둘째 인자는 자신이 가진 $|EPR\rangle$ 의 인자에 작용하도록 한다. 측정에 의해 상태는 4개의 공통 고유벡터 중 하나로 도약한다. 측정값을 나영에게 보낸다. 수신자인 나영은 각 경우에 다음과 같이 하면 ψ 를 회복할 수 있다. 가영이의 측정결과가 $\sigma_x \otimes \sigma_x = 1, \sigma_z \otimes \sigma_z = +1$ 즉 ϕ_+ 라고 전달받으면 자신이 가진 $|EPR\rangle$ 의 인자에 $i\sigma_y$ 를 적용한다. 그러면 $i\sigma_y(-\beta|+\rangle + \alpha|-\rangle) = |\psi\rangle$ 를 얻는다. 마찬가지로 가영이가 $|\phi_-\rangle$ 를 얻었다면 나영이의 스핀 상태는 $(\beta|+\rangle + \alpha|-\rangle)$ 에 있다는 것을 아니 여기에 σ_x 를 작용시킴으로써 가영이가 송신하려던 큐빗 $\alpha|+\rangle + \beta|-\rangle$ 을 받을 수 있다. 물론 나영이는 2개의 고윳값을 받기 전에, 어떤 경우엔 어떤 연산자를 적용해야 하는지를 알고 있어야 하나 이는 송수신자가 미리한 약속에 해당하므로 문제가 되지 않는다.

문제 11.4 가영이가 $|\chi_+\rangle, |\chi_-\rangle$ 를 얻었을 때 나영이는 어떤 연산자를 적용하면 되겠는가?

답) $-\sigma_z, -1$.

11.3 밀도 행렬(density matrix)

고전적 확률은 계의 상태를 기술하는 함수가 무엇인지를 우리가 모를 때 나타나고 양자적 확률은 상태가 무엇인지 정확히 알지만 그 상태가 중첩에 의해 기술될 때 일어난다. 벨의 정리는 양자적 확률문제를 고전적 확률로 환원할 수 없다는 것을 말해 주었다.

때로는 양자계를 다룰 때에 있어서도 고전적 확률를 다루어야 할 때가 있다. 계가 양자 상태 $|\psi_i\rangle$ $i = 1, \cdots, N$ 중 어디에 있을지 잘 알 수 없어 $|\psi_i\rangle$ 에 있을 확률이 p_i 라고 기술할 수밖에 없다면 이때 연산자 A의 평균값은

$$\langle A\rangle = \sum_i p_i \langle\psi_i|A|\psi_i\rangle \tag{11.65}$$

로 기술함이 타당하다. 이제 밀도 행렬 ρ를

$$\rho := \sum_i p_i |\psi_i\rangle\langle\psi_i| \tag{11.66}$$

라 정의하면 위의 평균값은

$$\langle A\rangle = \mathrm{Tr}\,\rho A \tag{11.67}$$

라 쓸 수 있다. 여기서 Tr 는 전 힐베르트 공간 위에서 취한다. 만일 위의 합이 단 하나의 상태에 대해서뿐이라면 이때 상태는 순수(pure)한 상태에 있다고 하고 2개 이상의 합이 존재하면 혼합된 상태에 있다고 한다. 순수한 상태를 기술하는 밀도행렬 $\rho = |\psi\rangle\langle\psi|$은

$$\rho^2 = \rho \tag{11.68}$$

를 만족한다. 임의의 밀도 행렬은 다음과 같은 자명한 성질들을 만족한다.

1. $\rho^\dagger = \rho$.

2. $\mathrm{Tr}\,\rho = 1$, 혹은 $\sum_i p_i = 1$.

3. $\langle\phi|\rho|\phi\rangle \geq 0$. 혹은 모든 $p_i \geq 0$.

역으로 이들 성질을 만족하는 행렬 ρ은 어떤 양자계의 밀도행렬이 될 수 있다. 이를 보기 위해선 ρ의 고윳값을 p_i, 그에 해당하는 고유벡터를 $|\phi_i\rangle$ 라 하면 $\rho = \sum_i p_i|\phi_i\rangle\langle\phi_i|$ 로 쓸 수 있는데(spectral decomposition), 이는 밀도행렬의 특별한 경우에 불과하다. 확률 p_i 이 밀도 행렬의 고윳값들임은 기억할 만한 중요한 성질이다.

예제 11.6 통계역학
유한온도에서 $\rho = e^{-\beta H}$ 라 하고 $Z = \mathrm{Tr}\,\rho$ 라 하면 연산자 A의 평균값은 $\mathrm{Tr}\,\rho A$로 주어짐을 보여라. 여기서 $\beta = 1/k_B T$는 온도의 역수이다.
답) $p_i = e^{-\beta E_i}/Z$로 정의하면 $\langle A\rangle = \sum_n p_n \langle n|A|n\rangle$. 이는 곧 $\mathrm{Tr}\,\rho A$이다.

예제 11.7 시간진화
$|\psi(t)\rangle = U(t)|\psi(0)\rangle$ 이고 $U(t) = e^{-\frac{i}{\hbar}H}$ 일 때 $\rho(t) = U\rho(0)U^\dagger$ 임과 다음 식이 성립함을 보여라.

$$i\hbar\frac{d\rho}{dt} = [H, \rho] \tag{11.69}$$

답) 정의에 의해 명백하거나 미분해 보면 된다.

예제 11.8 블록의 구
2차원 힐베르트공간의 가장 일반적인 밀도행렬은 다음과 같이 쓸 수 있음을 보여라.

$$\rho = \frac{1}{2}(1 - \sigma\cdot\mathbf{a}),\ \text{여기서}\ \mathbf{a}\cdot\mathbf{a} \le 1 \tag{11.70}$$

답) $\rho^\dagger = \rho$와 $\mathrm{Tr}\,\rho = 1$은 파울리 행렬의 성질에서 명백하고 이의 고윳값의 곱은 행렬식과 같으니 $\det\rho = \frac{1}{4}(1-\mathbf{a}\cdot\mathbf{a}) \ge 0$이고 고윳값의 합은 1이다. 따라서 곱이 양이면 두 고윳값 모두 양이다. 두 고윳값을 p_1, p_2 그에 해당하는 고유벡터를 $|\psi_1\rangle, |\psi_2\rangle$라 하면

$$\rho = p_1|\psi_1\rangle\langle\psi_1| + p_2|\psi_2\rangle\langle\psi_2|$$

이다. 만일 두 고윳값 중의 하나가 0 즉 $|\mathbf{a}| = 1$ 이면 순수 상태이고 둘 다 양, 즉 $|\mathbf{a}| < 1$ 이면 혼합 상태이다.

11.4 축소된 밀도행렬

이제 계를 양분하여 이를 A, B라 하고 그 위에서 정의된 힐베르트 공간을 $\mathcal{H}_A, \mathcal{H}_B$라 하면 총 힐베르트 공간은 $\mathcal{H}_A \otimes \mathcal{H}_B$로 기술된다. 예를 들어 가영이와 나영이의 힐베르트 공간이

각각 $\mathcal{H}_A, \mathcal{H}_B$ 에 해당한다. 이제 축소된 밀도행렬(reduced density matrix)을

$$\rho_A := \mathrm{Tr}_{\mathcal{H}_B}\rho \tag{11.71}$$

라 정의하면 가영이의 연산자 C의 평균값은

$$\langle C\rangle = \mathrm{Tr}_{\mathcal{H}_A}\mathrm{Tr}_{\mathcal{H}_B}\rho(C\otimes 1) = \mathrm{Tr}_{\mathcal{H}_A}\rho_A C \tag{11.72}$$

로 주어진다.

예제 11.9 ρ가 순수 상태라 할 지라도 축소상태 ρ_A는 혼합상태일 수 있음을 보여라.
답) $|\psi\rangle = \sum_{ij}\alpha_{ij}|\phi_i\rangle|\tilde{\phi}_j\rangle$ 라 하면 $\rho_A = \mathrm{Tr}_{\mathcal{H}_B}|\psi\rangle\langle\psi| = \sum_{ik}\beta_{ik}|\phi_i\rangle\langle\phi_k|$ 인데, 이는 혼합상태이다. 여기서 $\beta_{ik} = \sum_j \alpha_{ij}\alpha^*_{kj}$. 이 예제는 계의 일부에 대한 대각합을 취하면 나머지 계는 혼합상태에 있게 됨을 말해 준다. 역으로 축소된 계가 혼합상태에 있으면 최초의 ρ는 얽힘이 있었다고 이야기 할 수 있다.

예제 11.10 $\rho = |EPR\rangle\langle EPR|$에 대하여 ρ_A를 계산하라.
답) $\rho_A = \frac{1}{2}(|+\rangle\langle+| + |-\rangle\langle-|)$. 즉 토탈 상태는 서로가 어떻게 얽혀 있는지를 완전히 알고 있지만 가영이 단독의 측정으로는 이를 알 방법이 전무하다. 반반의 확률로 업이나 다운을 얻을 뿐이다.

문제 11.5 다음 명제들을 증명하라.
1. 쉬미트 분해: 양분된 계의 임의의 순수상태 $|\Psi\rangle$는 다음과 같이 쓰일 수 있다.

$$|\Psi\rangle = \sum_i \sqrt{p_i}|\phi_i\rangle\otimes|\chi_i\rangle \tag{11.73}$$

여기서

$$\rho_A = \sum_i p_i|\phi_i\rangle\langle\phi_i|, \quad \rho_B = \sum_i p_i|\chi_i\rangle\langle\chi_i|$$

2. 쉬미트 랭크: R을 0이 아닌 p_i의 개수라 할 때, $\mathcal{H}_A\otimes\mathcal{H}_B$에 작용하는 유니터리 연산자 U가 $U_A\otimes U_B$의 형태라면 U는 R을 변화시킬 수 없다. 이 명제는 스핀 단일항을 나누어 가진 가영이나 나영이는 자신들이 가진 큐빗에만 작용하는 연산자를

작용해선 얽힘의 정도를 변화시킬수 없다는 것을 말해준다. 즉 얽힘은 상호작용에 의해서만 바뀐다.

3. (순수화) 힐베르트공간 $\mathcal{H}_A$의 임의의 상태 ρ에 대하여 $\rho = \mathrm{Tr}_{\mathcal{H}_B}|\Psi\rangle\langle\Psi|$ 가 되는 더 큰 공간 $\mathcal{H} = \mathcal{H}_A \otimes \mathcal{H}_B$ 에 속하는 상태 $|\Psi\rangle$ 가 존재한다.

11.4.1 엔트로피와 얽힘엔트로피

고전적 확률분포 $\{p_i\}$ 가 주어졌을 때 엔트로피는

$$S = -\sum_i p_i \log p_i \tag{11.74}$$

로 정의된다. 정보이론에선 섀넌엔트로피, 물리학에선 깁스엔트로피라 한다.
$p_1 = 1$ 이고 다른 모든 $p_i = 0$ 일 때 $S = 0$. $p_i = 1/N$ 일 때 $S = \log N$. 즉 불확실성이 없을 때 엔트로피는 0이며 불확실성이 최대일 때 엔트로피도 최대이다.
깁스엔트로피의 양자역학버전을 폰 노이만 엔트로피라 하며

$$S = -\mathrm{Tr}\,\rho \log \rho \tag{11.75}$$

로 정의된다. 이 정의에서 $\rho \to \rho_A$ 즉, 부분 대각합을 취한 축소 밀도 행렬로 대치한 결과를 얽힘 엔트로피라 한다. 만일 ρ가 직교 기저에 대해 전개되었다면 $\rho = \sum_i p_i|\phi_i\rangle\langle\phi_i|$ 이 되고 폰 노이만 엔트로피는 섀넌 엔트로피의 형태로 환원된다. 순수상태는 $S = 0$ 이며 혼합상태는 $S \neq 0$ 이다. 다음에 몇 개의 쉬운 성질들을 열거하겠다.

1. 양수성 : $S(\rho) \geq 0$.

2. 최솟값 : $S(\rho) = 0$, ρ가 순수상태일 때.

3. 최댓값 : $S = \log N$, $\rho = 1/N$ 일 때, 단, $\dim \mathcal{H} = N$,

4. 볼록성(convexity) : $S(\sum_i \lambda_i \rho_i) \geq \sum_i \lambda_i S(\rho_i)$, 단 $\sum_i \lambda_i = 1$

얽힘 엔트로피는 다음과 같은 중요한 성질을 가진다.

- 부속 가법성(subadditivity) : $\mathcal{H} = \mathcal{H}_A \otimes \mathcal{H}_B$ 일 때

$$S(\rho) \leq S(\rho_A) + S(\rho_B) \tag{11.76}$$

여기서 등호는 $\rho = \rho_A \otimes \rho_B$ 일 때 성립한다.

- 강한 부속 가법성(strong subadditivity) : $\mathcal{H}_{ABC} = \mathcal{H}_A \otimes \mathcal{H}_B \otimes \mathcal{H}_C$ 일 때

$$S(\rho_{ABC}) + S(\rho_B) \leq S(\rho_{AB}) + S(\rho_{BC}) \tag{11.77}$$

이 결과는 증명이 간단치 않아 여기선 생략한다.

제12장
섭동론

양자역학에서 정확히 풀 수 있는 계는 조화진동자와 수소 원자 등 극히 일부일 뿐이다. 그 외의 계는 풀 수 있는 계로부터 벗어난 정도가 작을 경우에만 이를 나타내는 섭동상수의 멱급수로 계산해 낼 수 있다. 이 장에서 우리는 몇 개의 섭동론을 공부한다.

12.1 시간 무관 섭동론

12.1.1 겹침이 없는 경우

고유치 문제가 풀려져 있는 해밀토니안 H_0 가 있다고 하자.

$$H_0|\phi_n\rangle = E_n^0|\phi_n\rangle \tag{12.1}$$

이제 풀고자 하는 계는 H_0 에서 가깝다고 하는 것은 단위가 없는 작은 숫자 ϵ가 있어

$$H = H^0 + \epsilon H^1, \tag{12.2}$$

가 성립한다는 말이다. 이제 풀고자 하는 문제

$$H|\psi_n\rangle = E_n|\psi_n\rangle \tag{12.3}$$

를 섭동론으로 풀어보자. $E_n = \sum_k \epsilon^k E_n^{(k)}$, 다 $|\psi_n\rangle = \sum_k \epsilon^k |\phi_n^k\rangle$로 전개가 가능하다고 하고 이들과 식 (12.2)을 위 식에 대입하여 전개하고 각 ϵ^k의 계수가 같다고 놓으면

$$H^0|\phi_n^1\rangle + H^1|\phi_n^0\rangle = E_n^0|\phi_n^1\rangle + E_n^1|\phi_n^0\rangle, \tag{12.4}$$

$$H^0|\phi_n^2\rangle + H^1|\phi_n^1\rangle = E_n^0|\phi_n^2\rangle + E_n^1|\phi_n^1\rangle + E_n^2|\phi_n^0\rangle, \tag{12.5}$$

$$.. \quad .. \quad ..$$

$\mathcal{O}(\epsilon^0)$에선 식 (12.1)을 얻고 $\mathcal{O}(\epsilon)$와 $\mathcal{O}(\epsilon^2)$에서 (12.4), (12.5)을 각각 얻는다. 여기서 $|\phi_n^0\rangle = |\phi_n\rangle$이다. 식 (12.4)의 양변과 $|\phi_n\rangle$의 내적을 취하여

$$E_n^1 = \langle\phi_n|H^1|\phi_n\rangle \tag{12.6}$$

를 얻는다. 이제 식 (12.4)의 양변과 $|\phi_m\rangle$ $(m \neq n)$의 내적을 취하면

$$\langle\phi_m|\phi_n^1\rangle = \frac{\langle\phi_m|H^1|\phi_n\rangle}{E_n^0 - E_m^0} \tag{12.7}$$

이제 식 (12.5)의 양변과 $|\phi_m\rangle$ $(m \neq n)$의 내적을 취하고 $\langle\phi_n|\phi_n^1\rangle = 0$을 쓰면

$$E_n^2 = \langle\phi_n|H^1|\phi_n^1\rangle = \sum_{m\neq n} \frac{\langle\phi_n|H^1|\phi_m\rangle\langle\phi_m|H^1|\phi_n\rangle}{E_n^0 - E_m^0} = \sum_{m\neq n} \frac{|\langle\phi_m|H^1|\phi_n\rangle|^2}{E_n^0 - E_m^0} \tag{12.8}$$

여기서 만일 $|n\rangle$이 기저상태였다면 모든 $m > 0$에 대해 $E_n^0 - E_m^0 < 0$ 이므로 기저상태의 에너지에 대한 2차 섭동 계산의 결과는 언제나 음이다.

예제 12.1 $H = \frac{p^2}{2m} + \frac{1}{2}m\omega^2x^2 + eEx$.

1. $|n\rangle$에 대해 1,2차 섭동론에 의한 에너지의 보정을 구하라.

2. 퍼텐셜을 완전제곱형으로 고쳐 정확한 에너지값을 구하고 위에서 구한 결과와 비교하라.

답) 1. $x = \sqrt{\frac{\hbar}{2m\omega}}(a + a^\dagger)$을 사용하여 $E_n^1 = eE\langle n|x|n\rangle = 0$.

2.

$$\langle m|(a+a^\dagger)|n\rangle = \langle m|(\sqrt{n}|n-1\rangle + \sqrt{n+1}|n+1\rangle) = \sqrt{n}\delta_{m,n-1} + \sqrt{n+1}\delta_{m,n+1} \tag{12.9}$$

따라서 $E_n^1 = 0$.

$$E_n^2 = \sum_{m\neq n} \frac{|\langle\phi_m|H^1|\phi_n\rangle|^2}{E_n^0 - E_m^0} = e^2E^2\frac{\hbar}{2m\omega}\left(\frac{n}{\hbar\omega} + \frac{n+1}{-\hbar\omega}\right) = -\frac{\epsilon^2E^2}{2m\omega^2} \tag{12.10}$$

한편, 퍼텐셜은 $\frac{1}{2}m\omega^2x^2+eEx=\frac{1}{2}m\omega^2(x-\frac{eE}{m\omega^2})^2-\frac{\epsilon^2E^2}{2m\omega^2}$. 따라서 임의의 고유치는 정확히 $-\frac{\epsilon^2E^2}{2m\omega^2}$ 만큼 변화하고. 즉 $E_n^0+E_n^2$ 의 값은 정확한 값과 일치한다.

예제 12.2 진동자에 $H^1=\epsilon x^4$ 항을 더하자. 에너지의 1차 섭동근사 E_n^1 을 구하고 충분히 큰 n 에 대해서는 섭동 전개가 불가함을 보이고 물리적 이유를 설명해 보라.
답) 간단한 계산에 의해 $E_n^1=\frac{3\hbar^2\epsilon}{4m^2\omega^2}\left(1+2n+2n^2\right)$. 아무리 작은 ϵ 에 대해서도 $\sum_n n^2\epsilon^n$ 은 수렴하지 않는다. 물리적으로 큰 n, 즉 높은에너지 상태에 대해선 x 의 진폭 x_0 가 큰데, 충분히 큰 진폭 x_0 에 대해선 $\frac{1}{2}m\omega^2x_0^2<<ex_0^4$ 이므로 H^1 을 섭동항으로 취급할 수 없기 때문이다.

문제 12.1 다음 사실을 증명하라.

$$\sum_m(E_m-E_n)|\langle n|x|m\rangle|^2=\frac{\hbar^2}{2m} \tag{12.11}$$

힌트: $(E_m-E_n)\langle n|x|m\rangle=\langle n|[x,H]|m\rangle$, $(E_m-E_n)\langle m|x|n\rangle=\langle m|[H,x]|n\rangle$.

문제 12.2 $[A,H^1]=0$ 이면 $a\neq a'$ 일 때는 $\langle a|H^1|a'\rangle=0$ 임을 보여라.
힌트: $\langle a|[A,H^1]|a'\rangle=(a-a')\langle a|H^1|a'\rangle=0$.

문제 12.3 수소 원자에 있어 우리는 양성자를 점전하 취급을 하였다. 만일 양성자가 반경이 a 인 균일한 전하분포를 가진 물질이라면 기저상태의 에너지는 얼마나 변화하는가를 1차 섭동항까지만 구하라.

12.1.2 겹침이 있는 경우

식 (12.7)에서 보는 바와 같이 섭동효과를 구하려는 상태가 겹침이 있으면 문제가 생긴다. 이 문제의 가장 간단한 해결은 에너지가 겹치는 상태들로 이루어진 부속공간(subspace) V 의 기저를 재조정하여 H^1 을 대각화하는 기저로 바꾸는 것이다. 즉 겹침이 있는 경우엔 처음부터 겹침이 있는 공간의 기저를 H^0 와 H^1 를 동시에 대각화시키도록 잡아야 한다는 것이 우리가 신경 쓸 전부이다.

예제 12.3 겹침이 있는 경우의 에너지 1차 섭동값을 구체적으로 기술해 보라.

답) 에너지 E_n^0 를 갖는 갖는 상태들이 몇 개 있다고 하고 이들을 $\phi_{n1}^0, \phi_{n2}^0, ...$ 라 하자. 이들의 적당한 선형결합 $|\phi_n^0\rangle = \alpha_1|\phi_{n1}^0\rangle + \alpha_2|\phi_{n2}^0\rangle + \cdots$ 을 생각하고 이전의 결과 (12.4)을 사용하자. $H^0|\phi_n^1\rangle + H^1|\phi_n^0\rangle = E_n^0|\phi_n^1\rangle + E_n^1|\phi_n^0\rangle$ 의 양변과 ϕ_{ni}^0 와의 내적을 취하면, 좌변의 첫째 항과 우변의 첫째 항은 서로 상쇄되어 (12.7)의 분모에 나타났던 0는 나타나지 않음에 주목하라. 남은 항은 다음과 같이 표시된다.

$$\langle\phi_{ni}^0|H^1|\phi_n^0\rangle = E_n^1\langle\phi_{ni}^0|\phi_n^0\rangle, \tag{12.12}$$

여기에 $|\phi_n^0\rangle = \alpha_1|\phi_{n1}^0\rangle + \alpha_2|\phi_{n2}^0\rangle + \cdots$ 를 대입하고 $\langle\phi_{ni}|H^1|\phi_{nj}^0\rangle = W_{ij}$ 라 두면 위 식은

$$\sum_j W_{ij}\alpha_j = E_n^1\alpha_i \tag{12.13}$$

가 되어 고윳값 방정식이 된다. k-번째의 고윳값을 $E_n^{1(k)}, k = 1, 2, ...$ 라 하면 이들이 겹침이 있는 경우의 에너지 1차 섭동값이며 이에 대응되는 고유벡터 $\alpha_i^{(k)}$ 의 성분들로부터 1차근사로 보정된 k 번째 상태벡터

$$|\phi_n^{0(k)}\rangle = \alpha_1^{(k)}|\phi_{n1}^0\rangle + \alpha_2^{(k)}|\phi_{n2}^0\rangle + \cdots$$

를 준다. 물론 보정된 에너지값은

$$E_n^{(k)} = E_n^0 + E_n^{1(k)} + ...$$

가 된다.

문제 12.4 겹침의 갯수가 2일때 에너지의 1차 보정값을 행렬 W_{ij} 의 성분들로 표시하라.

답) $E_\pm^1 = \frac{1}{2}[W_{11} + W_{22} \pm \sqrt{(W_{11} - W_{22})^2 + 4|W_{12}|^2}]$.

문제 12.5 3개의 상태로 구성된 물리계의 해밀토니안이 다음과 같이 주어졌다.

$$H = V_0 \begin{pmatrix} 1-\epsilon & 0 & 0 \\ 0 & 1 & \epsilon \\ 0 & \epsilon & 2 \end{pmatrix} = H^0 + \epsilon H^1.$$

a)H^0 의 고윳값과 고유벡터를 구하라.

b) H 의 정확한 고윳값과 고유벡터를 구하라.

c) 겹침이 없을 때의 섭동론을 써서 에너지에 대한 1,2차 섭동값을 구하라.

d) 겹침이 있는 상태의 에너지에 대한 1차 섭동값을 구하고 정확한 값과 비교하라.

예제 12.4 만일 어떤 연산자 A가 있어 H^0, H^1 모두와 교환된다고 하고 ϕ^0_{ni} 가 모든 i에 대해 A의 다른 고윳값을 가진다면 W_{ij} 는 이미 대각화 되어 있다고 할 수 있음을 보여라.

답) $A|\phi^0_{nj}\rangle = a_j|\phi^0_{nj}\rangle$ 라 하면 $0 = \langle\phi^0_{ni}|[A, H']|\phi^0_{nj}\rangle = (a_i - a_j)W_{ij}$. 따라서 $a_i \neq a_j$ 이면 $W_{ij} = 0$. 이에 대한 예시는 다음 예제를 통해 보이겠다.

예제 12.5 위 예제의 구체적 예로서 주양자수가 2인 수소 원자의 상태를 생각하자. $n = 2$ 상태엔 스핀을 무시해도 $l = 0, 1$ 의 1+3=4개의 상태가 있고 이들은 모두 같은 에너지를 갖는다. 이제 전기쌍극자항 $H^1 = eEz$ 에 의해 이 겹침은 어떻게 분리되는가를 논의하라.

답) 패리티를 생각하면 쌍극자항 때문에 생기는 겹침을 생각하지 않은 1차 섭동값은 0이다. 수소 원자의 표준적 상태표기 $|nlm\rangle$ 을 사용하자. 쌍극자항의 행렬성분은 대각행렬성분이 모두 0이고 $|200\rangle$ 와 $|210\rangle$ 를 연결하는 비대각성분 $\langle 200|H^1|210\rangle := \Delta$ 만이 0이 아니다. 각운동량 L_z 는 H_0, H_1 과 모두 교환되므로 위의 예제에 의해 m 이 다른 모든 상태들은 이미 대각화 되어 있으니, $m = 0$ 인 두 상태 $|200\rangle$ 와 $|210\rangle$ 로 이루어진 부속공간내에서 겹침이 있는 경우의 섭동론을 적용하면 된다. H^1 은 대각성분이 0이고 비 대각성분은 Δ 인 행렬이므로 고윳값인 $\pm\Delta$ 만큼의 분리가 있게 된다.

예제 12.6 겹침이 있을 때 지난 소절의 섭동론이 실패하는 보다 근본적인 이유를 이해하기 위해, ϵ을 천천히 줄여서 0으로 가져갈 때 $H_{tot} = H^0 + \epsilon H^1$의 고유벡터 $|\psi_n^\epsilon\rangle$ 가 어떻게 변화하는지를 생각해 보라.

답) 만일 겹침이 있는 부분공간이 2차원이라면 $\epsilon \to 0$일 때 이 부분공간에 도달하는 H_{tot}의 고유벡터도 2개가 있어야 한다. 이들을 각각 $|\psi_n^\epsilon\rangle$ $|\psi_m^\epsilon\rangle$ 이라 하자. $\epsilon \to 0$가 되었을 때 이들 벡터는 에너지가 같은 두 벡터 $|\psi_n^0\rangle$, $|\psi_m^0\rangle$ 가 되어 있을 것인데 이는 애초에 언급한 $|\phi_n\rangle$ 와 $|\phi_m\rangle$ 일 필요는 없고 이들의 일차결합이면 충분하다. 즉 겹침 부속공간의 벡터들 중에 특별히 선택된 2개의 벡터들만이 섭동론에 의해 H_{tot}의 고유벡터와 연결된다. 즉 특별한 두 벡터에서 출발하지 않으면 ϵ를 0에서 출발해 원래 값으로 돌릴 때 H_{tot}의 고유벡터가 되지 않는것이다. 이 선택된 벡터들은 바로 H^0 뿐만아니라 H^1도 대각화시키는 2개의 벡터이다. 그리고 겹침공간의 임의의 벡터는 ϵ가 아무리 작아도 그 특별한 벡터 $|\psi_n^0\rangle$,$|\psi_m^0\rangle$ 들과는 유한한 거리만큼 떨어져 있는데, 이것이 섭동론에 나타나는 발산의 의미이다. 겹침 개수가 3 이상이라도 같은 원리가 작동함은 명백하다.

12.2 수소 원자의 미세구조

수소 원자의 미세 분광구조를 밝히는 작업은 섭동론의 중요한 응용 영역이다. 이 절에서 몇 가지 중요한 결과들을 유도해 보자.

12.2.1 상대론적 효과

우선 상대론적 효과에 의한 운동에너지의 보정이 있다. 전자의 질량을 m이라 하자.

$$E_K = (c^2p^2 + m^2c^4)^{1/2} - mc^2 = \frac{p^2}{2m} - \frac{p^4}{8m^3c^2} + \cdots ,$$

이므로 상대론적 보정효과는 p^4에 비례하는 섭동에너지를 준다. $\phi_n^{(0)}$ 앞에서

$$H_K^1 = -\frac{p^4}{8m^3c^2} = -\frac{1}{2mc^2}\left(\frac{p^2}{2m}\right)^2 = -\frac{1}{2mc^2}\left(H_0 + \frac{e_*^2}{r}\right)^2 \tag{12.14}$$

임을 쓰면 1차 섭동 효과는

$$E_{Kn}^1 = -\frac{1}{2mc^2}\left((E_n^0)^2 + 2E_n^0\langle\frac{e_*^2}{r}\rangle + \langle\frac{e_*^4}{r^2}\rangle\right) \tag{12.15}$$

이제 아래 예제에서 계산된 $1/r, 1/r^2$ 들의 기대값

$$\langle \frac{e_*^2}{r} \rangle_{nlm} = -2E_n^0, \quad \langle \frac{e_*^4}{r^2} \rangle_{nlm} = \frac{e_*^4}{a_0^2 n^3 (l+\frac{1}{2})} \tag{12.16}$$

을 쓰면

$$E_n^1 = -\frac{1}{2}mc^2\alpha^4 \left[-\frac{3}{4n^4} + \frac{1}{n^3(l+\frac{1}{2})} \right]. \tag{12.17}$$

여기서 $E_n^0 = -\frac{1}{2}mc^2\alpha^2/n^2$, $\alpha = \frac{e_*^2}{\hbar c}$, $a_0 = \frac{\hbar}{mc\alpha}$ 임을 썼다.

12.2.2 스핀-궤도 결합

전자는 스핀을 가지고 전정 $\mathbf{E}$를 가진 양성자 주위를 돌고 있으니 전자를 타고 있는 관찰계에서 보면 양성자가 전자를 돌고 있어, 양성자의 전류에 의해 만들어진 자장 $\mathbf{B} = -\mathbf{v} \times \mathbf{E}/\mathbf{c^2}$ 의 영향을 받게 된다. 이 자장과 전자의 자기모멘트 $\mu = \frac{qg}{2m}\mathbf{S}$ 의 결합에너지는 다음과 같은 형식을 같는다.

$$H^1 = -\mu \cdot \mathbf{B} = \frac{e_*^2}{m^2c^2}\frac{\mathbf{S}\cdot\mathbf{L}}{r^3} \tag{12.18}$$

여기서 $\mathbf{E} = \frac{e}{4\pi\epsilon_0}\frac{\mathbf{r}}{r^3}$, $\mathbf{L} = \mathbf{r} \times m\mathbf{v}$ 임을 썼다. ($\hbar = 1$) 그러나 이 결과는 실험값과 비교하면 2배 크다. 즉, 올바른 스핀-궤도 결합항은 다음으로 주어진다.

$$H_{SO}^1 = \frac{1}{2}\frac{e_*^2}{m^2c^2}\frac{\mathbf{S}\cdot\mathbf{L}}{r^3}. \tag{12.19}$$

특수상대론을 사용하여 이 $\frac{1}{2}$의 물리적 출처를 밝힌 사람이 토마스(Thomas)이므로 이를 토마스의 1/2인자라고 부른다. 아래 예제에서 보는바와 같이 디랙방정식을 쓰면 기계적으로 1/2이 포함된 결과를 얻을 수 있다.

예제 12.7 디랙의 방정식으로부터 스핀-궤도 상호작용항을 구하라.

답) 우리의 출발점은 쿨롱퍼텐셜에너지 $V = -\frac{e_*^2}{r}$ 을 갖는 전자의 디랙방정식

$$(E - V)\psi = (\alpha \cdot p + \beta m)\psi \tag{12.20}$$

이다. $\psi^T = (\psi_+, \psi_-)$ 라 두고 방정식을 분리하여 쓰면

$$(E - m - V)\psi_+ = \sigma \cdot p\psi_-, \quad (E + m - V)\psi_- = \sigma \cdot p\psi_+, \tag{12.21}$$

두 번째 방정식에서 ψ_- 를 구하여 첫 째 방정식에 대입하면

$$(E-m)\psi_+ = [V+\sigma\cdot p(E+m-V)^{-1}\sigma\cdot p]\psi_+, \tag{12.22}$$

$$= [V+\sigma\cdot p\frac{1}{(2m+(E-m-V))}\sigma\cdot p]\psi_+, \tag{12.23}$$

$$= [V+\sigma\cdot p(\frac{1}{2m}-\frac{(E-m-V)}{4m^2}+...)\sigma\cdot p]\psi_+, \tag{12.24}$$

$$= [V+\frac{p^2}{2m}-\frac{[\sigma\cdot p, E-m-V]}{4m^2}\sigma\cdot p-\frac{(E-m-V)}{4m^2}p^2]\psi_+ \tag{12.25}$$

$[\sigma\cdot p, E-m-V]\sigma\cdot p = i\partial_i V\sigma_i\sigma_j p_j = \frac{-1}{r}V'(r)\mathbf{L}\cdot\sigma$ 임과 $E-m-V\sim\frac{p^2}{2m}$ 임을 적용하면

$$(E-m)\psi_+ = \left(V+\frac{p^2}{2m}-\frac{p^4}{8m^2}+\frac{1}{4m^2r}V'(r)\mathbf{L}\cdot\sigma\cdots\right)\psi_+. \tag{12.26}$$

우변의 네 번째 항에서 $V=-e_*^2/r$ 로 두면 스핀-궤도 상호작용항 (12.19)을 얻는다.

만일 수소 원자가 아니라 Z 개의 양성자를 가진 핵의 영향을 받고 있다면 $e_*^2\to Ze_*^2$ 로 바꾸면 된다. 궤도-스핀 결합이 없는 계에서 겹침은 $2(2l+1)$ 만큼 있으므로 이 상호작용에 의한 에너지 고유치를 구하기 위해서는 H_{SO}^1 를 대각화하는 것이 필요하다. 이를 위해선 스핀과 궤도 각운동량의 각개 고유벡터의 텐서곱이 아니라 토탈 각운동량 $\mathbf{J}=\mathbf{L}+\mathbf{S}$의 기저로 가야한다. 왜냐하면 스핀과 궤도 각운동량이 서로 상호작용할 때는 각각이 아니라 그 합만이 보존량이기 때문이다. $L\cdot S=\frac{1}{2}(J^2-L^2-S^2)$ 을 활용하자. $j=l\pm\frac{1}{2}$ 이고 $L^2=l(l+1)$, $S^2=3/4$ 으로 정해져 있으므로

$$\mathbf{L}\cdot\mathbf{S}=\frac{1}{2}\left((l\pm\frac{1}{2})(l\pm\frac{1}{2}+1)-l(l+1)-3/4\right)=\begin{cases}\frac{1}{2}l,\\ -\frac{1}{2}(l+1),\end{cases} \tag{12.27}$$

따라서

$$\langle jm_jl|H_{SO}^1|jm_jl\rangle=\frac{\hbar^2e_*^2}{4m^2c^2}\langle\frac{1}{r^3}\rangle_{nl}\begin{cases}l, & j=l+\frac{1}{2}\\ -(l+1), & j=l-\frac{1}{2}\end{cases} \tag{12.28}$$

여기서 염두에 둘 것은 원자번호가 클수록 대략 Z^4 에 비례하여 스핀-궤도 결합력은 커진다는 것이다. 원자번호 Z 인 경우 $e^2\to Ze^2$ 이고 $\langle 1/r^3\rangle\to Z^3\langle 1/r^3\rangle$ 로 대체되기 때문이다. 이 사실은 스핀-궤도 결합에 의해 야기되는 여러 현상들이 원자번호가 큰 물질들에서 더 쉽게 구현되리라는 것을 의미한다.

이제 (12.17)에서 계산된 운동에너지 보정과 스핀-궤도 보정을 합치기 위해

$$\langle 1/r^3 \rangle_{nl} = \int_0^\infty r^2 dr (R_{nl})^2 1/r^3 = \frac{1}{a_0^3 n^3 l(l+1)(l+1/2)}, \tag{12.29}$$

임과 $\frac{\hbar^2 e_*^2}{m^2 c^2 a_0^3} = mc^2\alpha^4$ 임을 사용하면

$$H_K^1 + E_{SO}^1 = -\frac{1}{2}mc^2\alpha^4 \frac{1}{n^3}\left[-\frac{3}{4n} + \frac{1}{l+\frac{1}{2}} + \begin{cases} -\frac{1}{2}\frac{1}{(l+1)(l+\frac{1}{2})}, & j = l+\frac{1}{2} \\ +\frac{1}{2}\frac{1}{(l)(l+\frac{1}{2})}, & j = l-\frac{1}{2} \end{cases}\right] \tag{12.30}$$

흥미롭게도 이 결과의 두 경우 모두 다음과 같이 j 만의 같은 함수로 쓰여진다.

$$H_K^1 + E_{SO}^1 = E_n^1 = -\frac{1}{2}mc^2\alpha^4 \frac{1}{n^3}\left[-\frac{3}{4n} + \frac{1}{j+\frac{1}{2}}\right]. \tag{12.31}$$

따라서 에너지 준위는

$$E_{nlm} = E_n^0 + E_n^1 = -\frac{mc^2\alpha^2}{2n^2}\left[1 + \frac{1}{n}\left(\frac{1}{j+\frac{1}{2}} - \frac{3}{4n}\right)\right]. \tag{12.32}$$

이 결과는 $^{2S+1}L_J$ 표기법에서 $^2P_{1/2}$. $^2S_{1/2}$의 에너지 상태는 겹치게 된다는 놀라운 결과를 준다. 디랙 방정식을 써서 정확히 풀어도 같은 결과를 얻는다.

1947년 램(Lamb)은 이들 준위간의 약간의 분리를 발견하였는데 이는 대략 $mc^2\alpha^5 \log\alpha$ 정도였다. 전자가 스스로의 전자기장과 결합한 효과임이 밝혀졌는데 결국 이를 설명하기 위해 양자전기역학이 만들어 졌다.

예제 12.8 **파인만-헬만 정리:** $\frac{\partial E_n}{\partial\lambda} = \langle\psi_n|\frac{\partial H(\lambda)}{\partial\lambda}|\psi_n\rangle$을 증명하라.

답) $E_n = \langle\psi_n|H|\psi_n\rangle$의 양변을 미분하고 $\partial_\lambda\langle\psi_n|\psi_n\rangle = 0$ 임을 써라.

예제 12.9 **$\langle r^s\rangle$의 계산**

다음 결과들을 증명하라.

1. $\langle 1/r\rangle = me^2/[n^2\hbar^2]$.
2. $\langle 1/r^2\rangle = 1/[n^3 a_0^2(l+\frac{1}{2})]$.
3. $\langle 1/r^3\rangle = 1/[n^3 a_0^3 l(l+\frac{1}{2})(l+1)]$.

4. 다음 순환식을 증명하라. (크레이머스 관계식)

$$\frac{s+1}{n^2}\langle r^s\rangle - (2s+1)a_0\langle r^{s-1}\rangle + \frac{s}{4}[(2l+1)^2 - s^2]a_0^2\langle r^{s-2}\rangle = 0.$$

5. $\langle r\rangle = \frac{a_0}{2}[3n^2 - l(l+1)]$.

6. 문제 2, 3을 문제 4, 5의 결과로부터 유도할 수 있는가?

답) 1. $\langle q/r\rangle$는 섭동으로 생각할 수 있지만 정확히 풀 수도 있다. 왜냐하면, 토탈 해밀토니안은 쿨롱 항을 $-e_*^2/r \to -(e_*^2 - q)/r$로 바꾼 것에 불과하기 때문이다. 그러므로 $E_n(q) = E_n(0) + qE_n^1 + \cdots$ 에서 $E_n^1 = \left.\frac{dE_n}{dq}\right|_{q=0}$.

2. $\frac{l(l+1)}{r^2} + q/r^2 = \frac{l'(l'+1)}{r^2}$ 이 역시 정확히 풀리므로 1과 같은 방법으로 진행한다.

3. $p_r := -i\hbar\frac{1}{r}\partial_r r = -i\hbar(\partial_r + 1/r)$라 정의하면 $\langle[p_r, H]\rangle_{nlm} = 0$.

한편 $H = \frac{p_r^2}{2m} + V_{eff}$, $[p_r, H] = -i\hbar\partial_r V_{eff}(r)$를 이용하여 교환자를 실제로 계산하면 $-\frac{\hbar^2}{m}l(l+1)\langle 1/r^3\rangle + e_*^2\langle 1/r^2\rangle = 0$를 얻고 $\frac{\hbar^2}{\mu e_*^2} = a_0$에 유의하라.

4. $V = \left(-\frac{l(l+1)}{r^2} + \frac{2}{a_0 r} - \frac{1}{n^2 a_0^2}\right)$라 하면 수소 원자의 반경방정식은 $u'' + Vu = 0$으로 쓸 수있다. 이식의 양변에 $r^s u' - cr^{s+1}u$을 곱하고 $u'u'' = \frac{1}{2}(u'^2)'$, $uu' = \frac{1}{2}(u^2)'$, $uu'' = (\frac{1}{2}u^2)'' - u'^2$ 등과 부분적분을 써서 $u''uA$나 $u''u'B$ 형태의 항들을 써모두 $u'^2 r^s$ 항들로 변형한 다음 이 항이 소거되도록 c를 정하면 $c = (s+1)/2$. 남은 항들을 정리하면 주어진 식을 얻는다.

5. 위의 순환식에서 $s = 1$이라 두라.

6. 순환식에서 차례로 $s = 0, s = -1$이라 두라.

12.2.3 제만 효과

자장안에서 전자는 궤도운동에 의한 자기모메트와 스핀에 의한 자기모멘트를 모두 가지므로 $H = -\boldsymbol{\mu}\cdot\mathbf{B}$에 의해

$$H_Z = \frac{e}{2m}(\mathbf{L} + 2\mathbf{S})\cdot\mathbf{B} \tag{12.33}$$

라는 섭동항을 주는데 이를 제만 효과라 한다. 여기서 $-e$는 전자의 전하이다. 제만 효과와 스핀-궤도결합 에너지의 대소관계에 따라 하나는 지배적 에너지, 다른 하나는 섭동항으로 간주될 수 있다.

1. 스핀-궤도결합이 지배적일 때: 이 경우 제만항은 섭동항으로 역할한다. 외부장은 작은 경우이므로 외부 토크는 무시되고 따라서 토탈 각운동량 $\mathbf{J} = \mathbf{L} + \mathbf{S}$ 이 보존된다. 스핀과 궤도각운동량은 각각 $\mathbf{J}$ 주위의 세차운동을 하게 된다. 따라서 스핀의 기대값은 스핀의 $\mathbf{J}$ 방향의 사영과 같아야 한다. 이로부터

$$\langle \mathbf{S} \rangle = \langle \mathbf{S} \cdot \mathbf{J} \rangle \mathbf{J}/J^2, \tag{12.34}$$

$$\langle \mathbf{L} + 2\mathbf{S} \rangle = \langle \mathbf{J} + \mathbf{S} \rangle = \langle (1 + \mathbf{S} \cdot \mathbf{J}/J^2)\mathbf{J} \rangle := g_J \langle \mathbf{J} \rangle, \tag{12.35}$$

여기서

$$g_J = 1 + \frac{j(j+1) - l(l+1) + 3/4}{2j(j+1)}, \tag{12.36}$$

이며 란데의 g-인자라 부른다. 이로부터 제만에너지의 1차근사값은 $E_Z = \mu_B g_J m_j$ 이다. 단 z-축을 $\mathbf{B}$ 의 방향으로 하였으며 m_j 는 J_z 의 고윳값, 그리고 $\mu_B = \frac{|e|\hbar}{2m} = 5.788 \times 10^{-5}$ eV/Tesla 이다.

> 문제 12.6 위에서 주어진 란데 인자 g_J 의 표현을 증명하라.

2. 제만항이 지배적일때 : 외부자장을 무시할 수 없을 때, 외부 토크로 인해 토탈 각운동량은 보존되지 않는다. 이 경우 좋은 양자수는 l, m_l, m_s 이며 제만항은 $E_Z = \mu_B B(2m_s + m_l)$ 이다.

> 문제 12.7 이 경우 스핀 궤도 결합항을 다음 순서로 구하라.
> 1 L_z, S_z 의 고유상태에 대해선 $\langle S_i \rangle = \langle L_i \rangle = 0, i = x, y$ 임을 보여라.
> 2 $\langle \mathbf{S} \cdot \mathbf{L} \rangle = \langle \mathbf{S} \rangle \cdot \langle \mathbf{L} \rangle = m_l m_s \hbar^2$ 임을 보여라.
> 3 스핀궤도결합 에너지가 근사적으로 $H_{SO} = \frac{\frac{1}{2}mc^2\alpha^4}{n^3} \frac{m_l m_s}{l(l+1)(l+\frac{1}{2})}$ 임을 보여라.

12.2.4 초미세구조

수소 원자의 핵인 양성자는 스핀을 가지므로 자기쌍극자에 의한 자장을 만들고 여기에 전자스핀의 쌍극자가 반응을 함으로써 스핀-스핀이 상호작용이 형성되며, 전자의 상태가 구대칭성을 가질 때는 해밀토니안에 다음과 같은 간단한 상호작용항을 준다.

$$H_{hf} = \frac{2\mu_0}{3} \boldsymbol{\mu}_p \cdot \boldsymbol{\mu}_e \delta(\mathbf{x}). \tag{12.37}$$

$\boldsymbol{\mu}_p = \frac{g_p e}{2m_p}\mathbf{S}_p$, $\boldsymbol{\mu}_e = \frac{-e}{m_e}\mathbf{S}_e$,를 써서

$$\langle H_{hf}\rangle = \frac{\mu_0 g_p e^2}{3m_p m_e}\mathbf{S}_e \cdot \mathbf{S}_p |\psi(0)|^2 \tag{12.38}$$

$\mathbf{S}_e \cdot \mathbf{S}_p = \frac{1}{2}(S^2 - S_p^2 - S_e^2) = \frac{1}{2}S^2 - \frac{3}{4}\hbar^2$ 에서 이 값은 토탈 스핀이 $S = 1$ 일때 $(1/4)\hbar^2$, 토탈스핀이 0 일때는 $-(3/4)\hbar^2$ 이다. $|\psi(0)|^2 = \frac{1}{\pi a^3}$ 임과 $\mu_0 e^2 = 4\pi e_*^2/c^2 = \frac{4\pi}{c^2}\cdot\frac{\hbar^2}{m_e a}$ 를 써서 이 두 에너지 준위간의 차이는

$$\Delta E = \frac{4g_p\hbar^4}{3m_p m_e^2 a^4} = 5.88 \times 10^{-6} eV,$$

인데 이는 주파수 $(h\nu)$로는 $1420MHz$, 파장(hc/λ)으로는 21cm에 해당한다. 성간물질로서의 수소 원자가 내는 이 파장은 암흑물질의 발견에 지대한 역할을 하였다.

문제 12.8 원자에 외부전장을 걸면 에너지준위들이 이동하는데 이를 스타크의 효과라 한다. 전장이 z 방향으로 걸려있다고 하면 퍼텐셜에너지는

$$H'_S = eEz = eEr\cos\theta.$$

로 주어진다. 스핀이나 미세구조를 무시하고 이 항만을 수소 원자의 섭동항이라 생각하고 에너지의 지배적 보정을 생각하자.

1. $n = 1$ 기저상태에서의 1차 보정은 없음을 보여라.

2. $n = 2$ 여기상태는 4중항이다. 스핀을 무시해도 $n = 2$ 에는 $n^2 = 4$ 개의 상태가 같은 에너지에 있기 때문이다. 겹침이 있는 경우의 섭동론을 사용하여 에너지의 1차 보정항을 구하라. 힌트: 행렬 $\langle 2l_1m_1|H_1|2l_2m_2\rangle$ 을 대각화하면 된다. 16개 행렬 성분의 대다수는 0이다. 특히 $m_1 \neq m_2$ 이면 모두 0이다. 왜냐?

12.3 변분원리

여기서 기술할 변분원리는 기저상태를 구하는데 유용하며 임의의 상태 ψ에 대해

$$E[\psi] = \inf_{\psi}\frac{\langle\psi|H|\psi\rangle}{\langle\psi|\psi\rangle} \geq E_0 \tag{12.39}$$

가 성립한다는데 착안한 것이다. 증명은 해밀토니안의 고유벡터 기저 $\{|n\rangle\}$로 $|\psi\rangle$를 전개하여 얻은 $|\psi\rangle = \sum_n c_n|n\rangle$를 위 식에 대입하면 우변의 분자가 $\sum_n E_n|c_n|^2 \geq \sum_n E_0|c_n|^2 =$

$E_0\langle\psi|\psi\rangle$ 이니 이로써 충분하다. 이 방법은 얼마나 넓은 범주에서 ψ를 찾을 것인가 혹은 어떤 유의 파동함수를 시도하느냐에 따라 얼마나 좋은 근사가 되느냐가 결정된다.[1]

예제 12.10 $H = \frac{p^2}{2m} + \lambda x^4$ 의 기저상태 에너지를 테스트 함수 $\psi = e^{-\alpha x^2/2}$ 를 써서 근사적으로 구해보라.

답) 분모 분자를 따로 적분하여

$$E[\alpha] = \frac{\hbar^2\alpha}{4m} + \frac{3\lambda}{4\alpha^2} \tag{12.41}$$

를 얻고 이를 α로 미분하면, $\alpha_0 = \left(\frac{6m\lambda}{\hbar^2}\right)^{1/3}$ 에서 $E[\alpha_0] = \frac{3}{8}\left(\frac{6\hbar^4\lambda}{m^2}\right)^{1/3}$ 를 준다는 것을 알 수 있다.

많은 경우 시도함수가 웬만큼만 좋아도 에너지값은 놀랄 만큼 참값에 가깝다. 예를 들어 파동함수가 정확한 상태에 10% 가까우면 에너지값은 1% 범주로 가깞다.

예제 12.11 바로 위 줄의 명제를 증명하라

답) $\psi = \phi_1 + \alpha\phi_2$ 이면 $E[\alpha] = (E_0 + \alpha^2 E_1)/(1+\alpha^2) = E_0 + \mathcal{O}(\alpha^2)$.

12.4 WKB 근사법

12.4.1 WKB 근사의 정의와 해

1차원의 슈뢰딩거 방정식은

$$\hbar^2\psi''(x) + p^2(x)\psi(x) = 0, \quad p^2(x) = 2m(E - V(x)) := \hbar^2 k^2(x) \tag{12.42}$$

와 같이 쓸수 있고 $V(x)$가 일정하면 $\psi(x) = e^{\pm ipx/\hbar}$ 가 된다. $E > V$ 이면 평면파 해이며 $E < V$ 이면 지수적으로 감소하는 해이다. 이제 $V(x)$가 일정하지 않으면 어떻게 되는가?

[1] 조금 다른 각도에서 보면 위 식 (12.39)의 변분을 취하여

$$\delta(E[\psi]) = \frac{\langle\delta\psi|(H|\psi\rangle - E|\psi\rangle)}{\langle\psi|\psi\rangle} + h.c \tag{12.40}$$

이니 이는 임의의 시간 무관 슈뢰딩거 방정식의 해는 변분 방정식의 해를 준다는 것을 보여준다.

WKB의 첫째 아이디어는 $\psi = \exp(\frac{i}{\hbar}W(x))$라 하고 $\hbar$에 대한 전개를 하는 것이다. 슈뢰딩거 방정식을 W의 방정식으로 고치면

$$i\hbar W'' - W'^2 + p^2(x) = 0 \tag{12.43}$$

W를 $\hbar$의 급수로 전개하여

$$W = W_0 + \hbar W_1 + \hbar^2 W_2 + \cdots \tag{12.44}$$

그 결과를 위의 방정식에 대입하여 $n = 0, 1, 2, \cdots$에 대해 $\hbar^n$의 계수를 0이라 두면

$$W'^2_0 = p^2, \quad iW''_0 - 2W'_0 W'_1 = 0, \ \cdots \tag{12.45}$$

그 해는

$$W_0(x) = \pm \int_{x_0}^{x} p(x')dx', \quad W_1 = \frac{i}{2}\log|p(x)|, \ \cdots \tag{12.46}$$

이 되니 $k(x) = p(x)/\hbar$를 써서 해를 표시하면

$$\psi(x) = \frac{C_\pm}{\sqrt{|k(x)|}} \exp(\pm i \int_{x_0}^{x} k(x')dx') := \psi_\pm \tag{12.47}$$

$V(x)$의 모양이 약간 변형된 위로 열린 포물선이라고 그리면 주어진 에너지 E에 대해 $V(x) = E$가 되는 두 개의 반환점이 있으며 위 식의 x_0는 오른쪽 반환점을 말한다. 다음 소절에서 우리는 두 반환점 모두를 고려할 것이다.

이때까지 에너지값이 퍼텐셜보다 큰 영역을 생각했으나 $E < V(x)$인 영역에서도 $\kappa^2(x) = -k^2(x) = \frac{2m}{\hbar^2}(V(x) - E)$라 둠으로써 위의 해는 성립한다. 예를 들어 $x > x_0$인 영역에서는

$$\psi_>(x) = \frac{D}{\sqrt{\kappa(x)}} \exp(-\int_{x_0}^{x} \kappa(x')dx') \tag{12.48}$$

이 영역에선 지수적으로 감소하는 해만 취해야 함에 유의하라.

12.4.2 에어리 함수를 사용한 WKB해 이어 붙이기

남은 일은 WKB의 두 해 $\psi_\pm$를 어떻게 결합하여 $\psi_>$와 이어 붙일 것인가 하는 문제이다. 먼저 이 해를 언제 믿을 수 있는지를 생각해 보자. 우선 식 (12.43)의 첫째 항이 둘째 항보다 훨씬 작아야 한다. 이 조건은

$$\frac{d}{dx}\frac{\hbar}{W'(x)} = \frac{\lambda'(x)}{2\pi} << 1 \tag{12.49}$$

와 같으니 드브로이 파장이 천천히 변해야 한다는 조건이다. 그런데 $E = V(x_0)$가 되는 반환점 x_0에서 $p(x_0) = 0$여서 드브로이 파장도 발산한다. 따라서 반환점 부근에서 이 해는 받아들일 수 없다.

그런데 반환점 부근에서 기울기가 유한하다면 임의의 퍼텐셜은 선형근사가 가능한데 선형퍼텐셜에서의 슈뢰딩거 방정식의 해는 에어리(Airy) 함수로 주어진다. 이제 2개의 해를 다 믿을 수 있는, 반환점에 가까우면서도 충분히 먼 영역에선 여기서의 두 가지 해, 즉 에어리 함수와 WKB해를 비교함으로써 $C_\pm$을 결정할 수 있다. 이 과정을 중매(matching)라 한다. 이제 이 아이디어를 구현해 보자.

반환점에서의 퍼텐셜의 기울기가 양이라 하자. $x = x_0$ 근방에서

$$V(x) \simeq E + (x - x_0)V'(x_0) + \cdots$$

이므로 새 변수 $y/\alpha = (x - x_0)$를 도입하면 $k^2 \simeq -\frac{2m}{\hbar^2}V'(x_0)y/\alpha$ 이니 슈뢰딩거 방정식은

$$\alpha^2 \frac{d^2}{dy^2}\psi(y) - \left(\frac{2m}{\hbar^2}V'(x_0)y/\alpha\right)\psi(y) = 0. \tag{12.50}$$

이제 $\alpha = \left(\frac{2m}{\hbar^2}V'(x_0)\right)^{1/3}$ 으로 두면 슈뢰딩거 방정식은 아래와 같이 쓰인다.

$$\frac{d^2}{dy^2}\psi(y) - y\psi(y) = 0. \tag{12.51}$$

$\psi(y)$의 푸리에 변환 $\psi(y) = \int_{-\infty}^{\infty} \frac{ds}{2\pi} e^{isy}\tilde{\psi}(s)$ 을 도입하면 위의 방정식은

$$\int dse^{isy}(-s^2 - i\frac{d}{ds})\tilde{\psi}(s) = 0 \tag{12.52}$$

로 쓰이는데 e^{isy}는 파동함수 공간의 완전 기저를 이루므로

$$(-s^2 - i\frac{d}{ds})\tilde{\psi}(s) = 0$$

이어야 하고 이 방정식의 해는 $\tilde{\psi}(s) = \exp(is^3/3)$이다. 따라서 $\psi(y)$의 푸리에 변환식은

$$\psi(y) = \int_{-\infty}^{\infty} \frac{ds}{2\pi} \exp[i(sy + s^3/3)] := \text{Ai}(y) \tag{12.53}$$

이 해를 에어리의 1종해, $\text{Ai}(y)$라 하는데, 이를 다음과 같이 쓸 수도 있다.

$$\text{Ai}(y) = \frac{1}{\pi}\int_0^{\infty} \cos\left(\frac{s^3}{3} + ys\right) ds \tag{12.54}$$

아래 예제에서 보는 바와 같이 이는 다음과 같이 근사된다.[2]

$$\mathrm{Ai}(y) \sim \frac{1}{2\sqrt{\pi}}\frac{1}{y^{1/4}}\exp\left(-\frac{2}{3}y^{3/2}\right), \quad y >> 0 \tag{12.55}$$

$$\mathrm{Ai}(y) \sim \frac{1}{\sqrt{\pi}}\frac{1}{(-y)^{1/4}}\cos\left(-\frac{2}{3}(-y)^{3/2}+\frac{\pi}{4}\right), \quad y << 0 \tag{12.56}$$

한편, 반환점 근방에서 $\psi_\pm$를 변수 y로 표시하면 $\psi_\pm = \frac{C_\pm}{\alpha(-y)^{1/4}}e^{i\int_0^y\sqrt{-y}dy}$ 이니

$$\psi = \psi_+ + \psi_- = \frac{C_+}{\alpha(-y)^{1/4}}e^{-i\frac{2}{3}(-y)^{3/2}} + \frac{C_-}{\alpha(-y)^{1/4}}e^{i\frac{2}{3}(-y)^{3/2}} \tag{12.57}$$

이것과 식 (12.56) 을 비교하여

$$C_+/\alpha = \frac{1}{2\sqrt{\pi}}e^{\frac{\pi}{4}i}, \quad C_-/\alpha = \frac{1}{2\sqrt{\pi}}e^{-\frac{\pi}{4}i} \tag{12.58}$$

를 얻는다.

같은 방법으로 $x > x_0$ 에서의 해 $\psi_>$를 y로 표시하면

$$\psi_> = \frac{D}{\alpha y^{1/4}}\exp(-\frac{2}{3}y^{3/2}) \tag{12.59}$$

이를 식 (12.55)와 비교하여 $D/\alpha = \frac{1}{2\sqrt{\pi}}$를 얻는다. α는 이미 알려진 값이므로 $C_\pm$와 D는 완전히 결정되었다. 에어리 함수를 매개로 하여 반환점 좌우의 WKB 함수가 이어져 붙여진 것이므로 이 중매의 과정은

$$C_\pm = D\exp(\pm\frac{\pi}{4}i), \tag{12.60}$$

로 요약할 수 있다. 즉

$$\psi = \frac{2D}{\sqrt{k(x)}}\cos(-\int_x^{x_0}k(x)dx + \frac{\pi}{4}), \quad x < x_0 \tag{12.61}$$

$$\psi_>(x) = \frac{D}{\sqrt{\kappa(x)}}\exp(-\int_{x_0}^{x}\kappa(x')dx'), \quad x > x_0 \tag{12.62}$$

우리가 수고한 모든 것은 $e^{\pm\frac{\pi}{4}i}$ 안에 요약되어 있다. 아래 예제는 이 위상의 근원을 설명해 준다.

---

[2] 이계미분방정식이므로 두 가지 해가 있고 제2종 해는

$$\mathrm{Bi}(y) = \frac{1}{\pi}\int_0^\infty\left[\sin\left(\frac{s^3}{3}+ys\right) + \exp(sy - \frac{s^3}{3})\right]ds$$

로 주어지나 이는 y가 큰 영역에서 발산한다. 우리는 반환점 $(y = 0)$을 포함하는 충분히 큰 영역에서 옳은 파동함수로서의 에어리 함수를 생각하고 있으므로 Bi는 포함될 수 없다.

예제 12.12 식 (12.53)로 주어진 에어리함수를 위상안정근사(stationary phase approximation)방법에 의해 계산하여 $e^{\pm\frac{\pi}{4}i}$의 근원을 밝혀라.

답) 위상을 $\phi(s) = sy + \frac{1}{3}s^3$ 라 하면 $\mathrm{Ai} = \int \frac{ds}{2\pi} e^{i[\phi(s_0)+\frac{1}{2}\phi''(s_0)(s-s_0)^2+\cdots]}$, $\phi'(s_0) = 0$. 이제 안정점 부근에서 $s - s_0 \to re^{i\theta_0}$ 라 두자. 위상안정근사의 핵심은 적분의 경로를 안정점을 지나도록 변경하고 그 근방에서 경로의 방향 $e^{i\theta_0}$를 결정하여

$$\exp(\frac{1}{2}i\phi''(s_0)(s-s_0)^2) = \exp(-\frac{1}{2}|\phi''(s_0)|r^2) \tag{12.63}$$

가 되도록 하는 것이다. $\mathrm{Arg}(\phi''(s_0)) = \alpha$ 라 하면 $ie^{2i\theta_0+i\alpha} = -1$ 이어야 하니

$$\theta_0 = \frac{\pi}{4} - \frac{1}{2}\alpha. \tag{12.64}$$

그러면

$$\mathrm{Ai} \sim \sum_{s_0} \frac{1}{2\pi}\sqrt{\frac{2\pi}{|\phi''(s_0)|}} \exp\left(i\phi(s_0) + i\theta_0\right). \tag{12.65}$$

우리 문제로 돌아와 안정점 s_0에서 $\phi'(s_0) = y + s_0^2 = 0$ 이므로 y의 음양에 따라 해가 갈린다. $y > 0$일 때는 $s_0 = \pm i\sqrt{y}$. $\psi \sim e^{i\phi(s_0)} = \exp(\mp\frac{2}{3}s^{3/2})$ 이니, $s_0 = -i\sqrt{y}$의 기여는 큰 y에서 발산하므로 해로서 적절치 않다. 따라서 $s_0 = +i\sqrt{y}$만 기여하도록 경로를 결정하자. $\alpha = Arg(\phi_0) = \pi/2$ 이니 $\theta_0 = \pi/4 - \alpha/2 = 0$. 따라서 경로는 s의 복소수 평면에서 $s_0 = i\sqrt{y}$을 실수축에 평행하게 통과하도록 정한다. $\phi''(s_0) = 2s_0$ 임에 주목하면

$$\mathrm{Ai} \sim \frac{1}{2\pi}\sqrt{\frac{2\pi}{2\sqrt{y}}} \exp\left(-\frac{2}{3}y^{3/2}\right), \quad y > 0 \tag{12.66}$$

이는 식 (12.55)를 준다. 한편, $y < 0$이라면 $s_0 = \pm\sqrt{-y}$의 두 군데 모두에서 중요한 기여를 얻는다. 따라서 경로는 $s = -\sqrt{-y}$에서 우하향($\theta_0 = -\pi/4$), $s = \sqrt{-y}$에서 우상향($\theta_0 = \pi/4$)하도록 조정하면 안정점에서 먼 곳의 경로적분은 무시할 수 있게 된다. $s_0 = \pm\sqrt{-y}$ 에서 $\phi(s_0) = \mp\frac{2}{3}(-y)^{3/2}$ 이고, $\theta_0 = \pm\frac{\pi}{4}$ 임에 주목하면 식 (12.56)을 얻는다.

12.4.3 터널링

퍼텐셜의 모양이 유한한 높이의 퍼텐셜 장벽이라 하고 장벽의 좌우의 퍼텐셜은 0이라고 하고 에너지는 장벽의 높이보다 낮다고 하자. 그러면 $V(x) = E$ 인 위치는 x_0와 그 우측에 있는

x_1 두 개가 생긴다. 한편 (12.71)과 (12.61)의 우향성분 $\psi_R(x) = \frac{D}{\sqrt{k(x)}}\exp[i(\int_{x_0}^{x} k(x)dx + \frac{\pi}{4})]$ 의 비 $\frac{\psi_>(x)}{\psi_R(x_0)}$ 는 퍼텐셜 좌측에 에 있는 입자가 고전적으로 금지된 영역으로 투과하여 x 까지 도달할 확률진폭으로 생각할 수 있다. 입자가 퍼텐셜의 왼쪽에서 출발하여 x_1 까지 도달했다면 그 다음부턴 자유롭게 진행하게 된다. 따라서 투과의 확률은

$$T = \left|\frac{\psi_>(x_1)}{\psi_R(x_0)}\right|^2 \simeq \exp(-2\int_{x_0}^{x_1} \kappa(x)dx)) := e^{-2\gamma}. \tag{12.67}$$

예제 12.13 가모브는 알파입자의 방출을 퍼텐셜 벽을 뚫고 나오는 헬륨핵입자의 터널링으로 생각하였다. 즉

$$V(r) = \begin{cases} -V_0, & r < R, \\ \alpha/r, & r > R \end{cases} \tag{12.68}$$

WKB를 써서 터널링 확률을 계산해 보라. (여기서 $\alpha = \frac{2Ze^2}{4\pi\epsilon_0}$)

답) $T = e^{-2\gamma}$, $\gamma = \int_R^{r_1} \kappa(r)dr = k[(\frac{\pi}{2} - \sin^{-1}\sqrt{R/r_1}) - \sqrt{R(r_1 - R)}]$. 여기서 $R << r_1$ 의 근사를 쓰고 $r_1 = \alpha/E$ 임에 유의하면 $\gamma \simeq \frac{A}{\sqrt{E}} - B$.

실험적으로 $\ln P$ vs $\sqrt{E}$의 플롯에서 음의 기울기를 갖는 직선위에 데이타가 정열되는 것이 확인됨으로써 터널링에 대한 양자물리학의 생각이 옳음이 인정되었다.

12.4.4 속박상태와 보어-좀머펠트 양자화

속박상태에서 고전적으로 입자는 $x'_0 < x < x_0$ 의 범주에서 운동한다. 위에서의 이야기는 x_0 에서의 퍼텐셜의 기울기가 양인 오른쪽 반환점 부근에서의 이야기다. 같은 이야기를 왼쪽 반환점 x'_0 의 부근에서 해보자. 이때 $V'(x'_0) < 0$ 이므로 $V(x) \simeq E + (x - x'_0)V'(x_0) + \cdots$ 이므로 $\alpha' = \left(\frac{-2mV'(x_0)}{\hbar^2}\right)^{1/3}$ 이라 정의하고 새 변수 $y = \alpha'(x - x'_0)$ 를 도입하면 $k^2 = -\kappa^2 = \alpha'^2 y$ 이니 슈뢰딩거 방정식은 아래와 같다.

$$\frac{d^2}{dy^2}\psi(y) + y\psi(y) = 0 \tag{12.69}$$

이 결과는 $y \to -y$에 의해 x_0 근방의 결과 식 (12.51)로 회귀되므로 해는 $\mathrm{Ai}(-y)$에 의해 기술된다. 위의 과정을 반복하면

$$\psi_<(x) = \frac{A}{\sqrt{\kappa(x)}} \exp(-\int_x^{x_0'} \kappa(x')dx'), \quad x < x_0', \tag{12.70}$$

$$\tilde{\psi}(x) = \frac{2A}{\sqrt{k(x)}} \cos(-\int_{x_0'}^{x} k(x)dx + \frac{\pi}{4}), \quad x > x_0' \tag{12.71}$$

(12.61)와 (12.71)로 주어진 중간영역에서의 파동함수 ψ와 $\tilde{\psi}$는 일치해야 한다. 조건은 $A = \pm D$이고 cos 내부의 합이나 차가 π의 정수배가 되면 된다.[3] 차가 일정할 수는 없으므로 합이 일정할 조건을 찾으면

$$\int_{x_0'}^{x_0} k(x)dx = (n + \frac{1}{2})\pi, \tag{12.72}$$

$$\text{혹은} \quad \oint p(x)dx = (n + \frac{1}{2})h \tag{12.73}$$

이는 $\frac{1}{2}$를 무시하면 보어-좀머펠트의 양자화 조건과 같다.

예제 12.14 퍼텐셜이 좌측이나 우측의 반환점에서 무한대로 치솟을 경우 보어-좀머펠트의 양자화 조건은 어떻게 되겠는가?

(힌트: $\sin(\int_0^x k(x)) = \cos - \int_0^x k(x)) + \pi/2$를 이용하라.)

답) 한쪽만 무한대이면 $(n+\frac{1}{2}) \to (n+3/4)$. 양쪽이 모두 무한대이면 $(n+\frac{1}{2}) \to (n+1)$. 이를 이용하면 3차원에서의 보어-좀머펠트 양자화 조건은 $\int_0^{r_0} k(r)dr = (n + 3/4)\pi$.

예제 12.15 1. $V = k|x|$에 대해 보어-좀머펠트 양자화 조건을 적용하여 에너지 준위를 구해 보라.

2. 같은 문제를 $V = kx^4$에 대해 풀어보라.

답) 1. $E_n = \left(\frac{3kh\pi}{4\sqrt{2m}}(n + \frac{1}{2})\right)^{2/3}$. 2. $E_n = \left(\frac{ck^{1/4}\hbar}{\sqrt{m}}(n + \frac{1}{2})\right)^{4/3}$.

---

[3] 삼각함수의 가법정리를 사용하면

$$\cos X - \cos Y = -2\sin\frac{X+Y}{2}\sin\frac{X-Y}{2} = 0\text{에서 } X \pm Y = 2n\pi,$$

$$\cos X + \cos Y = 2\cos\frac{X+Y}{2}\cos\frac{X-Y}{2} = 0\text{에서 } X \pm Y = n\pi.$$

후자의 결과는 전자를 포함한다.

제13장
시간에 따라 변하는 물리계

지난 장에선 풀리는 계의 주변에서 시간에 무관한 퍼텐셜이 더해지는 경우를 취급하였다. 이번장에선 시간에 따라 변하는 퍼텐셜이 더해진 경우를 취급한다. 이를 필요로 하는 대표적인 계는 빛과 전자의 상호작용이다. 시간에 의존하는 섭동은 아래에 이야기할 갑작근사와 느림근사 및 베리위상 등의 논의에 기본이 되며 다음 장에 기술될 산란의 문제도 시간에 따라 변하는 섭동이라 생각할 수도 있다. 왜냐하면 들어가는 입자의 관점에서 보면 충돌지점에서 먼 곳에선 퍼텐셜이 없고 충돌중심으로 나아감에 따라 퍼텐셜이 점점 강해지다가 멀어지면 다시 사라지기 때문이다.

13.1 전자기 파동 안에서의 원자

계의 해밀토니안을 다음과 같이 분리하자.

$$H = H_0 + V(t) \tag{13.1}$$

H_0는 시간에 무관하고 그 해가 알려진 계이며 $V(t)$는 시간에 의존하는 작은 섭동이다. 예를 들어 전장성분이 $\mathcal{E} = \mathcal{E}_0 \cos(kx - \omega t)$인 단색광을 원자에 쪼이면 전자의 해밀토니안엔 $V(x,t) = -q\mathcal{E}.\mathbf{x}$항이 추가된다. 만일 단색광의 파장이 전자가 들어있는 원자의 크기보다 길다면 전자는 빛의 공간적 변화를 느끼지 못할 것이므로

$$V(x,t) = e\mathcal{E}_0 x \cos(\omega t) \tag{13.2}$$

로 간단히 쓸 수 있으며, 빛의 진동수를 원자의 특정 두 준위 간의 에너지 차

$$\hbar\omega_0 = E_2 - E_1 \tag{13.3}$$

에 가깝게 조절하면, 다른 준위들은 무시될 수 있어 2개의 준위만이 포함된 간단한 문제로 귀결된다. 이것이 아래 소절에 소개할 라비 진동이다. 사실 빛에는 자장과 전장성분이 있으나 아래 예제에서 보는 바와 같이 자장에 의한 에너지는 전장에 의해 유도되는 상호작용에너지 보다 1/137배만큼 작으므로 무시해도 좋다.

빛으로 인해 한 상태 1에 있던 원자의 전자는 다른 상태 2로 천이하게 되는데 이 천이의 확률을 구하는 것이 주된 목표이다. 여기서는 일반론보다는 구체적 물리계를 통해 그 방법론을 소개하도록 하겠다.

> 예제 13.1 위의 명제를 증명하라.
> 답) $U_e = e\mathcal{E}a_0 = e\mathcal{E}\frac{\hbar}{mc\alpha}, U_m = \mu_B B = B\frac{e\hbar}{2m} = e\mathcal{E}\frac{\hbar}{2mc}$ 이므로 $\frac{U_m}{U_e} = \alpha = \frac{1}{137}$.

13.2 라비 진동

2개의 상태 ψ_1, ψ_2 만이 존재하는 원자의 전자를 생각하자. 가장 일반적 상태는

$$\psi(t) = c_1(t)e^{-iE_1t/\hbar}\psi_1 + c_2(t)e^{-iE_2t/\hbar}\psi_2 \tag{13.4}$$

인데, 여기서 c_i는 ψ_i의 동역학적 진화인자 e^{-iE_1t}를 제외한 나머지 진화만을 포함하고 있음에 유의하라. ψ의 정규화조건은 $|c_1|^2 + |c_2|^2 = 1$. $\psi(t)$를 슈뢰딩거 방정식

$$\hbar\partial_t\psi(t) = (H_0 + V(t))\psi(t) \tag{13.5}$$

에 대입하면,

$$\hbar\dot{c}_1e^{-iE_1t/\hbar}\psi_1 + \hbar\dot{c}_2\psi_2 = c_1e^{-iE_1t/\hbar}\psi_1 + c_2e^{-iE_2t/\hbar}\psi_2 \tag{13.6}$$

양변에 각각 ψ_1, ψ_2와의 내적을 취하면

$$\hbar\dot{c}_1 = c_1\langle\psi_1|V(t)|\psi_1\rangle + c_2\langle\psi_1|V(t)|\psi_2\rangle e^{-i\omega_0t}, \tag{13.7}$$

$$\hbar\dot{c}_2 = c_1\langle\psi_2|V(t)|\psi_1\rangle e^{i\omega_0t} + c_2\langle\psi_2|V(t)|\psi_2\rangle \tag{13.8}$$

여기서 $\hbar\omega_0 = E_2 - E_1$. 이제 행렬 $\langle\psi_a|V(t)|\psi_b\rangle$를 계산하자. 우선 대각 성분은 0이다. 왜냐하면 ψ_a를 패리티의 고유벡터들로 잡으면 임의 방향 x^k에 대해 $\langle\psi_a|x^k|\psi_a\rangle = 0$이기 때문이다. 이제 비대각성분으로 Ω를 정의하자. 즉,

$$\hbar\Omega = e\mathbf{E}_0 \cdot \langle\psi_1|\mathbf{x}|\psi_2\rangle \tag{13.9}$$

이제 방정식은 다음과 같이 간단히 된다.

$$i\dot{c}_1 = c_2\Omega e^{-i\omega_0 t}\cos\omega t, \tag{13.10}$$

$$i\dot{c}_2 = c_1\Omega e^{i\omega_0 t}\cos\omega t \tag{13.11}$$

여기서

$$e^{-i\omega_0 t}\cos\omega t = \frac{1}{2}(e^{i(\omega-\omega_0)t} + e^{i(\omega+\omega_0)t})$$

인데 $|\omega - \omega_0|$에 비해 $\omega + \omega_0$는 매우 크므로 둘째 항은 상대적으로 빠르게 진동한다. 빨리 진동하는 전장이 전자의 동역학에 미치는 효과는 스스로 상쇄되어 없어지므로 우리는 천천히 변하는 동역학에 대해 관심이 있다. 따라서 두 번째 항을 무시한다. 같이 하여

$$e^{i\omega_0 t}\cos\omega t \simeq \frac{1}{2}e^{-i(\omega-\omega_0)t} := \frac{1}{2}e^{-i\delta t} \tag{13.12}$$

로 근사할 수 있다. 이러한 근사 아래서 위의 방정식은

$$i\dot{c}_1 = c_2\Omega e^{i\delta t}, \quad i\dot{c}_2 = c_1\Omega e^{-i\delta t}. \tag{13.13}$$

공명 상태: $\delta = 0$이면 방정식은 $\ddot{c}_1 = -\frac{\Omega^2}{4}c_1$이 되므로 $t = 0$에서 계가 ψ_1에만 있었다면

$$c_1 = \cos\frac{\Omega t}{2}, \quad c_2 = -i\sin\frac{\Omega t}{2}, \tag{13.14}$$

가 된다. 따라서 계는 $t = \pi/\Omega$마다 ψ_1, ψ_2를 오간다. 이를 라비의 진동 혹은 라비의 뒤집힘이라 한다. 또 원자가 시각 t에서 여기상태 ψ_2에 있을 확률은 다음과 같다.

$$P_2(t) = |c_2|^2 = \sin^2\frac{\Omega t}{2} \tag{13.15}$$

다시 말해 계가 바닥 상태에서 시작하여 $T = \pi/\Omega$의 시간 동안 ω_0로 조율된 각진동수의 빛을 받으면 계는 확률 1로 여기 상태에 있게 된다. 이렇게 해주는 것을 π-펄스를 가한다라고 한다. 다른 시간 동안 빛을 쪼이면 계는 중첩상태에 있게 된다. 예를 들어 $\pi/2$-펄스를 가하면 계의 상태는 중첩상태

$$\psi(t) = \frac{1}{\sqrt{2}}(\psi_1 - i\psi_2) \tag{13.16}$$

에 있게 된다.

비공명 상태: 이제 $\delta \neq 0$ 라면 (13.13)의 두 방정식은 결합되어

$$\ddot{c}_1 - i\delta\dot{c}_1 + \frac{\Omega^2}{4}c_1 = 0 \tag{13.17}$$

이의 두 해를 $e^{i\omega_\pm t}$ 라 하면

$$\omega_\pm = \frac{\delta}{2} \pm \frac{\sqrt{\Omega^2+\delta^2}}{2} \tag{13.18}$$

따라서 일반해는 일반화된 라비 진동수

$$\Omega_R = \sqrt{\Omega^2+\delta^2} \tag{13.19}$$

를 사용하여 다음과 같이 표현된다.

$$c_1(t) = e^{i\delta t/2}\left[A\cos\frac{\Omega_R t}{2} + B\sin\frac{\Omega_R t}{2}\right] \tag{13.20}$$

초기조건을 이전처럼 $c_1(0) = 1, c_2(0) = 0$ 이라 하면 $A = 1$, $B = -i\delta/\Omega_R$. 그러면

$$c_2(t) = -i\frac{\Omega}{\Omega_R}e^{-i\delta t/2}\sin\frac{\Omega_R t}{2} \tag{13.21}$$

문제 13.1 (13.21)를 보여라.

따라서 공명조건에서 벗어날수록, 즉 δ 가 증가할수록 라비 진동은 빨라진다. 또 시각 t 에서 여기상태에 있을 확률은

$$P_2(t) = |c_2|^2 = \frac{\Omega^2}{\Omega^2+\delta^2}\sin^2\frac{\Omega_R t}{2}. \tag{13.22}$$

$\Omega \propto \mathcal{E}$ 이니 전장의 세기가 증가하면 여기될 확률이 커지고 $\Omega \gg \delta$ 이면 1에 가까워진다. 그러나 반대로 전장이 매우 약하여 $\Omega \ll \delta$ 이면

$$P_2(t) = \frac{\Omega^2}{\delta^2}\sin^2\frac{\delta t}{2} \tag{13.23}$$

이니 여기 확률은 $(\Omega/\delta)^2 \ll 1$ 을 넘지 못한다.

자기쌍극자와 라비 진동

원자의 미세구조나 초미세구조에서 스핀이 뒤집히는 천이에 있어서는 전기쌍극자보다는 자기쌍극자에 기반한 라비 진동이 지배적이다. 라비 진동수를

$$\hbar\Omega = \mathbf{B}\cdot\langle\psi_1|\boldsymbol{\mu}|\psi_2\rangle \tag{13.24}$$

로 정의함으로써 같은 이론이 적용된다. 이시도르 라비는 이러한 공명진동을 전자기장 내의 핵스핀에서 관측함으로써 핵자기공명(NMR)의 발견과 이론에 대한 공로로 1944년의 노벨 물리학상을 수상했다. 여러분 중 다수가 NMR 사진을 찍어 본 일이 있을 것이다.

13.3 자발적 방출

여기된 상태의 원자는 고유상태에 있는 한 원칙적으로 안정되어야 하나 실제로는 그렇지 않고 광자를 내고 기저상태로 떨어진다. 외적 자극이 없이 일어나는 이러한 방출을 자발적 방출(spontaneous emission)이라 한다. 천이 전후의 입자의 개수가 바뀌므로 이 현상의 제대로 된 기술은 전자기장의 양자화가 수반되어야 하나 여기선 장의 양자화없이 쉽게 기술하는 아인슈타인의 방법을 소개하겠다.

많은 수의 원자가 있어 이 중 N_1개는 기저상태에, N_2개는 여기상태에 있다고 하자. 그러면 여기상태에 있는 원자 중 일부가 매초 AN_2개씩 기저상태로 떨어진다. 그러면

$$\frac{dN_2}{dt} = -AN_2 \tag{13.25}$$

따라서 해는 $N_2(t) = N_2^0 e^{-t/\tau}$로 주어지니 시간이 지남에 따라 지수적으로 감소한다. 여기서 $\tau = 1/A$이며 A를 계산하는 것이 우리의 목표이다. 이를 위해 두 상태의 에너지 차 $E_2 - E_1 = \hbar\omega_0$와 같은 에너지를 갖는 빛의 바다에 원자들을 담그자. 각진동수 ω를 가진 빛의 세기를 $\rho(\omega)$라하면 이 빛의 바다에서 다음 두 가지 일들이 일어난다. 첫째는 빛에 의해 자극된 여기상태의 원자가 기저상태로 떨어지는 일인데 이는 $\rho(\omega)$와 여기상태에 있는 원자 개수 N_2에 비례한다. 둘째는 빛의 에너지를 먹고 기저상태에서 여기상태로 올라가는 일인데 이 역시 빛의 세기 $\rho(\omega)$와 기저상태에 있는 원자의 개수 N_1에 비례한다. 각 사건들의 비례상수를 B_{21} 그리고 B_{12}라 하면 다음 식들이 성립해야 한다.

$$\frac{dN_2}{dt} = \rho(\omega_0)(N_1 B_{12} - N_2 B_{21}) - AN_2, \quad \frac{d}{dt}(N_1 + N_2) = 0 \tag{13.26}$$

평형상태에선 각 상태에 있는 원자 개수가 변화하지 않아야 하니

$$\rho(\omega_0) = \frac{AN_2}{(B_{12}N_1 - B_{21}N_2)} = \frac{A}{B_{12}\frac{N_1}{N_2} - B_{21}} \tag{13.27}$$

이제 평형통계물리학의 결과 $N_i \sim e^{-\beta E_i}$를 사용하면 $E_2 - E_1 = \hbar\omega_0$이니 $\frac{N_1}{N_2} = \frac{g_1}{g_2} e^{\beta\hbar\omega_0}$이다. 여기서 g_1, g_2는 각각 에너지 E_1, E_2를 갖는 상태의 수 즉, 겹침수이다. 또 아인슈타인은

여기서 일찍이 볼츠만이 도입했던 세부 균형원리

$$g_1 B_{12} = g_2 B_{21} \tag{13.28}$$

를 적용할 것을 제안하였는데 이에 따르면

$$\rho(\omega_0) = \frac{A}{B_{21}} \frac{1}{e^{\beta\hbar\omega_0} - 1}. \tag{13.29}$$

세부 균형의 원리는 원자가 빛의 에너지를 흡수하여 여기될 수 있다면 여기상태의 원자가 빛에 의해 자극되어 기저상태로 떨어질 수도 있으며 양쪽사건이 일어날 확률은 서로 같다는 것이다. 이는 평형상태에 있어 진동수에 따른 빛의 세기 분포가 플랑크 분포와 일치하려면 반드시 성립해야 한다. 즉,

$$\rho(\omega_0) = \frac{\hbar}{\pi^2 c^3} \frac{\omega_0^3}{e^{\beta\hbar\omega_0} - 1} = \frac{A}{B_{21}} \frac{1}{e^{\beta\hbar\omega_0} - 1}. \tag{13.30}$$

이 성립하려면

$$A = \frac{\hbar\omega_0^3}{\pi^2 c^3} B_{21} \tag{13.31}$$

이 또한 성립해야 한다. 따라서 유도방출($\propto B_{21}$)이 일어난다면 자발적 방출($\propto A$)도 일어나야 함을 알 수 있다. 플랑크 분포와의 일치 조건은 세부평형의 원리를 확인해 줄 뿐 아니라 자발적 방출의 확률이 자극에 의한 방출 확률에 비례함도 이야기해 준다.

13.3.1 아인슈타인 계수 B_{12}의 계산

이제 간단한 경우에 아인슈타인 계수들을 시간 의존 섭동론에 의해 계산해 보자. 물론 세 상수는 서로 연결되어 있으므로 하나만 구하면 족하다. 여기서는 흡수율 B_{12}를 계산하기로 한다. 편의상 $g_1 = g_2 = 1$이라 한다. 흡수율은 단위시간당 ψ_1에서 ψ_2로 천이할 확률이다. 이미 식 13.23에서 그 확률을 다음과 같이 구하였다.

$$P_2(t) = \frac{\Omega^2}{(\omega - \omega_0)^2} \sin^2 \frac{(\omega - \omega_0)t}{2} \tag{13.32}$$

한편, (13.9)에서 빛이 들어오는 방향이 z축 방향이라면

$$\hbar\Omega = eE_0 \langle \psi_2 | z | \psi_1 \rangle \tag{13.33}$$

이니

$$\Omega^2 = \frac{e^2 E_0^2}{\hbar^2} |\langle \psi_2 | z | \psi_1 \rangle|^2 := \frac{e^2 E_0^2}{\hbar^2} |z_{21}|^2 \tag{13.34}$$

이제 E_0^2를 에너지밀도 $u = \frac{1}{2}\epsilon_0 E_0^2$로 다시 쓰자. 이 관계식은 단색광에 대해 시간적 평균을 취하여 얻은 결과이다. 만일 단색광이 아니라 여러 진동수가 섞여 있는 빛이라면 진동수 의존성을 생각하여 u는 $u \to \int d\omega\rho(\omega)$ 로 바꾸어 모든 진동수에 대한 합을 해 주어야 한다. 그러면

$$P_2 = \frac{2e^2|z_{21}|^2}{\epsilon_0\hbar^2}\int d\omega\rho(\omega)\frac{1}{(\omega-\omega_0)^2}\sin^2(\omega-\omega_0)\frac{t}{2}. \tag{13.35}$$

이 적분은 $\omega = \omega_0$에서의 기여가 지배적이다. 따라서 $\rho(\omega)$를 $\rho(\omega_0)$로 대체하고 적분변수를 $x = (\omega-\omega_0)t/2$ 로 대체한 뒤 알려진 정적분의 값 $\int_{-\infty}^{\infty}\frac{\sin^2 x}{x^2} = \pi$을 사용하면

$$P_2 = \frac{2e^2|z_{21}|^2}{\epsilon_0\hbar^2}\rho(\omega_0)\cdot\frac{t}{2}\cdot\pi. \tag{13.36}$$

한편 단위시간당 여기확율은 한 준위당의 여기확률에 빛의 세기를 곱한것과 같아야 하므로

$$\frac{dP_2}{dt} = \rho(\omega_0)B_{12} \tag{13.37}$$

이니, 이로부터 우리가 원하는 B_{12}의 값을 얻는다.

$$B_{12} = \frac{\pi e^2}{\epsilon_0\hbar^2}|z_{21}|^2. \tag{13.38}$$

이제 남은 일은 z_{21}을 계산하는 것이다. 행렬인자를 z_{12}이라 했을 때는 빛의 편광방향을 z축 방향으로 하였으나 입사각은 어느 방향도 가능하므로 방향에 대한 평균을 취하자. 이를 위해선

$$|z_{21}|^2 \to r_{21}^2\int\frac{d\Omega}{4\pi}\cos^2\theta = \frac{1}{3}r_{21}^2 \tag{13.39}$$

로 대체하면 된다.[1] 여기서 r_{12}은 원자에서의 위치의 행렬인자 $r_{21} = \langle\psi_2|r|\psi_1\rangle$이다. r_{21}의 계산을 위해선 수소 원자모델을 써도 되겠으나 여기선 간단히 하기 위해 원자내의 진동을 진동수가 같은 조화진동자에서의 진동으로 근사하자.

$$\langle n|x|n'\rangle = \sqrt{\frac{\hbar}{2m\omega}}(\sqrt{n'}\delta_{n,n'-1} + \sqrt{n}\delta_{n',n-1}) \tag{13.40}$$

$\hbar\omega_0$를 이웃한 두 준위간의 에너지 차라 하면 $\hbar\omega_0 = \hbar\omega(n-n') = \hbar\omega$. 따라서 예

$$r_{21}^2 = \frac{n\hbar}{2m\omega_0} \tag{13.41}$$

[1]여기선 엄밀하지는 않지만 직관적인 방법을 채택했다. 자세한 계산을 위해선 아래의 예제를 보라.

그러면

$$B_{12} = \frac{\pi e^2}{3\epsilon_0 \hbar^2} r_{21}^2 = \frac{\pi e^2}{3\epsilon_0 \hbar^2} \frac{n\hbar}{2m\omega_0} \tag{13.42}$$

이로부터 A도 계산된다.

$$A = \frac{\hbar\omega_0^3}{\pi^2 c^3} B_{21} = \frac{ne^2\omega_0^2}{6\pi\epsilon_0 mc^3}. \tag{13.43}$$

각개의 광자는 $\hbar\omega_0$의 에너지를 가지므로 자발적 방출에 의한 일률은

$$P = A\hbar\omega = \frac{e^2\omega_0^2}{6\pi\epsilon_0 mc^3}(\hbar\omega_0 n) \simeq \frac{e^2\omega_0^2}{6\pi\epsilon_0 mc^3} E. \tag{13.44}$$

여기서 큰 n에 대해선 $E - \frac{1}{2}\hbar\omega_0 \simeq E$ 임을 썼고 조화진동자의 각 상태는 겹침이 없어 $B_{21} = B_{12}$ 임도 사용하였다.

예제 13.2 1. 임의의 벡터 $\mathbf{A} = (A_x, A_y, A_z)$에 대해 $A_\pm = \mp\frac{A_x \pm iA_y}{\sqrt{2}}, A_0 = A_z$ 라 정의할 때 $\sum_{\alpha=\pm,0} A_\alpha^* B_\alpha = \sum_{i=x,y,z} A_i B_i = \mathbf{A}\cdot\mathbf{B}$ 임을 보여라.
2. (13.39)을 합리화 하라.
3. 수소원자의 경우 $1S \to 2P$ 천이에서의 $\langle r\rangle_{21}$를 계산하여 B_{12}를 계산하고 이로부터 $2P$ 상태의 수명과 자연방출율 A의 값을 구하라.
답) 1. 생략. 2. 빛의 편광벡터를 $\mathbf{e}$ 라 할때 $\mathbf{e}\cdot\mathbf{r} = \sum_\alpha e_\alpha r_\alpha^* = \sqrt{\frac{4\pi}{3}}\sum_\alpha re_\alpha Y_{1\alpha}^*$ 에 주목하고 $|1\rangle \to |100\rangle, |2\rangle \to |21m\rangle$ 이라 하면

$$\langle \mathbf{e}\cdot\mathbf{r}\rangle_{21} = \int r^2 drd\Omega R_{10} Y_{00}^* (\sum_\alpha e_\alpha r\sqrt{\frac{4\pi}{3}} Y_{1\alpha}^*) R_{21} Y_{1m} = \langle r\rangle_{21}\frac{e_m}{\sqrt{3}}.$$

여기서 $Y_{00} = \frac{1}{\sqrt{4\pi}}$ 임과 구상조화함수의 직교성을 썼고 $\langle r\rangle_{21} := \int r^2 dr R_{21} r R_{10} = \sqrt{\frac{3}{2}}\frac{2^8}{3^5}a_0$ 이다. 따라서 $|\langle \mathbf{e}\cdot\mathbf{r}\rangle_{21}|^2 = |\langle r\rangle_{21}|^2 \frac{|e_m|^2}{3}$ 이제 빛의 초기 편광에 대한 평균과 원자의 최종상태에 대한 합을 취하면 편광의 방향에 관계없이 $\sum_m |e_m|^2 = 1$ 이므로 $\overline{|\langle \mathbf{e}\cdot\mathbf{r}\rangle_{21}|^2} = \frac{1}{3}\langle r\rangle_{21}^2$.
3. 수소원자에 대해선 $2P$에 세 개의 겹침이 있으므로 $B_{21} = \frac{g_1}{g_2}B_{12}$를 적용한다. (13.43)으로 부터 $\tau = A^{-1} \sim 1.6\times 10^{-9}$.

예제 13.3 **라머의 공식** $P = \frac{e^2a^2}{6\pi\epsilon_0 c^3}$.
위의 결과가 고전적인 쌍극자 복사를 기술하는 라머의 공식과 일치함을 보여라.

답) $x = x_0 \cos\omega t$ 이니 $a = -x_0\omega^2 \cos\omega t$. 이제 a^2를 시간에 대해 평균하면 $\langle\cos^2\omega t\rangle = \frac{1}{2}$를 써서 $\langle a^2\rangle = \frac{1}{2}x_0^2\omega^4$. 한편 진동자의 에너지 $E = \frac{1}{2}m\omega^2 x_0^2$ 이니 $x_0^2 = \omega^2 E/m$. 따라서

$$P = \frac{e^2 a^2}{6\pi\epsilon_0 c^3} = \frac{e^2\omega^2}{6\pi\epsilon_0 mc^3}E \tag{13.45}$$

큰 n에 대해서 $E = \hbar\omega n$ 이니 이는 위에서 얻은 양자역학적 결과 (13.44)와 일치한다.

13.3.2 선택의 규칙

위에서 본 바와 같이 원자가 빛의 방출을 통해 다른 상태로 천이할 확률은 행렬인자 z_{12}의 제곱에 비례한다. 따라서 이 인자가 0이면 원자는 천이하지 않는다. 언제 0이고 아닌가를 계산하지 않고 알 수 있는 방법이 있는데 이를 선택의 규칙이라 한다. 우선 패리티에 의한 규칙이 있다. 계가 패리티에 대해 불변이면 ψ_1, ψ_2는 패리티의 고유상태로 잡을 수 있고 z는 패리티에 대해 부호가 변하므로 z_{12}가 0이 아니려면 ψ_1, ψ_2는 패리티가 반대여야 한다. 특별히 쌍극자에 의한 천이는 $V \sim x^i \sim \sum c_m r Y_{1m}$ 인데 여기서 $m = \pm 1, 0$이다. 천이가 있는가 하는 문제는 $\langle n'l'm'|Y_{1m}|nlm\rangle$ 가 언제 0이 아니냐의 문제로 환원된다. 각운동량의 합의 법칙에 의하면 $Y_{1m}|nlm\rangle$는 각운동량 l과 1의 합의 문제이므로 총각운동량은 $l-1, l, l+1$이 가능하고 $m' = m+1$이 성립해야 한다. 이상의 논의는 매우 직관적이며 중요한 결과를 주는데 사실 이것은 전장에서 이야기한 위그너 에카르트 정리의 특별한 경우임을 알아두기 바란다.

이제 이 규칙을 위그너-에카르트 정리를 쓰지않고 이해해 보자. ψ_1, ψ_2가 수소 원자와 같이 각운동량의 고유상태를 포함한다고 하자. ($\hbar = 1$이라 두자.)

$$[L_i, x^j] = i\epsilon^{ijk}x^k \Rightarrow [L_z, z] = 0, \quad [L_z, x \pm iy] = \pm(x \pm iy) \tag{13.46}$$

이니

$$\langle n'l'm'|[L_z, z]|nlm\rangle = (m'-m)\langle n'l'm'|z|nlm\rangle = 0, \tag{13.47}$$

$$\langle n'l'm'|[L_z, (x \pm iy)]|nlm\rangle = (m'-m)\langle n'l'm'|(x \pm iy)|nlm\rangle, \tag{13.48}$$

$$= \pm\langle n'l'm'|(x \pm iy)|nlm\rangle. \tag{13.49}$$

이들로부터 전기 쌍극자 상호작용에의해 천이가 일어나려면

$$\Delta m = 0, \pm 1 \tag{13.50}$$

이어야 함을 알 수 있다. 이보다는 유도하기가 좀 더 어렵지만 더 중요한 결과 $\Delta l = \pm 1$ 가 있는데 이는 다음 식으로부터 온다.

$$[L^2, [L^2, x^i]] = 2(x^i L^2 + L^2 x^i). \tag{13.51}$$

위의 식 좌변과 우변의 행렬성분을 취하면

$$\big(l'(l'+1) - l(l+1)\big)^2 \langle n'l'm'|x^i|nlm\rangle = 2\big(l'(l'+1) + l(l+1)\big)\langle n'l'm'|x^i|nlm\rangle. \tag{13.52}$$

아래 예제에서 보듯이

$$(l+l')(l+l'+2)((l-l')^2 - 1)\langle n'l'm'|x^i|nlm\rangle = 0. \tag{13.53}$$

l, l' 은 음이 아니므로 천이가 일어나려면, 즉 행렬성분이 0이 아니려면,

$$\Delta l = \pm 1 \tag{13.54}$$

이거나 $l = l' = 0$ 이어야 한다는 것을 말해 준다. 아래 예제에서서 보는 바와 같이 나중경우는 일어나지 않는다.

문제 13.2

1. 식 (13.51)과 (13.52)을 증명하라.
2. (13.53)을 증명하라.
3. 식 (13.53)은 $l = l' = 0$ 이면 천이가 가능할 수도 있음을 시사한다. 그러나 이 경우 천이가 일어나지 않음을 보여라.

답) 1. 생략

2. 좌변$= (l-l')^2(l+l'+1)^2\langle x^i\rangle_{fi}$, 우변 $= [(l-l')^2 + (l+l'+1)^2 - 1]\langle x^i\rangle_{fi}$.
$A = l - l', B = (l+l'+1)$ 이라하면

$$\text{좌변} - \text{우변} = (A^2B^2 - A^2 - B^2 + 1)\langle x^i\rangle_{fi} = (A^2-1)(B^2-1)\langle x^i\rangle_{fi}.$$

이는 (13.53)의 좌변과 같다.

3.(힌트) 패리티를 생각하면 이 경우의 행렬성분이 0이다. 즉, $\langle n'00|x^i|n00\rangle = 0$.

13.4 광자와 원자의 결합 *

상호작용 픽처의 복습 하이젠베르크 픽처와 슈뢰딩거 픽처의 중간쯤 되는 것이 상호작용 픽처다. 해밀토니안이 이미 고유벡터와 고윳값이 알려진 H_0 와 상호작용의 합

$$H = H_0 + V \tag{13.55}$$

로 주어져 있을 때 연산자는 H_0 가 주는 시간 진화를 하고 상태는 V 가 주는 시간진화를 한다.

$$U_0 = e^{-itH_0/\hbar}, \quad U = e^{-itH/\hbar}, \quad U_I = e^{itH_0/\hbar}e^{-itH/\hbar} \tag{13.56}$$

라 할 때 상태 ψ 와 연산자 A 의 상호작용 픽처는 다음과 같이 정의되며

$$\psi_I = U_I\psi = U_0^\dagger U\psi = U_0^\dagger \psi_S(t), \quad A_I = U_0^\dagger A U_0 \tag{13.57}$$

이들은 아래 방정식들을 만족시킨다.

$$\begin{aligned} i\hbar\partial_t\psi_I &= V_I\psi_I, \quad i\hbar\partial_t U_I = V_I U_I \\ i\hbar\partial_t A_I &= [A_I, H_0]. \end{aligned} \tag{13.58}$$

V 가 작을 때 각 방정식의 우변은 작은 양이므로 양변을 적분하고 그 결과를 반복 적용함으로써 변량들은 V 에 대한 섭동전개로 쓰일 수 있다. 이것이 상호작용 픽처를 쓰는 이유이다. 예를 들어 파동함수의 경우는 아래와 같다.

$$\psi_I(t) = \left(1 - \frac{i}{\hbar}\int_0^t dt_1 V_I(t_1) + \frac{(-i)^2}{\hbar^2}\int_0^t dt_1 \int_0^{t_1} dt_2 V_I(t_2)V_I(t_1) + \cdots\right)\psi(0), \tag{13.59}$$

$$:= T\exp(-\frac{i}{\hbar}\int_0^t dt_1 V_I(t_1))\psi(0). \tag{13.60}$$

여기서

$$\int_0^t dt_1 \int_0^{t_1} dt_2 V_I(t_2)V_I(t_1) = \frac{1}{2}\int_0^t dt_1 \int_0^t dt_2 T\{V_I(t_2)V_I(t_1)\}, ...$$

를 썼다. 또 T 는 $t > t_1 > t_2 \cdots > t_{N-1} > \cdots$ 로 시간적 순서를 부여한다는 뜻이며 '시간순으로' 혹은 'time-ordered'라고 읽는다. $\psi_I(t) = U_I(t)\psi(0)$ 이므로

$$U_I(t) = T\{\exp(-\frac{i}{\hbar}\int_0^t dt_1 V_I(t_1))\}. \tag{13.61}$$

윗식의 좌변에 U_0를 곱하고 $V_I(t) = U_0^\dagger(t)VU_0(t)$를 대입한뒤 $U_0(t_1)U^\dagger(t_2) = U(t_1, t_2)$를 쓰면

$$\begin{aligned} U(t) &= U_0(t) - \frac{i}{\hbar}\int_0^t dt_1 U_0(t)U_0^\dagger(t_1)VU_0(t_1) \\ &\quad + \frac{(-i)^2}{\hbar^2}\int_0^t dt_1 \int_0^{t_1} dt_2 U_0(t)U_0^\dagger(t_1)VU_0(t_1)U_0^\dagger(t_2)VU(t_2) + \cdots \quad (13.62) \\ &= U_0(t) - \frac{i}{\hbar}\int_0^t dt_1 U_0(t, t_1)VU_0(t_1) \\ &\quad + \frac{(-i)^2}{\hbar^2}\int_0^t dt_1 \int_0^{t_1} dt_2 U_0(t, t_1)VU_0(t_1, t_2)VU(t_2) + \cdots . \quad (13.63) \end{aligned}$$

마지막 식의 각 항은 그래픽 해석이 가능하다. 예를 들어 둘째항은 시각 0에서 출발, t_1까지 H_0로 진화한뒤 V를 만나 산란한뒤 다시 H_0로 t까지 진화한다는 뜻이다. 물론 산란하는 시각은 시간적인 순서 $t > t_1 > t_2 ... > 0$를 만족하는 한 자유이므로 여기에 대한 적분이 수반되며 이것이 위식의 내용이다. 산란이론에선 이를 보른의 급수(Born series)라 한다.

문제 13.3 위식의 세째 항을 해석해 보라.

예제 13.4 위의 식 (13.58)를 증명하라.
답) $i\hbar\partial_t U_I = -U_0^\dagger H_0 U + U_0^\dagger HU = U_0^\dagger V(t)U = U_0^\dagger V(t)U_0U_0^\dagger U = V_I U_I$
다른 것들의 증명도 같은 류이다.

문제 13.4 $U_I(t), A_I(t)$를 V_I로 표시하라.

13.4.1 결맞음 상태

이 책에서 임의의 전자기파를 양자화하여 광자를 그 양자로 이해하는 작업은 수행하지 않는다. 대신 최대한 고전 전자기파를 닮은 광자의 상태를 취급해 보자. 단색광을 생각하면 전자기파동은 하나의 진동자로 표시될 수 있으며 이 진동자의 사다리 연산자를 a와 $a^\dagger$로 나타내자. 소위 결맞음 상태란 광자의 상태 중 복소수 α에 의하여 정의되는 상태이며 다음과 같이 정의된다.

$$|\alpha\rangle = e^{\alpha a^\dagger - \alpha^* a}|0\rangle$$

이제 광자와 원자를 결합시키자. 원자와 결합된 광자는 외력에 의해 흔들리는 진동자로 해석될 수 있다. 이때 주어진 진동수를 갖는 한 개 광자의 해밀토니안은

$$H = \omega\big(a^\dagger a + \frac{1}{2}\big) + [f^*(t)a + f(t)a^\dagger] = H_0 + V(t)$$

으로 주어진다. 여기서 $\hbar = 1$로 두었다.

예제 13.5 결맞음 상태의 형성과 시간진화

1. $V_I = U_0^\dagger V(t) U_0 = e^{-i\omega t} f^*(t)a + h.c$ 임을 보여라.
2. (13.58)를 풀어서 U_I가 다음과 같이 주어짐을 보여라.

$$U_I = \exp[\alpha(t)a^\dagger - \alpha^*(t)a + i\phi(t)],$$

여기서 $\alpha(t) = -i\int^t dt' f(t')e^{i\omega t'}, \quad \phi(t) = \frac{1}{2}\int^t dt' \mathrm{Im}[\dot{\alpha}^*\alpha(t')]$ 이다.
(힌트: $[e^{\alpha a^\dagger}, a]e^{-\alpha a^\dagger} = -\alpha$를 써라.)
3. 강제력과 진동자의 주기와 같을 때 즉, $f(t) = f_0 e^{-i\omega}$로 주어질 때 $\alpha(t) = f_0 t$이고,

$$|\psi_I(t)\rangle = U_I|0\rangle_I = e^{-if_0(a+a^\dagger)}|0\rangle_I = e^{-i(f_0 t)^2/2} e^{-if_0 a^\dagger t}|0\rangle_I$$

임을 보여라.
4. $|\psi_S\rangle = U_0|\psi_I\rangle = e^{-i(f_0 t)^2/2} e^{-if_0 e^{-i\omega t} a^\dagger t}|0\rangle$ 임을 보여라.

이 문제는 공명주파수로 강제진동하면 기저상태가 결맞음 상태로 변화한다는 것을 말해준다. 덤으로 이 문제는 아래의 제인스-커밍스 모델의 시간진화 문제를 풀기 위한 사전 작업도 된다.

13.4.2 제인스-커밍스 모델 **

광자와 원자를 기술함에 있어 원자의 상태 2개만을 포함하여 기술하는 모델이 제인스-커밍스 모델이다. 이 모델의 해밀토니안

$$H_{JC} = \omega a^\dagger a + \frac{1}{2}\begin{pmatrix} \omega_0 & ga \\ ga^\dagger & -\omega_0 \end{pmatrix} \tag{13.64}$$

은 2개의 준위를 가진 물리계를 기술한다. $a, a^\dagger$는 광자를 없애거나 생성하는 연산자이며 g는 원자와 광자의 결합강도를 표시한다. n을 $a^\dagger a$의 고유치라 할 때 $n = 0$일 때의 두 준위

$|0,\pm\rangle$ 은 원자의 여기상태와 기저상태를 나타낸다. 광자 하나가 줄면 이를 흡수한 원자는 여기상태로 되고 광자 하나가 늘면 이를 방출한 원자는 기저상태로 내려간다. 따라서

$$a|n,-\rangle = \sqrt{n}|n-1,+\rangle, \quad a^\dagger|n-1,+\rangle = \sqrt{n}|n,-\rangle \tag{13.65}$$

하나의 광자만을 흡수 또는 방출한다면 정해진 n 에 대해 $|n-1,+\rangle, |n,-\rangle$ 라는 두 상태로 이루어진 상태공간은 닫힌계가 될 수 있으며 이 계를 기술하는 해밀토니안은 다음과 같다.

$$H_n = \begin{pmatrix} \omega(n-1) + \frac{1}{2}\omega_0 & \frac{1}{2}g\sqrt{n} \\ \frac{1}{2}g\sqrt{n} & \omega n - \frac{1}{2}\omega_0. \end{pmatrix} \tag{13.66}$$

$$= (n-\frac{1}{2})\omega\mathbb{1} + \frac{1}{2}(\omega_0 - \omega)\sigma_3 + \frac{1}{2}g\sqrt{n}\sigma_1 \tag{13.67}$$

이를 대각화하면

$$E_\pm = (n-\frac{1}{2})\omega \pm \frac{1}{2}\sqrt{g^2 n + \delta^2} \tag{13.68}$$

각각에 해당하는 고유벡터는

$$|E_+\rangle = \sin\theta|n-1,+\rangle - \cos\theta|n,-\rangle, \tag{13.69}$$

$$|E_-\rangle = \cos\theta|n-1,+\rangle + \sin\theta|n,-\rangle \tag{13.70}$$

이고 여기서

$$\tan 2\theta = \frac{g\sqrt{n}}{\delta}, \quad \delta = \omega_0 - \omega \tag{13.71}$$

만일 $\delta = 0$ 이면 공명상태에 있으며 $\theta = \pi/4$ 이니 고유벡터는 두 상태 $|n-1,+\rangle, |n,-\rangle$ 에 같은 확률로 있게 된다. 이것이 공명이 주는 중첩상태의 직관이다.

$\delta \neq 0$ 인 경우에 초기 상태가

$$\psi(0) = |n,-\rangle = \sin\theta|E_-\rangle - \sin\theta|E_-\rangle$$

에 있었다고 하자. 그러면 시간이 t 만큼 흐른 후 계의 상태는

$$\psi(t) = e^{-iE_- t}\sin\theta|E_-\rangle - e^{-iE_- t}\sin\theta|E_-\rangle$$

에 있고 따라서 상태가 여기상태에서 발견될 확률은 아래와 같다.

$$P_+ = |\langle n-1,+|\psi(t)\rangle|^2 = \sin^2 2\theta \sin^2\frac{(E_+ - E_-)t}{2\hbar} = \frac{g^2 n}{g^2 n + \delta^2}\sin^2\frac{\sqrt{g^2 n + \delta^2}}{2} \tag{13.72}$$

이 결과는 $\Omega = g\sqrt{n}$ 이라 두면 라비의 진동을 기술하는 식 (13.22)와 일치한다. Ω는 쌍극자 모멘트의 행렬인자이므로 따라서 제인스-커밍스 모델은 라비 진동의 결과를 포함한다. 그런데 라비의 모델은 광자 수의 변화를 취급하지 않은 모델인데 반해 제인스-커밍스 모델은 광자 수의 변화를 취급하고 있다. 따라서 이 모델은 라비 모델이 취급하지 않았던 새로운 물리학을 포함하고 있는데 이것이 다음에 이야기할 양자 환생(revival 혹은 resurrection) 현상이다.

13.4.3 양자 환생

이 현상을 보기 위해 $\delta = 0$ 이라 하자. 그러면 $\theta = \pi/4$ 으로서 공명조건이다. 이제 원자를 광자 수가 고정된 환경에 넣지 말고 광자들의 수가 변화할 수 있으되 광자 수의 적당한 선형 결합으로 주어지는 소위 결맞음 상태(coherent state)에 넣는다.

$$|\psi_c(0)\rangle = e^{-|\alpha|^2/2} e^{\alpha a^\dagger}|0, -\rangle = e^{-|\alpha|^2/2} \sum_{n=0}^{\infty} \frac{\alpha^n}{\sqrt{n!}} |n, -\rangle$$

이제 위 예제의 결과를 사용하면 시간 t 에서의 상태는

$$|\psi_c(t)\rangle = e^{-(|\alpha|^2 - i\omega t)/2} \sum_{n=0}^{\infty} \frac{(\alpha e^{-i\omega t})^n}{\sqrt{n!}} \Big(\cos(g\sqrt{n}t/2)|n, -\rangle + i\sin(g\sqrt{n}t/2)|n-1, +\rangle \Big) \tag{13.73}$$

따라서 시각 t 에서 여기상태에 있을 확률은

$$P_+(t) = e^{-|\alpha|^2} \sum_{n=0}^{\infty} \frac{|\alpha|^{2n}}{n!} \sin^2(g\sqrt{n}t/2), \tag{13.74}$$

$$= \frac{1}{2} - \frac{1}{2} e^{-|\alpha|^2} \sum_{n=0}^{\infty} \frac{|\alpha|^{2n}}{n!} \cos(g\sqrt{n}t) \tag{13.75}$$

큰 n 에 대한 스털링의 공식 $n! = \sqrt{2\pi n} n^n e^{-n}$ 을 사용하면 합은 $n = |\alpha|^2$ 근방에서 최대의 기여를 받는다는 것을 알 수 있고 $m = n - |\alpha|^2$ 라 하면

$$P_+(t) \simeq \frac{1}{2} - \frac{1}{2} \sum_{m=-\infty}^{\infty} \frac{1}{\sqrt{2\pi|\alpha|^2}} e^{-m^2/2|\alpha|^2} \cos(g\sqrt{m + |\alpha|^2}t) \tag{13.76}$$

합에 대한 기여는 m 이 분포 $e^{-m^2/2|\alpha|^2}$ 의 편차 $|\alpha|$ 보다 작을 때만 의미가 있으므로 작은 시간스케일에서는 확률은 $1/2$를 중심으로 진동하며 주기는 $gT\alpha = 2\pi$ 이다. 즉

$$T_{Rabi} = \frac{2\pi}{g\alpha} \tag{13.77}$$

이것은 다름 아닌 라비의 진동주기이다.

만일 m 이 α 까지 진행되는 동안 코사인의 위상이 2π 가량 진행된다면 각 항의 기여는 서로 상쇄될 것이다. 이런 일은 $gT(\sqrt{|\alpha|^2+|\alpha|}-|\alpha|) \simeq 2\pi$ 이면 일어나니 시간 스케일이

$$T_{collapse} = \frac{4\pi}{g} \tag{13.78}$$

이 되면 라비 진동은 사라져 확률은 1/2 근방에 정체한다.

이제 세 번째의 시간 스케일이 등장하는데 이는 $\cos(g\sqrt{m+|\alpha|^2}t)$ 의 m 이 작은 정수값 만큼 다른 항들이 같은 부호를 갖게 되는 경우이다. 이것은 $gT(\sqrt{1+|\alpha|^2}-|\alpha|) \simeq 2\pi$ 일 때 일어난다. 즉

$$T_{revival} = \frac{4\pi\alpha}{g} \tag{13.79}$$

이러한 시간 스케일이 되면 서로 상쇄되던 항들이 서로 상보적이게 되므로 합이 다시 의미있는 기여를 하게 되어 진동이 일어나는데, 이는 m 이 이산적인 양이기 때문에 가능하므로 광자의 입자성이 관여하고 있다는 것을 알 수 있다. 이 현상을 양자 환생이라 한다. 죽은 듯이 사라졌던 진동이 다시 살아나기 때문이다. 그림 13.1을 보라.

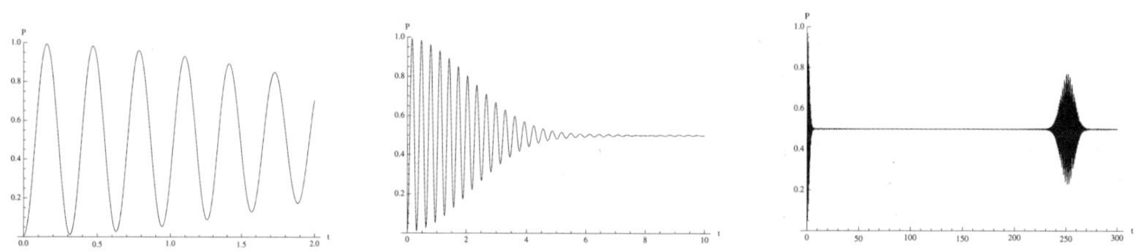

(a) 라비 진동 $t \sim \frac{4\pi}{g\alpha}$　(b) 진동 소멸 $t \sim \frac{4\pi}{g}$　(c) 양자 환생 $t \sim \frac{4\pi\alpha}{g}$

그림 13.1: 시간 스케일에 따른 라비 진동과 그 소멸 및 양자적 환생.

(그림 출처: D.Tong, applied quantum mechanics)

각각의 시간스케일은 $|\alpha|$ 배의 차이가 있으므로 $|\alpha| \sim 20$ 라 하면 원래의 라비 진동의 진동주기에 비해 20배 즉 20회 진동하고 나면 진동은 사라지고 그후 라비 진동의 400배 정도의 시간이 되면 진동이 다시 나타난다는 말이니 흥미롭지 않을 수 없다. 이러한 현상은 전자기장을 양자화함으로 써 얻을 수 있는 현상으로 고전적으로 다루어서는 얻을 수 없는 현상이다. 즉 이는 광자의 입자성이 만드는 양자적 현상이라 할 수 있다. 수치적 해석에 의해 이보다도 큰 시간에 대해선 진동의 소멸과 환생이 거듭되다가 결국엔 혼돈적 요동이 진행됨을 볼 수 있다. 그림 13.2을 보라.

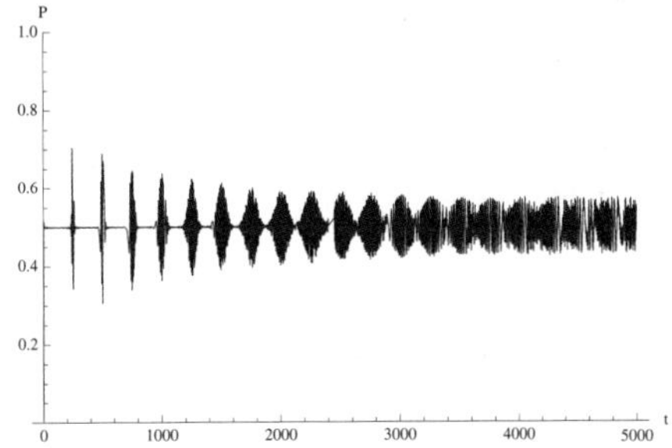

그림 13.2: 매우 큰 시간 $t \gg \frac{4\pi\alpha}{g}$ 스케일에서의 혼돈적 요동.
(그림 출처: D.Tong, ibid)

13.5 갑작 근사

계가 매우 급히 변하면 상태는 계의 변화를 따라가지 못한다. 초기에 H_0 에 의해 기술되던 계가 재빨리 H 에 의해 기술되는 계로 변했다 하면 변화 후의 상태는 애초의 상태와 대략 같게 놓아도 될 것이다. 이를 갑작근사(Sudden approximation)라 한다. 그런데 얼마나 빨리 변해야 이 근사가 성립할까? 만일 변화 전후의 계의 에너지 차를 ΔE 라 하면 이 에너지가 정하는 특성시간보다 변화하는 시간 τ 이 훨씬 작으면 된다. 즉,

$$\tau \ll \frac{\hbar}{\Delta E} \tag{13.80}$$

이면 갑작 근사가 성립한다.

문제 13.5 상자안의 입자

작 입자가 상자 안에 갇혀 기저상태에 있었는데 상자의 길이가 갑자기 2배로 되었다. 계가 새로운 기저상태에 존재할 확률을 구하라.

힌트: 확률$=|\langle\psi_0^f|\psi_0^i\rangle|^2$.

문제 13.6 조화진동자의 각진동수 변화

각진동수가 ω_0 에서 ω 로 갑자기 변하였다고 하자.

1. $a = \frac{m\omega x + ip}{\sqrt{2m\omega}}$ 임을 상기하여 a 를 $a_0, a_0^\dagger$ 로 표시하라. 또 a_0 를 $a, a^\dagger$ 로 표시하라.

2. 변화 전의 기저상태는 $a_0|O\rangle = 0$의 해이다. 이를 변화 후의 진동자 $a, a^\dagger$의 방정식으로 표시해 보라.

3. $|O\rangle$를 변화 후의 고유벡터들로 전개하여 $|O\rangle = \sum_n \alpha_n |n\rangle$라 하였을 때 α_n 사이의 관계식을 구하라.

4. 하이젠베르크 연산자 $x(t)$를 $x(0)$와 $p(0)$로 표시하라.

5. $\langle O|x(t_2)x(t_1)|O\rangle$ 를 계산하라.

제14장
베리위상과 베리 퍼텐셜

충분히 천천히 움직일때 고유상태는 시간이 지나도 고유상태에 남아 있다는 것이 느림근사의 내용이다. 그런데 상태가 파라메터공간에서 폐곡선을 그리며 움직일때 상태의 위상은 0이 될 필요가 없다는 것이 베리의 발견이다. 이는 양자역학이 만들어진 뒤 60년이 지나서야 발견된 것으로 최근 상태의 양자역학적 성질중 이 위상의 존재에 의해서만 설명되는 여러 현상이 발견되고 있어 그 중요성이 커지고 있다. 예를 들어 비정상 홀 효과나 토폴로지 물질등이 그 대표적인 것이라 할 수 있다.

14.1 느림 근사와 기하학적 위상

이번엔 반대로 계가 매우 천천히 변화한다면 어떻게 될까? 초기에 계가 기저상태에 있었다면 계가 변함에 따라 상태는 변화된 계의 기저상태에 있게 될 것이라 짐작된다. 실제로 이것이 사실이며 임의의 고유상태를 선택해도 같은 성질이 성립한다는 것이 느림근사정리(adiabatic approximation theorem)이다. 이를 보기 위해 해밀토니안이 파라미터 λ에 의존하는 계를 생각하자. 각각의 파라미터값에 대해 H는 고윳값과 고유벡터를 가지며 파라미터 λ은 시간 t의 매우 느린 함수이다.

$$H(\lambda)|m, \lambda\rangle = E_m(\lambda)|m, \lambda\rangle. \tag{14.1}$$

이제 슈뢰딩거 방정식 $\partial_t \psi(t) = H(\lambda)\psi(t)$의 해를 위의 고유벡터들로 전개해 보자.

$$|\psi(t)\rangle = \sum_m c_n e^{-iD_m(t)}|m, \lambda(t)\rangle. \tag{14.2}$$

여기서 $D_n(t) = \frac{1}{\hbar}\int^t dt' E_n(\lambda(t'))$. 만일 파라미터가 시간에 무관했다면 $c_m = 1$으로 족했을 터이다. 위의 전개식을 슈뢰딩거 방정식에 대입하여

$$\sum_m \left[\dot{c}_m e^{-iD_m(t)}|m,\lambda(t)\rangle + c_m e^{-iD_m(t)}\frac{d}{dt}|m,\lambda_i(t)\rangle\right] = 0. \tag{14.3}$$

여기서 우변의 고윳값은 D_m의 미분항과 상쇄되었다. 양변에 $\langle n,\lambda(t)|$과의 내적을 취하면

$$\dot{c}_n(t) = -\sum_m c_m e^{-i(D_m-D_n)}\langle n,\lambda|\frac{d}{dt}|m,\lambda_i(t)\rangle. \tag{14.4}$$

여기서 우변의 $m=n$과 나머지를 분리하여 쓰면

$$\dot{c}_n(t) = -\langle n,\lambda_i(t)|\frac{d}{dt}|n,\lambda_i(t)\rangle - \sum_{m\neq n} c_m e^{-i(D_m-D_n)}\langle n,\lambda|\frac{d}{dt}|m,\lambda_i(t)\rangle. \tag{14.5}$$

여기까지는 어떤 근사도 없었다. 느림근사의 내용은 윗식의 둘째 항이 첫 항에 비해 매우 작다는 것이다. 일단 이를 받아 들이면

$$\dot{c}_n(t) = -c_n\langle n,\lambda_i(t)|\frac{d}{dt}|n,\lambda_i(t)\rangle = -c_n\langle n|\partial_{\lambda_i}|n\rangle\dot{\lambda}_i. \tag{14.6}$$

베리 퍼넽셜(혹은 베리 커넥션)을

$$\mathcal{A}_i(\lambda) = i\langle n|\partial_{\lambda_i}|n\rangle \tag{14.7}$$

로 정의하고 식 (14.6)을 적분하면 다음을 얻는다.

$$c_n(t) = c_n(0)\exp\left(i\int_0^t dt'\mathcal{A}_i(\lambda)\dot{\lambda}_i\right) = c_n(0)\exp\left(i\int_{\lambda_0}^{\lambda} d\lambda_i\cdot\mathcal{A}_i\right). \tag{14.8}$$

시초에 계가 고유상태 $|n\rangle$에 있었다는 말은 $c_n(0) = 1$이고 다른 모든 계수는 0이라는 말이다. 즉 $c_m(0) = \delta_{mn}$. 느림근사의 핵심은 이 근사가 옳을때 c_n과 다른 항들의 연결이 없으므로 고유상태는 시간이 지나도 고유상태에 남아 있다는 것이다.

식 (14.8)의 우변의 지수에 나타난 양 $\int_{\lambda_0}^{\lambda} d\lambda_i\cdot\mathcal{A}_i$을 **기하학적 위상**이라 하는데 그 이유는 $t\to f(t)$로의 변환에 대해, $\int_0^t dt'\mathcal{A}_i(\lambda)\dot{\lambda}_i$가 불변이므로 파라미터 공간에서 시점과 종점을 잇는 곡선의 모양(기하학)에만 의존하기 때문이다. 만일 t가 0에서 T까지 갈 때 파라미터 공간에서 초기값 $\lambda(0)$과 최종값 $\lambda(T)$이 일치한다면 이 시간 동안에 λ는 파라미터 공간의 폐곡선을 한 바퀴 돈 셈이다. 이 폐곡선을 C라 하면

$$c_n(t) = \exp[i\oint_C d\lambda\cdot\mathcal{A}(\lambda)] := e^{i\gamma_C} \tag{14.9}$$

인데 여기서 γ_C 를 **베리의 위상**[1]이라 하며 이는 상태와 폐곡선 C 에 의존하는 양이다.

느림근사의 한계

그런데 느림이라 함은 물리적으론 모호한 말이다. 느림근사는 구체적으로 어떨 때 성립하는가? 고윳값 방정식 (14.1)를 미분하여

$$\frac{dH(\lambda(t))}{dt}|m,\lambda\rangle + H\frac{d}{dt}|m,\lambda\rangle = \frac{dE_m(\lambda)}{dt}|m,\lambda\rangle + E_m(\lambda)\frac{d}{dt}|m,\lambda\rangle \tag{14.10}$$

$n \neq m$ 인 $\langle n|$ 과의 내적을 취하면

$$\langle n|\partial_t H(\lambda)|m,\lambda\rangle + E_n\langle n|\frac{d}{dt}|m,\lambda\rangle = E_m(\lambda)\langle n|\frac{d}{dt}|m,\lambda\rangle. \tag{14.11}$$

이로부터

$$\langle n|\frac{d}{dt}|m,\lambda\rangle = \frac{1}{E_m - E_n}\langle n|\partial_t H(\lambda)|m,\lambda\rangle. \tag{14.12}$$

따라서 $\hbar$를 곱한 식 (14.5)은 다음과 같이 쓰인다.

$$\hbar\dot{c}_n(t) = -c_n\langle n|\hbar\frac{d}{dt}|n\rangle - \sum_{m\neq n} c_m e^{-i(D_m - D_n)}\frac{\hbar}{E_m - E_n}\langle n|\partial_t H|m\rangle. \tag{14.13}$$

이제 에너지 준위에 겹침이 없다고 하고 상태 n, m 사이의 전이가 일어날 전형적인 시간을 τ_{mn} 라 하면,

$$\tau_{mn} = \frac{\hbar}{E_m - E_n}. \tag{14.14}$$

또 해밀토니안이 변화하는 시간의 스케일을 T 라 하면,

$$\left|\frac{\langle m|\partial_t H|n\rangle}{\langle n|i\hbar\frac{d}{dt}|n\rangle}\right| \sim 1/T. \tag{14.15}$$

이제 둘째 항을 첫 항으로 나눈 양의 크기는 대략 τ_{mn}/T 와 같다. 이제 의미 있는 기여를 하는 항의 개수가 유한하다고 하면 τ_{mn}/T 를 충분히 작게 함으로써 둘째 항의 합은 첫 항보다 매우 작도록 할 수 있다. 따라서 우리가 원하는 느림근사를 위한 조건은 다음과 같다.

$$\tau_{mn}/T \ll 1. \tag{14.16}$$

이러한 논증의 수학적 엄밀함을 실현하는 것은 일반적인 물리학자의 관심은 아니므로 여기서는 고려하지 않겠다. 따라서 m, n 상태의 에너지가 같을 때 즉 겹침이 존재할 때는 조심해야 하며 이 때 베리의 퍼텐셜은 비가환 게이지 이론의 커넥션을 이룬다는 것이 알려져 있다.[2]

---

[1] **https://doi.org/10.1098/rspa.1984.0023**.

[2] **https://doi.org/10.1103/PhysRevLett.52.2111**, **Wilczek:1984dh**.

14.2 베리위상

마이클 베리의 위대한 기여는 단순히 시간 의존적 계에 동역학적 위상 D_m 이외의 다른 기여가 있다는 것을 알아냈다는 것이 아니라 이 위상이 파라미터 공간을 얼마나 빨리 달리는지에 대한 선택에 관계없으며, 일단 존재하면 어떻게 해도 없앨 수 없는 물리적 의미를 갖는, 간단하고 아름다운 기하학적 의미가 있음을 발견했다는데에 있다. 오늘날 베리 위상은 토폴로지 물질연구라는 장대한 산맥을 이루었으며 현재에도 이에 기초한 많은 연구가 이루어지고 있다. 베리 커넥션은 전자기 벡터 퍼텐셜과 완전히 다른 배경에서 나온 개념임에도 많은 유사성이 있다. 이 유사성과 더불어 몇 개의 구체적 예를 통해 이것이 물리학에 어떻게 일어나는지를 알아 보는 것이 좋겠다.

14.2.1 베리곡률

우선 파라미터에 의존하는 슈뢰딩거 방정식을 구성함에 있어 $|n, \lambda\rangle$ 의 선택에는 시공간 x^μ 에 무관한 위상의 선택이 자유롭다.

$$|n, \lambda\rangle \rightarrow e^{\varphi(\lambda)}|n, \lambda\rangle \tag{14.17}$$

이 위상은 시공간에는 무관하나 파라미터 λ에는 의존할 수 있으므로 위의 변환은 파라미터 공간에서의 국소 게이지 변환을 야기한다. 베리의 커넥션이 다음과 같이 변하기 때문이다.

$$\mathcal{A}(\lambda) \rightarrow \mathcal{A}(\lambda) + \partial_i \varphi(\lambda) \tag{14.18}$$

이 변환은 맥스웰 이론에서의 전자기 퍼텐셜의 게이지 변환

$$A_\mu(x) \rightarrow A_\mu(x) + \partial_\mu \Lambda, \quad \partial_\mu = \frac{\partial}{\partial x^\mu} \tag{14.19}$$

과 형태가 동일하다. 그러나 전자는 파라미터 공간에서의 양이며 후자는 시공간에서의 양이므로 완전히 다른 양이다. 시공간에 무관한 위상의 선택에 물리가 변하면 안 되기 때문에 이러한 게이지 변환에 대해 불변하는 양만이 물리적이라 할 수 있다. 따라서 맥스웰 이론에서와 마찬가지로 하여 파라미터 공간에서의 미분을 취하여 게이지 변환에 불변인 곡률을 만들 수 있으며 그 결과로 형성된

$$\mathcal{F}_{ij} = \partial_i \mathcal{A}_j - \partial_j \mathcal{A}_i, \quad \partial_i = \frac{\partial}{\partial \lambda_i} \tag{14.20}$$

를 베리 곡률이라 부른다. 미분형식으로 쓰면

$$\mathcal{A} = \mathcal{A}_i d\lambda_i, \quad \mathcal{F} = \frac{1}{2}\mathcal{F}_{ij} d\lambda_i \wedge d\lambda_j, \qquad \mathcal{F} = d\mathcal{A} \tag{14.21}$$

이를 사용하여 우리는 베리 위상을 이 베리 곡률의 적분으로 쓸 수 있다.

$$e^{i\gamma_C} = \exp[i \oint_C \mathcal{A}(\lambda)] = \exp[i \iint_S \mathcal{F}(\lambda)], \tag{14.22}$$

여기서 S는 곡선 C에 의해 둘러싸인 하나의 곡면이며 유일하지 않다.

예제 14.1 베리의 위상은 S의 선택에 무관함을 보여라.

답) 두 선택을 S_1, S_2라 하자.

$\iint_{S_2} \mathcal{F} - \iint_{S_1} \mathcal{F} = \iint_{S_2 - S_1} \mathcal{F} = \iiint_V d\mathcal{F} = \iiint_V dd\mathcal{A} = 0.$

14.2.2 두 준위계

계의 준위가 둘 뿐일 때 베리곡률의 계산은 가장 단순할 것이다. 대표적인 예로 자장 안에 있는 스핀을 생각하자.

$$H = -\mu\sigma \cdot \mathbf{B}, \quad \mu_B = \frac{q\hbar}{2m} \tag{14.23}$$

이제 자장 $\mathbf{B} = B\mathbf{n}$이라 하고 $\mathbf{n} = (\sin\theta\cos\varphi, \sin\theta\sin\varphi, \cos\theta)$의 방향은 z축을 중심으로 천천히 회전한다고 하자. 전자의 전하를 $q = -e$라 하고 라머의 각진동수를 $\omega_L = \frac{eB}{2m}$라 정의하면 해밀토니안은

$$H = \hbar\omega_L \sigma \cdot \mathbf{n} := \hbar\omega_L \sigma_n \tag{14.24}$$

따라서 σ_n의 고윳값과 고유벡터를 알면 족한데 이는 지난 장의 결과에서 이미 알고 있다.

$$\sigma_n = \begin{pmatrix} \cos\theta & \sin\theta e^{-i\phi} \\ \sin\theta e^{i\phi} & -\cos\theta \end{pmatrix} \tag{14.25}$$

이 행렬의 고윳값은 ± 1이고 이에 대응하는 고유벡터들은 다음으로 주어진다.

$$|n, +\rangle = \begin{pmatrix} \cos\frac{\theta}{2} \\ \sin\frac{\theta}{2} e^{i\phi} \end{pmatrix}, \quad |n, -\rangle = \begin{pmatrix} -\sin\frac{\theta}{2} e^{-i\phi} \\ \cos\frac{\theta}{2} \end{pmatrix} \tag{14.26}$$

$$\mathcal{A}_\theta = i\langle n, -|\partial_\theta|n, -\rangle = 0, \quad \mathcal{A}_\phi = i\langle n, -|\partial_\phi|n, -\rangle = \sin^2\frac{\theta}{2} \tag{14.27}$$

이로부터 기저상태 $|n,-\rangle$ 에 대응하는 베리위상과 베리곡률을 계산하면 다음과 같다.

$$\mathcal{F}_{\theta\phi} = \partial_\theta \mathcal{A}_\phi - \partial_\phi \mathcal{A}_\phi = \frac{1}{2}\sin\theta \tag{14.28}$$

$$\mathcal{F} = \mathcal{F}_{\theta\phi} d\theta \wedge d\phi = \frac{1}{2}\frac{\mathbf{r}}{|\mathbf{r}|^3}\cdot d\mathbf{S}. \tag{14.29}$$

여기서 $\mathbf{r}$ 은 파라메터공간의 반경 r 인 구면위의 한 벡터이다. $\mathcal{F}/2\pi$ 는 $\mathbf{r}$-공간에서 자하가 1인 자기 모노폴의 자기장과 형태가 같다. 따라서 베리위상은

$$\gamma = \iint_S \mathcal{F} = \frac{1}{2}\iint_S \sin\theta d\theta d\phi = \frac{1}{2}\Omega$$

이며, $\mathcal{F}$ 의 구면 전체에서의 적분은 천 넘버(Chern number)라 불리는, 토폴로지를 특징짓는 정수를 준다. 위의 경우

$$C = \frac{1}{2\pi}\int_{S^2}\mathcal{F} = \frac{1}{2\pi}\int_0^{2\pi} d\phi \int_0^{\pi} d\theta \frac{1}{2}\sin\theta = 1 \tag{14.30}$$

문제 14.1 $|n,+\rangle$ 에 대응하는 베리위상, 베리곡률, 그리고 천 넘버를 계산해 보라.

문제 14.2

1. $H = \sigma\cdot\mathbf{B}$ 의 고윳값과 고유벡터를 B_i 들의 함수로 구해보라.
2. 기저상태에 대한 베리 퍼텐셜을 구하라.
3. 기저상태의 베리 곡률을 구하라.
4. 기저상태의 천 넘버를 구하라.

답) 1. $E_\pm = \pm|\mathbf{B}|$. $\left|\hat{B},-\right\rangle = \frac{(-B_x+iB_y, |\mathbf{B}|+B_z)}{\sqrt{2|\mathbf{B}|(|\mathbf{B}|+B_z)}}$, $\left|\hat{B},+\right\rangle = \frac{(|\mathbf{B}|+B_z, B_x+iB_y)}{\sqrt{2|\mathbf{B}|(|\mathbf{B}|+B_z)}}$.

2. $\mathcal{A}_i = i\langle\hat{B},-|\partial_{B_i}|\hat{B},-\rangle$. 이는 간단하지 않은 형태를 가지므로 여기에선 생략한다. 그러나 그 미분은 아래에서 보듯 매우 간단하다.

3. $\mathcal{F} = \frac{1}{2}\mathbf{B}/|B|^3$.

4. $C = +1$.

14.2.3 베리 위상으로서의 아하로노프-봄 효과

마이클 베리는 그의 첫 논문에서, 아하로노프-봄 효과가 기하학적 위상으로 볼 수도 있음을 지적하였는데 그의 논지를 좇아가 보자. 입자는 자장이 있는 솔레노이드 밖의 작은

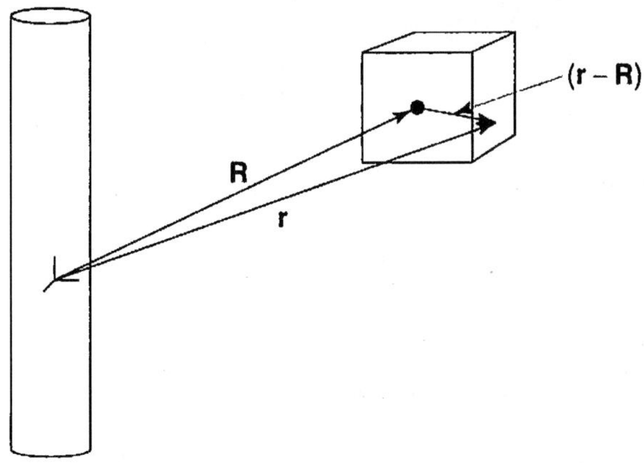

그림 14.1: 베리 위상으로서의 아하로노프-봄 효과.

(그림 출처: D. Griffith, quantum mechanics.)

상자에 갇혀 있고 상자는 곡선 C를 따라 솔레노이드 주변을 매우 천천히 돌아 원래의 자리로 돌아간다. 상자의 중심은 위치 $\mathbf{R}$에 있다고 하고 상자의 존재는 퍼텐셜 $V(\mathbf{r}-\mathbf{R})$로 기술된다고 하자. 상자가 작다 함은 상자 안에서 $\mathbf{r}'=\mathbf{r}-\mathbf{R}$의 길이가 R의 길이에 비해 매우 작다는 것이다. 그러면 이전과 같이 하여 자기 퍼텐셜이 있는 슈뢰딩거 방정식

$$H\psi=\left[\frac{-\hbar^2}{2m}\left(\nabla-i\frac{q}{\hbar}\mathbf{A}\right)^2+V(\mathbf{r}-\mathbf{R})\right]\psi=E\psi \tag{14.31}$$

은 게이지 변환 $\psi=\exp[\frac{iq}{\hbar}\int_{\mathbf{R}}^{\mathbf{r}}d\mathbf{r}'\cdot\mathbf{A}(\mathbf{r}')]\phi$에 의해 ϕ의 방정식으로 쓸 수 있다.

$$\left[\frac{-\hbar^2}{2m}\nabla^2+V(\mathbf{r}-\mathbf{R})\right]\phi=E\phi \tag{14.32}$$

여기서 중요한 것은 퍼텐셜이 $(\mathbf{r}-\mathbf{R})$에만 의존하므로 그 해 ϕ 또한 그렇다는 것이다. 이 방정식의 고유벡터를 ϕ_n라 할 때 원래 방정식의 고유벡터는

$$\psi_n(\mathbf{r};\mathbf{R})=\exp[i\frac{q}{\hbar}\int_{\mathbf{R}}^{\mathbf{r}}d\mathbf{r}\cdot\mathbf{A}]\phi_n(\mathbf{r}-\mathbf{R}) \tag{14.33}$$

로 주어지며 베리의 퍼텐셜은 다음과 같이 주어진다.

$$\mathcal{A}(\mathbf{R})=i\langle\psi_n|\nabla_R\psi_n(R)\rangle=\frac{q}{\hbar}\mathbf{A}(R)+i\int d^3\mathbf{r}\phi_n^*\nabla_R\phi_n(\mathbf{r}-\mathbf{R}) \tag{14.34}$$

여기서 우변의 두 번째 항은 $\nabla_{\mathbf{R}}\phi(\mathbf{r}-\mathbf{R})=-\nabla_{\mathbf{r}}\phi(\mathbf{r}-\mathbf{R})$에 의해 모멘텀 $-i\hbar\nabla_{\mathbf{r}}$의 기댓값에 비례하는데 입자는 상자에 갇혀 있으므로 이는 0으로 둘 수 있다. 이제 상자가 솔레노이드를

천천히 한 바퀴 돌 때의 베리 위상은

$$\gamma_n(C) = \frac{q}{\hbar} \oint_C \mathbf{A}(\mathbf{R}) \cdot d\mathbf{R} = \frac{q}{\hbar} \Phi_B \tag{14.35}$$

가 되는데 이는 다름 아닌 아하로노프-봄의 위상이다.

주의

아하로노프-봄효과가 언제나 느림근사의 극한에서 나타날 필요는 없다. 그러나 솔레노이드 주위에서 2개로 분리된 전자빔의 간섭 실험에서도 너무 빠른 전자를 사용하면 자기장의 효과는 위상차만으로 기술되지 않으며 이마저도 파장이 짧아 위상의 이동을 발견하기 어렵다.

제15장
산란

양자역학의 문제는 크게 두 부류로 나뉠 수 있다. 하나는 원자 안의 전자처럼 일정한 공간에 구속된 경우이고, 다른 하나는 광전효과나 충돌실험에서처럼 입자가 전 공간에서 움직이는 경우이다. 전자를 구속계 문제, 후자를 산란 문제라 하며 이 산란 문제가 본 장의 내용이다.

1장에서 이야기한 바와 같이 확률밀도를 $\rho = \psi^*\psi$, 흐름벡터를 $\mathbf{J} = \frac{\hbar}{2mi}\Big(\psi^*\nabla\psi - \psi\nabla\psi^*\Big)$ 라 정의할 때 슈뢰딩거 방정식으로부터 확률의 보존 방정식 $\partial_t\rho + \nabla\cdot\mathbf{J} = 0$ 을 얻을 수 있다. 산란의 문제를 다룸에 있어 이 흐름벡터의 의미를 파악해 둘 필요가 있다. 모멘텀 $\mathbf{p} = \hbar\mathbf{k}$ 를 갖는 자유입자의 파동함수 e^{ikx} 가 주는 흐름벡터는 $\frac{\hbar\mathbf{k}}{m}$ 임을 기억하기 바란다.

15.1 1차원의 문제

간단한 산란의 문제는 퍼텐셜 장벽문제를 통해 2.3절에서 다루었다. 여기서는 산란이론을 정식화해 보자.

$x = -\infty$ 에서 시작하여 원점 근방 $|x| < L$ 에서만 0이 아닌 퍼텐셜에서 산란하여 반사 혹은 투과하는 파동을 생각하자. 평면파 $\psi = e^{ikx}$ 에 대해 위에서 정의한 흐름을 계산하면 $\frac{\hbar k}{m}$ 인데, 이는 속도에 해당한다. 일반적으로 흐름은 밀도와 속도의 곱이니 평면파 e^{ikx} 는 $\hbar k/m$ 의 속도로 달리는 밀도가 1인 입자들을 기술함을 알 수 있다. 이제 평면파 e^{ikx} 가 왼쪽에서 들어와 퍼텐셜의 센터에서 산란 후 반사된 파를 re^{-ikx} 투과된 파동을 te^{ikx} 라 하면 r 을 반사계수, t 를 투과계수라 한다. 퍼텐셜의 좌측엔 입사파 e^{ikx} 와 반사파 re^{-ikx} 가 중첩되어 파동은

$e^{ikx} + re^{-ikx}$ 이고, 퍼텐셜의 우측에는 투과파 te^{ikx} 만이 존재한다. 이제 좌측과 우측에서의 파동의 흐름을 계산하면 들어간 파는 모두 나와야 하므로 다음이 성립해야 한다.

$$\frac{\hbar k}{m}(1 - |r|^2) = \frac{\hbar k}{m}|t|^2 \tag{15.1}$$

따라서

$$|r|^2 + |t|^2 = 1 \tag{15.2}$$

이 되므로 $|r|^2$ 을 반사확률, $|t|^2$ 를 투과확률이라 해석할 수 있다.

15.1.1 산란행렬

위에서 입사파는 왼쪽에서만 들어 오는 것으로 생각하였다. 그러나 입사파는 오른쪽에서 들어 올 수도 있다. $x = -\infty$ 에서 입사하여 오른쪽으로 진행하여 퍼텐셜에서 산란해 나가는 파동을 ψ_+, $x = \infty$ 에서 입사하여 좌측으로 진행하여 산란하는 파동을 ψ_- 라 하면

$$\psi_+ = \begin{cases} e^{ikx} + re^{-ikx}, & x << -L, \\ te^{ikx}, & x >> L, \end{cases} \qquad \psi_- = \begin{cases} t'e^{-ikx}, & x << -L, \\ e^{-ikx} + r'e^{ikx}, & x >> L. \end{cases} \tag{15.3}$$

일반적으론 왼쪽 오른쪽 모두에서 들어올 것이다. 이를 다음과 같이 쓰자.

$$\psi = \begin{cases} Ae^{ikx} + Be^{-ikx}, & x << -L, \\ Fe^{ikx} + Ge^{-ikx}, & x >> L, \end{cases} \tag{15.4}$$

여기서 A, G 는 들어오는 파동의 계수이고 B, F 는 산란하여 나가는 파의 계수이다. 파동과 그 미분의 연속성으로부터 어떤 2개의 계수도 다른 계수들의 선형결합으로 쓸 수 있다. 산란행렬은 산란되어 나가는 파동과 들어오는 파동 사이를 연결하는 행렬이며 1차원에서는 다음 식으로 정의된다.

$$\begin{pmatrix} F \\ B \end{pmatrix} = \mathcal{S} \begin{pmatrix} A \\ G \end{pmatrix} \tag{15.5}$$

이제 특별히 왼쪽에서 들어오는 계수가 1인 파동만 있을 때, 즉 $A = 1, G = 0$ 인 경우 $F = t, B = r$ 이며 오른쪽에서만 계수가 1인 파동이 들어오는 $A = 0, G = 1$ 경우엔 $F = r', B = t'$ 이 되니,

$$\begin{pmatrix} t \\ r \end{pmatrix} = \mathcal{S} \begin{pmatrix} 1 \\ 0 \end{pmatrix}, \quad \begin{pmatrix} r' \\ t' \end{pmatrix} = \mathcal{S} \begin{pmatrix} 0 \\ 1 \end{pmatrix} \tag{15.6}$$

이 조건들로부터 $\mathcal{S}$의 모든 성분은 r, t, r', t'로 결정되며 다음과 같이 주어진다.

$$\mathcal{S} = \begin{pmatrix} t & r' \\ r & t' \end{pmatrix} \tag{15.7}$$

따라서 산란에 대한 모든 정보는 산란행렬이 모두 가지고 있음을 알 수 있다. 산란행렬의 몇 가지 중요한 성질은 먼저 이것이 유니터리 행렬

$$\mathcal{S}^\dagger \mathcal{S} = \begin{pmatrix} |t|^2 + |r|^2 & t^* r' + r^* t' \\ t r'^* + r t'^* & |t'|^2 + |r'|^2 \end{pmatrix} = \begin{pmatrix} 1 & 0 \\ 0 & 1 \end{pmatrix}, \tag{15.8}$$

이라는 것과 다른 하나는 시간역전에 대한 대칭이라는 것이다. 즉,

$$\mathcal{S}^*(k) = \mathcal{S}(-k). \tag{15.9}$$

예제 15.1 산란행렬의 유니터리티와 시간역전 대칭성을 증명하라.

답) 1. 퍼텐셜이 실수일 때 ψ가 해이면 ψ^*도 해이며 이들의 선형결합도 해임을 이용하여 ψ_+^*와 ψ_+ 선형결합으로 ψ_-를 만들자. ψ_-는 퍼텐셜의 왼쪽에서 e^{-ikx}만 가지므로 ψ_+^*와 ψ_+의 결합은 e^{ikx}를 상쇄해야 한다. (15.3)로부터 옳은 결합은 $\psi_+^* - r^*\psi_+$임을 안다.

$$\psi_+^* - r^*\psi_+ = \begin{cases} (1 - rr^*)e^{ikx}, & x << -L, \\ t^* e^{-ikx} - r^* t e^{+ikx}, & x >> L, \end{cases} \tag{15.10}$$

인데, 이것이 ψ_-와 같은 상태이려면 위 식을 t^*로 나누어 다음 두 조건이 성립해야 한다.

$$\frac{(1 - rr^*)}{t^*} = t', \quad \frac{-r^* t}{t^*} = r' \tag{15.11}$$

확률 보존으로 부터 $|r|^2 + t|^2 = 1$이니 위 식은

$$t' = t, \quad r^* t + r' t^* = 0 \tag{15.12}$$

이 두 조건은 $\mathcal{S}\mathcal{S}^\dagger = 1$임을 보이기에 충분하다.

2. 시간역전 대칭성을 보는 데에는 $\psi^*(x; -k) = \psi(x; k)$임을 주목하면 충분하다. 파동함수의 이러한 성질은 모든 계수의 성질 $r^*(-k) = r(k)$ 등으로 이어지기 때문이

다. 이는 계의 시간 역전대칭성은 산란행렬의 시간역전성을 준다는 것이니 당연한 귀결이다.

산란행렬의 성질을 구체적 예를 통해 공부해 보자. 2장에서 했던, $0 < x < L$ 사이에는 $V(x) = -V_0$ 이고 그 밖에선 0으로 정의된 퍼텐셜 우물에 대한 계산 결과를 소환하자.

$$t = \frac{e^{-ikL}}{\cos qL + \frac{q^2+k^2}{2ikq}\sin qL}, \quad r = \frac{\frac{q^2-k^2}{2ikq}\sin qL}{\cos qL + \frac{q^2+k^2}{2ikq}\sin qL} \tag{15.13}$$

여기서

$$k = \sqrt{\frac{2m}{\hbar^2}E}, \quad q = \sqrt{\frac{2m}{\hbar^2}(E+V_0)} \tag{15.14}$$

임을 상기하자.

문제 15.1 퍼텐셜 우물의 경우에 대해 $|r|^2 + |t|^2 = 1$ 이 성립함을 계산에 의해 보여라.

15.1.2 산란행렬과 구속상태

구속상태를 규정하는 방법 중의 하나는 산란행렬의 발산과 관계시키는 것이다. 위의 예에 있어서 산란행렬의 발산 조건은 r, t의 분모가 0이 되는 것이다.

$$\cos qL + \frac{q^2+k^2}{2ikq}\sin qL = 0 \tag{15.15}$$

$q^2 > k^2$ 이니, $k^2 > 0$ 이면 위 식은 0이 될 수 없다. 따라서 $k^2 = \frac{2mE}{\hbar^2} < 0$ 이므로 에너지는 음이고, $k = i\kappa$ 라 둔다. 이때 ψ_+ 는 발산하나

$$\psi_+/r = \begin{cases} \frac{1}{r}e^{-\kappa x} + e^{\kappa x}, & x << -L, \\ \frac{t}{r}e^{-\kappa x}, & x >> L, \end{cases} \tag{15.16}$$

이므로 r 이 발산할 때, $\frac{t}{r}$ 은 유한하니 ψ_+/r 은 정규화가 가능한 갇힌계의 파동함수를 준다. 이때의 에너지값은

$$\tan qL = \frac{2\kappa q}{q^2-\kappa^2} = \frac{2\kappa/q}{1-\kappa^2/q^2} = -\frac{2q/\kappa}{1-q^2/\kappa^2}. \tag{15.17}$$

이 성립하는 곳이다. 2배각 공식에 의하면

$$\tan qL = \frac{2\tan qL/2}{1-\tan^2 qL/2} \tag{15.18}$$

따라서

$$\tan qL/2 = \kappa/q, \quad \text{혹은 } \tan qL/2 = -q/\kappa \tag{15.19}$$

이는 2장에서 구한 퍼텐셜 우물에 갇힌 구속계의 문제의 답과 정확히 일치한다. 여기서 k, q는 (15.14)에 주어진 바와 같이 에너지의 함수이다. $\kappa = \sqrt{2mV_0/\hbar^2 - q^2}$를 대입하면 위의 식들은 띄엄띄엄한 q값을 해로 가지며 이는 양자화된 에너지값을 결정해 준다. 일반적으로 산란행렬의 폴(*pole*)은 구속계의 양자화된 에너지 스펙트럼을 준다.

예제 15.2 (15.19)의 식들을 그래프에 의한 풀이에 적합하게 써보라.
답) $Q = qL/2, \quad K = \kappa L/2, \quad \Lambda = \frac{L}{2}\sqrt{\frac{2m}{\hbar^2}V_0}$, 라 하면 $Q^2 + K^2 = \Lambda^2$이 성립한다. 따라서

$$\tan Q = \sqrt{\frac{\Lambda^2}{Q^2} - 1}, \quad -\cot Q = \sqrt{\frac{\Lambda^2}{Q^2} - 1} \tag{15.20}$$

이 방정식들의 해에 대해 $E = \frac{\hbar^2}{2m}\left(\frac{2Q}{L}\right)^2 - V_0 = -\frac{\hbar^2}{2m}\left(\frac{2K}{L}\right)^2$ 라는 양자화된 음의 에너지 고윳값들이 대응된다.

15.1.3 공명

만일 r, t의 폴이 에너지의 실직선 위에 있지 않고 복소수 값 $E = E_0 - i\frac{\Gamma}{2}$을 가진다면 산란행렬은 공명을 기술한다. 왜냐하면 가정에 의해 행렬인자는 다음과 같이 쓰이니,

$$r, t \sim \frac{Z}{E - E_0 + i\Gamma/2} \tag{15.21}$$

산란행렬의 절댓값은 $E - E_0$에서 최대이고 너비가 Γ인 공명을 나타내는 종 모양을 갖는다. 이때 파동함수는

$$\psi \sim e^{-iEt} \sim e^{-iE_0t}e^{-t\Gamma/2} \tag{15.22}$$

이니 시간이 지남에 따라 감쇄하는데 만일 $\Gamma < 0$이면 확률이 발산하므로 물리적으로 의미가 없는 경우가 된다. 다시 말해 산란행렬의 폴의 위치가 E의 복소평면에서 실수축보다 상방에 있으면 ($\Gamma < 0$) 파동함수는 시간이 지남에 따라 지수적으로 증가하니 물리적으로 의미 있는 결과를 주지 못한다.

15.2 3차원에서의 산란

산란실험은 타겟이 되는 물질에 빛이나 전자 등 다른 입자들을 보내어 그 휘어지는 정도를 관찰하여 물질의 구조나 작용하고 있는 힘의 성질을 조사하는 작업이다. 이는 산란의 정도를 정량화함으로써 가능해진다. 3차원에서의 산란의 정도를 나타내는 물리량으로 가장 중요한 것은 산란단면적(cross-section)인데 이를 정의하고 계산하는 것이 이 소절의 목표이다.

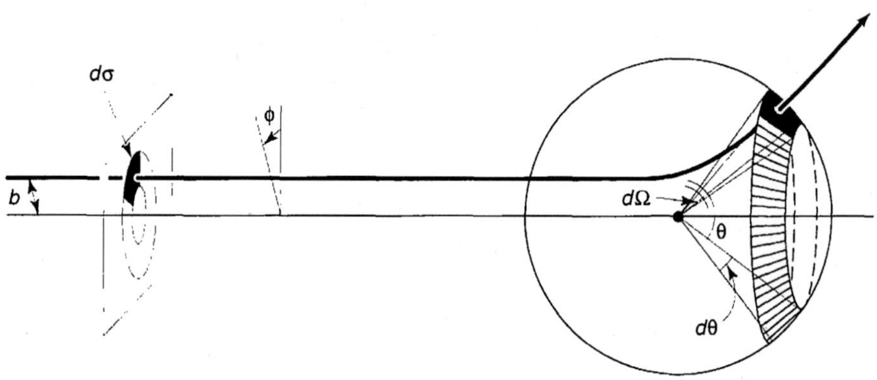

그림 15.1: 고전적 산란
고전적 산란에선 충돌변수 b가 주어지면 산란각이 정해진다.

15.2.1 각분해 산란단면적

입사된 입자들의 줄기는 타겟이 제공하는 퍼텐셜에 의해 산란되어 나간다. 퍼텐셜이 얼마나 멀리까지 힘을 미치느냐에 따라 산란의 세기 정도를 가늠할 수 있다. 힘이 미치는 범주 안에 있는 단면적이 얼마냐 하는 것이 산란 단면적의 개념이니 얼핏 보면 힘의 범주에만 관계있는 듯하나, 이는 힘의 세기와도 관계가 있다는 것을 알게 될 것이다.

고전적 산란

궤적이 존재하는 고전역학적 산란에서 산란단면적의 설명이 더 분명하므로 이를 먼저 고찰하자. 입사하는 입자줄기의 중심라인에서 b만큼 떨어진 곳에 있는 작은 단면적 $d\sigma$를 통해 들어온 입자가 타켓에서 θ의 각도로 산란되어 나간다고 하자. 고전역학에 따르면 입사된 입자는 (퍼텐셜 중심을 너무 멀리 지나가서) 산란이 안되거나 산란이 된다면 궤적이 정의한 각도로 산란되어 나간다. 따라서 $\delta\sigma$는 산란 공간각 $d\Omega$에 비례한다. 즉,

$$d\sigma = D(\theta)d\Omega. \tag{15.23}$$

여기서 $D(\theta)$를 각분해 산란단면이라 부른다. 실험에서 하는 것은 단위시간 $d\sigma$ 를 통해 들어온 dN 개의 입자중 (θ,ϕ) 방향의 공간각 $d\Omega$ 안으로 산란되어 나가는 입자는 몇 개인지를 세는 것이다.

$$\frac{d\Omega\text{방향으로 단위시간에 산란된 입자 플럭스}}{\text{단위면적, 단위시간당 들어온 입자의 플럭스}} = \frac{\frac{dN}{d\Omega dt}d\Omega}{\frac{dN}{d\sigma dt}} = \frac{d\sigma}{d\Omega}d\Omega \tag{15.24}$$

따라서 이를 모두 적분하면 이는 어떤 면적

$$\sigma_T = \int d\Omega \frac{d\sigma}{d\Omega} \tag{15.25}$$

을 얻을 것인데 그 의미는 들어오는 입자를 반드시 산란시키는 면적의 넓이다.

그림 15.1에서 $d\sigma = bdbd\phi$ 이고 또 $d\Omega = \sin\theta d\theta d\phi$ 이므로

$$\frac{d\sigma}{d\Omega} = \frac{b}{\sin\theta}\frac{db}{d\theta} \tag{15.26}$$

따라서 고전적인 산란에서 각분해 산란단면적 $\frac{d\sigma}{d\Omega}$ 을 구하기 위해서는 주어진 충돌파라미터 b에 대응하는 산란각 θ를 구하면 충분하다.

문제 15.2 딱딱한 구면으로부터의 산란

고전적 입자가 반경이 R인 딱딱한 구면에 의해 산란할 때

1. 산란각 θ를 임팩트 파라미터 b로 표시하라.
   답) $b = R\cos(\theta/2), \quad (b < R); \theta = 0, \quad (b > R)$
2. $\frac{d\sigma}{d\Omega}$를 구하라.
   답)$R^2/4$.
3. 총 산란단면적을 구하라.
   답) πR^2. 이는 들어오는 입자가 보는 구의 단면적이다. 나중에 이 문제의 양자역학적 버전에선 $4\pi R^2$ 가 나오는 것은 흥미로운 비교가 된다.

문제 15.3 러더퍼드 산란

전자가 양성자의 전자기적인 반발력에 의해 산란할 때,

1. 산란각 θ를 임팩트 파라미터 b로 표시하라.
   답) $b = \frac{e^2}{8\pi\epsilon_0 E}\cot(\theta/2)$.

2. $\frac{d\sigma}{d\Omega}$를 구하라.
   답) $\frac{d\sigma}{d\Omega} = \left[\frac{e^2}{16\pi\epsilon_0 E\sin^2(\theta/2)}\right]^2$.

3. 총 산란단면적이 무한대가 나옴을 보이고 이를 해석해 보라.
   답) 쿨롱력은 원거리력이다. 주의) 발산은 $\theta \sim 0$근방에서 오고 이는 $b \sim \infty$에서의 기여이다.

실용적인 입장에서 각 충돌파라미터에 따라 몇 개의 입자가 들어오는가를 세는 것은 매우 어렵다. 따라서 들어오는 입자의 다발이 유니폼하게 분포되어 있다고 생각하고 '단위시간 단위면적당 입사되는 입자의 수'(luminosity)를 $\mathcal{L}$이라 하면

$$dN = \mathcal{L}d\sigma = \mathcal{L}\frac{d\sigma}{d\Omega}d\Omega \tag{15.27}$$

이 성립하니

$$\frac{d\sigma}{d\Omega} = \frac{1}{\mathcal{L}}\frac{dN}{d\Omega} \tag{15.28}$$

가 된다. 이를 각분해 산란단면적의 실용적인 정의로 삼는 것이 보통이다. 이를 측정하기 위해선 매초 $d\Omega$방향으로 날아 들어온 입자의 개수를 세고 이를 $\mathcal{L}$로 나누면 된다.

양자적 산란

양자역학에 있어서는 궤적이 정의되지 않으므로 입자가 정확히 어디로 들어왔는지를 구분하는 것은 불가능하다. 그럼에도 불구하고 이 산란단면적의 개념은 여전히 유효하다. 실험에서 재는 양은 양자와 고전이 다르지 않고 실험과 비교할 산란을 계산하는 방법만이 다를 뿐이다.

양자역학이란 같은 상태에 있는 여러 입자에 대한 실험을 한 개 입자의 언어로 해석하는 학문이다. 그렇기에 확률론적 기술이 가능한 것이다. 따라서 같은 조건을 가지고 들어오는 입자들의 줄기(beam)를 하나의 파동함수 Ae^{ikz}로 기술한다. 여기서 $|A|^2$는 단위시간 단위면적당 입사하는 입자의 수 즉 $\mathcal{L}$에 해당하고 모든 입자는 k라는 모멘텀을 갖는 동일한 상태에 있다고 생각한다. 타겟이 되는 표적물은 어떤 퍼텐셜 $V(\mathbf{r})$에 의해 기술된다고 가정한다.

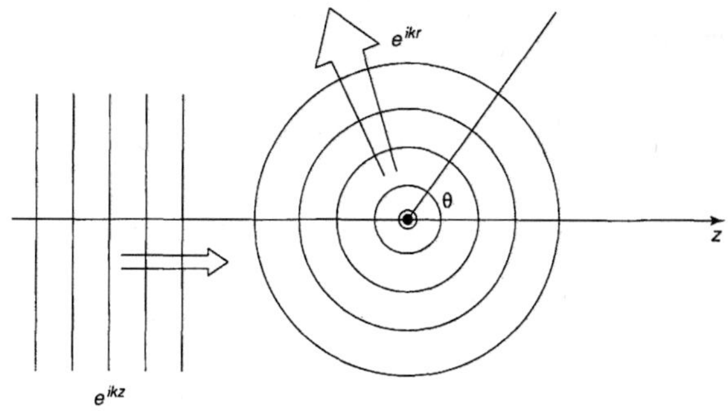

그림 15.2: 양자 산란: 양자 산란에선 입사파는 평면파로, 산란파는 나가는 구면파들의 합성으로 주어진다. 따라서 평면파를 구면파들의 합성으로 나타내는 것이 필요하다.

그러면 평면파로 기술되는 자유입자는 퍼텐셜에 의해 산란되어 타겟에서 시작하여 밖으로 나가는 파동을 형성하니 이를 산란파 ψ_{sc}라 하자. 그러면 퍼텐셜의 중심에서 멀리 떨어진 곳에 위치한 검출기 근방에서의 슈뢰딩거 방정식의 해는 일반적으로 입사파인 평면파와 산란파의 중첩으로 표시될 것이다. 나중에 보게 되겠지만, 멀리서의 산란파는 퍼텐셜에 따라 달라지는 방향 의존성 $f(\theta)$를 갖는 다음과 같은 형태의 해를 갖는다.

$$\psi(r,\theta) = \psi_{in} + \psi_{sc} = A\left[e^{ikz} + f(\theta)\frac{e^{ikr}}{r}\right] \tag{15.29}$$

따라서 산란문제는 산란진폭이라 불리는 $f(\theta)$를 계산하는 문제이다. 실제로 이 양을 알면 각분해 산란단면적 $\frac{d\sigma}{d\Omega}$을 구할 수 있다. 이를 보기 위해 고전역학과 마찬가지로 충돌파라미터 b근방의 작은 면적 $d\sigma$ 안으로 v의 속도로 들어온 입자들이 고전역학의 궤도가 정의하는 각방향 θ로 산란되어 나간다고 가정하자. 작은 부피 $dV = d\sigma v dt$에 입자가 들어있을 확률은

$$dP = |\psi_{in}|^2 dV = |A|^2 d\sigma v dt \tag{15.30}$$

이고 이 모두가 $d\Omega$ 방향으로 산란하여 작은 부피 $dV = vdt\, r^2 d\Omega$ 안에 들어 있다고 가정하면

$$dP = |\psi_{sc}|^2 dV = |A|^2 |f(\theta)|^2 d\Omega v dt \tag{15.31}$$

두 개의 확률을 같게 놓으면

$$\frac{d\sigma}{d\Omega} = |f(\theta)|^2 \tag{15.32}$$

아래에 산란진폭 $f(\theta)$를 구하는 몇 가지 방법을 소개한다.

15.2.2 부분파 해석

퍼텐셜이 구상대칭성을 가질 때 슈뢰딩거 방정식의 해는 퍼텐셜의 구체적 형태에 관계 없이

$$\psi(r,\theta) = R(r)Y_{lm}(\theta,\phi) \tag{15.33}$$

형태의 해를 갖게 되고 방정식이 선형이므로 일반해는 이들의 선형결합으로 쓸 수 있다. 따라서 각각의 각운동량에 대해서 논의하면 물리를 이해할 수 있다는 것이 골자이다. 각운동량이 l 일 때의 슈뢰딩거 방정식은

$$\left[-\frac{\hbar^2}{2mr}\partial_r^2 r + \frac{\hbar^2 l(l+1)}{2mr^2} + V(r)\right] R_{nl}(r) = ER_{nl}(r) \tag{15.34}$$

이니 퍼텐셜의 중심에서 아주 멀리 떨어진 영역에서는 V 와 $1/r^2$ 항을 다 무시할 수 있어 해는 다음과 같이 주어진다.

$$R(r) = B\frac{e^{ikr}}{r} + C\frac{e^{-ikr}}{r} \tag{15.35}$$

여기서 첫 항은 밖으로 진행하는 파이고 둘째 항은 안으로 진행하는 파이다. 우리는 산란파동은 밖으로만 진행한다는 것을 안다.

퍼텐셜은 무시할 수 있으나 원심력 $l(l+1)/r^2$ 항을 무시할 수 없는 곳을 중간지역이라 하는데, 여기서는 각운동량이 다른 해들이 구별된다. 이곳에서의 해는 구상베셀함수들로 주어지는데 멀리서의 행동에 따라 여러 이름이 붙어 있다. 사인 코사인의 유사품인 $j_l(kr), n_l(kr)$ 이 있고, 이들을 결합하여 진행파 형태로 만든 구상-한켈함수가 있다.

$$h_l^{(1)} = j_l(kr) + in_l(kr), \quad h_l^{(2)} = j_l(kr) - in_l(kr) \tag{15.36}$$

이들은 각각 제1종 및 제2종의 구상-한켈함수라 불리는데 산란된 파동을 기술하는 것은 당연히 $h_l^{(1)}$ 이다. 산란파는 여러가지 각운동량을 가진 부분파들의 선형결합

$$\psi_{sc} = \sum C_{lm} h_l^{(1)}(kr) Y_{lm}(\theta,\phi) \tag{15.37}$$

로 주어지나 실험에서 ϕ에 대한 의존성을 측정하지는 않으므로 ϕ에대한 평균을 취하면 $m=0$만이 살아 남는다. 따라서 $Y_{l0} = \sqrt{\frac{2l+1}{4\pi}}P_l(\cos\theta)$ 를 사용하여 입사파 Ae^{ikz} 와 산란파 ψ_{sc} 를 다음과 같이 전개함이 편리하다.

$$Ae^{ikz} = A\sum_l i^l(2l+1)j_l(kr)P_l(\cos\theta), \tag{15.38}$$

$$\psi_{sc} = Ak \sum_l i^{l+1}(2l+1)a_l h_l^{(1)}(kr) P_l(\cos\theta). \tag{15.39}$$

따라서 전체 파동함수는

$$\psi(r,\theta) = \psi_{in} + \psi_{sc} = A \sum_l i^l (2l+1)\Big(j_l(kr) + ika_l h_l^{(1)}(kr)\Big) P_l(\cos\theta). \tag{15.40}$$

이제 $h_l^{(1)}(kr) \sim (-i)^{l+1}\frac{e^{ikr}}{kr}$ 임을 참작하여 식 (15.39)을 $\psi_{sc} = Af(\theta)\frac{e^{ikr}}{r}$ 와 비교하면

$$f(\theta) = \sum_l (2l+1) a_l P_l(\cos\theta) \tag{15.41}$$

이 결과는 식 15.39에서 a_l를 정의할 때의 복잡한 인수들을 정당화해 준다. 총 산란단면적은

$$\sigma = \int d\Omega |f(\theta)|^2 = 4\pi \sum_{l=0}^{\infty} (2l+1)|a_l|^2 \tag{15.42}$$

여기서 $\int d\Omega P_l P_{l'} = \frac{4\pi}{2l+1}$ 임을 썼다.

딱딱한 구면에서의 산란: 양자역학 버전

딱딱한 구는 안에서 무한대이고 밖에선 0인 퍼텐셜로 기술할 수 있다. 이는 파동함수에

$$\psi(R,\theta) = 0, \text{ 즉}, j_l(kR) + ika_l h_l^{(1)}(kR) = 0, \tag{15.43}$$

라는 경계조건을 준다. 이로부터

$$a_l = ij_l(kR)/kh_l^{(1)}(kR), \tag{15.44}$$

로 결정된다. k가 작을 때 각운동량이 큰 부분파는 산란에 큰 기여를 않으므로 $l = 0$만 고려하자. $j_0(x) = \sin x/x$, $h_0^{(1)}(x) = -ie^{ix}/x$ 임을 참작하면

$$a_0 = -\frac{\sin kR}{k} e^{-ikR} \tag{15.45}$$

이니, $l = 0$ 파동의 산란단면적에의 기여는

$$\sigma_0 = \frac{4\pi}{k^2}|a_0|^2 \simeq 4\pi R^2 \tag{15.46}$$

인데 이는 앞에서 본 고전역학의 결과의 4배이다. 이는 파동의 회절성에 의해 입사 파동이 구의 면적 전체를 본 결과라고 생각할 수 있다. 여러분은 원판모양의 타겟에 의한 산란이 $\sigma \sim 2\pi R^2$ 인 결과를 주는지 확인해 보는 것도 흥미로울 것이다. 이는 원통좌표계를 사용할 좋은 동기를 제공할 것이다.

예제 15.3 딱딱한 구면에서의 산란에 있어서 k가 작을 때 각운동량 $l > 0$인 부분파의 산란단면적에의 기여를 구해보라.

답) $a_l = ij_l(kR)/kh_l^{(1)}(kR)$에서

$$a_l \simeq \frac{i}{k}\frac{j_l}{n_l} = \frac{i}{k}\frac{2^l l!(kR)^l/(2l+1)!}{-(2l)!(kR)^{l+1}/(2^l l!)} = \frac{1}{k}\frac{-i}{2l+1}\left[\frac{2^l l!}{(2l)!}\right]^2 (kR)^{2l+1}.$$

$$\sigma_l = 4\pi(2l+1)|a_l|^2 \simeq \frac{4\pi}{k^2}\frac{1}{2l+1}\left[\frac{2^l l!}{(2l)!}\right]^4 (kR)^{4l+2}.$$

산란의 결과: 위상의 이동

퍼텐셜이 구상대칭성이 있을 때 각운동량은 보존되므로 서로 다른 각운동량을 가진 상태는 서로 섞이지 않는다. 따라서 산란행렬도 대각행렬이다. 즉

$$\langle l'|\mathcal{S}|l\rangle = S_l\delta_{ll'} \tag{15.47}$$

유니터리티 $\mathcal{S}\mathcal{S}^\dagger = \mathbf{1}$로부터 $|S_l|^2 = 1$이니 산란행렬의 대각성분은 모두 $S_l = e^{2i\delta_l}$의 형태를 갖는 위상에 불과하다. 따라서 구상대칭성이 있는 퍼텐셜에 의한 산란의 결과는 결국 각 부분파의 위상 변화로 나타난다.

구상베셀함수들의 관계식과 이들의 멀리서의 행동

$$j_l(kr) = \frac{1}{2}[h^{(1)}(kr) + h^{(2)}(kr)] \sim \frac{e^{i(kr-l\pi/2)} - e^{-i(kr-l\pi/2)}}{2ikr}$$

을 써서 식 (15.40)을 다시 쓰면

$$\psi(r,\theta) = A\sum_l i^l(2l+1)\Big(\frac{1}{2}(h_l^{(1)} + h_l^{(2)}) + ika_l h_l^{(1)}\Big)P_l(\cos\theta) \tag{15.48}$$

바로 앞의 논의에 따르면 이것이 산란되지 않은 파동

$$e^{ikz} = \sum_l i^l(2l+1)\Big(\frac{1}{2}h_l^{(1)} + \frac{1}{2}h_l^{(2)}\Big)P_l(\cos\theta) \tag{15.49}$$

와 비교하여 안으로 들어오는 파 $h_l^{(2)}$는 동일하고 밖으로 나가는 파동은 위상의 변동만 있어야 한다. 즉

$$\psi(r,\theta) = \sum_l i^l(2l+1)\Big(\frac{1}{2}e^{2i\delta_l}h_l^{(1)} + \frac{1}{2}h_l^{(2)}\Big)P_l(\cos\theta) \tag{15.50}$$

(15.48) (15.50)을 비교하여 $h_l^{(1)}$의 계수들 사이의 관계를 구하면 $\frac{1}{2} + ika_l = \frac{1}{2}e^{2i\delta_l}$, 즉

$$a_l = \frac{1}{2ik}\Big(e^{2i\delta_l} - 1\Big) = \frac{1}{k}e^{i\delta_l}\sin\delta_l. \tag{15.51}$$

a_k 로 표현된 산란진폭함수 $f(\theta)$ 를 산란위상 δ_l 으로 다시 쓰면

$$f(\theta) = \frac{1}{k}\sum_l (2l+1)e^{i\delta_l}\sin\delta_l P_l(\cos\theta) \tag{15.52}$$

총 산란면적 또한 산란위상으로 다시 쓸 수 있다.

$$\sigma = \frac{4\pi}{k^2}\sum_{l=0}^{\infty}(2l+1)\sin^2\delta_l \tag{15.53}$$

산란거리

일반적으로 $\delta_0 \sim -ka_s$ 이면 이 a_s 를 산란거리라 한다. 딱딱한 구면 산란에서 이것을 구해보자. 식 (15.45)에서 $a_0 \simeq -\sin kR/k$ 이고 또 (15.51)에서 $a_0 = \frac{1}{k}e^{i\delta_0}\sin\delta_0$ 이니, 작은 모멘텀 영역 $kR << 1$ 에서 $\delta_0 \sim ka_0 = -kR$. 따라서 여기서는 $a_s = R$ 이다. 딱딱한 구의 경우 R 은 고전적으로 충돌 파라미터가 이보다 가까운 거리로 들어온 입자는 산란하고 더 큰 거리로 들어오는 입자는 산란하지 않는 경계이니 이 경우 R 과 일치하는 파라메터 a_s 를 산란거리라 부르는 것은 우리의 직관과 일치한다.

광학적 정리

식 (15.52)에서 $\theta = 0$ 라 놓으면

$$f(0) = \frac{1}{k}\sum_l (2l+1)e^{i\delta_l}\sin\delta_l \tag{15.54}$$

여기서 $P_l(1) = 1$ 임을 썼다. 이 식의 허수부는 총산란면적에 비례한다. 즉,

$$\sigma_T = \frac{4\pi}{k}\mathrm{Im}f(0) \tag{15.55}$$

이를 광학적 정리라 한다. 이 정리의 내용은 다음과 같다. 입자는 산란을 하거나 하지 않는다. σ_T 는 산란된 입자의 수를 세어서 얻고 $\mathrm{Im}f(0)$ 는 산란되지 않고 직진하는 입자의 감소를 세는 것이니 이들은 비례할 수 밖에 없다. 이는 확률보존의 법칙 즉 유니터리티를 나타내는 것이라 할 수 있다. 산란행렬을

$$\mathcal{S} = 1 + iT \tag{15.56}$$

라 분해하면 1은 산란하지 않는 부분, T 는 산란하는 부분을 나타내는데, 유니터리티 등식 $\mathcal{S}\mathcal{S}^\dagger = 1$ 은 $TT^\dagger = 2\mathrm{Im}T$ 을 준다. 양변에 모멘텀 기저의 대각 행렬인자를 취해보면

$$\sum_q |T_{pq}|^2 = 2\mathrm{Im}T_{pp} \tag{15.57}$$

인데, 이는 식 (15.55)과 같은 정보이며 매우 일반적인 상황에서 성립함을 보여준다.

문제 15.4 왼쪽에서 오는 자유입자가 원점에 있는 무한퍼텐셜에 막혀 반사한다. 원점 바로 좌측 $-L < x < 0$의 영역에 퍼텐셜 $V(x) = -V_0$가 존재한다. 입사파동을 Ae^{ikx}라 할 때 반사파의 계수를 구하라. 또 깊은 우물일 때의 근사에서 위상의 이동을 구하라. 답)$\delta = -kL$.

15.3 보른 근사

평소처럼 $E = \frac{\hbar^2 k^2}{2m}$ 로 놓으면 슈뢰딩거 방정식은 다음과 같이 쓸 수 있고

$$(\nabla^2 + k^2)\psi = \frac{2m}{\hbar^2} V\psi(\mathbf{r}) := s(\mathbf{r}) \tag{15.58}$$

이는 우변을 파원(source)으로 하는 적분방정식으로 다시 쓸 수 있다. 이를 위해 다음과 같이 그린함수를 도입하자.

$$(\nabla^2 + k^2)G(\mathbf{r}) = \delta^3(\mathbf{r}) \tag{15.59}$$

그러면 슈뢰딩거 방정식은 아래의 적분방정식으로 쓸 수 있다.

$$\psi(\mathbf{r}) = \psi_0(\mathbf{r}) + \int d^3\mathbf{r}'\; G(\mathbf{r} - \mathbf{r}')\frac{2m}{\hbar^2} V(\mathbf{r}')\psi(\mathbf{r}'). \tag{15.60}$$

여기서 $\psi_0(\mathbf{r}) = e^{i\mathbf{k}\cdot\mathbf{r}}$는 $V = 0$일 때의 슈뢰딩거 방정식의 해이다. 첫 항은 입사파이며 둘째 항은 산란파이다. 이 적분 방정식과 원래 슈뢰딩거 방정식과의 동등성은 양변에 $(\nabla^2 + k^2)$을 작용하고 (15.59)에 의해 원 미분방정식 (15.58)으로 환원된다는 것으로 확인할 수 있다.

예제 15.4 **그린 함수:** 그린함수가 다음과 같이 주어짐을 보여라.

$$G(\mathbf{r} - \mathbf{r}') = -\frac{1}{4\pi}\frac{e^{ik|\mathbf{r}-\mathbf{r}'|}}{|\mathbf{r} - \mathbf{r}'|} \tag{15.61}$$

답) 그린함수의 푸리에 변환을 다음과 같이 두고,

$$G(\mathbf{r}) = \int \frac{d^3\mathbf{q}}{(2\pi)^3} e^{i\mathbf{q}\cdot\mathbf{r}}\tilde{G}(\mathbf{q}) \tag{15.62}$$

이 식의 양변에 $(\nabla^2 + k^2)$을 작용하면,

$$(\nabla^2 + k^2)G(\mathbf{r}) = \int \frac{d^3\mathbf{q}}{(2\pi)^3}(-\mathbf{q}^2 + k^2)e^{i\mathbf{q}\cdot\mathbf{r}}\tilde{G}(\mathbf{q}) \tag{15.63}$$

좌변은 델타함수 $\delta^3(\mathbf{r}) = \int \frac{d^3q}{(2\pi)^3}e^{i\mathbf{q}\cdot\mathbf{r}}$와 같아야 하고 $e^{i\mathbf{q}\cdot\mathbf{r}}$가 함수공간의 완전 기저가 됨을 유의하면

$$\tilde{G}(\mathbf{q}) = \frac{1}{k^2 - \mathbf{q}^2} \tag{15.64}$$

따라서 $G(\mathbf{r}) = \int \frac{d^3\mathbf{q}}{(2\pi)^3}e^{i\mathbf{q}\cdot\mathbf{r}}\frac{1}{k^2-\mathbf{q}^2}$. 이제 모멘텀 공간의 극좌표를 잡되 q_z 축을 $\mathbf{r}$의 방향으로 잡으면

$$G(\mathbf{r}) = \int d^3\mathbf{q}e^{i\mathbf{q}\cdot\mathbf{r}}\tilde{G}(\mathbf{q}) = \int_0^\infty q^2dq\int_{-1}^1 d(\cos\theta)d\phi e^{irq\cos\theta}\tilde{G}(\mathbf{q})$$

가 된다. 각에 대한 적분을 행하면

$$G(\mathbf{r}) = \frac{2\pi}{(2\pi)^3}\int_0^\infty q^2dq\frac{e^{iqr} - e^{-iqr}}{irq}\frac{1}{k^2 - \mathbf{q}^2} \tag{15.65}$$

$$= \frac{1}{(2\pi)^2 ir}\int_{-\infty}^\infty qdq\frac{e^{iqr}}{(k-q)(k+q)} \tag{15.66}$$

마지막 식의 q 적분은 전형적인 복소적분의 문제이다. 유수정리

$$\oint \frac{f(z)}{z - z_0} = 2\pi i f(z_0) \tag{15.67}$$

을 사용하기 위해 적분변수 q를 복소수평면으로 확장하고 적분의 경로를 폐곡선으로 만들기 위해 q 평면의 상반부 무한대를 돌도록 잡자. 이제 위 식의 적분이 $q = \pm k$에서의 발산으로 인해 정의되지 않는다는 사실에 주목하자. 이 적분값은 경로가 폴을 어떻게 피해가느냐 하는 처방에 따라 달라진다. 경로가 폴을 위로 피하면 폴은 적분에 기여하지 않으며 아래로 피하면 기여하게 된다. 한편 위 적분의 유수(residue)는 $q = k$에서는 $(-1/2)e^{ikr}$이니 원점에서 나가는 파동을 주며, $q = -k$에서는 $(-1/2)e^{-ikr}$이니 원점으로 들어오는 파동을 준다. 그러므로 경로에 대한 처방이 계산의 결과가 들어오는 파인지 나가는 파인지를 결정한다. 역으로 어떤 파동을 원하느냐 하는 경계치 조건이 경로를 결정하게 된다. 우리의 경우는 산란되어 나가는 파동이어야 하므로 $q = k$는 취하고 $q = -k$는 버려야 한다. 즉 경로선택은 $q = -k$를 위로 피하고 $q = k$를 아래로 피하도록 잡으면 복소평면의 위 반원에 연결된 폐곡선은 $q = k$만 포함하게

될 것이다. 그림 15.3(a)를 보라. 이때 적분값은

$$\frac{1}{(2\pi)^2 ir}(2\pi i)\frac{-e^{ikr}}{2} = \frac{-e^{ikr}}{4\pi r} \tag{15.68}$$

이니 원하는 바가 증명되었다. 위에서 행한 경로를 바꾸어 얻은 효과는 경로를 그대로 두고 폴의 위치를 변경해도 얻을 수 있다. 즉, k에 있는 폴을 $k+i\epsilon$으로 올리고 $-k$에 있는 폴을 $-k-i\epsilon$으로 내리는 것과 동일하다. 그림 15.3(b)를 보라. 두 가지 모두 적분에서 $1/(k^2-q^2) \to 1/(k^2+i\epsilon-q^2)$로 변경하는 것으로 처리될 수 있으니 우리의 그린함수는 다음과 같이 쓸 수 있다.

$$G(\mathbf{r}) = \int \frac{d^3\mathbf{q}}{(2\pi)^3} e^{i\mathbf{q}\cdot\mathbf{r}} \frac{1}{k^2+i\epsilon-\mathbf{q}^2} \tag{15.69}$$

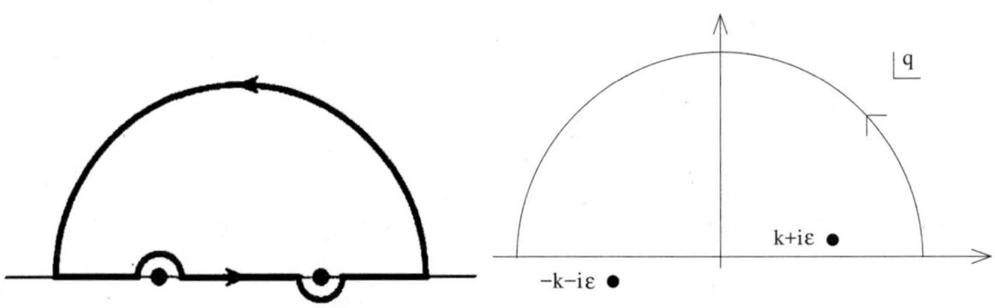

(a) 적분경로의 변경　　(b) 폴 위치의 변경

그림 15.3: 그린함수의 처방: 발산을 피하기위한 처방은 (a)와 같이 적분경로를 변경하거나 (b)에서와 같이 $k^2 \to k^2 + i\epsilon$에 의한 폴 위치의 변경에 의해 성취된다. 두 방법 모두 $q = k$만을 취하여 산란된 외향파를 얻도록 해 준다. 주의할 것은 (a)에서 작은 반원은 변경된 경로의 일부이므로 따로 계산해서는 안된다는 것이다. 이를 따로 떼어 계산하고 나머지를 적분으로 정의하면 다름아닌 코시의 대표값이 되고 이는 정상파를 준다. 이 역시 해이나 원하는 경계조건을 만족시키는 해가 아니다.

리프먼-슈윙거(Lippmann-Schwinger) 방정식

그린함수를 써서 표현한 적분방정식 (15.60)은 좀 더 간단하게 정식화할 수 있다. 즉 슈뢰딩거 방정식 $(H_0+V)\psi = E\psi$는

$$(E - H_0)\psi = V\psi \tag{15.70}$$

로 쓸 수 있고 종전과 같이 $(E - H_0)\psi = 0$의 해를 ψ_0라 하면 일반해는 형식적으로 다음과 같이 쓸 수 있다.

$$\psi = \psi_0 + \frac{1}{E + i\epsilon - H_0} V\psi. \tag{15.71}$$

이를 리프먼-슈윙거(Lippmann-Schwinger) 방정식이라 한다. $E \to E + i\epsilon$로 바꾼 것은 그린함수에서의 논의와 같이 나가는 산란파를 얻기 위한 조치이다. 사실 이는 그린함수로 쓴 논의를 번역한 것에 불과하다. 아래 문제를 보라.

문제 15.5

$$\langle x| \frac{1}{E + i\epsilon - H_0} |x'\rangle = \frac{2m}{\hbar^2} G(x, x'), \tag{15.72}$$

임을 보여라.

보른 근사

이제 (15.60)로 돌아가 보른의 근사를 논의해 보자. 산란이론에선 관측지점은 파원이 있는 곳으로부터 멀리 있으니 $r >> r'$이 성립한다. 이때

$$|\mathbf{r} - \mathbf{r}'| = \sqrt{r^2 - 2\mathbf{r}\cdot\mathbf{r}' + r'^2} \simeq r - \hat{\mathbf{r}}\cdot\mathbf{r}'. \tag{15.73}$$

이므로

$$G(\mathbf{r}, \mathbf{r}') = -\frac{e^{ikr}}{4\pi r} e^{-ik\hat{\mathbf{r}}\cdot\mathbf{r}'}. \tag{15.74}$$

따라서 (15.60)은 다음과 같이 쓰인다.

$$\psi(\mathbf{r}) = e^{i\mathbf{k}\cdot\mathbf{r}} - \frac{1}{4\pi}\frac{2m}{\hbar^2} \int d^3\mathbf{r}'\ e^{-ik\hat{\mathbf{r}}\cdot\mathbf{r}'} V(\mathbf{r}')\psi(\mathbf{r}') \frac{e^{ikr}}{r}. \tag{15.75}$$

보른의 근사는 산란파를 나타내는 위 식의 두 번째 항 내의 ψ를 $\psi_0(\mathbf{r}') = e^{ikz'}$로 근사하는 것이다. 입사파의 방향을 z축과 나란하다고 하면 $\mathbf{k} = k\hat{\mathbf{z}}$이고, $k\hat{\mathbf{r}}$는 산란 후의 파가 진행하는 방향이라 할 수 있으니 $\mathbf{k}' = k\hat{\mathbf{r}}$라 둘 수 있다. 그러면 $\psi_0(\mathbf{r}') = e^{i\mathbf{k}\cdot\mathbf{r}'}$으로 쓰여지고 $\mathbf{q} = \mathbf{k} - \mathbf{k}'$는 입사파에서 타겟으로 전달된 모멘텀이라 해석할 수 있다. 이제 $\tilde{V}(\mathbf{q}) = \int d^3\mathbf{r}'\ e^{i\mathbf{q}\cdot\mathbf{r}'} V(\mathbf{r}')$라 하면 위의 식은 다음과 같이 쓰인다.

$$\psi(\mathbf{r}) = e^{i\mathbf{k}\cdot\mathbf{r}} + g\tilde{V}(\mathbf{q})\frac{e^{ikr}}{r}, \quad g = -\frac{1}{4\pi}\frac{2m}{\hbar^2}, \tag{15.76}$$

$$= e^{ikz} + f(\theta)\frac{e^{ikr}}{r}. \tag{15.77}$$

따라서 보른 근사에서의 산란 진폭은

$$f(\theta) = g\tilde{V}(\mathbf{q}). \tag{15.78}$$

문제 15.6 유카와 퍼텐셜 $V = A\frac{e^{-mr}}{r}$ 에 대해 산란진폭과 각분해 산란단면적을 구하라. 또 이 결과로부터 $m \to 0$의 극한을 취하여 쿨롱퍼텐셜의 경우에 대해서도 계산해보라.

답) $\frac{d\sigma}{d\Omega} = |f|^2$ 인데, $f = g\tilde{V}(q) = g\frac{4\pi A}{q^2+m^2}$. f를 $q^2 = 2k^2 - 2\mathbf{k}\cdot\mathbf{k}' = 4k^2\sin^2(\theta/2)$를 사용하여 나타내면 된다.

보른 급수

리프먼-슈윙거 방정식에서 역 연산자는 그린함수의 연산자 표현이므로 이를 간단히 G_0라 두자. 즉,

$$G_0 = \frac{1}{E + i\epsilon - H_0} = \frac{2m}{\hbar^2}\frac{1}{k^2 + i\epsilon + \nabla^2}. \tag{15.79}$$

그러면, 리프먼-슈윙거 방정식으로부터 아래와 같은 보른 급수를 얻는다.

$$\psi = \psi_0 + G_0V\psi = \psi_0 + G_0V(\psi_0 + G_0V\psi) \tag{15.80}$$

$$= \psi_0 + G_0V\psi_0 + G_0VG_0V\psi_0 + \cdots \tag{15.81}$$

$$= \frac{1}{1 - G_0V}\psi_0 \tag{15.82}$$

여기서 $(G_0V\psi)_x = \int_y (G_0)_{xy}V_y\psi_y$는 행렬곱임을 염두에 두면 첫 두 항이 보른 근사에 해당함을 알 수 있다. ψ_0를 점선, V는 굵은점, G_0를 선분으로 나타내면 위 급수의 각 항은 오른쪽에서 왼쪽으로 가면서 점선으로 시작하여 굵은점들을 잇는 실선들로 연결된 간단한 그래프 도식으로 나타낼 수 있다. 간단하니 스스로 그려보라. 이는 나중에 파인만에 의해 양자장론의 파인만 도표로 발전되었다.

제 III 부 다체의 양자역학

제16장
기본적 다체: 원자와 핵

양자역학의 목표는 아원자 세계에 대한 이해이고, 그 첫째 위업은 주기율표에 대한 이해였다. 어째서 원소의 화학적 성질이 주기성을 띠는가? 원자란 핵이 제공하는 퍼텐셜 안에 원자번호에 해당하는 개수의 전자가 존재하는 가장 기본적인 다체 문제이다. 이를 이해하는 근사적인 방법은 가장 간단한 원자인 수소 내의 에너지 준위들을 알아내어 이 준위들에 상호작용을 하지 않는 여러 개의 전자가 어떻게 파울리 원리를 만족시키면서 차올라가는지를 조사하고 필요시 훈트의 법칙이라 불리는 적절한 보정을 해주는 것이다. 파울리 원리와 훈트의 법칙은 양자역학의 다른 원리들과 상대론으로부터 유도할 수 있는 정리이나 여기선 주어진 것으로 하겠다. 따라서 원리나 법칙이란 말은 더이상 설명하지 않겠다는 뜻으로 받아들이면 된다. 핵에도 원자의 주기율표와 비슷한 구조가 있으므로 우리는 여기서 원자와 핵을 연이어 함께 다루도록 한다. 그러나 핵자들 간의 힘은 전자 사이의 힘들보다 강력하므로 상호작용을 무시한 이론의 정확도가 많이 떨어진다는 사실도 염두에 두면 좋겠다.

16.1 파울리 배타원리

일반적으로 원자 내에는 여러 개의 전자가 존재한다. 그런데 만일 그 전자들이 모두 기저상태에 있을 수 있다면 원자들은 모두 비슷한 성질을 가질 것이며 지구 위의 풍경은 단조로웠을 것이다. 그러나 많은 경우 원자번호가 1만 차이가 나도 화학적 성질은 매우 다르다는 사실은 원자번호에 따라 전자들이 매우 다른 상태에 있어야 함을 암시한다. 이러한 이유로 파울리는 1925년 어떤 두 전자도 같은 상태에 있을 수 없다는 파울리 배타원리를 제창하게 된다. 이는 두 전자의 파동함수가 반 대칭성이 있다는 것으로 정식화할 수 있다. 즉 파울리 원리는 다음과 동치이다.

$$\psi(1,2) = -\psi(2,1) \tag{16.1}$$

여기서 1,2는 전자의 상태를 나타내는 모든 양자수를 나타낸다. 따라서 전자 간의 상호작용을 무시한다면 두 전자를 기술하는 파동함수는 한 전자를 기술하는 파동함구의 곱으로 그 기저를 쓸 수가 있고, 위의 반 대칭성을 만족하는 것은

$$\psi(r_1, r_2) = [\psi_a(r_1)\psi_b(r_2) - \psi_b(r_1)\psi_a(r_2)]/\sqrt{2} \tag{16.2}$$

마찬가지로 여러 전자의 경우, 파울리 원리는 전체 파동함수가 임의의 두 전자의 교환에 대해 반 대칭성을 만족하여야 한다는 것으로 정식화될 수 있다. 다체를 다루어야 하는 경우엔 파동함수대신 2차양자화를 통해 기술함이 편리한데 파동함수의 (반)대칭성은 2차양자화에 있어서 고유 모드의 운동을 나타내는 진동자들의 (반)교환관계로 대응됨을 보일 수 있다. 이러한 정식화를 통해 왜 스핀이 정수인 것은 교환자에의해 스핀이 반정수인 경우는 반교환자에의해 양자화 되어야 하는지를 보일수 있다. 간단한 경우를 통해 그 핵심적인 내용을 10장에서 살펴본 바가 있다.

파울리 원리는 엄격히 말해 상호작용을 하지 않는 경우에 증명된 것이며 일반적인 경우에 어떻게 유지 확장되어야 하는지는 그다지 분명하지 않다. 이러한 질문은 전자 간의 상호작용이 클 때는 전자가 입자성을 상실한다는 사실로부터 한층 더 분명해 진다.

16.2 전자 간의 반발력과 스크리닝

다전자 원자의 에너지 준위를 결정하는데 있어서 가장 어려운 문제는 전자 간의 쿨롱 반발력을 어떻게 계산하느냐는 것이다. 다체문제는 심지어 고전적인 행성 간의 3체문제도 해결되지 않은 어려운 문제이다. 일반적인 방법이 아직 발견되지 않았으므로 우리는 적절한 처방을 그때그때 도입해야 한다. 할 수 있다면 말이다. 원자 내의 다전자의 경우에도 효과적인 처방이 있는데 그것은 우리가 기술하려고 하는 전자가 자신보다 안쪽에 있는 전자들 때문에 핵이 주는 쿨롱력을 다 보지 못한다고 생각하는 것이다. 이를 장막효과(screening effect)라 한다. 즉, 쿨롱 상호작용 $-Ze^2/r$의 Z를 적절한 Z_{eff}로 바꾸어 실험치를 맞추려는 시도이다. 때로는 Z_{eff}가 거리에 따라 변하는 함수라고 생각하는 것이 더 유효할 때도 많다. 대표적인 것이 토마스-페르미 스크리닝 함수이며 $Z_{eff}(r) = Ze^{-r/a_{TF}}$로 주어지는데 a_{TF}를 토마스-페르미 장막길이(screening length)라 부른다. 알칼리 금속의 경우 $Z_{eff} = 1 + b/r$

로 두는 때가 더 유효할 수 있다. 그러나 장막효과란 여러 전자 간의 반발력을 한 전자에 대한 유효퍼텐셜을 도입하여 근사적으로나마 기술하려는 노력이며 이 또한 상호작용이 작을 때만 효과적이라는 것을 잊지 말기 바란다. 때론 이러한 시도가 실험 사실을 잘 맞추지 못한다고 하여 놀라서는 안 된다.

16.3 훈트의 규칙

다전자 원자의 경우에 전자가 에너지가 낮은 순서로부터 위로 차올라감에 따라 전자 간의 반발력이나 전자의 궤도-스핀 각운동량간의 상호작용에 의해 수소 원자 문제에서 얻었던 겹친 준위들은 벌어지게 된다. 이때 에너지가 낮은 준위의 순서를 정하는 유용한 규칙이 있는데 이를 훈트의 법칙이라 한다. 파울리 배타원리는 이 원칙보다 매우 상위의 개념이며 훈트법칙은 대략적으로 성립하나 파울리 원리는 각 전자의 개별성이 분명한 계에선 예외가 없다.

훈트1규칙 최대 스핀이 최소 에너지이다. 이는 스핀들을 한 방향으로 정렬하게 한다.

훈트2규칙 스핀이 정해졌다면 최대 궤도 각운동량이 최소 에너지이다.

훈트3규칙 주어진 궤도가 반보다 덜 차면 $\mathbf{L}, \mathbf{S}$는 서로 반대방향, 반보다 더 차면 서로 나란한 것이 최소 에너지 상태이다.

16.4 주기율표

이상에서 마련한 준비들로 이제 주기율표를 이해해 보자. 스핀의 존재는 주양자수 n이 주어질 때 같은 에너지값을 갖는 상태가 n^2가 아니라 $2n^2$가 되게 하여 주기율표를 설명할 수 있도록 해준다는 것을 알게 될 것이다. 여기서 궤도 양자수 $l = 0, 1, 2, 3, 4, \cdots$ 에는 각각 $s, p, d, f, \cdots$ 등의 이름이 있는데 각각 sharp, principal, diffuse, fine, $\cdots$ 등 분광학적 특성을 나타내고 있다.

16.4.1 불활성기체의 이해

수소와 헬륨은 $n = 1, l = 0$ 스핀 업 다운 차례로 채운다. 헬륨이 안정된 이유는 전자가 2개 있으면 스핀양자수로 인해 파울리 원리가 만족되어 두 전자 모두 $n = 1$ 상태에 있어 매우 안정된 기저상태를 이룬다. 다른 원자가 가까이 와도 에너지를 높이고 싶지 않아 다른 원자와의 결합은 피하게 된다. 주양자수가 모두 차게 되면 원자는 매우 안정한데, $n = 2$ 궤도가 모두 차려면 $2 \times 2^2 = 8$ 개의 전자가 더 필요한데 헬륨이 2번이므로 2+8=10번 원소는 매우 안정될 것이라는 것을 짐작할 수 있다. 실제로 이것이 또 다른 불활성기체 네온이다. 이대로 간다면 $n = 3$ 궤도가 모두 차는 원소, 즉 $2 \times 3^2 = 18$ 개의 전자가 더 있는 10+18=28번 원소는 매우 안정될 것이라 기대할 수 있다. 그러나 이는 사실이 아니다. 그 이유는 $3p$궤도가 다 찬 다음 $3d$에 있는 궤도10개가 차는 것이 아니라 그보다 먼저 $4s$ 궤도가 차기 때문인데 이는 $3d$ 궤도의 전자 간의 반발력이 강하고 핵전하의 스크리닝 효과가 강해서 일어나는 현상이다. 두 가지 모두 궤도의 에너지를 높인다. 같은 이유로 일반적으로 n-d 궤도는 $(n+1)$-s궤도보다 에너지가 높다. 비슷한 논리로 하여 각궤도의 에너지의 순서는 그림 16.1에 보인 순서가 된다. 껍질구조에 있어서 중요한 것은 주양자수궤도가 다 차는 것이 아니라 부양자수 l궤도가 다

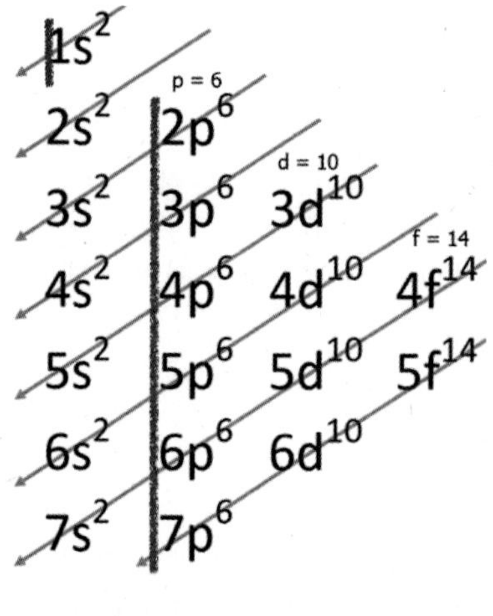

그림 16.1: 전자궤도와 에너지의 순위.

굵고 짙은 수직선은 연한 사선을 따라서의 한 주기의 끝을 나타낸다. 예: 4주기는 $4s^2 3d^{10} 4p^6$. 이 경우 한 주기를 도는데 필요한 전자수는 $18 = 2 \cdot 3^2$ 이다.

차는 것이 원자의 안정성을 보장하며 화학적 성질을 지배한다. 특히, 어떤 $n \geq 2$에서도 p 궤도가 다 찬 경우가 불활성 기체가 된다. 즉 N번째의 주기는 기본적으로 Ns궤도에서 시작하여 그림의 화살표를 따라 채워가며 Np궤도에서 끝나게 된다. 헬륨 ^{2}He이 이후 $2s^2 2p^6$ 궤도가 다 찬 ^{10}Ne (2+8=10)에서 두 번째, 그리고 $3s^2 3p^6$ 궤도가 다 찬 ^{18}Ar(10+8=18)이 세 번째

불활성기체를 주며 $4s^2 3d^{10} 4p^6$ 를 차례로 채운 ^{36}Kr(18+18=36)이 네 번째 불활성 기체가 된다. 그 이후엔 $5s^2$ 와 $4d^{10}$ 및 $5p^6$ 궤도가 다 찬 ^{54}Xe (36+18=54)이 다섯 번째, $6s^2 4f^{14} 5d^{10}$ $6p^6$ 궤도가 차례로 다 찬 라돈 ^{86}Rn (54+32=86) 그리고 마지막으로 $7s^2 5f^{14} 6d^{10} 7p^6$ 궤도가 차례로 다 찬 오가네손 ^{118}Og (86+32=118) 이 불활성 기체가 된다. 비록 주어진 주양자수 궤도가 차례로 차 들어가는 것은 아니나 $2N^2 = 2, 8, 8, 18, 18, 32, 32$ 라는 숫자가 차례로 (8부터는 두 번씩) 역할하며 불활성기체의 원자번호를 만들어 내는 것은, 다른 주양자수에서 뽑아내는 l 이지만 결국 $\sum_l 2(2l+1) = 2N^2$ 의 구조에 의한 것이다.

16.4.2 전자배열과 훈트규칙

그림 16.1에 주어진 대각선 규칙을 따라 헬륨 다음의 원소에 대해 순서대로 스핀의 상태를 고려하여 전자들을 채워보자. 리튬, 베릴륨, 보론까지의 원소들에 대해 전자궤도가 각각 $1s^2 2s^1$, $1s^2 2s^2$, $1s^2 2s^2 3^1$ 처럼 차들어 가는 것은 선택의 여지가 없다. 그런데 탄소에 이르러 전자스핀이 p 궤도에서 업업으로 갈지 업다운으로 갈지는 애매함이 있고 이를 해결해 주는 것이 훈트 1규칙이다. 최대 스핀을 위해서는 스핀이 업업으로 차들어 가야 한다. 이 규칙으로 인해 질소, 산소, 불소, 네온을 지나 그 다음 3주기에서도 애매함 없이 아르곤까지의 전자배치가 해결된다.

여기서 전자 하나를 추가할 때 $3d$ 가 아니라 $4s$ 를 채우는 것은 이미 말한 바와 같이 3d의 전자상호 간의 반발력이 크기 때문에 여기에 전자가 차면 에너지가 많이 높아지기 때문이다. 칼륨과 칼슘에 오면 $4s$ 궤도를 다 채우게 되고 그 다음엔 원래 예정되었던 3d 궤도에 10개의 전자가 차 들어간다. 이것이 소위 $3d$ 전이금속인데 그 마지막에 가서 또 하나의 불규칙성이 있다. 바로 유명한 구리 불규칙성인데 28번인 니켈의 전자배치가 $\cdots 3d^8 4s^2$ 이니 그다음 29번 구리에선 $\cdots 3d^9 4s^2$ 임을 기대할 것인데 그게 아니라 $\cdots 3d^{10} 4s^1$ 이 된다. 이렇게 되는 것은 $3d$ 와 $4s$ 의 에너지 준위가 매우 비슷한데 $3d$ 궤도를 완전히 채움으로써 얻는 여분의 결합에너지가 계속 $4s$ 궤도에 양보하는 것보다 안정성에 더 도움이 되기 때문이다. 물론 이를 증명하는 것은 수치계산의 영역이다.

이러한 $3d4s$ 사이의 경쟁에서 오는 불규칙성은 $4d5s$ 사이의 경쟁에선 더 현격하게 일어나는데 아래에 예시하는 대로 40번에서 46번까지의 전자배열은 예측하기 쉽지않다.

40번 Zr는 [Kr]$4d^2 5s^2$,

41번 Nb는 [Kr]$4d^4 5s^1$,

42번 Mo는 [Kr]$4d^5 5s^1$,

43번 Tc는 [Kr]$4d^5 5s^2$,

44번 Ru는 [Kr]$4d^7 5s^1$,

45번 Rh는 [Kr]$4d^8 5s^1$,

46번 Pd는 [Kr]$4d^{10}$,

47번 Ag는 [Kr]$4d^8 5s^1$,

48번 Cd는 [Kr]$4d^{10}$.

40번까지는 대각선 에너지 규칙과 훈트 1,2 규칙에 따라 최대 스핀과 최대 각운동량을 지향하고 있으나 $4d$궤도의 전부 혹은 절반을 채울 때 얻는 결합에너지 증가는 훈트규칙보다 선행함을 알 수 있다. 이후의 주목할 만한 불규칙성은 $^{57}\mathrm{La} = [\mathrm{Ba}]5d^1 6s^2$, $^{58}\mathrm{Ce} = [\mathrm{Ba}]4f^1 5d^1 6s^2$, 이후 $4f$ 궤도에 전자가 하나씩 차다가, $^{64}\mathrm{Gd} = [\mathrm{Ba}]4f^7 5d^1 6s^2$ 에서 $4f$ 보다 $5d$를 선호하는 불규칙을 보인다. 이후는 다시 룰대로 $4f$ 를 채운 뒤 이어 $5d$ 를 채운다. 78번 백금까지 순조롭게 가던 채움은 79번 금에서 $6s^2$ 대신 $5d$를 더 선호하였다가 이어서 $6p$ 6개와 $7s$ 2개까지 순서대로 채운다. 89번 90번에서는 $5f$ 보다 $6d$를 먼저 채운다. 이후의 $6d, 5f, 7s$ 사이의 경쟁은 더 심각하여 룰이 없다고 보는 것이 좋을 정도다. 결국 높은 원자번호로 감에 따라 상호작용의 중요성은 더 심각하고 궤도 사이의 경쟁은 더 심해지므로 큰 원자의 전자배치는 불규칙해질 수밖에 없다.

16.5 분자

물성의 최소단위는 분자이다. 불활성기체를 제외한 모든 원자는 다른 원자들과 결합하여 새로운 분자를 만든다. 분자를 만드는 몇 가지 기전을 보면 다음과 같은 것들이 있다.

16.5.1 이온결합

NaCl과 같이 전자를 주기 쉬운 알칼리족과 전자를 받기 좋은 염기족이 만나면 서로 전자를 주고 받아 각개의 원자는 이온으로 변하여 각 원자의 에너지를 낮추는 동시에 전하가 다른 이온들이 전기적 인력으로 결합하게 된다. 이를 이온결합이라 한다.

16.5.2 공유결합

두 원자가 전자를 가운데 공유하면 원자는 약간의 양이온이 되고 이들이 가운데 있는 음의 전하를 띤 전자구름이 전기적 인력으로 원자들을 끌어당긴다. 이것이 공유결합이며 H_2O, CO_2, CH_4 등의 결합이 이에 의존한다.

16.5.3 수소결합

전기음성도가 강한 불소 산소 질소 등과 수소가 결합하면 이들 분자들 사이엔 이온-이온간의 반발력을 가운데 있는 수소 양이온과의 인력으로 극복하여 수소를 매개로 한 분자-분자 결합력이 생기는 데 이를 수소결합이라 한다. 공유결합이 전자를 공유함으로써 생기고 수소결합은 양성자를 공유함으로써 생기니 기전상으론 비슷하나 전자는 가볍고 수소는 무거우니 결합력은 공유결합에 비해 상대적으로 약하다 할 수 있다. 반데르발스 등 다른 분자 간의 쌍극자-쌍극자 모멘트간의 결합력보다는 훨씬 강하지만 이온결합이나 공유결합등 원자간의 결합력에 비해선 약하다.

16.5.4 반데르발스 결합

기본적으로 쌍극자-쌍극자간의 상호작용으로 일어나는 미약한 결합력이다. 세 가지로 나눌 수 있는데 첫째는 두 분자 모두가 이미 자체 쌍극자 모멘트를 가지고 있을 경우, 둘째는 한 종류의 분자는 쌍극자 모멘트가 있고 다른 분자는 없는데 서로 가까이가면 있는 쪽의 전기장에 의해 없는 쪽에 쌍극자 모멘트가 유도되어 서로 결합하는 경우. 세 번째는 둘 다 없지만 서로 가까이가면서 인력이 생기도록 유도되는 경우인데 이를 분산력 또는 런던힘이라고도 한다. 세 경우 모두 힘이 거리의 7제곱에 반비례한다.

16.5.5 분자의 회전과 진동

분자는 내부의 크기와 구조가 있으므로 내부 에너지가 존재한다. 대표적으로 회전에 관련된 에너지와 진동에 관한 에너지가 존재하는데 각각 $E_{rot} = \hbar^2 l(l+1)/2I$, $E_{vib} = \hbar\omega(n+1/2)$ 라는 구조를 가진다.

16.6 원자핵

원자핵의 성질을 이야기함에 있어 먼저 정의할 3개의 수가 있는데 그것은 원자번호 Z, 중성자수 N 그리고 질량수 A이다. 원자핵을 양성자와 중성자들이 들어있는 주머니라 생각하면 원자번호는 핵 안에 들어있는 양성자수와 같고 질량수는 그 둘의 합과 같아서 $A = N + Z$라는 관계가 성립한다. 양성자 숫자가 그 주위에 있을 수 있는 전자의 수를 결정하고 이는 다시 원소의 화학적 특성을 결정한다. 같은 양성자수를 갖지만 조금씩 다른 개수의 중성자수를 가질 수가 있는데 이들을 묶어 동위원소들이라 한다. 예를 들어 탄소의 경우 6개의 양성자수를 갖지만 중성자의 숫자는 5,6,7,8의 네 가지 다른 경우가 있어 네 가지의 동위원소가 존재한다.

질량은 질량수에 대략 비례하지만 정확히 그렇지는 않다. 왜냐하면 핵력에 의해 인력이 작용하면 결합에너지만큼 에너지가 낮아지기 때문이다. 이러한 이유로 질량수의 표준은 양성자나 중성자의 질량이 아니라 비교적 간단한 원자핵인 질량수 12인 탄소의 질량을 12u로 정한다. 당연히 양성자나 중성자의 질량은 이보다는 조금 커서 각각 1.0073u, 1.0087u의 질량을 갖는다. 단위 질량이 갖는 에너지는 $E = mc^2 = 931.4943\text{MeV}$가 되며 이로부터 핵반응에서 생기는 질량 결손으로부터 방출되는 에너지를 계산하는 기준이 된다.

16.6.1 간단한 핵의 모형

핵의 모형엔 현상론적으론 핵의 바인딩 에너지를 핵의 질량수와 전하수의 함수로 표현하는 물방울 모형이 있고 평균장 모델을 써서 한 핵자가 다른 핵자들이 만드는 퍼텐셜 속에서 움직이는 것으로 하는 껍질 모형이 있다. 기본적으로는 원자를 수소 원자 문제의 해를 기반으로 하여 껍질을 채워나가는 것과 같은 모형이나 퍼텐셜로서 쿨롱퍼텐셜이 아닌 3차원 조화진동자해를 기본으로 한다.

물방울 모형

핵의 크기는 부피의 1/3제곱에 비례한다. 즉 $R = r_0 A^{1/3}$. 따라서 핵자들은 서로 밀착되게 쌓여 있고 $r_0 = 1.2 \times 10^{-15} m$는 한 핵자의 크기라 생각해도 좋다. 이제 이 핵의 결합력의 크기를 모델화해보자. 가장 기본적인 것은 1935년 폰 바이츠재커가 제시한 모형인데 핵이 물방울과 같은 형태로 여기되거나 표면장력 등을 행사하는 것으로 간주하는 것으로 핵자의 개수에 비례하는 결합력과 표면장력으로 인한 결합력의 감소, 양성자간의 쿨롱 반발력, 그리고 아래에 설명할 대칭 에너지등을 고려하면 결합에너지는 다음과 같이 주어진다.

$$E_{binding} = C_1 A - C_2 A^{2/3} - C_3 Z(Z-1)/A^{1/3} - C_4 (N-Z)^2/A \tag{16.3}$$

여기서 $C_1 = 15.7MeV, C_2 = 17.8MeV, C_3 = 0.71MeV, C_4 = 23.6MeV$ 으로 하면 실험값을 가장 잘 맞출 수 있다. 마지막 항은 대칭 에너지라 불리는 것인데 그 설명은 다음과 같다. 보통 양성자수와 중성자수는 같은데 이는 파울리 원리에 의해 두 숫자가 균등히 올라가는 것이 에너지가 최저이기 때문이다. 그러나 원자번호가 커지면 양성자간의 반발력이 커져 같은 질량수를 만들기 위해 양성자 숫자를 줄이려 하는 경향이 나타날 것이다. 따라서 안정적인 핵의 분포를 N, Z 평면에서 그리면 $N = Z$ 라인보다는 약간 N 축으로 기울 것이며 그 정도는 양성자 숫자가 커질수록 심하게 된다. 실제로 이항은 $(N-Z)^2$ 에 비례하게 된다. 제대로 된 이름은 대칭 에너지가 아니라 비대칭 에너지라 불리는 것이 마땅하나 역사적으로 굳어져 고치기 어렵다.

껍질 모형

어떤 핵들은 특별히 안정한데, 원자수나 중성자수가

$$2, 8, 20, 28, 50, 82, 126$$

인 경우이다. 이를 마법수, 혹은 매직 넘버라 한다. 이를 설명하기 위해 고안된 것이 원자의 껍질모형을 본떠 만든 핵 껍질 모형이다. 원자껍질 모형의 핵심은 핵과 다른 전자들이 주는 평균장내에서 전자 간의 상호작용을 무시하는 것이다. 원자 껍질모델의 전자는 $1s^2 2s^2 2p^6 \cdots$ 와 같이 차 오르는데 이 궤도의 순위는 쿨롱퍼텐셜 $1/r$ 의 특징이 반영되어 있다. 그 결과 매직 넘버는 2,10,18, 36,54, $\cdots$ 등으로 된다. 여기서 이해하고 넘어갈 것은 이같은 에너지 준위의 배열은 $1/r$ 퍼텐셜이 갖는 특성에 의존한다는 사실이며 퍼텐셜이 달라지면 에너지 준위의 각운동량에 대한 의존성이 달라진다는 것이다.

핵의 껍질 모형은 완전히 같은 아이디어로 핵 내에서 다른 핵자들이 만드는 평균장을 가정하고 각개의 핵자가 주어진 궤도들을 차들어간다고 생각하는 것이다. 매직 넘버가 원자의 경우와 좀 다르므로 쿨롱력이 아닌 다른 퍼텐셜로 기술해야 함을 짐작할 수 있다. 매직 넘버가 2,8,20 등으로 나타나려면 에너지 준위가 $1s^2 2p^6 3s^2 3d^{10} 4s^2 4p^6 \cdots$ 등으로 되어야 하며 이를 맞추기 위해선 조화진동자 퍼텐셜 항 r^2 으로 시작하여 높은 궤도로 가면 궤도-스핀 커플링 등을 고려해야 한다. 하지만 기본 아이디어는 서로 강하게 상호작용하는 핵자들의 동역학 대신 한 입자에 대한 다른 여러 입자의 영향을 퍼텐셜로 취급할 수 있다고 가정하는 것이다.

핵자간에 강상호작용이 존재함에도 불구하고 이러한 근사가 여전히 성립하는 이유는 잘 이해되어 있지 않다.

16.6.2 핵의 붕괴와 방사능

알파, 베타, 감마붕괴

불안정한 핵은 세 가지 경로로 붕괴한다. 알파붕괴는 핵이 헬륨의 핵에 해당하는 알파입자를 내보내며 $N = Z = 2$ 만큼의 중성자및 양성자수를 줄이는 과정이다. 베타붕괴는 뉴트론이 전자와 양성자로 변화하면서 원자번호가 하나 증가하는 과정이다. 이때 에너지와 모멘텀이 보존되도록 하기 위해 파울리는 1930년경 뉴트리노 존재를 도입했다. 왕칸창의 베타포획의 아이디어를 사용하여 1946년 클라이드 카원과 프레더릭 라이너스 등이 실험적으로 검증하였다. 감마붕괴는 핵이 여기된 상태에서 다른 상태로 천이할 때 빛을 내는 과정인데 이때 나오는 에너지가 수십 MeV에 달하므로 감마붕괴라 부른다.

방사능

방사능이란 불안정한 핵이 붕괴하는 것을 말하며 이는 핵을 불안정한 퍼텐셜 유한 우물로 상정하면 쉽게 이해할 수 있고 그 붕괴율도 전장에서 배운 터널링 확률$= e^{-2\int \kappa(x)dx}$로 계산할 수 있다. 여기서 $\kappa^2 = 2m(V - E)/\hbar^2$ 이다. 즉 여기상태의 핵자는 외부퍼텐셜 에너지보다 높은 에너지 상태에 있지만 안과 밖 사이엔 유한 퍼텐셜 장벽이 있어 고전적으론 갇혀있는데 양자역학적으로는 터널링 현상에 의해 밖으로 빠져나올 수 있다고 생각하는 것이다. 이것이 가모브 등에 의해 제안된 알파붕괴 이론이다.

방사능에 의한 붕괴의 비율은 물질 내에 있는 방사성을 가진 핵의 숫자에 비례한다. 즉

$$\frac{dN}{dt} = -\lambda N \tag{16.4}$$

여기서 λ는 붕괴상수라 한다. 이 미분방정식의 해는

$$N = N_0 e^{-\lambda t} = N_0 2^{-t/\tau} \tag{16.5}$$

로 주어지며 여기서 반감기 τ와 붕괴상수 λ의 관계는 $\tau = \ln 2/\lambda = 0.693/\lambda$로 주어짐을 알 수 있다. 붕괴율은 다음과 같이 정의된다.

$$R = \left|\frac{dN}{dt}\right| = R_0 e^{-\lambda t} \tag{16.6}$$

방사능의 세계 표준 단위 (SI)는 베크렐 Bq 이며 초당 1개의 붕괴가 일어남을 뜻한다. 라듐 원소 1그램의 방사능은 3.7×10^{10} Bq 이며 이를 1퀴리 (Ci)라 한다.

유물연대의 방성성 동위원소 측정법

대기중엔 ^{14}C와 ^{12}C의 비율이 $r_0 = 1.3 \times 10^{-12}$으로 일정하며 살아 있는 유기체 내의 두 탄소 동위원소의 비율도 같은 값으로 일정하다. 일단 생물이 죽으면 대사가 정지되고 불안정한 ^{14}C은 붕괴하기 시작한다. ^{14}C의 반감기 $\tau = 5730$년이므로 ^{14}C와 ^{12}C의 비율을 측정함으로써 오래된 유기체의 연령을 계산할 수 있다.

예제 16.1 어떤 유적에서 발견된 표본에서 ^{14}C의 방사능 붕괴율이 매분 250붕괴라고 측정되었다면 표본은 죽은지 얼마나 되었는가?
답) $R/R_0 = e^{-\lambda t}$ 에서 R_0를 알면 충분하다. 표본의 질량을 m 탄소의 몰질량을 M 이라 하면 $R_0 = \lambda N_0 = 0.693/\tau \cdot r_0(m/M)N_A$ 이 되어 $R/R_0 = 0.667$로 주어지며 $t = \tau/0.693 \cdot \ln(R/R_0) = 3.4 \times 10^3$ 년으로 계산된다.

NMR

최근엔 NMR이라는 의학장비가 많이 쓰이는데 이는 핵자기공명(nuclear magnetic resonance) 현상을 응용한 것이다. 핵의 자기모멘트와 외부자기장이 결합하여 에너지가 $\pm\mu B$인 두 상태를 이룬다. 이 자기장에 수직한 진동하는 자장을 걸어 두 상태의 에너지 차에 해당하는 진동수로 흔들면 낮은 상태에서 높은 상태로의 전이가 일어나며 이 때 흡수된 전자기파를 컴퓨터로 해석하여 사진을 만들 수 있는데 이것이 NMR 영상기술의 요점이다.

16.6.3 별은 어떻게 빛나는가?

핵분열과 핵융합과정은 질량의 결손(ΔM)을 가져오며 이 질량결손은 $\Delta M c^2$에 해당하는 에너지의 방출을 가져온다. 우라늄 U235는 중성자를 흡수하여 2개의 작은 핵들로 쪼개지며 이 과정에서 여러 개의 중성자도 배출된다. 이 중성자들은 또 다른 우라늄 U235를 분열시켜 제어가 없을 경우 폭팔로 이어져 원자 폭탄이 된다. 중성자수의 제어가 있으면 이는 원자로가 되어 핵발전소로 이용될 수 있다.

한편 중수소 2개가 결합하여 헬륨핵이 될 수 있고 이 때에도 에너지 방출이 일어난다. 그러나 이 반응이 일어나기 위해선 수소 농도와 온도가 아주 높아야 한다. 왜냐하면 핵자 사이의 쿨롱력을 극복하기 위해선 속도가 매우 높아야 하는데, 충분한 속도를 주기 위해선 매우 높은 온도가 필요하기 때문이다. 이 조건이 가능한 천연의 핵융합 원자로가 별의 중심이며 이것이 태양이나 별들을 빛나게 하는 에너지의 원천이다.

태양 안에선 다음 세 단계를 통해 4개의 수소가 결합하여 1개의 헬륨4 원자핵이 만들어진다.

$$^1H + {}^1H \rightarrow {}^2H + e^+ + \nu \tag{16.7}$$

$$^1H + {}^2H \rightarrow {}^3He + \gamma \tag{16.8}$$

$$^3He + {}^2He \rightarrow {}^4He{+}^1!H{+}^1!H \tag{16.9}$$

이 과정을 통해 한 사이클당 총 26.2 MeV의 에너지가 생성되며 매초 $10^{23} \sim 10^{33}$J 의 에너지가 방출된다. 태양보다 1.3배 정도 더 무거운 별에선 다음과 같은 탄소과정(Carbon cylcle)이 이루어진다.

$$^1H + {}^{12}C \rightarrow {}^{13}N \tag{16.10}$$

$$^{13}N \rightarrow {}^{13}C + e^+ + \nu \tag{16.11}$$

$$^1H +^{13} C \rightarrow {}^{14}N + \gamma \tag{16.12}$$

$$^1H +^{14} N \rightarrow {}^{15}O + \gamma \tag{16.13}$$

$$^{15}O \rightarrow {}^{15}N + e^+ + \nu \tag{16.14}$$

$$^1H +^{15} N \rightarrow {}^{12}C{+}^4!He \tag{16.15}$$

이는 과정은 CNO cycle이라고도 하며 이 과정에서 탄소는 결국 자신으로 돌아오므로 4개의 수소를 하나의 헬륨으로 변환시키는 과정의 촉매인 셈이다. 이 과정에서 방출되는 총에너지는 26.73 MeV이다.

제17장
양자 통계물리학

"이론은 그 구조가 간단할수록, 더 많은 것을 연결할수록, 그 응용의 범위가 넓을수록, 더 인상적이다. 열역학은 이런 점에서 내게 깊은 인상을 준다. 이는 그 보편성과 기본 개념의 응용에 있어서 다른 어떤 이론에도 왕관을 넘겨 주지 않을 것이라 내가 확신하는 유일한 물리 이론이다." -알베르트 아인슈타인

다체를 공부하는 가장 일반적 방법은 계의 평균적 거동양식을 기술하는 것이며 이에 대한 가장 기본이 되고 중요한 방법이 열역학과 그 통계학적 해석이다. 이들 방법론들은 다체를 다룸에 있어 가장 기본적인 소양임에도 오늘의 학부나 대학원의 교육과정에선 그 중요성에 비해 충분히 강조되고 있지 않은 듯하여 여기에 간단히 정리하고 가는 것이 좋겠다. 이 장의 목적은 열역학에 대한 조감도를 제시하고 양자통계역학의 기본인 분포함수들을 유도하는 것이다. 독자들은 열역학에서 엔트로피 개념이 발견된 과정과 원자론에 입각한 엔트로피의 통계적 해석에 초점을 맞추기 바란다.

17.1 열역학과 그의 원자론적 해석

이 절에선 열역학의 개요를 정리한다. 열역학에 대해 이미 친숙한 독자는 이 절을 건너뛰기 바란다.

17.1.1 온도와 열, 열역학 제1법칙

온도란 뜨겁고 찬 정도로서 평균적인 에너지의 수준을 나타내는 양이며 열은 에너지의 한 형태로서 높은 온도에서 낮은 온도로만 이동하는 양이다. 줄(joule)은 자유낙하를 통해 얻은 물체의 에너지가 주어진 물의 온도를 얼마나 올리는가 하는 실험을 반복하여 물 1kg의 온도를 1도 올리기 위해선 4.2줄(J)의 에너지가 필요함을 알아냈다. 이 열량을 열 1kcal라 하고 4.2줄을 열의 일당량이라 한다. 물체의 온도 1도를 높이는데 필요한 열을 열 용량이라 하고, 한 단위질량(단위체적, 단위몰수)의 물질이 갖는 열용량을 비열(체적비열, 몰비열)이라 한다. 비열은 물질에 따라 다르지만 과정에 따라서도 다르다. 압력을 일정하게 유지하는 과정에서의 비열을 정압비열이라 하고 부피를 일정하게 유지하는 과정에서의 비열을 등적비열이라 한다.

열역학은 기체의 성질을 조사함으로써 탄생하였으므로 여기서도 기체의 성질을 이야기함으로써 논의를 시작하자. 보일과 샤를의 노력으로 기체의 압력 p, 부피 V, 온도 T 사이에는 다음과 같은 실험적 관계가 성립함을 알았다.

$$pV = nR(T + T_0) \tag{17.1}$$

여기서 T를 섭씨 온도로 재었다면 $T_0 = 273$도이다. 켈빈이 기술의 편리를 위해 섭씨 $-T_0$를 0으로 하는 온도의 기준을 도입하였으므로 이를 켈빈온도라 한다. 섭씨 0도는 켈빈온도 273K이다. n은 기체의 양을 몰수로 나타낸 것이며 R은 이때의 기체상수이다. $pV = nRT$라는 관계가 성립하는 기체를 이상기체라 하고 이 식을 이상기체의 상태방정식이라 하는데 기체 분자간의 상호작용이 없거나 무시할 수 있을 때 성립한다.

역학적 에너지의 보존은 법칙이 아니라 뉴턴역학으로부터 유도되는 개념인 반면 열을 포함한 일반화된 에너지의 보존은 유도할 수 없는 가정, 즉 법칙이다. 이를 **열역학 1법칙**라 한다. 계를 열기관으로 잡고 이를 표현해 보자. 기관에 열 Q를 전달하면 기관은 얼마간의 일(W)을 하고 남은 양은 에너지 (E)로 저장한다는 이야기이다. 식으로 쓰면 대략 $Q = E + W$이다. 여기서 열과 일 모두 부피변화나 온도변화 등 계의 변화를 수반하는 어떤 과정을 기술하는 양이므로 여기서 나타나는 E 또한 어떤 과정에서의 변화를 기술하여야 하므로 $\Delta E = E_f - E_i$라 써야 한다. 따라서 **열역학 제1법칙**은 $Q = \Delta E + W$ 라 써야 하며 좀 더 정확히는 다음과 같은 미분형식을 써야 한다.

$$\delta Q = dE + \delta W \tag{17.2}$$

여기서 δQ 은 매우 짧은 과정에 전달된 작은 열이며 δW 은 그동안 기관이 외부에 한 작은 일, 그리고 dE 는 과정의 전후에 내부에너지가 얼마나 증가했는가를 나타내는 양이다. **미소과정을 써야 하는 이유**는 과정이 짧아야 그 과정이 진행되는 동안 변할 수 있는 온도나 압력 등이 그 짧은 과정에선 일정하다 할 수 있기 때문이다. 또 열역학의 계산이 가능한 과정을 생각하기 위해서는 가역과정을 생각하여야 하는데 이는 매우 천천히 진행되어 그 역과정도 가능하다는 것을 말한다.[1]

다시 강조하지만, 열은 물체에 내재된 양이 아니라 과정 중에 이동한 양이다. 즉 계에 들어오거나 나간 양이다. 열을 온도로 나누면 비로소 물체에 내재된 엔트로피라는 양이 되는데 이 엔트로피라는 개념에 도달하는 과정과 왜 엔트로피가 시스템(기관)의 상태에만 의존하는가를 이해하는 것이 볼츠만 이전 고전 열역학의 정점이다.

예제 17.1 단열곡선의 유도

1. 등압 및 등적비열을 각각 C_p, C_V 라 할 때 $C_p = C_V + R$ 을 유도하라.
2. 단열곡선의 방정식을 유도하라.

답) 1. p, V 상의 두 등온곡선을 생각하면 이 두 곡선들 위에선 에너지가 각각 일정하다. V =(일정) 인 선을 따라서의 과정을 생각하면 여기서 $W = 0$ 이므로 $\delta Q = dE = C_V dT$ 이다. 또 p =(일정) 인 과정을 따라서의 과정에선 상태방정식으로부터 $pdV = nRdT$ 가 성립하므로 $\delta Q = nC_p dT = dE + pdV = (nC_V + nR)dT$. 따라서 $\gamma = 1 + R/C_V$.

2. $0 = \delta Q = dE + pdV = nC_V dT + pdV$ 에 $dT = (pdV + Vdp)/nR$ 를 대입하고 $C_V/R = 1/(\gamma - 1)$ 를 쓰면 $\gamma pdV + Vdp = 0$. 이를 pV 로 나누고 적분하면 $pV^\gamma = c_1$. 여기서 $p = nRT/V$ 를 대입하면 $TV^{\gamma-1} = c_2$ 도 유도된다.

---

[1] 닫힌계의 가역과정에서 열의 출입은 물론 나중에 이야기할 엔트로피의 증가도 일어나지 않는다. 그러나 우리가 다루는 **열기관은 열린계이므로 가역과정에서도 열의 출입이나 엔트로피의 변화가 있을 수 있음**에 유의하기 바란다. 어떤 과정이 비가역으로 일어날 때 출입한 열이나 일은 계산이 불가능하나 상태에만 의존하는 양인 에너지나 엔트로피 등은 시점과 종점에만 의존할 뿐 과정에는 관계가 없으므로 시점과 종점을 연결하는 임의의 가역과정을 선택해 계산해도 무방하다.

17.1.2 카르노 기관과 열역학 제2법칙

열역학의 이론적인 고찰은 증기기관의 개선과 이해를 위해 시작하였고 자연스럽게 공학자인 카르노의 열기관에 대한 고찰로부터 시작되었다. 열은 높은 온도에서 낮은 온도로만 흐르므로 카르노는 2개의 일정한 온도 $T_1 > T_2$ 사이에서 일을 하는 열기관을 생각하고 기관의 한 행정(cycle)을 완성하기 위해 열의 출입이 차단된 2개의 과정을 추가하였다. 즉 이렇게 하고 나면 하나의 행정은 압력, 부피로 이루어진 상태공간에서 4개의 곡선 즉, 2개의 등온곡선과 2개의 단열곡선에 의해 구성된다. 기관이 이상기체로 동작한다고 가정하면 두 등온곡선은

$$pV/nR = T_1, \quad pV/nR = T_2 \tag{17.3}$$

로 주어지며 두 단열곡선은 아래 예제와 같이 하여

$$pV^{\gamma-1} = C_1, \quad pV^{\gamma-1} = C_2 \tag{17.4}$$

로 주어진다. 여기서 $\gamma = C_p/C_V$, 즉 등압비열과 등적비열 사이의 비이다.

한편, p, V 평면에서 임의의 곡선 밑에 있는 면적은 그 곡선을 따라서의 과정에서 기관이 한 일이며 부피가 증가하는 과정에선 일이 양이며 부피가 감소하는 과정에선 음이다. 따라서 이 4개 곡선의 둘레를 따라 운행하는 기관의 한 행정에서 기관이 한 한 일은 네 곡선으로 둘러싸인 면적이다.

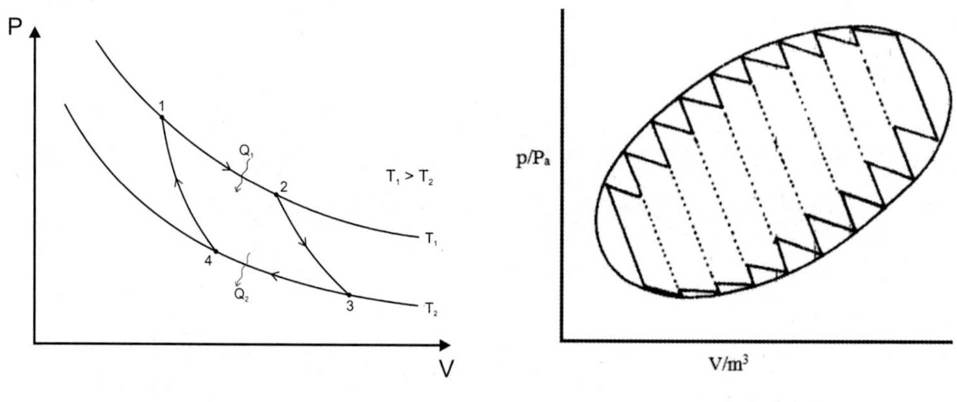

(a) 카르노 엔진 (b) 카르노 근사

그림 17.1: (a) 카르노 열기관의 행정 (b) 임의 가역 행정의 카르노 행정 근사.

그림과 같이 한 행정을 정의하는 네 곡선이 만나는 꼭짓점을 1,2,3,4라 이름 붙이자. 이제

열의 출입은 등온 과정 1-2와 3-4에서만 있고 단열과정에선 없다. 두 등온과정에서 기관이 흡입한 열을 Q_1, Q_2 라 하자. 그러면

$$Q_1 = 0 + \int_1^2 pdV = nRT_1 \ln V_2/V_1 > 0. \quad Q_2 = 0 + \int_3^4 pdV = nRT_2 \ln V_4/V_3 < 0 \quad (17.5)$$

이다. 여기서 0이란 등온곡선을 따라서 내부에너지의 변화 ΔE 가 없다는 뜻이다. 한편 각 곡선의 정의를 쓰면 다음 네 식을 얻는다.

$$p_1V_1 = p_2V_2, \quad p_3V_3 = p_4V_4, \quad p_2V_2^\gamma = p_3V_3^\gamma, \quad p_4V_4^\gamma = p_1V_1^\gamma \quad (17.6)$$

이 네식을 변변 곱하고 공통인자로 나누면 $V_2V_4 = V_1V_3$ 즉

$$V_2/V_1 = V_3/V_4 \quad (17.7)$$

를 얻는다. 식 (17.5) 와 식 (17.7) 에서

$$\frac{Q_1}{T_1} + \frac{Q_2}{T_2} = 0 \quad (17.8)$$

이 결과는 두 가지면에서 매우 중요한 의미를 갖는다. 첫째 이것은 Q/T 가 매우 중요한 의미를 갖는다는 것이며 이것이야 말로 다음에 서술할 엔트로피 개념을 발견하게 되는 단초가 된다. 다른 하나는 기관의 열 효율을 기관이 한 일과 기관에 흡수된 양의 총 열량의 비율로 정의하면 위의 결과는 열효율은 온도만의 함수로 표현된다는 것을 의미한다.

$$\eta = W/Q_1 = (Q_1 - |Q_2|)/Q_1 = (T_1 - T_2)/T_1 < 1 \quad (17.9)$$

만일 어떤 기관도 카르노 기관보다 더 좋은 효율을 가질 수 없다는 말을 할 수 있다면, 위의 결과는 열을 100% 일로변환하는 기관은 없다는 말이 되며 이것은 열역학 제2법칙에 대한 또 하나의 표현이다. 이제 우리는 카르노 기관보다 더 좋은 효율을 갖는 엔진 X가 있다면 무슨 일이 일어나는가를 생각하자. 이는 같은 온도 T_1, T_2 에서 동작하되 열 Q_1' 을 흡수하고 Q_2' 을 내뱉는데 같은 일 W 를 한다. 따라서

$$\frac{W}{Q_1} < \frac{W}{Q_1'} \quad (17.10)$$

이므로 $Q_1 > Q_1'$ 이 되고 $Q_1 = |Q_2| + W > Q_1' = |Q_2'| + W$ 이니 $|Q_2| > |Q_2'|$ 도 된다. 즉 효율이 카르노 기관보다 좋다는 것은 열을 덜 먹고 덜 뱉으면서 같은 일을 한다는 이야기다. 이제 카르노 기관을 거꾸로 돌리면 냉장고, 즉 일을 해줌으로써 낮은 온도에서 열을 뽑아

높은 온도에 전달하는 기관이 된다. 이제 카르노 냉동고와 열기관 X를 붙여놓으면 열기관 X로 카르노 냉동고를 돌리는 셈이다. 그러면 그 결과는 일을 하지 않고도 낮은 온도에서 열 $Q_1 - Q_1' = |Q_2| - |Q_2'| > 0$을 뽑아 높은 온도에 내뱉는 영구냉동기관이 된다. 이런 기관의 존재가 불가능하다는 것이 열역학 2법칙이다. 따라서 카르노 기관보다 더 높은 효율의 기관은 존재할 수 없으며 따라서 효율이 1인 엔진은 불가능하다. 이것은 열역학 2법칙의 다른 표현의 하나이다.

17.1.3 엔트로피 개념의 발견

이제 엔트로피로 돌아가자. 임의의 가역 엔진의 한 행정은 p, V 평면에서 한 폐곡선 C로 주어지며 이는 그림 17.1(b)와 같이 매우 작은 카르노 엔진들의 합으로 분할될 수 있다. 즉 $C = \sum C_i$.

$$\int_C \frac{\delta Q}{T} = \sum_i \int_{C_i} \frac{\delta Q}{T} = 0 \tag{17.11}$$

여기서 각각의 카르노 엔진에선 식 (17.8)가 성립하고 내부의 회로에서의 선적분은 0이 된다는 것에 유의하라. 이 식이 의미하는 것은 임의의 두 점 $(V_1, p_1), (V_2, p_2)$를 연결하는 과정에서의 선적분의 값은 경로에 무관하며 따라서

$$\Delta S = \int_1^2 \frac{\delta Q}{T} \tag{17.12}$$

는 시점과 종점만의 함수라는 이야기가 된다. 이는

$$dS = \frac{\delta Q}{T} \tag{17.13}$$

를 만족하는, 상태함수 즉 상태변수 (p, V)가 주어지면 정의되는 함수 S가 잘 정의된다는 뜻이다. 이 함수 S를 엔트로피라 한다. 아래의 예제에서 보는 바와 같이 닫힌계의 엔트로피는 감소하지 않는다. 이것이 엔트로피에 의한 제2법칙의 표현이다.

이러한 엔트로피의 개념을 정립한 사람은 독일의 클로지우스이다. 위에서는 가역 과정만을 생각하여 등식을 얻었으나 사실 클로지우스가 확립한 것은 비가역적인 경우에 위의 등식의 좌변이 음이라는 부등식을 포함한 결과이다. 이것이 볼츠만 이전의 열역학의 정점이다. 그러나 여기까지 와서도, 엔트로피는 수학적으로 잘 정의된 양이지만 무엇을 나타내는지는 모르는 신비로운 양으로 남아 있었는데 이것을 해결한 것이 다음 소절에서 이야기할 볼츠만이다.

이 절을 떠나기 전에 한 가지 첨언할 것은 열역학 제3법칙이다. 이것은 온도 0K에서의 엔트로피가 0임을 말함으로써 엔트로피의 차뿐만 아니라 엔트로피 그 자체가 잘 정의된 값임을 이야기하기 위한 가정(=법칙)이다. 그러나 절대 0도에서 계의 기저상태가 여러 개 있을 때 이 법칙은 성립할 필요가 없으며 온도 0K에서의 엔트로피가 상수라고 표현하는 것은 가능하다. 스핀계나 유리, 그리고 끈이론의 초대칭성이 있을 때도 이런 일이 일어날 수 있다.

예제 17.2 1. 이상기체의 엔트로피의 변화를 구하라. 2. 같은 물질로 이루어진 동일한 질량 m의 물체가 두 다른 온도 T_1, T_2 상태로 있다가 붙여 놓았더니 최종온도가 T_f가 되었다. 엔트로피의 변화는 양수인가?

답) 1.

$$\Delta S = \int_1^2 \frac{dQ}{T} = \int_1^2 \frac{dE + pdV}{T} = nC_V \ln T_2/T_1 + nR \ln V_2/V_1 \tag{17.14}$$

엔트로피는 시점과 종점에만 의존하니 이 식은 임의의 과정에 대해 성립한다. 예를 들어 자유팽창의 경우 비가역 과정이나 온도는 변치 않는다. 따라서 $\Delta S = nR \ln V_2/V_1$.

2. 물체의 비열을 c라 할 때 $dS = \delta Q/T = mcdT/T$ 에서

$$\Delta S = mc \ln T_f/T_1 + mc \ln T_f/T_2 = 2mc \ln T_f/\sqrt{T_1 T_2}$$

이다. 에너지 보존법칙에서 $T_f = (T_1 + T_2)/2$ 이니 상가평균과 상승평균의 관계로부터

$$\Delta S \geq 0 \tag{17.15}$$

17.1.4 볼츠만과 열역학의 통계적 해석

엔트로피에 물리적 의미를 부여하기 위해선 열역학이 다루는 거시계가 무엇으로 되어 있는가 하는 물음에 답해야 한다. 매우 타당하게도 볼츠만은 당시까지 알려져 있는 화학의 가정, 즉 물질은 원자로 되어 있다는 가정을 채택하고 열역학적 변수들을 이들의 평균적인 동역학으로 재정의하고자 했다. 볼츠만은 엔트로피를 계가 주어진 상태변수를 가지도록 취할 수 있는 방법의 개수 W와

$$S = k_B \log W \tag{17.16}$$

로 연결시킴으로써 엔트로피에 대한 명증한 물리적 해석을 주었으며 이로써 통계역학이라는 물리학의 한 방법론이 시작되었다. 볼츠만은 거시계를 원자들로 이루어진 미시계로 분해하고 거시계를 미시계(원자들)로 재구성하는 방법의 수로 이 상태의 개수를 셈한 것이다.[2]

예를 들어 이상기체의 경우를 셈해 보자. 계는 N개의 상호작용하지 않는 분자로 구성되어 있다고 하고 분자 하나가 차지하는 부피를 V_0라 하면 전체 공간엔 $V/V_0 = N$개의 방이 있다고 상정할 수 있다. 첫 번째 분자를 공간에 배치하는 방법은 N가지, 두 번째 분자에 대해서도 같고 N 번째 분자에 대해서도 같다. 그러므로 $W = (V/V_0)^N$이며 $S = k_B N \ln V/V_0$로서 $Nk_B = n(N_A k_B) = nR$임을 상기하면 위의 예제에서 구한 것과 일치하는 결과이다. 여기서 N_A는 아보가드로의 수이다.

17.2 양자 통계물리학 입문

시스템이 원자와 같이 잘 보이지 않는 작은 개체로 이루어져 있다면 낱개의 입자의 운동을 좇아가며 기술하는 것보다는 계의 평균적 행동양식이 무엇인가, 또 어떤 어떤 상태가 가장 있을 법한 상태인가를 묻는 것이 더 효과적이다. 계의 가장 중요한 변수는 계를 구성하는 입자의 총 개수와 총 에너지이다. 통계역학의 가장 중요한 작업은, 이 두 가지 양이 주어졌을 때 조건을 만족하는 상태들 중에서 가장 확률이 높도록 각 에너지에서의 입자의 개수분포를 결정하는 일이다. 계가 동일한 입자 N개로 이루어져 있다고 하고 한 입자의 상태는 인덱스 i에 의해 표시될 수 있으며 입자들 사이의 상호작용은 없다고 하자. 이제 한 개 입자가 상태 ψ_i에 있다면 에너지가 ϵ_i로 주어진다. 입자들의 상호작용이 없거나 무시할 정도로 작다면, 전체 계의 상태는 ψ_i 상태에 있는 입자의 개수 n_i를 모든 i에 대해 알면 족하다. 그러면 전체 계의 상태는 $|n_1, n_2, \cdots, >$로 표시할 수 있다. ψ_i는 에너지 고유상태인데 수소 원자의 경우처럼 같은 에너지를 갖는 상태는 여럿 있을 수 있다. 그 겹침의 개수를 d_i라 하자. 우리가 할 일은 경우의 수 W를 n_i들의 함수로 세고 n_i 들을 조정하여 W가 최대가 되도록 하면 된다. 문제는 입자의 동일성을 어떻게 취급하는가에 따라 이 경우의 수가 달라진다는 것이다. 취급방법에 따라 가장 좋은 n_i에 대한 답이 달라지는데, 입자가 고전적인가 양자역학적인가에 따라 다

[2] 오늘날에 있어서도 거시적 열역학은 존재하지만 통계역학이 존재하지 않는 계가 있는데 바로 블랙홀이다. 이 계의 통계역학을 구성하려면 계를 구성하는 미시적 자유도가 무엇인지를 먼저 설정해야 할 것이며 여기에 일부 성공한 이론이 끈이론이다.

르며 페르미온인지 보존인지에 따라서도 달라져서 세 가지 통계가 존재한다.

17.2.1 맥스웰-볼츠만 고전 통계

고전적으로 입자들은 궤적을 가지므로 같은 동일한 입자라 하더라도 꼬리표를 붙여 구별할 수 있다. 이때의 경우의 수를 구해보자. 먼저 N개의 입자에서 n_1 개를 선택하여 이를 같은 에너지를 갖는 d_1 개의 상태에 분배한다. 같은 상태에 여러 입자가 있어도 좋기 때문에 이 분배에는 d^{n_1} 가지 방법이 있다. 다음에 남은 $(N-n_1)$ 개의 입자에서 n_2 개를 선택하여 이를 같은 에너지를 갖는 d_2 개의 상태에 중복을 허락하여 분배하고, 그 다음에는 남은 $(N-n_1-n_2)$ 개의 입자에서 n_3 개를 선택하여 이를 같은 에너지를 갖는 d_3 개의 상태에 중복을 허락하여 분배하는 것을 반복하면 된다. 총 경우의 수는

$$W_{cl} = \frac{N!}{(N-n_1)!n_1!} \cdot d^{n_1} \times \frac{(N-n_1)!}{(N-n_1-n_2)!n_2!} \cdot d^{n_2} \times \cdots = \frac{N!\, d^{n_1} d^{n_2} d^{n_3} \cdots}{n_1!n_2!n_3!\cdots} \tag{17.17}$$

이제 문제는 n_i 들을 어떻게 결정하면 우리의 거시상태가 가장 확률이 높은 즉 있을 법한 상태가 되겠는가 하는 것이다. 이는 경우의 수 W_{cl} 가 최대가 되도록 하면 된다. 문제는 입자 수와 에너지에 대한 2개의 구속조건

$$\sum n_i = N, \quad \sum n_i \epsilon_i = E \tag{17.18}$$

이 존재한다는 것인데 이런 유의 문제는 라그랑주 승수법을 쓰면 쉽게 풀 수 있다. 즉 함수 $f(x,y)$를 구속조건 $g_1(x,y) = 0, g_2(x,y) = 0$ 하에서 최소화 시키려면 변수 α, β를 새롭게 도입하여 $F(x,y,\alpha,\beta) = f - \alpha g_1 - \beta g_2$를 최소화시키면 된다. 우리의 경우 W를 최대화하는 것과 엔트로피 $\ln W$를 최대화 하는 것은 같으므로 다음과 같이 F를 도입하여

$$F(\{n_i\}) = \ln W - \alpha(\sum n_i - N) - \beta(\sum n_i \epsilon_i - E) \tag{17.19}$$

이를 최대화시킨다. 여기서 n_i, α, β는 결정될 변수이며 나머지는 모두 상수이다.

스털링의 공식 $\ln n! \simeq n \ln n - n$를 사용하여 다음 식이 성립함을 보일 수 있다.

$$n_i^{MB} = d_i e^{-\alpha - \beta \epsilon_i} \tag{17.20}$$

문제 17.1 위의 결과를 증명하라.

이제 $p_i = n_i/N$ 이라 하면

$$S = k_B \ln W = -k_B N \sum_i p_i \ln p_i \tag{17.21}$$

에너지가 같다 하더라도 다른 상태는 모두 다른 인덱스 i를 쓰기로 하면 $d_i = 1$이라 둘 수 있다. 양변을 상수 N으로 나누면 입자 1개당의 엔트로피는

$$s = -k_B \sum_i p_i \ln p_i \tag{17.22}$$

이 형식의 엔트로피를 깁스 혹은 섀넌의 엔트로피라 하는데 여기서는 후자의 이름을 따르겠다. 여기서 엔트로피의 깁스 형식을 얻는데 있어 엔트로피의 최대화 조건을 쓰지 않았다는 것에 유의하라. 즉 언제나 이런 형식을 갖는다는 뜻이다. **그러므로 깁스의 엔트로피 표현은 비평형계에서도 옳은 공식이다.**

사실 우리는 구속조건하에서의 엔트로피 맥시멈 조건을 깁스의 엔트로피를 사용하여 구할 수도 있다. 이 계산은 매우 간단해진다. 제이네스(Jaynes)의 방법론을 따라 k개의 열역학적 변수의 평균값이 주어진 계를 생각하면 이들의 평형상태는 $k+1$개의 구속조건

$$\sum_i p_i = 1, \quad \sum_i p_i F_i^a = f^a, \quad a = 1, \cdots, k \tag{17.23}$$

을 만족할 때의 엔트로피의 최댓값을 구하는 문제이고, 이는 라그랑지안 승수법으로 구할 수 있다. $S/Nk_B = G$라 하면

$$G = -\sum_i p_i \ln p_i - \mu(\sum_i p_i - 1) - \sum_a \mu_a(\sum_i p_i F_i^a - f^a) \tag{17.24}$$

를 최소화하면 된다. $\{n_i\}$를 변화시키는 것은 $\{p_i\}$를 변화시키는 것과 같다. 따라서 $\frac{\partial G}{\partial p_i} = 0$으로부터

$$p_i = e^{-(\mu+1) - \sum_a \mu_a F_i^a} \tag{17.25}$$

$\sum_i p_i = 1$로부터

$$e^{\mu+1} = \sum_i e^{-\sum_a \mu_a F_i^a} \tag{17.26}$$

따라서 $Z = e^{\mu+1} = \sum_i e^{-\mu_a F_i^a}$ 라 하면

$$f^a = \sum_i p_i F_i^a = \frac{1}{Z} \sum_i F_i^a e^{-\sum_a \mu_a F_i^a} = -\frac{1}{Z} \frac{\partial \ln Z}{\partial \mu_a} \tag{17.27}$$

예제 17.3 고전적 이상기체의 경우 입자의 상태는 모멘텀 $\mathbf{p}$에 의해 결정되고 모든 $\mathbf{p}$의 동등함을 가정하면 $d_{\mathbf{p}} = C$가 되는 $\mathbf{p}$에 무관한 상수 C가 존재한다. 두 구속조건

$$N = C\int d^3\mathbf{p}e^{-\beta E-\alpha}, \quad \langle E\rangle = C\int d^3\mathbf{p}Ee^{-p^2\beta/2m-\alpha} \tag{17.28}$$

으로부터 에너지 $E = \mathbf{p}^2/2m$의 평균값은 다음과 같이 주어짐을 보여라.

$$\frac{\langle E\rangle}{N} = \frac{3}{2\beta} \tag{17.29}$$

간단한 적분이므로 풀이는 생략한다.

위의 결과와 잘 알려진 결과인 $\langle E\rangle = \frac{3}{2}k_BTN$을 비교하면 $\beta = 1/k_BT$임을 알 수 있다. 따라서 우리는 맥스웰-볼츠만의 분포를 통계역학적으로 유도한 셈이다. 일반적인 해는 문제17.3를 참조하라.

문제 17.2 1. $C = \frac{V}{(2\pi\hbar)^3}$임을 보여라.

2. α는 화학퍼텐셜 μ에 의해 $\alpha = -\beta\mu$로 주어짐을 보여라.

17.2.2 보즈-아인슈타인 통계

양자역학에선 입자의 궤적이 정의되지 않는다. 따라서 2개의 입자가 있을 때 어떤 순간에 당신이 골라둔 입자가 다음 순간에도 바로 그 입자인지를 알 방법이 없다. 이러한 입자가 N개 있을 때 그 중 n_1개를 골라내는 방법은 한 가지밖에 없다. 어떻게 골라도 구별이 안 되니 말이다. 어려운 것은 선택된 n개입자를 d개의 상태에 분배하는 방법이다. 보존은 한 상태에 임의의 개수의 입자가 들어가도 좋음을 상기하면 분배의 방법은 n권의 책을 일렬로 배열하고 사이사이에 $d-1$개의 책갈피를 끼워넣어 d개의 그룹으로 나누는 방법의 수와 같다. 이는 $n+d-1$권의 모든 책에 번호를 매겨 배열하되 n권의 책들을 구별하지 않고 $d-1$권의 책갈피들도 구별하지 않는 방법의 수와 같다. 이러한 경우의 수는 간단히 $\frac{(n+d-1)!}{n!(d-1)!}$와 같고 따라서 보존의 경우 n_i들이 주어졌을 때 가능한 경우의 수는 다음과 같이 주어진다.

$$W_{BE} = \prod_i \frac{(n_i+d_i-1)!}{n_i!(d_i-1)!} \tag{17.30}$$

위와 같이 F를 도입하여 최대화시키는 n_i를 구하면 그 결과는 다음과 같다. (예제 5를 참조하라.)

$$n_i^{BE} = \frac{d_i - 1}{e^{\alpha+\beta\epsilon_i} - 1} \tag{17.31}$$

여기서 $d_i - 1 \simeq d_i$라 해도 좋다.

예제 17.4 광자의 경우 다음이 성립함을 보여라.

$$n_i^{ph} = \frac{d_i}{e^{\beta\epsilon_i} - 1} \tag{17.32}$$

답) photon의 경우 입자의 개수는 보존되지 않는다. 따라서 구속조건은 β와 함께하는 에너지의 보존 뿐이다. 따라서 보제-아인슈타인통계에서 $\alpha = 0$의 경우에 해당한다.

17.2.3 페르미-디랙 통계

페르미온의 경우도 N개 중 n개를 선택하는 방법은 하나밖에 없다. 다만 선택된 n개입자를 d개의 상태에 분배할 때 파울리 원리는 한 상태엔 하나의 입자만 있어야 함을 강요한다. 그러므로 d개의 상태 중 입자가 차있는 상태 n 개를 골라내면 충분하고 그 방법의 수는 ${}_dC_n = \frac{d!}{n!(d-n)!}$ 와 같다. 그러므로 페르미온들의 경우의 수는 아래와 같고

$$W_{FD} = \prod_i \frac{d_i!}{n_i!(d_i - n_i)!} \tag{17.33}$$

확률을 최대화시키는 n_i는 다음과 같이 주어진다.

$$n_i^{FD} = \frac{d_i}{e^{\alpha+\beta\epsilon_i} + 1} \tag{17.34}$$

단, $d_i >> n_i >> 1$이라 가정해도 좋다. 예제5를 참조하라.

이때까지 우리는 주어진 에너지를 갖는 확률적으로 가장 있을 법한 상태의 평균적 입자의 수를 구하였다. 주어진 에너지가 아니라 **주어진 상태**에 존재하는 가장 있을 법한 입자의 수는 위에서 구한 답을 중복도 d_i로 나누면 된다. 정리하면

$$n_i^{MB} = e^{-\alpha-\beta\epsilon_i}, \quad n_i^{BE} = \frac{1}{e^{\alpha+\beta\epsilon_i} - 1}, \quad n_i^{FD} = \frac{1}{e^{\alpha+\beta\epsilon_i} + 1} \tag{17.35}$$

문제 17.3 α, β 의 유도

1) σ 를 볼츠만, 보즈-아인슈타인, 페르미-디랙 세 통계에 대해 각각 $0, 1, -1$ 의 세 값을 가진다고 하면 분포함수를 결정하는 식을 다음과 같이 한꺼번에 쓸수 있음을 보이고 이로부터 각 경우의 분포함수를 유도하라.

$$\frac{\partial F}{\partial n_i} = \ln(\frac{d_i}{n_i} + \sigma) - (\alpha + \beta\epsilon_i) = 0 \tag{17.36}$$

2) 식 (17.19) 의 최소화 조건 $dF = 0$ 를 사용하여 다음 식을 유도하라.

$$dW = \sum_i \Big(\alpha + \beta\epsilon_i\Big) dn_i \tag{17.37}$$

Hint: $dW = dF + d\Big(\alpha(\sum n_i - N_0) + \beta(\sum n_i\epsilon_i - E_0)\Big)$.

여기까지 N_0, E_0 는 고정된 숫자였음에 유의하라. 이제 총 개수와 총 에너지의 약간의 변화를 허용하자. 그러면 $N = \sum n_i, E = \sum n_i\epsilon_i$ 는 총 개수와 총 에너지를 나타내는 변수가 되며 위의 결과는 다음과 같이 쓰인다.

$$dW = \alpha dN + \beta dE \tag{17.38}$$

3) 엔트로피를 계의 가짓수 (multiplicity)를 연결한 볼츠만의 식

$$S = k_B \ln W \tag{17.39}$$

은 그의 묘비에 적혀 있다. 이 식과 위의 결과를 열역학 제1법칙

$$TdS = dE - \mu dN + pdV \tag{17.40}$$

과 비교하여 다음을 증명하라.

$$\beta = 1/k_BT, \alpha = -\mu/k_BT \tag{17.41}$$

여러 가지 앙상블

계의 총 에너지 E 가 주어졌을 때의 이 조건을 만족하는 계의 집합을 미시 앙상블(micro-canonical ensemble)이라 하며, 온도와 입자의 수가 고정되고 에너지는 외부와 교환할 수 있는 계를 정준 앙상블(canonical ensemble), 온도는 고정되고 에너지와 입자의 숫자는 외부

와 교환 가능한 계를 대 정준 앙상블(grand canonical ensemble)이라 한다. 위의 예제에서 우리는 미시 앙상블로부터 출발하여 대정준 앙상블로 전환하였음에 유의하라. 예제를 통해 보이고자 한 것은 케미컬 퍼텐셜은 입자의 총 개수를 고정시키기 위해 필요한 구속력 (라그랑주 승수 α)이며, 온도란 에너지를 고정시키기 위해 필요한 구속력 (β)이라는 것이다. 계에 이러한 구속력을 가하는 방법은 계를 그 조건을 만족하는 거대한 계(reserver)와 접촉시키는 것이다. 예를 들어 정준계는 주어진 계를 온도에 이른 거대계와 접촉시키면 된다.

17.2.4 보즈-아인슈타인 응축

상호작용이 없는 보존이 많이 모인계를 생각하자. 0 K에서는 모든 입자가 바닥 상태에 있을 것인데 흥미로운 현상은 어떤 온도 이하에선 상당한 비율의 입자가 바닥 상태에 있다는 것이다. 바닥 상태의 에너지를 $E = 0$라 하자. 그러면 보존의 분포함수

$$n(E,T) = \frac{1}{e^{\beta(E-\mu)} - 1} \tag{17.42}$$

로부터 매우 낮은 온도에서 바닥 궤도함수의 점유도는 $n(0,T) = 1/(e^{-\beta\mu} - 1)$ 인데 $z = e^{\beta\mu} \to 1$ 일 때는 이것이 N 에 가까운 값도 가질 수 있다는 것을 알 수 있다. 이를 보기 위해 따라서 낮은 온도에서 전체 시스템을 여기 상태에 있는 것들과 바닥 상태에 있는 개수로 나누자.

$$N = N_0 + N_e, \quad N_o = 1/(z^{-1} - 1), \quad N_e = V \int \frac{d^3k}{(2\pi)^3} \frac{1}{z^{-1}e^{\beta E} - 1} \tag{17.43}$$

위에서 이야기했듯이 응축이 있는가를 보기 위해선 $z \to 1$의 극한을 보아야 한다. 낮은 온도에선 β는 크고 큰 파수영역에서 적분은 유한하고 낮은 온도에선 $d^3k = k^2dk$ 이고 $E = \hbar^2k^2/2m$ 이니 $k \to 0$ 에서도 적분은 유한하다. $\beta^{1/2}k = x$로 치환하면 $N_e \simeq CT^{3/2}$ 임을 알 수 있고 이는 낮은 온도에서 유한한 작은 값이다. 결국 온도가 내리면 대부분의 입자는 여기 상태에 포함될 수 없으므로 기저상태에 있을 수밖에 없다. 3차원 이상에선 유한한 온도에서 보즈-아인슈타인 응축은 존재할 수밖에 없다. 그러나 아래 예제에서 보는 것과 같이 1,2차원에서는 응축이 반드시 존재할 이유는 없다.

응축온도

$N_e(T) = CT^{3/2} = N$이 되는 온도를 T_c라 하면 $N_e/N = (T/T_c)^{3/2}$. 따라서 $N_o = N(1-(T/T_c)^{3/2})$. 액체헬륨의 경우 $T_c = 2.17K$ 이며 여기서 열용량의 급등이 있다.

예제 17.5 2차원에선 보즈-아인슈타인 응축은 없음을 증명하라.

답)

$$N_e = V \int \frac{d^2k}{(2\pi)^3} \frac{1}{e^{\beta E} - 1} \tag{17.44}$$

$k \to 0$ 일 때 적분인자는 $kdk/k^2 \sim 1/k$. 따라서 작은 파수에서 log 발산이 있다. 즉 여기 상태의 총수는 무한대이다. 따라서 2차원에서 여기상태는 입자 개수가 아무리 많아도 이를 모두 수용할 수 있으니 온도가 낮아도 응축은 없다.

17.2.5 초유체

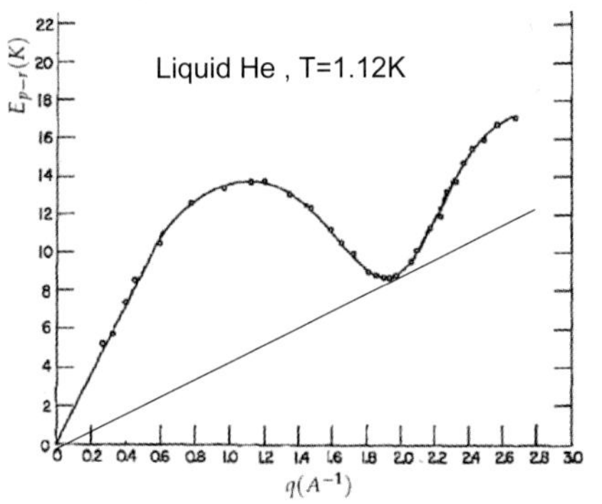

그림 17.2: 초유체가 되기 위한 기본들뜸의 조건.
분산 그래프와 만나는 직선의 기울기의 최솟값이 유한해야 한다.

전이 온도 이하의 액체헬륨은 점성이 0이다. 즉 어떤 종류의 충돌도 만들어내지 않는다. 어떤 조건에서 이러한 초유체의 상태가 될수 있는지를 알기 위해선 어떤 여기상태가 준입자상태로 존재해야 하는지를 알아 보면 된다. 이제 0K에서 질량 M 인 거시적 물체가 초유체 안을 속도 V 로 달리고 있다고 해보자. 물체의 운동 때문에 운동량 $\hbar k$, 에너지 ϵ_k 의 기본들뜸이 생성되었다 하면

$$\frac{1}{2}MV^2 = \frac{1}{2}MV'^2 + \epsilon_k, \quad M\mathbf{V} = M\mathbf{V}' + \hbar\mathbf{k} \tag{17.45}$$

두 식에서

$$\frac{1}{2}MV^2 = (M\mathbf{V} - \hbar\mathbf{k})^2/2M + \epsilon_k \tag{17.46}$$

M 이 거시적 물체의 질량이라면 $(\hbar k)^2/2M$ 은 무시할 수 있다. 따라서

$$\mathbf{V} \cdot \hbar\mathbf{k} = \epsilon_k \tag{17.47}$$

만일 두 그래프의 교점이 존재하면 기본들뜸이 생긴 것이다. V의 최솟값은 **V** 와 **k** 가 같은 방향일 때 생기며, 만일 V 가

$$V_{min} = \min_k[\epsilon_k/\hbar k] \tag{17.48}$$

보다 작다면 들뜸은 생기지 않으며 초유체성은 유지된다. 즉 $\omega = \epsilon_k$ 의 모양이 중요한데, 이 관계가 자유입자처럼 k^2 에 비례한다면 초유체는 존재하지 않을 것이다. 헬륨II의 경우 두 가지 들뜸 준입자가 존재하는데 하나는 소리파동이며 다른 하나는 로톤이다. 두 가지 모두 유한한 V_{min} 을 허용하므로 헬륨II는 초유체가 될 수 있다. 그림 17.2 참조.

제18장
결정격자 안의 전자

18.1 결정을 이루는 기전들

많은 원자들이 모이면 충분히 낮은 온도에선 정형적 격자를 이루는 결정상태가 되어 고체를 형성한다. 전기와 열의 전도와 같은 고체의 물성은 자유롭게 돌아다니는 전자의 존재 유무에 의해 결정된다. 그러나 유리나 플라스틱과 같이 무결정(amorphous)의 고체도 존재하는데 이는 점성이 매우 큰 초냉각상태의 액체로 해석할 수 있다. 결정을 만드는 전기력이 어떻게 작용하는가에 따라 결합은 이온결합, 공유결합, 반데르발스 결합, 수소결합, 금속결합 등으로 분류될 수 있다. **이온결합**은 전자를 잃기 쉬운 원자와 얻기 쉬운 원자가 각각 양이온과 음이온이 되어 전기적 결합을 이루는 것이며 소금이 대표적인 예이다. **공유결합**은 이웃하는 원자들이 전자를 가운데에 공유하여 양이온들이 된 원자들이 공유된 전자의 음전하를 매개로 결합하는 것으로 다이아몬드와 같이 가장 단단한 형태의 결합을 이룬다. **반데르발스결합**은 원자나 분자 안의 대칭적 전자분포가 핵의 양전하를 상쇄시키지 못하여 생기는 분극자(다이폴)들의 상호작용에 의한 결합이다. 다른 결합이 불가능할 때 효과를 내는 가장 약한 결합이다. **수소결합**은 수소를 가지는 분자 내에서 전자를 빼앗겨 거의 양이온화된 수소 원자가, 전자를 가진 다른 원자를 끌어당겨서 이루어지는 결합이다. **금속결합**은 시스템 전체가 자유전자 개수들을 공유함으로써 이루어진다. 원자들이 서로 가까워져 결합을 이루면 전자는 다른 이온들에도 끌리므로 퍼텐셜에너지가 낮아지는 한편, 다른 전자들과 같은 공간을 나누어 가지므로 파울리 원리에 의해 운동에너지가 높아져 페르미 레벨까지 차게 된다. 금속결합은 전자가 후자를 극복할 때 일어난다.

18.2 옴의 법칙과 드루드 모델

금속 내에서는 전압과 전류 및 저항 사이에 유명한 옴의 법칙이 성립한다.

$$V = IR \tag{18.1}$$

도선의 길이를 L, 단면의 면적 A, 걸어준 전장 E, 전류밀도 J, 비저항을 $\rho = RA/L$라 정의하면 옴의 법칙은 다음과 같이 쓸 수 있다.

$$E = \rho J, \quad \text{혹은} \quad J = \sigma E \tag{18.2}$$

여기서 $\sigma = 1/\rho$는 전기전도율이다.

예제 18.1 드루드의 모델에서 **옴의 법칙**을 유도하고 전기전도율을 구하라.
답) 전자가 무작위의 충돌을 하면서 평균자유시간 τ 동안에 충돌 없이 움직인다고 하자. 전장 E 안에서 전자는 가속도 $a = eE/m$을 얻어, 충돌에 의해 정지한다고 하자. 이 모델에서의 평균유동속도 $v_d = a\tau/2 = \tau eE/m$이니 $J = nev_d = \frac{ne^2\tau}{2m}E$인데, 이는 바로 옴의 법칙이다. 여기서 전기전도율

$$\sigma = \frac{ne^2\tau}{2m} \tag{18.3}$$

를 얻는다. 복잡한 물성은 모두 τ에 들어 있으며 이를 계산하는 것은 쉬운 일이 아니다. 평균자유거리 $\lambda = v_F\tau$를 사용하여 $\sigma = \frac{ne^2\lambda}{2mv_F}$로도 쓸 수 있다.
구리의 경우 페르미 에너지는 $\epsilon_F = 7.04eV$ 이며 이때의 전자 속도는 $v_F = \sqrt{2\epsilon_F/m_e} \simeq 10^6 m/sec$의 속도이다. 이에 반해 구리 내의 전장이 만들어내는 전기장 방향의 유동속도는 다음 예제에서 알수 있듯이 약 1mm에 불과하다.

예제 18.2 단면이 $1mm^2$인 구리선에 1 암페어의 전류가 흐를 때 **전자의 유동속도**를 구하라.
답) 전자의 농도를 n, 유동속도를 v_d, 단면의 면적을 A라 하면 시간 t동안 면적 A를 통과하는 전하의 총량은 $Q = It = nev_d tA$ 이고 구리의 몰질량이 63g/mol, 질량밀도는 $8.96g/cm^3$ 이므로 개수 밀도는 $n = N/V = 8.5 \times 10^{28}/m^3$에서 $v_d = I/(neA) =$

$7.4 \times 10^{-4} m/sec.$

예제 18.3 **비더만-프란츠 법칙(Wiedermann-Franz Law)**

길이가 dx 인 물질 양단의 온도차가 dT 이면 시간 dt 동안 양단간에 전달되는 열을 dQ 라 하면 열전도율은 $\frac{dQ}{dt} = -\kappa A \frac{dT}{dx}$ 로 정의된다. 드루드-로렌츠(Drude-Lorentz) 모델에 의하면 $\kappa = k_B n v_{rms} \lambda/2$ 로 주어진다. 열전도율과 전기전도율 사이에 비례관계가 있음을 보여라.

답)

$$\kappa/\sigma = \frac{k_B n v_{rms} \lambda/2}{ne^2 \lambda/2mv_{rms}} = k_B \frac{mv_{rms}^2}{2e^2} \tag{18.4}$$

여기서 등분배원리 $\frac{1}{2}mv_{rms}^2 = 3k_BT/2$ 임을 사용하면

$$\frac{\kappa}{\sigma T} = \frac{3k_B^2}{e^2} = 2.22 \times 10^{-8} W\Omega/K^2 \tag{18.5}$$

이는 좋은 열전도체는 좋은 전기전도체임을 의미하며 열과 전기가 같은 개체 즉 전자들에 의해 전달된다는 증거가 된다. 그러나 전자 간의 상호작용이 큰 물질에서는 이 법칙이 성립하지 않는다. 위의 계산은 고전적인 볼츠만 통계를 쓴 결과인데 만일 다음 절에 설명할 페르미-디랙의 양자통계를 쓰면 3 이 $\pi^2/3$로 대치될 뿐이다. 즉, 이 경우 양자역학적 효과는 그다지 크지 않다는 것을 의미한다.

18.3 에너지띠 이론

18.3.1 도체와 부도체

도체인 구리의 비저항은 $1.7 \times 10^{-8} \Omega m$ 이나 부도체인 수정의 경우는 $\rho = 7.5 \times 10^{17} \Omega m$ 로서 그 비가 10^{26} 이나 된다. 물질 간의 이 엄청난 차이는 자연에서 보기 드문 현상이다. 이를 이해할 수 있게 해주는 것이 에너지 띠(band) 이론이다. 에너지의 밴드가 왜 생기는지를 이해하는 가장 간단한 방법은 원자들이 가까이 감에 따라 전체 계의 에너지 준위가 어떻게 변하는지를 관찰하는 것이다. 두 원자를 가까이 가져와 각 전자의 파동함수가 겹칠 수 있도록 하면 두 전자의 파동함수는 서로 간섭하여 에너지 준위는 멀리 떨어져 있을 때의 준위보다

하나는 더 낮고 하나는 더 높은 2개의 준위로 갈라진다. 이는 2개의 인접한 퍼텐셜 우물 모형에서 쉽게 계산해 확인할 수 있다. 그림18.1 을 보라.

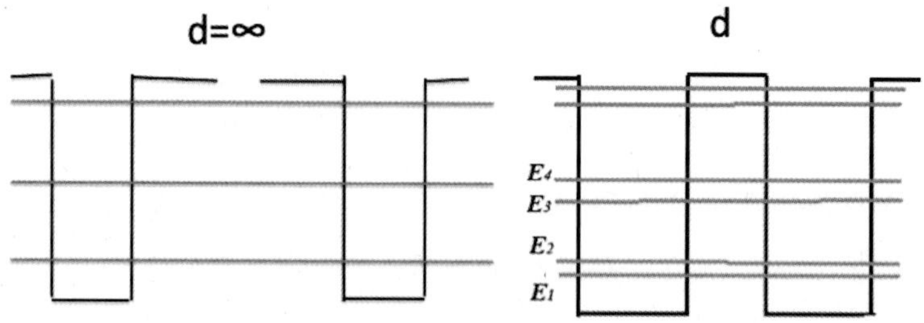

그림 18.1: 좌) 멀리 떨어진 원자: 두 원자의 준위가 겹쳐져 있다.
우) 가까이 있는 두 원자의 준위는 터널링에 의해 상호간섭하여 에너지 준위는 원래 준위보다 낮거나 높다.

이제 세 원자를 가까이 가져오면 동일한 방식으로 3개의 준위가 생기며, N개의 원자들을 가까이 가져오면 매우 가까운 N개의 준위로 갈라진다. N이 크면 에너지 준위 간의 간격이 매우 좁아져 연속적인 분포를 이루어 띠 모양을 나타내게 된다. 요약하면, 원자의 레벨들이 띠 모양으로 변형되어 고체계의 에너지 준위가 된다. 이것이 고체 내의 에너지 띠이다. 그러므로 원자궤도의 이름을 따서 밴드의 이름을 붙이는 것은 매우 자연스럽다. 띠의 너비가 원자계의 에너지 준위 간격만큼 넓어지지 않는다면 띠와 띠 사이엔 금지된 간격이 있을 수밖에 없으며 이것이 고체의 띠틈(forbidden band)이다. 띠틈의 크기를 띠간극(band gap, E_g)이라 한다.

예를 들어 Na의 경우 원자의 최외곽전자가 속한 궤도가 3s이고 여기에 전자가 1개만 차있다. N개의 원자들이 모여 고체를 이루면 최고층 밴드는 3s밴드이며 가능한 2N준위중의 N개만이 차있어 반찬띠(half filled band)가 된다. 최외각의 띠를 원자가띠(Valence band)로 부르며 이것이 다 차지 않은 경우 페르미 준위 근처에는 띠너비의 1/N에 해당하는 지극히 작은 에너지 간격을 가진 준위들이 많이 분포하므로 약간의 자극으로도 전자는 바로 위 준위로 옮기며 움직이게 된다. 따라서 이 계는 도체가 된다. 이 경우 원자가띠의 전자가 차있지 않은 빈 부분을 전도띠(conduction band)라 부르며 원자가띠가 모두 차 있을 때는 바로 위의 비어있는 에너지 띠가 전도띠가 된다. 이 경우 페르미 레벨에서 전도띠까지는 유한한 간격(gap)이 존재하여 갭보다 큰 자극이 가해지지 않으면 전자는 움직이지 않는다. 이 경우 해당 물질은 전기를 통하지 않는 부도체(insulator)가 된다. 만일 원자가띠와 전도띠 사이의 갭이 매우 작으면, 충분히 높은 온도의 열적 요동에 의해 여기된 전자의 일부가 전도띠로 이동하면서 전자가 움직일 수 있는데 이것이 반도체(semi-conductor)이다. 반도체의 전도도는 온도의 증가에 따라 급격히 증가하므로 온도에 따라 감소하는 도체의 전도도와 현격한 대조를 이룬다.

위에서 기술한 바와 같이 에너지띠 이론은 고체의 전도성에 대한 간단한 설명을 제공한다. 결국 도체와 부도체의 10^{25} 이라는 전도도의 엄청난 차이의 주된 근원은 두 물질의 에너지 준위차의 비율이며 이는 최종적으로 계를 이루는 원자의 수로 환원된다.

18.3.2 주기적 퍼넨셜에서의 파동함수

이제 위에서 익힌 개념을 최소한의 수학으로 증명해 보자. 가장 간단한 주기퍼텐셜은 1차원의 델타함수의 주기적 배열이다. 즉 $V(x) = \sum \alpha\delta(x - na)$. 그러면 계는 $x \to x + a$에 대해 주기성이 있고 이에 대응되는 연산자는 $T_a = \exp -iap_x/\hbar = e^{-a\partial_x}$ 이므로 $T_a\psi(x) = \psi(x-a)$ 이다. 이는 Unitary operator이다. 따라서 계의 파동함수를 T_a의 고유벡터로 잡을 수 있고 $T_a\psi(x) = \lambda\psi(x)$가 성립한다. $T_aT_a^\dagger = 1$로부터 $\lambda\lambda^* = 1$이 성립하므로 $\lambda = e^{-iaK}$라 둘 수 있고 따라서 $e^{-iaK}\psi(x) = \psi(x - a)$이니 시스템이 갖는 대칭성의 결과는 다음과 같이 정리할 수 있다.

$$\psi(x + a) = e^{iaK}\psi(x) \tag{18.6}$$

여기서 시스템에 $x \to x + a$에 대한 대칭성이 있다 하여 파동함수가 불변일 필요는 없다는 것에 유의하라. 일반적으로 양자역학의 파동함수는 기저상태 이외엔 시스템의 대칭성을 존중하지 않는다. 다시 말해 기저상태에서는 $K = 0$이다. 위 식의 양변에 $e^{-i(x+a)K}$를 곱하고 그 우변을 $u(x)$라 두면 위의 식은 $u(x)$가 주기함수임을 말하고 있다. 이를 **블로흐(F. Bloch)의 정리**라 한다. 즉 주기가 a인 주기퍼텐셜하에서 운동하는 입자의 파동함수를 $\psi(x)$라 하면 $u(x) = \psi(x)e^{-ixK}$는 주기함수이다.

한편, 계의 a-병진 대칭성을 위해선 사이즈가 무한이어야 하나 유한한 물질이 이를 만족할 수는 없다. 따라서 계의 사이즈를 L이라 할 때 다음과 같은 주기적 경계조건을 부여한다.

$$\psi(x + L) = \psi(x) \tag{18.7}$$

$L = Na$라 하면 대칭성으로부터 $\psi(x + L) = \psi(x)e^{iaNK}$ 이므로 어떤 정수 m에 대하여 $e^{iaNK} = 1$ 즉 $K = 2m\pi/(aN)$가 성립해야 한다.

이제 $0 < x < a$에서의 파동함수를 $\psi_R(x)$라 할 때 $-a < x < 0$에서의 파동함수 $\psi_L(x)$는

식 (18.8) 을 사용하면 $\psi_R(x)$ 로 표시할 수 있다. 즉,

$$\psi_L(x) = e^{-iaK}\psi_R(x+a) \tag{18.8}$$

한편 $x = 0$ 에서 파동함수의 조건과 파동함수의 도함수의 조건이 있어야 하는데 전자는 단순히 연속조건 $\psi_L(0) = \psi_R(0)$ 이고 후자는 슈뢰딩거 방정식을 $x = 0$ 전후의 작은 구간 $[-\varepsilon, \varepsilon]$ 에서 적분하여

$$-\frac{\hbar^2}{2m}(\psi'(\varepsilon) - \psi(-\varepsilon)) + V(0)\psi(0) = 0$$

이제 $0 < x < a$ 에서 퍼텐셜은 0 이므로 파동함수는 $\psi_R = A\sin kx + B\cos kx$ 이니 경계 조건들은 다음과 같이 쓰인다.

$$\begin{aligned} B &= e^{-iKa}[B + A\sin ka + B\cos ka], \\ 0 &= -\frac{\hbar^2}{2m}\left[kA - e^{-iaK}k(A\cos ka - B\sin ka)\right] + \alpha B \end{aligned} \tag{18.9}$$

두 식에서 A, B 를 소거하고 정리하면

$$\cos Ka = \cos ka + \frac{ma\alpha}{\hbar^2}\frac{\sin ka}{ka} \tag{18.10}$$

$x = ka$ 의 함수로 우변을 $f(x)$ 로 놓고 그림으로 그려서, 주어진 K 에 대해 $cosKa = f(ka)$ 가 되는 k 값을 찾으면 에너지값은 $E = \frac{\hbar^2 k^2}{2m}$ 으로 주어지는데 이 문제에선 주어진 K 값에 대해 무한히 많은 해 $E_n(K)$ 를 갖게 된다. K 는 격자에서의 전자 모멘텀으로 해석되고, E 는 K 의 함수가 되니 이 관계 $E_n(K)$ 를 밴드 구조라 한다. 다음 소절에서 이에 대한 자세한 이해를 해 보자.

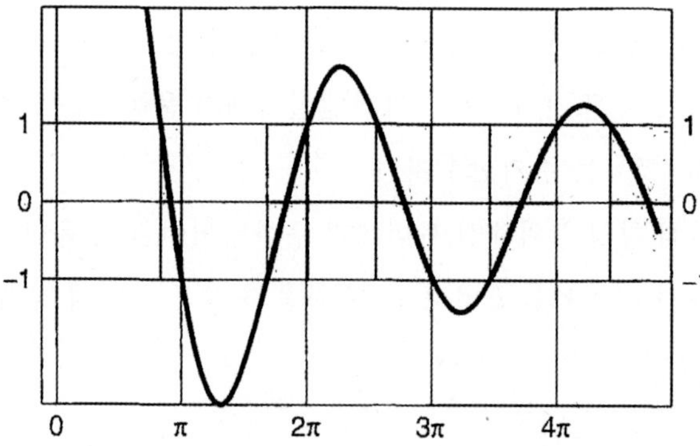

그림 18.2: 주기 함수로 주어진 포텐셜 내에 있는 전자의 스펙트럼

문제 18.1 이 문제에서 무한 개의 밴드구조 ($n = 1, 2, \cdots$)가 있는 것은 무엇 때문인가?

답) 주기적인 퍼텐셜은 무한 개의 퍼텐셜을 가지고 있는 계에 해당하기 때문이다.

18.3.3 전자파동의 회절과 에너지띠의 이해

블록(Bloch)은 에너지띠는 결정 내의 전자가 느끼는 퍼텐셜의 주기성 때문이라고 이해했다. 이에 대한 물리적 설명은 다음과 같다. 전자는 이온들이 제공하는 주기적 퍼텐셜 안에서 움직이는 파동으로 생각할 수 있고 따라서 회절이론에 의하면 전자의 모멘텀은 어떤 영역에선 제한되며 이 영역이 바로 금지된 에너지밴드를 생성한다는 것이다. 이 아이디어를 구체적으로 살펴보자. 파장 λ를 가진 파가 격자의 한 평면과 θ의 각도를 이루며 입사하여 반사할 조건은 인접한 평면에서 반사한 파들의 경로차가 파장의 정수배를 이루는 것이다. 즉, 평면간의 간격을 a라 하면

$$2a \sin\theta = \pm n\lambda \tag{18.11}$$

를 이루는 것이다. 이것은 잘 알려진 브라그의 조건이다. $k = 2\pi/\lambda$를 파수라 하고 $\mathbf{k}$를 파의 진행 방향의 길이가 k인 벡터, $\mathbf{a}$를 면에 수직인 방향의 길이가 a인 벡터라 하면 위의 조건은

$$\mathbf{k} \cdot \mathbf{a} = n\pi \tag{18.12}$$

로 쓰인다. 이 조건을 만족시키지 않는 모든 파는 그대로 직진하나, 이 조건을 만족할 때는 반사파가 존재하므로 상태는 진행파일 수 없다. 이 때 평면에 수직방향으로는, 진행파와 반사파가 중첩하여 정상파를 이룬다. 이제 평면에 수직한 방향만을 생각하여 이를 x방향이라 하고 $k = \pi/a$라 둔다. 자유진행파의 경우 파동함수는 $\psi_f = e^{ikx}$이며 전자는 공간의 모든 곳에 균일하게 분포한다. 그러나 정상파의 파동함수는

$$\psi_+ = \cos \pi x/a, \qquad \text{혹은} \qquad \psi_- = \sin \pi x/a \tag{18.13}$$

이 되어 확률분포는 불균일하다. ψ_+는 이온들 주위에 몰려 있는 전자분포를 기술하며 ψ_-의 전자분포는 이온과 이온 사이에 몰려 있음에 주목하라. 그림 18.3(a)을 보라.

두 파동은 같은 운동에너지 $\frac{\hbar^2 k^2}{2m}$를 가지나 전자-이온 간의 쿨롱인력으로 인한 퍼텐셜 에너지는 다르다. ψ_+의 경우 이온들 위에 전자의 파동함수가 집중되어 전자는 이온의 양전하를 많이 느끼며 이로 인해 퍼텐셜 에너지가 균일한 전자분포에 비해 낮아진다. 이에 반해

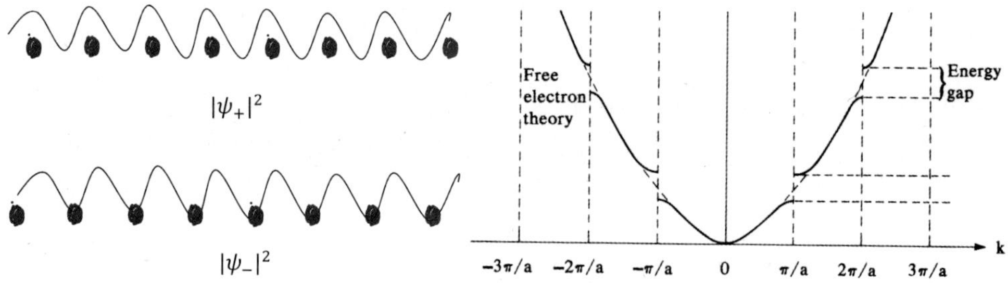

(a) 반사파의 존재에 의한 두 가지정상파　　　(b) 에너지밴드의 형성

그림 18.3: (a) 주기함수 퍼텐셜이 주는 반사파와의 합성에 의한 정상파는 두 가지가 있다. ψ_+ 는 보강간섭에 의한 정상파. ψ_- 는 상쇄간섭에 의한 정상파. 반사파가 생기는 특별한 모멘텀에서는 이온과 전자 사이의 인력의 다소에 따른 에너지 차가 발생한다.
(b) 정상파의 에너지 차로부터 오는 밴드갭의 생성

ψ_- 의 경우는 전자 분포는 이온과 이온 사이에 집중되어 있으므로 전자의 음전하는 이온의 양전하를 별로 느끼지 못하여 퍼텐셜 에너지가 균일분포에 비해 높다. 이러한 이유로 에너지는 $k = \pi/a$ 일 때 두 가지 값을 가지며 이는 자유입자에 비해 낮거나 높다. 이 둘 사이의 에너지값이 허용되지 않는 에너지 띠의 간격이 된다. 그림 18.3(b)를 보라.[1]

브릴루앙 영역

결정 격자가 직사각형 (a_x, a_y) 으로 만들어졌을 때 $|k_x| < \pi/a_x$ 와 $|k_y| < \pi/a_y$ 에 의해 정의되는 모멘텀 공간의 영역을 브릴루앙 영역이라 한다. 일반적으로는 역격자 공간에서 주어진 격자점에 가장 가까운 점들의 집합이다. 위에서 본 것처럼 일반적으로 브릴루앙 영역의 경계에서 에너지는 불연속적이며 작은값은 에너지띠의 끝값이 되고 큰 값은 다음 에너지 띠의 시작값이 되어 그 차이는 에너지 띠간격이 된다.

[1] 이 모든 논의에 있어서 한 전자의 파동함수가 여러 전자의 평균적 분포를 기술할 수 있다는 가정을 하고 있으며 전자들간의 상호작용은 무시하고 있음을 주목하기 바란다. 물질에 따라 이 가정들은 항상 성립하는 것은 아니며 이 경우의 계산은 아직 잘 개척되지 않은 분야이다.

18.3.4 반도체

반도체와 도핑

반도체의 원자 일부를 불순물로 대체함으로써 원자가띠와 전도띠 사이에 징검다리 띠를 설정할 수 있는데 이로써 물질의 전도도를 조정할 수 있다. 이렇게 결정 일부를 불순물로 대체하는 작업을 도핑(doping)이라 한다. 전자구조가 $3s^2 3p^2$ 인 실리콘(Si)반도체에 전자를 잃기 쉬운 비소(As: $4s^2 4p^3$)를 도핑하면 전도띠 바로 밑에 불순물 에너지 띠를 형성한다. 이 띠의 존재로 말미암아 여기에 있던 전자가 바로 위에 있는 전도띠로 쉽게 이동할 수 있기 때문에 반도체의 전도도가 높아진다. 이런 반도체를 n형 반도체라 한다. 반대로 실리콘에 전자를 얻기쉬운 갈륨(Ga: $4s^2 4p^1$)을 도핑하면 원자가띠의 바로 위 부분에 불순물띠를 만들며 원자가띠에 있던 전자가 불순물 띠로 이동하면서 원자가띠에 생긴 정공들이 움직여 전도도가 향상되는 p형 반도체가 된다. 도핑은 조금만 해도 반도체의 전도성을 현격하게 변화시킨다. 예를 들어 겔마늄에 10억분의 1만큼의 불순물을 도핑해도 전도도가 1000배 향상된다.

반도체 소자

다이오드: 반도체 소자는 p형과 n형 반도체를 접합시킴으로써 작동한다. 이 다이오드 접합은 순방향과 역방향이 정의되어 전류가 흐르는 전장의 방향과 흐르지 않는 방향이 생겨 정류기나 스위치 등의 역할을 수행할 수 있다. 다이오드에서의 I-V특성곡선은

$$I = I_0(e^{qV/k_BT} - 1) \tag{18.14}$$

로 주어져 역방향에 대해선 작은 값인 $-I_0$ 에 수렴하고 순방향에 대해선 임의로 큰값을 가질 수 있어 다이오드의 특성을 잘 나타내고 있다.

LED와 태양전지: LED는 발광다이오드를 뜻한다. 반도체의 갭이 가시광선의 에너지에 해당할 경우 n형 반도체 에서 나온 전자는 p형 반도체의 정공과 합류하여 빛을 낸다는 간단한 원리다. 전류를 흘려 빛을 내는 과정을 역으로 하면 빛을 받아 전도대로 뛰어오른 전자와 원자가띠에 생긴 정공을 쌍창생시켜 전류를 흐르게 할 수 있는데 이것이 태양전지의 원리이다.

트랜지스터: 존 바덴, 월터 브라테인, 윌리엄 쇼클리 세 사람에 의해 발명된 이 소자는 반도체 산업의 진정한 시작을 가져왔다. $p-n-p$혹은 $n-p-n$ 형의 삼중 접합의 트랜지스터는 증폭기로서의 역할을 할 수 있다. 이 둘의 작동원리는 같으므로 증폭의 원리를 $p-n-p$에

대해서만 설명하면 다음과 같다. 왼쪽 p형은 도핑을 많이 하고 pn에는 약한 순방향전압을 걸어 입력단자(E)에 연결하고 오른쪽 p형은 도핑을 적게 하고 오른쪽 np에 큰 역방향 전압을 걸어 출력단자(C)에 연결한다. 그러면 가운데 있는 n형 반도체는 매우 얇아서 입력단자에서 출발한 정공은 전자-정공 페어 쌍소멸 없이 대부분 오른쪽 출력단자로 전달되며 np 사이에 걸린 큰 역전압은 전달된 정공들을 가속시켜 출력단자에 도달시킨다. 증폭이 생기는 것은 출력단자에 걸린 역전압이 입력단자에 걸린 순전압보다 크기 때문이며 출력단자 p형 반도체의 도핑을 적게 한 것은 저항을 키워 이 역전압이 클 수 있도록 허용하기 위해서이다.

18.4 레이저

2개의 에너지 레벨이 있는 원자를 생각하고 이들이 많이 모여 있다고 하자. 먼저 낮은 에너지 준위 E_1에 외부에서 두 준위의 에너지 차에 해당하는 빛으로 E_2로 올린다. 이를 펌핑이라 한다. 편의상 E_2는 안정적이라고 가정하자. 이제 빛과 원자들이 평형을 이루고 있는 상태를 생각하자. 그러면 $E_{1,2}$에 있는 원자의 개수를 각각 $N_{1,2}$이라 하자. 그러면 단위시간에 준위 1에서 2로 가는 개수는 1에 있는 원자의 개수와 적당한 진동수를 가진 빛의 에너지 밀도에 비례할 것이며, 역으로 단위시간에 준위 2에서 1로 가는 개수는 N_2와 빛의 에너지 밀도의 곱에 비례하는, 자극을 받아 내려가는 원자의 개수와 N_2에 비례하는 저절로 내려가는 것들의 합이다. 따라서

$$N_2/N_1 = e^{-(E_2-E_1)/k_BT} = e^{-h\nu/k_BT} \tag{18.15}$$

$$\frac{dN_2}{dt} = N_1 u(\nu,T)B_{12}, \tag{18.16}$$

$$\frac{dN_1}{dt} = N_2 u(\nu,T)B_{21} + N_2 A_{21} \tag{18.17}$$

평형에서는 내려가는 것들과 올라가는 것들의 개수가 같으므로

$$N_1 u(\nu,T)B_{12} = \frac{dN_1}{dt} = N_2 u(\nu,T)B_{21} + N_2 A_{21} \tag{18.18}$$

식 (18.15)과 식 (18.18)에서

$$u(\nu,T) = \frac{A_{21}}{B_{12}e^{h\nu/k_BT} - B_{21}} \tag{18.19}$$

흑체복사의 결과에서

$$u(\nu,T) = \frac{8\pi h\nu^3/c^3}{e^{h\nu/k_BT} - 1} \tag{18.20}$$

임을 알고 있으니 두 결과를 비교하여

$$B_{12} = B_{21} \tag{18.21}$$

즉 각각의 진동수에서 빛에 의해 올라가는 개수와 내려가는 개수는 같다는 결과를 얻는다. 이 결과는 또한 단위원자당 빛에 의해 내려가는 확률과 올라가는 확률은 같으므로 빛이 준위를 내릴지 올릴지는 어느 준위에 있는 원자가 더 많으냐로 결정된다. 따라서 높은 준위에 있는 원자의 개수가 많으면 빛에 의한 증폭이 가능하다는 이야기가 된다. 보통은 낮은 에너지에 있는 개수가 많겠으나 이를 바꾸어 놓을 수 있다면 즉 미리 원자를 높은 에너지에 가져다 놓는다면 증폭이 가능하다는 말이 된다. 이를 레이저 펌핑이라 한다. 실제로는 펌핑된 원자를 두 장의 거울 사이에 가두면, 오가는 빛이 원자를 자극하면서 증폭이 일어난다.

$$\frac{A_{21}}{B_{21}}\frac{8\pi h\nu^3}{c^3} \tag{18.22}$$

로부터 높은 진동수에서는 자발적으로 내려가는 것이 자극을 받아 내려가는 것보다 훨씬 크다는 결과도 알 수 있다.

제19장

초전도체

상온에서는 가장 좋은 도체라 할지라도 일정 크기의 저항을 갖는다. 그러나 충분히 낮은 온도에서는 저항이 *0*이 되는 현상이 나타나는데 이를 **초전도 현상**이라 한다. 이 현상은 *1911*년 네덜란드의 물리학자 캐머린 오네스에 의해 발견되었다. 그는 수은의 저항이 온도가 감소함에 따라 꾸준히 감소하다가 절대온도 $T_c = 4.15K$ 에서 갑자기 *0*이 되는 것을 발견했다. 일단 전류가 흐르면 시간이 얼마가 지나더라도 전류가 유지되는 것으로 보아 초전도 현상은 저항이 매우 작은 것이 아니라 절대적으로 *0*인 현상이다.

19.1 마이스너 효과와 런던 방정식

1931년 독일의 물리학자 발터 마이스너와 오센펠트는 초전도체에서 전기저항뿐만 아니라 내부의 자기장도 완전히 없어지는 것을 발견했는데 오늘날 우리는 이를 마이스너 효과라 한다. 즉 자기장은 초전도체 내에 침투할수 없으며 초전도체는 완전 반자성체라는 것이다. 마이스너 효과에 대한 가장 간단한 설명이 1935년 런던에 의해 주어졌는데 그는 벡터 초전도체 내의 전류 $\mathbf{J_s}$가 벡터 퍼텐셜 $\mathbf{A}$에 비례하면

$$\mathbf{J_s} = -\frac{n_s e^2}{m}\mathbf{A} \tag{19.1}$$

맥스웰 방정식으로부터 자장이 지수적으로 감소해야 한다는 사실을 발견했다. 이는 광자의 질량이 초전도체 내에서는 0이 아니라는 것을 말해주기도 한다.

예제 19.1

1. 암페엘-맥스웰의 방정식과 런던방정식을 결합하여 다음 방정식이 성립함을 보여라.

$$(\frac{1}{c^2}\partial_t^2 - \nabla^2)\mathbf{B} + \frac{\mu_0 n_s e^2}{m}\mathbf{B} = 0 \tag{19.2}$$

2. 이 방정식이 시간에 무관한 해 $e^{-r/\lambda}/r$를 가지도록 λ 을 결정하라. λ는 초전도체 내에서 자장의 침투거리로 해석된다. 또 $m_\gamma = \hbar/\lambda c$라 하면 식 19.2는 m_γ가 초전도체 내에서 광자의 질량임을 말해 주고 있다. 즉

$$m_\gamma^2 = \frac{\mu_0 n_s e^2 \hbar^2}{mc^2} \tag{19.3}$$

이는 초전도체 내에서 전자기장이 지수적으로 감소해야 함을 말하니 다름 아닌 마이스너 효과이다.

답) 1. $\nabla \times \mathbf{B} - \partial_t \mathbf{E} = \mathbf{J}_s = -\frac{n_s e^2}{m}\mathbf{A}$에 방정식의 양변에 컬을 취하고 $\mathbf{B} = \nabla \times \mathbf{A}$을 쓰면 원하는 결과를 얻는다.

2. $k^2 = (m_\gamma c/\hbar)^2 = \frac{\mu_0 n_s e^2}{m}$.

19.2 아벨리안 힉스모델과 대칭성의 자발적 깨짐

한편 런던 방정식은 위의 복소수 장의 모델을 게이지장과 결합한 소위 아벨리안 힉스 모델로부터 유도될 수 있는데 이 모델의 라그랑지안은 아래와 같이 주어진다. 이제 이 모델의 복소수 장 Φ를 광자장 A_μ와 결합하자. 이 광자장을 게이지장이라고도 한다. 가장 간단한 현상론적 모델은 다음과 같이 주어지는 아벨리안 힉스모델이다.

$$\mathcal{L} = -\frac{1}{4}F^{\mu\nu}F_{\mu\nu} + |(i\partial_\mu - qA_\mu)\Phi|^2 - g(|\Phi|^2 - v^2)^2, \tag{19.4}$$

$$F_{\mu\nu} = \partial_\mu A_\nu - \partial_\nu A_\mu. \tag{19.5}$$

이 모델은 게이지 변환

$$\Phi \to \Phi e^{-iq\Lambda}, \quad A_\mu \to A_\mu + \partial_\mu \Lambda \tag{19.6}$$

에 대해 불변이다. 이 모델의 운동방정식

$$\partial_\mu \frac{\delta \mathcal{L}}{\delta(\partial_\mu A_\nu)} - \frac{\delta \mathcal{L}}{\delta A_\nu} = 0$$

을 구체적으로 쓰면

$$\partial_\nu F^{\mu\nu} = J^\mu, \tag{19.7}$$

$$J_\mu = \frac{\delta \mathcal{L}}{\delta(\partial^\mu \Phi)} \cdot \delta\Phi + c.c = -\frac{\delta \mathcal{L}}{\delta A^\mu} \tag{19.8}$$

$$= iq(\Phi^* \partial_\mu \Phi - \Phi \partial_\mu \Phi^*) - 2q^2 A_\mu \Phi^* \Phi, \tag{19.9}$$

이 얻어지는데 $\Phi = v, q = 2e$ 라 놓으면 흐름 $J_\mu = -2qv^2(\partial_\mu \theta + qA_\mu)$의 첫 항을 무시하면 런던방정식이 된다.[1] 런던방정식의 상수와 비교하여

$$8e^2v^2 = \frac{n_s e^2}{m}$$

을 얻는데 이로부터 v의 값을 정할 수 있다.

마이스너 효과는 모든 초전도체에서 완벽히 성립하지는 않기 때문에 이 성질이 실제로 성립하는 물질을 제 I형 초전도체라 한다. 즉 임계자장 B_c 이하에선 자장을 불허하고 그 이상에선 초전도현상이 사라지는 물질이다. 그러나 많은 물질에서, 2개의 임계자장 B_{c1}, B_{c2}이 있어 B_{c1} 이하에선 자장을 불허하고 B_{c2} 이상에선 초전도현상이 사라지며 두 임계값 사이에선 기본 자기다발 $\Phi_0 = h/2e$의 정수배에 해당하는 자기다발은 허용되는 현상을 보이는데 이들을 제 2형 초전도체라 한다.

19.2.1 대칭성의 자발적 깨짐 *

물질안에서 스핀들이 한 방향으로 정열을 하면 자석이된다. 스핀들이 어느방향으로 정렬을 해도 에너지가 같지만 자석은 어느 한 방향을 가르키지 모든 방향을 가르킬 수는 없다. 이와 같이 자연이 여러 개의 가능한 기저상태 중 하나를 취하는 것을 대칭성의 자발적 깨짐 (SSB)이라 한다. 스핀계에 대칭성이 깨지면 자화가 생기고 이의 크기는 스핀이 얼마나 잘 정열되었는지를 알리는 질서의 척도, 즉 질서변수가 된다. 다시 이야기하면 SSB란 해밀토

---

[1] 첫 항을 무시할 수 있는 이유는 Φ 위상이 하나의 값으로 정해져 $\nabla\theta = 0$가 성립하기 때문인데 이를 쿠퍼쌍의 응축이라 한다. 보다 근원적인 이유는 페르미온 스펙트럼에 갭이 생성되어 이보다 큰 자극이 없으면 여기(excite) 될 수 없기 때문이다. 쿠퍼쌍의 응축도 결국은 페르미온 동역학의 일부이다.

니안이나 라그랑지안은 대칭성 변환에 대해 불변이지만 선택된 기저상태는 불변이 아닌 경우를 말한다. 이 대칭성의 깨짐은 어떤 외부 자극이나 상호작용의 개입없이 일어나므로 자발적이다. 즉, **대칭성의 자발적 깨짐**이 일어 난다. 스핀들이 제각기 각자가 좋은 방향을 취하는 상태(상자성)는 질서가 없는 상태이다. 대칭성이 깨져야 질서가 생긴다는 것이 란다우의 대칭성과 질서변수의 관계이다.

이 개념을 복소수 장의 위상(phase)에 적용하자. 먼저 게이지장에 연결되지 않은 복소수 장 Φ에 대하여 다음 라그랑지안을 생각하자.

$$\mathcal{L} = |\partial_\mu \Phi|^2 - g(|\Phi|^2 - v^2)^2 \tag{19.10}$$

이 라그랑지안은 $\Phi \to \Phi e^{i\alpha}$ 라는 $U(1)$ 대칭그룹의 작용에 대해 불변이다. $|\Phi|^2 - v^2 = 0$이 아니면 전공간에서 적분된 퍼텐셜에너지가 발산하므로 기저상태에선 $\Phi = ve^{i\theta}$ 이어야 한다. 기저상태의 θ값은 원주상 어느 점이어도 좋으나 이러한 가능성 중에 특별히 $\Phi = v$ 즉 $\theta = 0$를 선택하면 위상을 이동시키는 변환 $\theta \to \theta + \alpha$이 더 이상은 허용되지 않으므로 기저상태의 선택은 대칭성을 깬다. 이 경우 선택된 기저상태 $\Phi = v$ 근방에서 장의 행동을 살펴보기 위해 $\Phi = (v + \rho)e^{i\theta}$ 라 하면

$$\mathcal{L} = |\partial_\mu \rho|^2 + (v + \rho)^2(\partial_\mu \theta)^2 - g\rho^2(\rho + 2v)^2 \tag{19.11}$$

따라서 진폭의 변화 ρ는 질량항 ρ^2을 갖는 진동이며 위상방향의 변화 θ는 질량항 θ^2이 없는 운동이다. 그림 19.1(a)를 보라. 이와 같이 연속적 대칭성이 자발적으로 깨지면 대칭성 방향으로의 질량간극이 없는 운동이 생기는데 이를 골드스토운 정리라 하고 이 운동의 양자를 골드스토운 보존이라 한다. 상대론적인 경우에는 깨어진 대칭성 방향마다 한 개의 골드스토운 보존이 생긴다는 것을 보일수 있다.

19.2.2 초전도체와 힉스기전**

아벨리안 힉스모델의 가장 중요한 특징은 $\langle\Phi\rangle$가 0이 아닌 경우 게이지 보존 (광자장)은 질량을 갖게 되는데 이는 $|\Phi| = v$일 때는 (19.4)에 포함된 $g|\Phi|^2 A_\mu^2$ 항이 게이지 보존 A_μ의 질량을 주기 때문이다. 이 질량항의 존재가 마이스너 효과를 설명해 준다. 이렇게 게이지 보존을 스칼라장과 결합함으로써 게이지 보존의 질량을 얻는 방법을 **힉스 기전**이라 한다. 처음 힉스기전은 '게이지 대칭성의 자발적 붕괴'라는 말로 기술되어 왔으나 근래에 이르러 게이지 대칭성은 붕괴될 수 없다는 엘리쩌(Elitzur)의 정리에 의해 잘못된 서술이라 이해되고

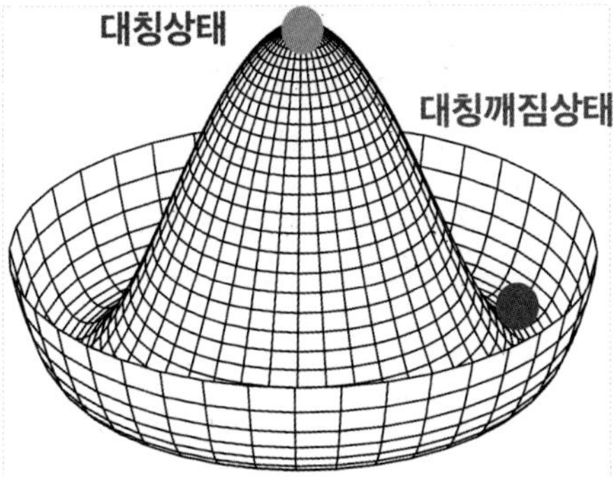

(a) 대칭성의 자발적 붕괴와 골드스토운 정리

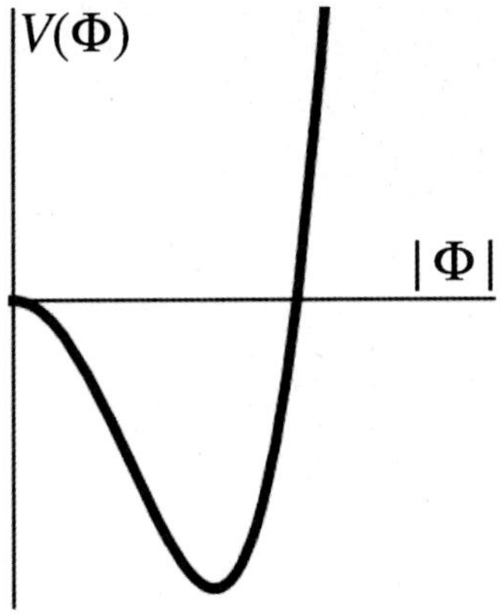

(b) 힉스기전과 자유도: 잘못된 해석

그림 19.1: (a) 가능한 기저상태가 그림과 같이 연속으로 있을 때 그 중 하나를 기저상태로 선택하면 대칭성 방향으로 운동하는 질량이 없는 골드스토운 보존이 생성된다.
(b) 복소수장이 게이지장과 결합하면 위상자유도는 게이지변환이 되어 기저상태가 유일하게 된다는 해석을 할 경우의 자유도 $|\Phi|$와 퍼텐셜.

있다.[2] 이를 위해 게이지 불변량들만 써서 힉스기전을 설명하는 다소 복잡한 방법들이 개발되기도 했으나[3] 필자의 생각엔 질서변수의 게이지 변환에 대한 개념을 바로잡으면 해결된다고 생각한다. 현재 학생들 뿐만 아니라 물리학자들 사이에도 혼란이 퍼져 있으므로 여기에 정리해 둔다. 아래 내용은 처음 읽는 독자는 건너뛰기를 권한다.

먼저 문제를 소개한다. 앞소절의 논의에 따르면 한 쌍의 장 (A_μ, Φ)은 게이지 변환 (19.6)에 의해 다음과 같은 게이지 궤적(gauge orbit)을 이루게 된다.

$$(A_\mu, \Phi) \simeq (A_\mu + \nabla_\mu \Lambda, e^{-iq\Lambda}\Phi) \tag{19.12}$$

게이지 변환으로 연결된 장들은 모두 같은 관측결과를 보여주므로 이들은 같은 상태를 기술하는 것으로 보아야 한다. 서로 다른 상태들이 어떤 변환에의해 연결되면 그 변환을 대칭성이라하는데 반해, 같은 것들을 연결한다면 연결된 것들은 애초에 중복되어 있었다는 이야기

---

[2]Elitzur, S. (1975). "Impossibility of spontaneously breaking local symmetries". Phys. Rev. D. 12 (12): 3978–3982.

[3]Fröhlich, J.; Morchio, G.; Strocchi, F. (1981). "Higgs phenomenon without symmetry breaking order parameter". Nuclear Physics B. 190 (3): 553–582.

이다. 즉 게이지 대칭성은 대칭성이 아니라 중복성(redundancy)이다. 만일 게이지 변환을 통상적으로 하듯이 (19.6)으로 정의하면 이 게이지 변환은 Λ가 상수인 경우도 포함하며 따라서 복소수장 $\Phi = ve^{i\theta}$의 위상 자유도 θ는 게이지 변환을 통해 없앨 수 있으므로 복소수장의 절대값만이 물리적인 양이 된다. 그렇다면 $|\Phi| = v$를 만족하는 원위의 모든 기저상태는 게이지 변환에 의해 서로 연결되며 게이지 변환에 의해 연결되는 상태들은 하나의 상태의 다른 표현에 불과하므로 모델 (19.10)와는 달리 물리적 기저상태의 집합은 한점으로 간주된다. 그림 19.1(b)를 보라. 기저상태가 유일하므로 선택할 수 없고 따라서 대칭성을 깰 수 없으며 대칭성 방향의 운동도 있을 수 없으니 골드스토운 보존도 존재하지 않는다.

위의 논의는 골드스토운 보존을 쉽게 없앨 수 있으나 더 큰 문제를 일으킨다. 위에서 정의된 게이지 변환은 비 초전도체상태에 대해서도 성립하며 페르미온의 위상(phase)를 완전히 물리적 상태공간에서 추방한다. 그러나 대칭성을 없애면 뇌터정리가 보장하는 보존전류도 없다. 초전도체가 아니라면 보존전류는 당연히 있어야 하며 보존전류의 존재는 게이지장론에 있어 가장 중요한 성질로서 양자화된 게이지 이론을 만드는 초석이 되므로 도저히 포기할 수 없는 개념이다. 상수 위상변환을 대칭성변환으로 보면 Φ의 기저상태들은 $|\Phi| = v$의 원을 이루고, 중복성으로 보면 기저집합은 하나의 점이 된다. 전자의 경우 마이스너 효과는 대칭성 붕괴의 결과이며 후자의 경우 마이스너 효과는 대칭성 붕괴로 기술하지 못한다.

이와 같이 게이지 변환의 정의 (19.12)는 많은 혼돈을 일으킨다. 이 문제를 명백히 하기 위해 먼저 모두가 동의할 만한 핵심적인 사실들을 적어 보기로 하자.

1. 우선, 보존전류 (19.9)는 글로벌 위상 변환 $\Phi \rightarrow e^{i\alpha}\Phi$에 대한 라그랑지안의 불변성 $\delta\mathcal{L} = 0$의 결과이며 국소적 게이지 변환과는 관계가 없다. 이 보존전류의 존재는 상수 위상변환이 게이지 변환의 일부가 아니라 대칭성이 되어야 함을 요구한다.

2. 둘째로 라그랑지안의 게이지 불변성을 논의함에 있어 필요한 것은 Φ의 위상변화가 A_μ의 게이지 변화에 의해 그 효과가 상쇄된다는 것인데 Φ의 상수적 위상변화는 A_μ의 게이지 변화로 연결되지 않기에 상쇄될 수도 없다. 왜냐하면 Λ가 상수일때 $\nabla_\mu\Lambda$는 0이고 따라서 A_μ는 불변이기 때문이다. 따라서 Φ의 상수 위상변환이 게이이지 변환에 포함될 수 있는지 심히 의문이다. 필자 생각엔 혼돈의 근본은 바로 여기에 있으며 상수 위상변환 $\Phi \rightarrow \Phi e^{-iq\Lambda/\hbar}$을 게이지 변환에서 제거함으로써 문제는 해결된다고 본다.

따라서 다음과 같이 정리한다.

게이지 변환의 정의: Φ의 게이지 변환은 퍼텐셜 A_μ의 게이지변환 $A_\mu + \nabla_\mu \Lambda$를 통해 그 효과가 상쇄될 수 있는 Φ의 위상 변화를 말한다. 이 정의에 따르면 상수 Λ에 의한 Φ의 위상 변환은 A_μ의 변환에 의해 상쇄될 수 없으므로 Φ의 게이지 변환이 아니다. 즉 Φ의 변환은 다음과 같다.

$$\Phi \to e^{-iq\Lambda(x)}\Phi(x), \quad \nabla_\mu \Lambda \neq 0. \tag{19.13}$$

(19.12)와 (19.13)사이의 차이를 주목하기 바란다. 이 미묘한 정의의 차로 인해 우리는 엘리쩌 정리와 충돌을 피하면서도 힉스기전을 대칭성 붕괴의 결과로 이해할 수 있다. 아래에 그 결과를 정리한다.

1. 상수에 의한 변환 $\Phi \to e^{i\theta}\Phi(x)$은 대칭성변환이며 게이지변환이 아니다. 즉 글로벌 $U(1)$은 게이지 변환이 아니다. 따라서 $\langle \Phi \rangle = v \neq 0$이면 기저상태들의 집합(vacuum manifold, 진공다양체)은 점이 아니다. 따라서 대칭성의 자발적 붕괴가 일어난다.

2. 마이스너 현상은 글로벌 대칭성 깨짐의 결과이다. 즉, 대칭성붕괴로 인해 $v \neq 0$가 되고 광자가 질량을 갖게 된다.

3. 힉스기전은 글로벌 대칭성 깨짐만을 포함하므로 엘리쩌의 정리를 위배하지 않는다.

4. 아벨리안 힉스모델에 골드스토운 보존이 없는 이유는 게이지 불변성 때문이다. 왜냐하면

   $$|(i\partial_\mu - qA_\mu)(ve^{i\theta})|^2 = v^2|qA_\mu + \nabla_\mu\theta|^2$$

   이므로 위상장 $\theta(x)$는 독립성을 잃고 벡터장의 일부로 역할하게 된다.[4] 게이지 보존이 골드스토운 보존을 먹고 질량을 얻는다는 우화적 기술은 기술적으로도 정확한 표현이다.

19.3 쿠퍼쌍

초전도현상은 1957년 바딘, 쿠퍼, 쉬리퍼 3인에 의해 그 기전이 이론적으로 밝혀질 때까지 45년 이상 수수께끼였다. BCS이론의 기본적인 아이디어는 페르미준위 근방의 가용

[4] 흔히 $qA_\mu \to qA_\mu - \nabla\theta$로 게이지 변환을 하면 골드스토운장이 완전히 사라진다고 하는데 이는 잘못이다. 게이장의 변환엔 위상장의 변환이 수반되므로 $qA_\mu - \nabla\theta$은 게이지 불변이며 게이지 변환으로 θ를 없앨 수는 없다.

전자들이 쌍을 이루어 보존이 되고 이 보존이 응축을 이루면 페르미면 근방의 준위들이 작은 갭을 열어 전자쌍의 집단적 행동을 지배한다는 그림이다. 문제는 음의 전하를 갖는 전자 2개가 어떤 인력을 통해 쌍을 만드는가 하는 문제이다.

그에 대한 힌트가 있었는데 가장 중요한 것이 **동위원소 효과**이다. 즉 물질의 질량이 높아질수록 임계온도가 낮아진다는 것이다. 원자의 질량은 격자의 진동 에너지와 $E = \hbar\sqrt{k/M}$으로 연결된다. 격자 진동에너지가 클수록 전자에 미치는 영향이 클 것이므로 동위원소 효과의 존재는 전자쌍의 형성에 격자의 진동이 산파역할을 한다는 것을 의미했다. 레온 쿠퍼는 격자들의 진동을 매개로 하는 이 인력이 아무리 작더라도 2개의 전자가 그들 사이의 쿨롱 반발력을 극복하고 하나로 묶일 수 있음을 수학적으로 보였다.

쿠퍼쌍 형성에 대한 물리적인 그림은 다음과 같이 기술할 수 있다. 격자를 이루는 이온 사이를 전자 하나가 지나가면 이온들은 전자에 의해 끌려 서로 가까워지게 되어 이들의 양전하가 전자 구름의 음전하보다 약간 큰 영역을 형성하게 되어 이 구역을 지나는 다른 전자를 끌어당기게 된다. 그림 19.2를 보라. 첫 번째의 전자와 두 번째의 전자가 이온들의 원위치로부터의 벗어남(포논)을 매개로 하여 전기적 척력을 극복하고 묶인 쌍이 될 수 있으며 이 효과가 아무리 작더라도 있기만 하면 페어쌍이 형성될 수 있다는 것이 쿠퍼의 중요한 업적이다. 물론 일정이상의 열적 요동은 이 쿠퍼쌍을 깨어 금속으로 되돌린다.

2개의 전자에만 집중하면 두 전자의 총 모멘텀이 무엇이건 쌍은 항상 만들어진다. 만들어진 전자쌍들이 보제 응축을 이루기를 원한다면 만들어진 모든 전자쌍이 같은 모멘텀에 있기를 원할 것이다. 어떤 모멘텀 $\mathbf{q}$에 대해 가장 많은 전자쌍이 만들어질 수 있을까? 두 전자의 모멘텀을 $\mathbf{k}_1, \mathbf{k}_2$ 라 하고

$$\mathbf{k}_1 + \mathbf{k}_2 = \mathbf{q} \tag{19.14}$$

가 되는 쌍을 찾으면 되는데 그 해는 모멘텀공간에서 벡터 $\mathbf{q}$을 수직 이등분하는 평면에 속하는 모멘텀이다. 한편 우리는 파울리 원리 때문에 페르미 면 위에 있는 전자들만 상호작용에 참여할 수 있다는 것을 알고 있다. 자유입자라면 페르미 면은 구면이고 두 전자쌍은 구면과 위에서 구한 평면과의 교집합인 원주위의 두 대척점에 있는 모멘텀을 가져야 함을 알 수 있다.

만일 $\mathbf{q} = \mathbf{0}$ 이라면 구면 전체에 있는 대척점 쌍이 답이 되어 $\mathbf{q} \neq 0$ 인 경우와는 비교할 수 없이 많은 모멘텀 쌍을 해로 준다. 따라서 우리가 원하는 답은 $\mathbf{q} = \mathbf{0}$ 이며 전자쌍의 모멘은 페르미 면 위의 대척점 $\mathbf{k}, -\mathbf{k}$ 이다. 전자쌍의 스핀은 $1/2, -1/2$ 으로서 보존을 이룬다. 이와 같이 쿠퍼쌍을 이루는 전자쌍은 스핀의 합이 0이며 모멘텀의 합도 0이다. 이것이 BCS이론의

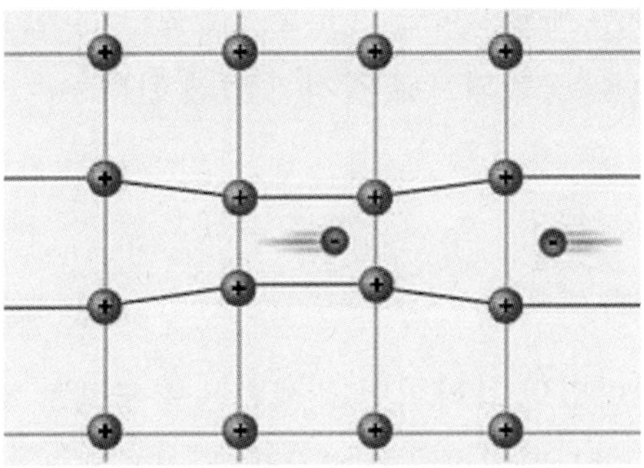

(a) 쿠퍼쌍의 형성기전

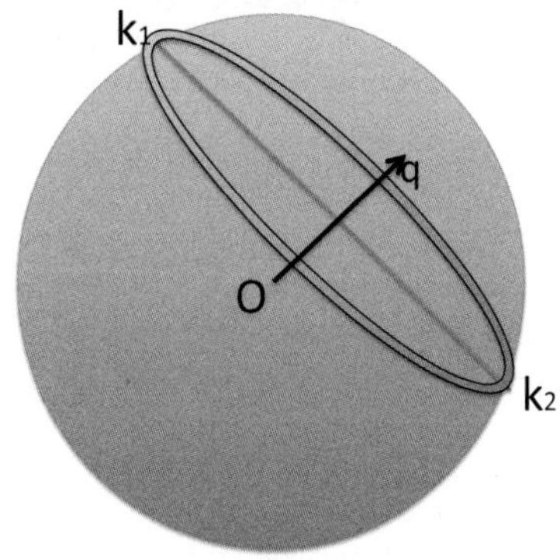

(b) 쿠퍼쌍의 총 모멘텀이 0인 이유

그림 19.2: (a) 이온들이 지나가는 전자에 의해 끌려 서로 가까워 지게 되면 이들이 넷 양전하를 만들어 이 구역을 지나는 다른 전자를 끌어 당기게 된다. 이로써 격자변형을 매개로 하는 전자-전자 간의 인력이 형성된다.
(b) 총 모멘텀 $\mathbf{q}$의 쿠퍼쌍들이 보제 응축을 하기 위한 조건은 $\mathbf{q}$를 수직이등분하는 평면이 페르미 면(구)과 만나는 원의 대척점에 두 전자의 모멘텀이 존재하는 것이다. $\mathbf{q} = \mathbf{0}$이면 쿠퍼쌍들에게 허용되는 상태공간이 1차원인 원에서 2차원인 구면으로 확장된다.

전자쌍의 특징이다.[5]

우리는 전자의 보제-아인슈타인 응축을 가지고 위의 그림을 그렸으나 조심할 점도 있다. 쿠퍼쌍의 전자는 거리로는 서로 $1\mu m$, 즉 원자 크기의 만 배나 떨어져 있을 수 있어서 얼마든지 많은 전자쌍들이 공간적으로는 얼마든지 서로 겹쳐질 수 있다. 서로 겹치는 전자쌍들이 상호작용을 하지 않고 서로간의 결합을 지켜낼 수 있다는 것은 우리의 직관으로는 이해하기 쉽지 않은 일이다. 또, 한 쌍의 전자를 묶는 구속에너지는 1meV에 불과한데 이는 온도로 $10K$에 해당한다. 이 사실은 왜 초전도체가 매우 낮은 온도에서나 볼 수 있는 현상인가를 설명해 준다. 여기서 설명은 하지 않겠으나 BCS이론에 의하면 절대온도 0도에서의 에너지갭과 임계온도 사이의 관계는

$$E_{g(0)} = 3.53 k_B T_c \tag{19.15}$$

로 주어진다.

[5]혹자는 운동에너지의 최소화를 위해 $\mathbf{q} = 0$가 필요하다고 하나 이는 옳지않다. 쿠퍼쌍의 운동에너지는 $\frac{\hbar^2 \mathbf{k}_1^2}{2m} + \frac{\hbar^2 \mathbf{k}_2^2}{2m}$이다.

갭의 존재는 바닥 상태에 있는 전자들이 갭을 초과하는 에너지를 가하지 않으면 여기되지 않는 다는 것을 의미하며 거시적 개수의 전자가 함께 행동하는 이유를 제공한다. 일반적으로 갭이 있는 계는 일정한 에너지이하의 모든 행동이 금지되므로 질서가 있게 된다.

19.4 조셉슨 접합

1962년, 당시 케임브리지 대학의 대학원생이었던 브라이언 조셉슨은 부도체로 갈라져 있는 두 초전도체 사이에서 쿠퍼쌍의 터널링이 가능할것이라고 제시했다. 부도체로 된 간격의 크기가 2nm 이하라면 이러한 터널링이 가능함이 실험적으로 보여졌고 조셉슨은 1975년 노벨상을 수상했다.

직류 조셉슨 효과: 양쪽 초전도체 파동함수의 위상의 차이를 ϕ라 하면

$$I = I_0 \sin\phi \tag{19.16}$$

그림 19.3(a)를 보라.

교류 조셉슨 효과: V를 조셉슨 접합 양단간의 전압차라 하면

$$\nu = \frac{d\phi}{dt} = \frac{2e}{h}V = 483.5979V(\mathrm{TeraHz/volt}) \tag{19.17}$$

ν를 정확히 잴 수가 있으므로 이 현상은 정확한 전압을 재는데 유용하다. 실제로 오늘날 1 volt는 이 공식으로 정의된다.

SQUID: 초전도 양자 간섭기(superconducting quantum interference device)의 약칭으로 정밀한 자장의 측정에 많이 사용되는 도구를 말한다. 조셉슨 접합을 포함하는 초전도 반지를 생각하자. 이 반지를 통과하는 자기다발이 변하면 이 반지에 흐르는 최대전류가 주기적으로 변화한다. 이 주기는 쿠퍼쌍들의 파동함수와 관련된 간섭효과로 해석되는데 이를 사용하면 $10^{-21}T$의 작은 자장도 관측될 수 있기 때문에 생물체의 뇌에 흐르는 전류에 의해 만들어지는 자장과 같이 작은 자장을 관측해 내는데 사용될 수 있다. 그림 19.3(b)를 보라.

19.5 고온 초전도체

1911년 오네스가 초전도 현상을 발견한 이후 오랜 세월 많은 노력에도 불구하고 27K 이상에서 초전도 현상을 보이는 물질은 찾기 어려웠다. 그런데 1986년 스위스의 알렉스 뮐

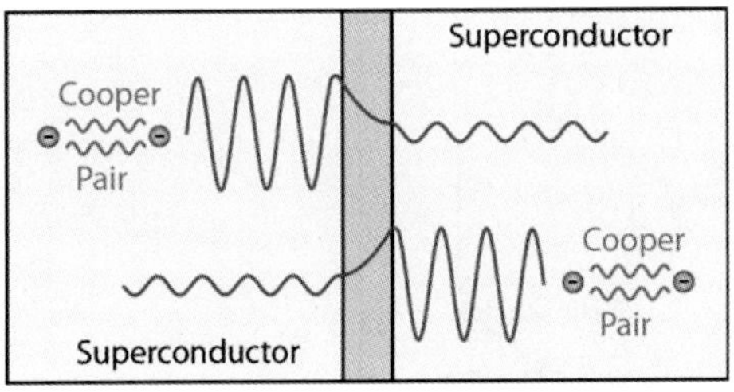

(a) 조셉슨 접합

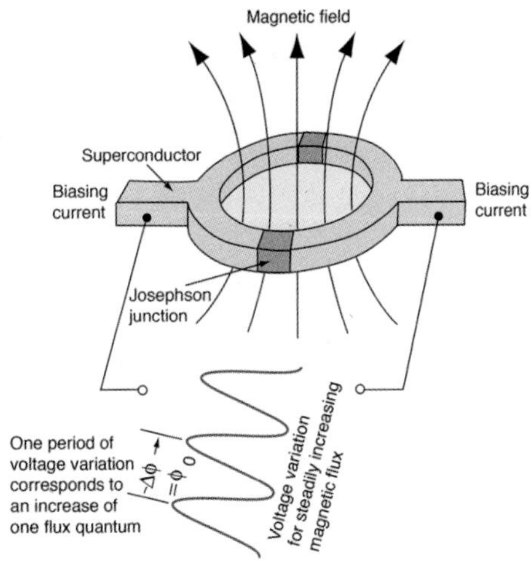

(b) 스퀴드

그림 19.3: (a) 조셉슨 접합의 구조와 원리 (b)조셉슨 접합을 이용한 정밀 전압측정장치: 전압을 $\Phi_0 = \frac{h}{2e}$의 배수로 정밀측정이 가능하다.

러와 게오르그 베드노즈에 의해 LaBaCuO 화합물에서 임계온도가 30K 나 되는 초전도체를 발견하였다. 물리학자들은 곧바로 이 일을 확장하여 BaCaHgCuO 화합물에서 임계온도가 134K 나 되는 초전도체를 발견하였으며 압력을 가하면 임계온도가 더 올라간다는 사실도 발견했다. 상온에 비해서는 아직도 매우 낮은온도이나 액체질소의 승화점인 77K보다도 높은 임계온도를 갖는다는 사실은 막대한 경제적 효과를 의미하는 것이었다. 액화헬륨은 금값이고 액체질소의 가격은 우윳값보다 싸기 때문이다. 그림 19.4은 초전도체의 임계온도가 고온초전도체의 발견과 함께 수직상승했음을 보여주고 있다.

30년 이상의 시간 동안 많은 물리학자의 노력에도 불구하고 이 고온초전도체가 어떻게 작동하는지에 대한 기전은 아직도 알려지지 않았다. 다만, 보통의 초전도체와는 확연히 다른 기전이 필요하다는 사실은 알려져 있다. 가장 큰 문제는 고온의 상태에서 전자의 성질이 입자성을 상실할 만큼의 높은 상호작용효과를 포함한다는 것이다. 이것이 소위 "이상한 금속" 상태인데, 입자가 없다면 초전도체의 기전을 이해하기 전에 쿠퍼쌍이란 개념을 설정한다는 것마저도 자연스럽지 않다. 만일 입자에서 시작한다면 입자성을 잃을 만큼의 강상호작용을 취급해야하는데 이를 취급할 적당한 방법론이 개발되어 있지 않다. 두 말할 나위없이 이 문제는 21세기 물리학자들에게 큰 도전과 기회를 선사한다.

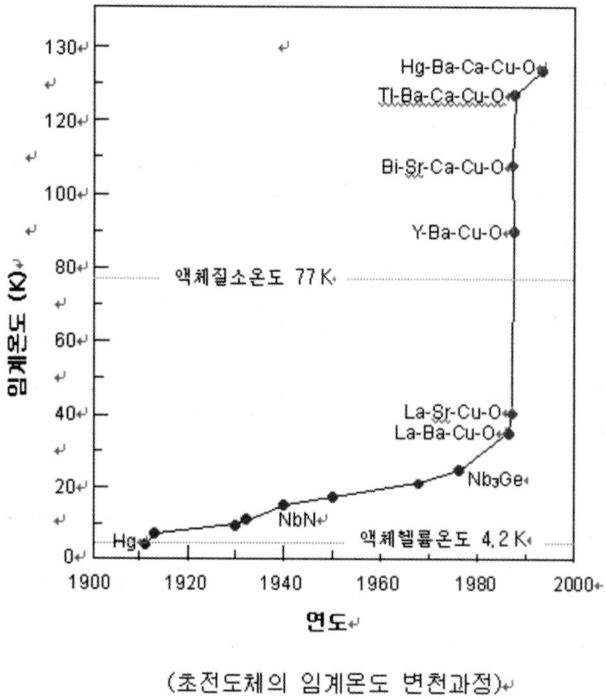

그림 19.4: 초전도체의 임계온도 연대기. 고온초전도체의 발견과 함께 임계온도는 수직상승했다.

기술적인 면에서 이 물질은 세라믹이어서 도선을 만들기 어렵고 내구성이 없으며 높은 전류를 흘리는 데엔 문제가 있으나 이를 극복하는 방법들이 고안되고 있다. 특별한 조건없이 상온초전도체가 현실화된다면 이는 인류의 문명을 바꾸는 큰 혁신이 될 것이다.

제20장
위상부도체 *

위상부도체의 시효는 정수 양자홀 효과이다. 이 경우 *2*차원에 갇힌 전자는 자장에 의해 란다우 준위에 있게 되고 이 준위들은 에너지 간극을 가지고 있으므로 절연체로 행동할 것이다. 물리적으로 보면 전자는 자장에 의해 만들어지는 작은 원을 그리게 될 것이므로 절연체로 행동하는 것을 이해할 수 있다. 그러나 이 *2*차원 계를 둘러싸는 *1*차원 경계에서 전자는 반원을 그리면서 자기장이 지시하는 방향으로 뛰어다닐 수 있다. 그러므로 가장자리에선 한 방향만 진행하는 질량이 없는 자유입자처럼 행동하는 소위 가장자리 모드가 존재한다. 이러한 가장자리 모드에 의해 거시적 수송이 이루어지는데 이 수송계수는 *5*장에서 기술한 바와 같이 $e^2/\hbar$의 정수배로 양자화된다. 이러한 가장자리 모드를 수학적으로 기술하는 방법으로 *1976*년 재키브(*R. Jakiew*)와 레비(*C. Rebbi*)가 발견한 방법이 있다. 즉 영역을 나누는 경계면이 있어 이의 좌우에서 디랙방정식의 질량 항의 부호가 바뀌면 이 경계면에 붙어 사는 '가장자리' 모드가 디랙 방정식의 해로서 존재한다는 것이다.

20.1 가장자리 모드: 재키브-레비의 해 *

재키브 레비의 원래 해는 1+1차원의 문제였으나 우리는 그들의 방법을 2+1차원의 경우에 적용해 보자. 디랙 방정식을 2+1차원에서 해밀토니안을 사용하여 써 보면 다음과 같다.

$$i\partial_t \psi = H\psi, \tag{20.1}$$

$$H = v_F(-i\sigma_x\partial_x - i\sigma_y\partial_y) + m(x)\sigma_z \tag{20.2}$$

다시 말해, 2+1 차원에선 3개의 반교환하는 행렬이 필요한데 이를 위해선 3개의 파울리 행렬을 대응시키면 충분하다. 이 방정식의 해를 $\psi(x) = e^{ik_y y}e^{h(x)}\begin{pmatrix}\alpha\\ \beta\end{pmatrix}$라 하면 시간 무관한 디랙방정식 $(H-E)\psi = 0$는 다음과 같이 쓰인다.

$$\begin{pmatrix} m-E & i(-k_y - h')v_F \\ i(k_y - h')v_F & -m-E \end{pmatrix}\begin{pmatrix}\alpha\\ \beta\end{pmatrix} = 0 \tag{20.3}$$

이 방정식이 자체 모순이 없으려면 좌변 행렬의 행렬식이 0이어야 하므로, $m(x)$와 $h'(x)$가 대부분 영역에서 상수라 하면 고유치 E는 다음 방정식을 만족시킨다.

$$E^2 = v_F^2(k_y^2 - h'^2(x)) + m^2(x). \tag{20.4}$$

아래 문제에서 보는 바와 같이 $m_\mp$과 $h'_\mp$를 각각 원점 좌우에서의 $m(x), h(x)$의 값이라 하고, 파동함수 $\alpha(x)$와 $\beta(x)$가 $x=0$에서 연속임을 쓰면 고유치는 다음과 같이 주어진다.

$$E = \left(\frac{m_- - m_+}{h'_+ - h'_-}\right)k_y + \left(\frac{m_- h'_+ - m_+ h'_-}{h'_+ - h'_-}\right). \tag{20.5}$$

이러한 일반해는 모멘텀이 0일때의 에너지가 0일 필요는 없다. 그러나 계에 패리티 불변성이 있다면, 방정식의 패리티 불변성에서 $m(-x) = -m(x)$이어야하고 해의 패리티 불변성에서 $h(-x) = h(x)$이므로 $h'(-x) = -h'(x)$이어야 한다. 이 경우, $m_- = -m_+$이고 $h'_- = -h'_+$이니 위의 고유치의 표현중 두 번째 상수항은 패리티 대칭성에의해 0이된다. (20.4)에서 $k_y = 0$일때 $E = 0$이려면 $m_\pm^2 = v_F^2 h_\pm^2$인데 파동의 정규화는 $h(x=\infty) < 0$일때에만 가능하다. 따라서 $m(x) = m_0\text{sign(x)}$이라 할때 $h'(x) = (-m_0/v_F)\text{sign(x)}$이니

$$h(x) = -m_0|x|/v_F$$

이다. 이때 에너지-모멘텀의 관계식은

$$E = v_F k_y. \tag{20.6}$$

가 되어 질량간극이 없게 된다. 이 때의 해를 제로모드라 부르며 이를 ψ_0 라 표기하자. 그러면

$$\psi_0(x) = e^{ik_y y} e^{-m_0|x|/v_F} \begin{pmatrix} 1 \\ 1 \end{pmatrix} \tag{20.7}$$

가 되는데 우변의 두 번째 인수는 이 해가 $x = 0$ 주위에 붙들린 입자를 기술함을 말해준다.

즉, 어떤 경계에서 질량의 부호가 반전되면 그 경계면에 국소화되어 있는 페르미온이 존재한다. 이 질량의 반전은 매끄러운 함수에 의해 주어지겠지만 경계에서 갑자기 부호가 바뀐다 해도 해의 존재엔 상관 없다. 질량의 부호가 바뀌는 경계를 따라 질량이 없는 페르미온 모드가 존재한다는 것은 **중심부와 표면 사이의 대응관계**(bulk-edge correspondence)와 깊이 관계되어 있다. 즉 이 경우 중심부의 모멘텀 공간상에서는 토폴로지가 생성되며 이 중심부의 토폴로지는 표면에 있어서의 갭없는 모드의 존재와 1:1 대응관계가 있다는 것이다. 다음 소절에서 이 토폴로지가 무엇을 의미하는지를 논의하겠다.

정리하면, 어떤 경계를 따라 질량이 반전되는 상황을 만들면 이 경계에 붙잡혀 사는 가장자리 모드가 생기는데 이렇게 되면 중심부(벌크)엔 감는 수가 0이 아닌 토폴로지가 생긴다. 중심부는 질량간극이 있어 부도체이고 표면은 질량간극이 없어 도체가 되는 상황이 만들어지는데 이를 위상학적 부도체 혹은 간단히 위상부도체라 한다. 질량의 부호 반전은 두 물질간의 경계면에서 만들어지기도 하고 주어진 물질과 진공 사이에서 만들어질 수도 있다.

문제 20.1 원점 좌우에서의 해를 $\psi_\pm$ 이라 할때 디랙방정식의 첫째 성분으로부터

1. $\alpha_+ = i(k_y + h'_+)v_F c_+$, $\beta_+ = (m_+ - E)c_+$ 가 되는 c_+ 가 존재함을 보여라. 같이하여 a_-, β_- 를 구하라.
2. 디랙방정식의 둘째 성분으로부터 $\alpha_+ = (m_+ + E)c'_+$, $\beta_+ = i(k)_y - h'_+)v_F c'_+$ 가 되는 c'_+ 가 존재함을 보여라. 같이하여 a_-, β_- 를 구하라.
3. 1,2의 결과가 일치할 조건으로부터 (20.4)를 다시 유도하라.
4. 연속조건 $a_+ = a_-, b_+ = b_-$ 로부터 고윳값 E를 구하여 (20.5)을 증명하라.
5. 계에 패리티 불변성이 존재할때 α_+/β_+ 를 구하여 (20.7)를 증명하라.

문제 20.2 1. 제로모드 해가 정규화될 수 있기 위해서는 $x > 0$ 일 때는 m 이 양이고 $x < 0$ 일 때는 m 이 음이어야 함을 보여라.

2. $E = -v_F k_y$ 일 때,

$$\psi_0(x) = e^{ik_y y} e^{+\int_0^x m(x')dx'/v_F} \begin{pmatrix} 1 \\ -1 \end{pmatrix} \tag{20.8}$$

임을 보이고, 정규화를 위한 조건들을 논의해 보라.

(20.7)와 (20.8)는 진행방향이 다른 제로모드들이다.

20.2 위상부도체의 위상수 *

20.2.1 양자홀 효과에서의 위상수

정수 양자홀 효과는 가장 간단한 위상부도체이다. 자장이 있으므로 시간역전 대칭성은 깨져있다. 이 경우 밴드의 토폴로지는 천 넘버에 의해 정의된다. 다시 말해 n 번째 밴드에서의 베리 퍼텐셜을 $A_\mu^{(n)}$ 라 하면

$$A_\mu^{(n)}(k) = i\langle u^n(k)|\partial_{k_\mu}|u^{(n)}(k)\rangle \tag{20.9}$$

베리 곡률은 베리 퍼텐셜의 미분 $F^{(n)} = dA^{(n)}$ 로 주어지며 n-번째 밴드의 베리곡률의 브릴루앙 존에서의 적분을 $c_1^{(n)}$ 이라 하자. 어떤 계에 전자가 N_1 번째 밴드까지 차 있다면 이 계의 천 넘버는 이들의 합으로 주어진다. 즉,

$$c_1 = \sum_{n=1}^{N_1} c_1^{(n)}, \quad c_1^{(n)} = \frac{1}{2\pi}\int_{BZ} F^{(n)} \tag{20.10}$$

위상수가 다른 상태들은 연속적 변환에 의해서는 서로 연결될 수 없다. 중심부에서의 위상수를 해석하는 것은 직관적이지 않으나 소위 '중심부와 표면 사이의 대응 관계'를 사용하면 이 위상수는 가장자리 모드의 성질로 나타낼 수 있고 이는 아래와 같은 매우 직관적인 해석을 갖는다.

그림 20.1에서 가장자리 모드(혹은 표면 모드)는 선으로 나타내어지고 중심부 (혹은 벌크) 모드는 진하게 칠해져 있다. 표면 모드는 연속적 변환으로 그림 (a)에서 그림 (b)로의 변형이 가능하며 따라서 이러한 두 가장자리 모드는 같은 위상수를 갖도록 위상수가 정의된다. 가장

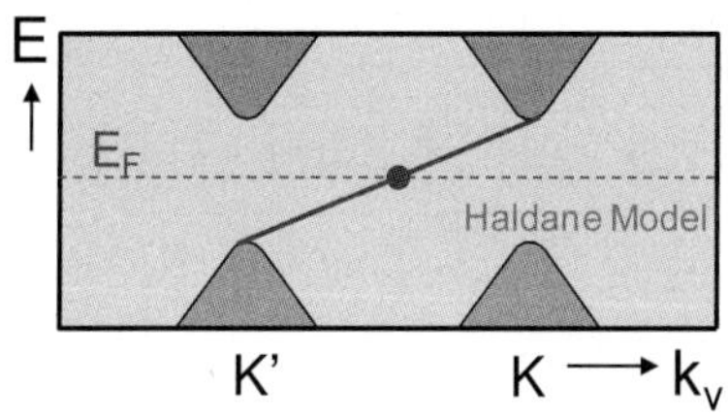

(a) $\Delta N = 1 - 0$

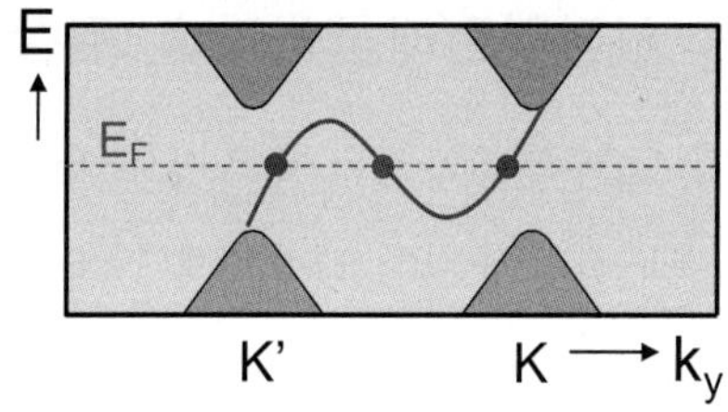

(b) $\Delta N = 2 - 1$

그림 20.1: 표면 위상수 $N_R - N_L$. 검은색 점은 N_R 에, 흰색 점은 N_L 에 1만큼 기여한다.

자리 모드는 1+1차원의 모드이고 여기선 페르미 면에서의 기울기의 음양에 따라 가장자리 우향모드와 가장자리 좌향모드가 잘 정의되므로 그 개수를 각각 N_R, N_L 라 하자. 이 개수의 차 ΔN 는 그림 (a) (b) 에서 보듯이 각각 $1-0 = 2-1 = 1$ 로서 같으며 우리가 원하는 위상수를 정의해 준다. 한편 경계의 양쪽에서 중심부의 천 넘버는 다를 수 있으며 실제로 다를 때에만 표면 위상수가 0이 아니다. 중심부-가장자리의 대응관계란 이 표면에서의 위상수가 정확히 경계의 양쪽 중심부에서의 천 넘버의 차이 Δc 와 같다는 것이다. 즉,

$$\Delta c = N_R - N_L \tag{20.11}$$

정수양자홀 경우에 있어서 이 대응관계는 아래 그림 (a), (b) 사이의 동등성을 의미한다.

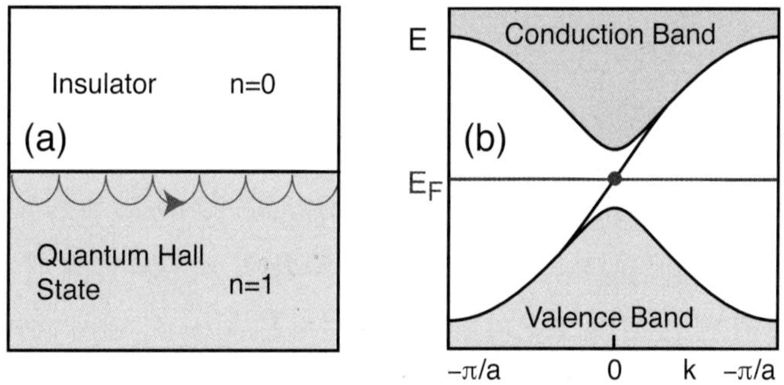

그림 20.2: 양자홀 효과에서의 중심부-가장자리 대응관계.
(그림 출처: M. Z. Hasan and C. L. Kane Rev. Mod. Phys. 82, 3045)

20.2.2 시간역전대칭성과 $\mathbf{Z}_2$ 위상부도체

양자홀 효과에선 자장이 걸려 있으므로 시간역전대칭성은 깨져있다. 그러나 케인과 멜리는 스핀-궤도결합에 의해 자장이 없이도 위상부도체가 생성될 수 있음을 보여주었다. 이미 전장에서 다루었듯이 스핀 1/2에 작용하는 시간역전 대칭성은 $\Theta = e^{i\pi\sigma_y/2}K$로 주어지며 $\Theta^2 = -1$이다. 이로 인해 모든 시간역전 대칭인 해밀토니안의 고유상태 $|\chi\rangle$는 $\Theta|\chi\rangle$와 짝을 이룬다는 것이 크레이머스 정리임을 기억하기 바란다. 스 베리 곡률과 모멘텀은 시간역전에 대해 부호를 바꾸므로 브릴루앙 존은 시간역전에 대해 서로 대칭인 두 영역으로 나뉠 수 있고 전 영역에 대한 천 넘버는 언제나 0이다. 우리는 0이 아닌 불변량을 찾고 싶으므로 절반의 브릴루앙 존 BZ_+에서만 생각하면 된다. 시간역전에 불변하는 해밀토니안, 즉

$$\Theta H(k)\Theta^{-1} = H(-k) \tag{20.12}$$

을 만족시키는 해밀토니안은 천 넘버 대신 0 혹은 1의 값을 갖는 새로운 불변량 ν에 의해 분류된다. 이를 $\mathbf{Z}_2$ 불변량이라 한다.

아래 그림 20.3에서와 같이 시간역전에 대해 불변인 브릴루앙 존 경계의 두 모멘텀 Γ_a와 Γ_b를 연결하는 표면 밴드는 페르미면과 짝수 번 만나든가 홀수 번 만난다. 짝수 번 만날 때는 페르미면과 만나지 않도록 변형이 가능하며 홀수 번 만날 때는 그러한 변형이 불가능하다. 그 개수는 가장자리 모드의 크레이머스 짝의 개수 N_K와 같다. 이 경우 중심부와 가장자리의 대응관계란 이 표면 모드의 정보가 중심부에서의 정보 즉, 질량의 부호가 바뀌는 경계를 건널 때 ν가 얼마나 바뀌는가 하는 정보와 같다는 것을 말한다. 즉,

$$N_K = \Delta\nu \mod 2 \tag{20.13}$$

중심부에서의 $\mathbf{Z}_2$ 불변 위상수 ν는 다음과 같이 정의된다. 시간역전 연산자 Θ의 블록 파동함수 사이의 행렬을 $w_{ij} = \langle u_i(k)|\Theta|u_j(-k)\rangle$으로 정의하면 w는 반 대칭 행렬이다. 따라서 $\det(w) = Pf(w)^2$인 파피안 $Pf(w)$이 존재한다. 시간역전에 대해 불변인 모멘텀을 Λ_a 들이라 할 때 케인-멜리가 정의한 위상불변량은, $k = \Lambda_a$에서 파피안의 사인 $\delta_a = Pf(w(\Lambda_a))/|Pf(w(\Lambda_a))|$ 들을 모든 Λ_a에서 구하고 이들을 곱한 양으로 정의된다. 즉

$$(-1)^\nu = \Pi_a \delta_a = \pm 1 \tag{20.14}$$

토폴로지가 있다는 것은 경계 양측의 ν값이 1만큼 다르다는 것을 말하며 중심부-가장자리 대응관계 식 (20.13)에 의하면 좌우변 중 하나의 정보를 알면 충분하다. 당연히 손쉬운 가장자리 정보를 통해 파악하는 것이 좋을 것이다.

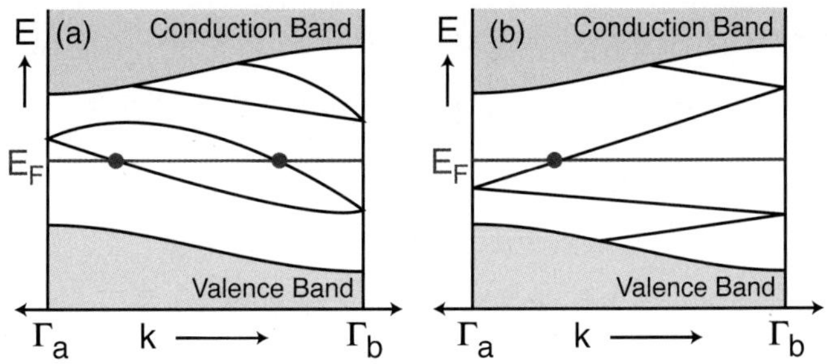

(a)

그림 20.3: $\mathbf{Z}_2$ 위상부도체에서의 두 종류의 표면모드.

(그림 출처: M. Z. Hasan and C. L. Kane Rev. Mod. Phys. 82, 3045)

20.2.3 다른 대칭성이 있을 때의 위상수 *

시간역전 이외에 다른 대칭성이 더 있을 때 위상수의 계산은 훨씬 간단하게 된다. 예를 들어 스핀의 z 방향성분이 보존될 때 업(다운)스핀들로 이루어진 밴드는 독립적인 천 넘버 $n_\uparrow, n_\downarrow$ 를 갖는다. 시간역전 대칭성이 있다면 이들의 합은 0이 될 것이다. 왜냐하면 브릴루앙 존은 정확히 양분되고 시간역전은 베리 곡률의 부호를 바꾸기 때문이다. 따라서 ν는 그 차에 의해 정의되는 $\frac{1}{2}(n_\uparrow - n_\downarrow)$에 의해 계산된다. 물론 2만큼의 차이는 무시된다.

계가 공간역전 대칭성을 가질 때도 계산은 간략화된다. 시간역전에 불변인 모멘텀 Λ_a 들에서 블로흐의 함수 $u_m(\Lambda_a)$는 패리티의 고유함수이기도 하다. 그 고윳값을 $\xi_m(\Lambda_a)$ 라 하면

$$(-1)^\nu = \Pi_a \Pi_m \xi_m(\Lambda_a) \tag{20.15}$$

이 되어 행렬 w_{ij}의 계산을 피해갈 수 있다.

예제 20.1 간단한 예를 통해 위에서 배운 것들을 학습해 보자. Bi_2Se_3를 기술하는 해밀토니안은 다음과 같이 주어진다.[2]

$$H(k) = (m_0 - mk^2)\sigma_x + vk_z\sigma_y + v\sigma_z(k_x s_y - k_y s_x) \tag{20.16}$$

여기서 s_i는 스핀 파울리 행렬, σ_i는 궤도를 나타내는 파울리 행렬이며 고윳값 $\sigma_z = \pm 1$ 은 각각 2개의 다른 p_z 궤도를 나타낸다.

1. $PH(-k)P^{-1} = H(k)$로부터 공간역전은 $P = \sigma_x$으로 주어짐을 보여라.

2. 이 모델은 격자가 아닌 무한한 모멘텀 공간상에서 주어졌다. 시간역전에 대해 불변인 모멘텀은 $\mathbf{k} = 0, \infty$외 엔 없음을 보여라.

3. 불변 모멘텀들에서의 해밀토니안을 적어보라.

4. 불변점들에서의 패리티 ξ를 구하고 3차원의 Z_2 인덱스 ν를 구하라.

5. $z = 0$근방에 몰려있는 표면파동함수가 다음과 같이 주어진다고 놓고

$$\psi(z) = (e^{-\kappa_- z} - e^{-\kappa_+ z}) \begin{pmatrix} 0 \\ 1 \end{pmatrix} \otimes u_s(k_x, k_y) \tag{20.17}$$

위의 파동함수를 슈뢰딩거 방정식 $H(k_x, k_y, -i\partial_z)\psi_{k_x k_y}(z)$에 대입하여 κ가

$$\kappa_\pm = -\frac{v_z}{2m_1} \pm \sqrt{\left(\frac{v_z}{2m_1}\right)^2 + k_x^2 + k_y^2 - \frac{m_0}{m_1}} \tag{20.18}$$

로 주어짐과 이때 디랙 방정식은

$$-v\sigma_z(k_x s_y - k_y s_x)u_s(k_x, k_y) = Eu_s(k_x, k_y) \tag{20.19}$$

로 환원됨을 보여라.

6. 이로부터 표면상태의 스핀과 모멘텀이 서로 묶여 있음을 보여라.

답) 1. $P : \mathbf{k} \to -\mathbf{k}$이니, P는 σ_y, σ_z와 반교환, σ_x와 서로 교환되어야 한다.

2. $\mathbf{k}$와 $-\mathbf{k}$에서의 물리가 같음 요구하고 $-\infty$와 $+\infty$에서의 같음에 주목하라.

3. $H(k) = m_0 P$ at 0, $H(k) = -m_1 P$ at ∞.

4. $\xi = -\text{sign}(m_0)$ at 0, $\xi = \text{sign}(m_1)$ at ∞. 따라서 $(-1)^\nu = -\text{sign}(m_0 m_1)$

5. $k_z \to -i\partial_z$, $k^2 \to k_x^2 + k_y^2 + (-i\partial_z)^2$ 라 놓고 $\psi(z) = \psi_0(z) \begin{pmatrix} 0 \\ 1 \end{pmatrix} \otimes u_s(k_x, k_y)$, 라 두고 계산하면

$$[m_0 - m_1(k_x^2 + k_y^2) + m_1\partial_z^2 - v_z\partial_z]\psi_0(z) = 0, \tag{20.20}$$

$$-v(k_x s_y - k_y s_x)u_s = Eu_s \tag{20.21}$$

첫 식의 해는 $\psi(z) = e^{-\kappa z}$라 둠으로써 κ의 2차 방정식으로 환원되며 이 방정식의 해가 위에서 주어진 $\kappa_\pm$이며, 이들로 주어진 해들의 선형결합 중에 $\psi(0) = 0$를 만족

시키는 해가 문제에 주어진 해이다.

6. 디랙 방정식은

$$\begin{pmatrix} 0 & -ik_x - k_y \\ ik_x - k_y & 0 \end{pmatrix} u_s = Eu_s \tag{20.22}$$

로 쓸 수 있고 $E = \mp vk$일 때 고유벡터 $u_\pm = \begin{pmatrix} 1 \\ e^{i(\theta \pm \pi/2)} \end{pmatrix}$를 얻는다. 여기서 $k_x \pm ik_y = |\mathbf{k}|e^{\pm i\theta}$. 이는 $\mathbf{k}$와 수직한 방향으로 스핀의 업 다운 방향이 설정되어 있음을 말해 준다.[3] 즉, 스핀의 방향은 모멘텀의 방향에 따라 완전히 결정된다.

20.3 위상부도체의 실험적 구현

이러한 위상부도체는 놀랍게도 현실적인 물질에서 구현되었는데 2007년 쾨니히(König) 등은 CdTe/HgTe/CdTe 물질의 경계면에서 토폴로지 부도체가 구현될 수 있음을 보였는데 아래 그림 20.4을 통해 그 내용을 소개하기로 한다.

그림 20.4(a)와 같이 두 장의 CdTe 사이에 HgTe를 끼워넣은 샘플을 생각하자. HgTe의 두께 d가 어떤 임계값보다 더 두꺼우면 그림 20.4(b)에서와 같이 위아래 밴드의 위치가 바뀌면서 HgTe에서의 밴드는 밖에 있는 CdTe들에서의 밴드와 비교할 때 질량의 부호가 바뀌게 된다. 따라서 경계에 국소화된 질량이 없는 제로모드 즉 표면모드가 생성되어 그림 20.4(c)와 같은 양자 스핀홀 효과가 실현된다. 실제로 두께가 다른 샘플들에 대한 저항을 재어보면 그림 20.4(d)이 보여주듯이 임계 두께보다 두꺼운 샘플 III, IV에 대해서 양자화된 수송계수가 측정된다.[4]

그림 20.5은 두께가 증가함에 따라 왜 밴드 역전이 일어나는가를 보여 준다. 먼저 Γ^6 밴드를 표시하는 $G = 0.3e^2/h$인 퍼텐셜을 생각하면 Cd 와 Hg는 같은 12족 원소이나 Hg가 훨씬 더 무겁고 양성자의 개수가 많다. 따라서 전자가 느끼는 퍼텐셜이 깊을 수밖에 없어 전체적으로는 퍼텐셜이 유한 우물의 형태를 띠게 된다. 퍼텐셜 우물의 에너지 고윳값은 $\sim 1/d^2$

---

[2] M. Sato and S. Fujimoto, https://doi.org/10.1088/1361-6633/aa6ac7, [arXiv:1608.03395]

[3] $\mathbf{n}\cdot\mathbf{s}$의 고유벡터로 주어지는 스핀은 $\mathbf{n}$의 방향으로 업 다운 방향이 설정됨을 기억하기 바란다.

[4] doi:10.1126/science.1148047

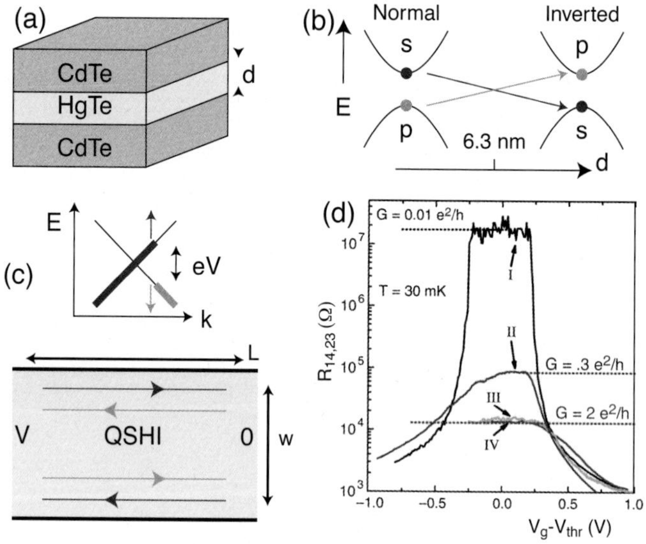

그림 20.4: CdTe/HgTe/CdTe 접합체를 통한 위상부도체의 실험적 구현.

(그림 출처: M. Z. Hasan and C. L. Kane Rev. Mod. Phys. 82, 3045)

이니 두께가 늘어나면서 점점 낮아지게 된다. Γ^8 밴드를 표시하는 $G = 2e^2/h$ 인 퍼텐셜은 전하의 부호가 바뀌어 뒤집힌 유한우물이 된다. 마찬가지로 두께가 늘어나면 에너지 고윳값은 퍼텐셜의 바닥이 있는 위로 올라가게 된다. 따라서 일정한 두께 이상이 되면 E_1 과 H_1 의 위치는 뒤바뀔 수밖에 없다. 이러한 밴드의 역전은, 에너지의 원점을 두 밴드의 중심값에 옮겨 놓고 보면, 질량 부호의 역전으로 해석될 수 있다. (그림 20.4(b) 를 보라.)

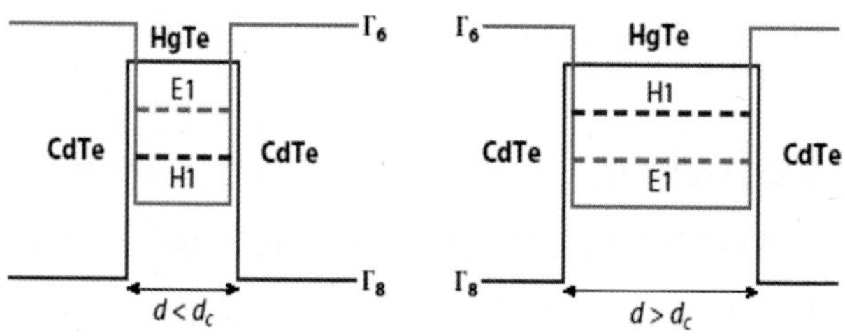

그림 20.5: 밴드역전의 기전.

(그림 출처: Bernevig, Hughes, Zhang, Science 314, 1757 (2006))

20.4 위상 초전도체와 마요라나 페르미온 *

남부(Nambu) 스피너 $\psi = \begin{pmatrix} c_k \\ c^\dagger_{-k} \end{pmatrix}$ 를 사용하면 BCS 이론의 모멘텀 공간에서의 평균장 이론의 해밀토니안은 다음과 같은 2차 양자화된 형태로 쓸 수 있다.

$$H - \mu N = \psi_k^\dagger \mathcal{H}_{BdG} \psi_k, \quad \mathcal{H}_{BdG} = (\mathcal{H}_0 - \mu)\tau_z + \Delta_1 \tau_x + \Delta_2 \tau_y \tag{20.23}$$

여기서 $\Delta = \Delta_1 + i\Delta_2 \sim \langle c_{ks_1} c_{-ks_2} \rangle$는 평균장론의 페어링 함수이며 스핀에 따라 패리티가 달라진다. Δ가 상수일 때는 보통의 BCS이론의 갭이 되고 상수가 아니고 k의 함수일 때의 이론을 보고볼리우보프-드젠느 이론이라고 한다. Ξ를 입자와 홀을 바꾸는 연산자라 할 때 이 연산자는 $\mathcal{H}_{BdG}$에는 $\Xi = \tau_x K$로서 작용하는 안티유니트리 연산자이며 $\Xi^2 = 1$을 만족한다. $\mathcal{H}_{BdG}$가

$$\Xi \mathcal{H}_{BdG}(k) \Xi^{-1} = -\mathcal{H}_{BdG}(-k) \tag{20.24}$$

를 만족하면 계는 입자-홀 대칭성을 갖는다. 그 결과, 에너지가 E인 상태가 있으면 반드시 $-E$인 짝 상태도 존재하며 이 상태들을 생성시키는 연산자 Γ_E는 독립적이지 않고 다음 관계식을 만족시킨다.

$$\gamma_E^\dagger = \gamma_{-E} \tag{20.25}$$

그러나 $E = 0$이면 짝을 이룰 필요가 없다. 그림 20.6(b,c)를 보라. 이 제로모드의 생성연산자는 식 (20.25)에 의해 $\gamma_0^\dagger = \gamma_0$라는 조건을 만족시킨다. 그러나 이 조건은 γ_0를 생성연산자로도 소멸연산자로도 해석하기 어렵게 만든다. 이러한 어려움은 쌍을 이루게 함으로써 극복될 수 있다. 2개의 마요라나 입자 γ_1, γ_2의 복소수 결합 $c = \gamma_1 + i\gamma_2$은 보통의 디랙 페르미온이 되어 해석에 문제가 없다. 따라서 마요라나 페르미온은 절반의 디랙입자라 생각할 수 있고 생성된다면 $c + c^\dagger, c - c^\dagger$라는 2개가 짝을 이루어서 존재할 것이다.

마요라나 페르미온은 특별한 초전도체 안에서 생성될 수 있다. 쿠퍼쌍의 응축 안에서는 전자와 홀이 중첩되어 있어 이들을 구별한 방도가 없고 실제로 초전도체에서 입자-반입자의 대칭성이 성립되는 근원이 된다. 이때 초전도체에 토폴로지가 있다면, 초전도체 표면에 존재하는 갭없는 가장자리 모드는 마요라나 페르미온이 된다. 1차원의 토폴로지 초전도체라면 그 표면은 2개의 점들이며 마요라나 제로모드는 짝으로 생겨 양단에 하나씩 붙는다. 그림 20.6을 보라. 이렇게 분리된 제로에너지의 두 입자는 에너지가 같은 이중항을 만든다. 키다

예프는 제로모드의 토폴로지가 주는 안정성을 이용하여 에러가 잘 일어나지 않는 방식의 양자전산을 할 수 있다고 제안하였다.[5]

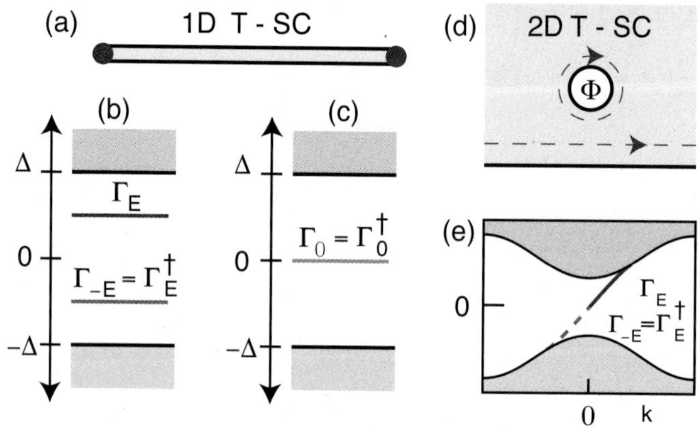

그림 20.6: 위상초전도체의 표면상태들과 마요라나 페르미온.

(a)(b)(c) 1차원 위상초전도체와 그 양단에 붙잡힌 입자쌍. $E = 0$이면 마요라나입자.

(d)(e) 2차원 위상초전도체와 그 표면의 카이랄 마요라나 입자.

(그림 출처: Rev. Mod. Phys. 82, 3045)

2차원 토폴로지 초전도체라면 표면에서 카이랄 마요라나 모드가 존재할 수 있고 이들은 정수 양자홀 효과에서의 카이랄 모서리 모드와 비슷하다.[6] 여기서 카이랄 모드란 한쪽 방향으로만 움직인다는 뜻이다. 그렇다면 초전도체는 언제 토폴로지를 갖는가? 위에서 언급했듯이 모든 초전도체는 전자-홀 대칭성을 가지며 이 대칭성은 토폴로지 부도체에서의 시간역전 대칭성이 했던 방법으로 토폴로지넘버를 정의할 수 있도록 해 준다. 스핀이 없는 초전도체의 갭이 p_x+ip_y 대칭성을 갖는다면 토폴로지 넘버가 ±11이므로 초전도체의 표면엔 갭이 없는 가장자리 모드가 존재하는데 이는 토폴로지 부도체에서와 같다. 초전도체 내의 보텍스는 그 내부가 초전도상태가 깨진 것이므로 일종의 표면이라 생각할 수 있고, 따라서 그 안엔 에너지가 0인 제로모드가 짝으로 존재할 수 있다. 보텍스라는 초전도체 내에 존재하는 구멍이며 이의 가장자리에 표면모드가 돌고 있다고 생각하면 편리하다.

[5]Fault-tolerant quantum computation by anyons, by A.Y. Kitaev (2003), Annals of Physics, Vol.303

[6]스핀이 없는 경우 입자-홀 대칭성이 있으면 초전도 상태는 1차원에선 $\mathbf{Z}_2$, 2차원에선 $\mathbf{Z}$ 클라스로 분류된다.

비가환 통계

마요라나 입자가 보텍스에 붙어있다는 것은 보텍스들을 서로 교환할 때의 스핀-통계를 매우 특별하게 만든다. 먼저 보텍스 주위를 전자나 홀이 한 바퀴 돌 때 어떤 일들이 일어날까? 초전도체 내에서 1개의 보텍스엔 플럭스 퀀텀 $\Phi_0 = hc/2e$ 만큼의 자속이 존재한다. 따라서 전자나 홀이 이를 한 바퀴 돈다면 아하로노프-봄 효과에 의해 $e^{-ie\Phi_0/\hbar c} = -1$ 만큼의 위상변화를 수반한다. 그런데 마요라나 입자는 전자와 홀의 중첩이며 각각이 -1 만큼의 위상변화를 수반하므로 마요라나 입자가 보텍스 주위를 돌 때에도 같은 만큼의 위상변화가 수반된다. 즉

$$\gamma_0 \to -\gamma_0 \tag{20.26}$$

보텍스 1,2가 서로 쌍을 이루고 있고 초기 상태는 $c_{12} = \gamma_0^{(1)} - i\gamma_0^{(2)}$ 에 의해 소멸되는 상태 $|0\rangle$ 에 있다고 하자. 즉

$$c_{12}|0\rangle = 0 \tag{20.27}$$

이제 제3의 보텍스가 이 중의 하나 예를 들어 2의 주위를 돌아나가는 과정을 생각하자. 그러면 보텍스 3 안에 들어있는 마요라나 입자의 파동함수는 부호를 바꾼다. 그런데 이는 보텍의 3의 입장에서 보면 2가 3을 돌았다고도 볼 수 있으므로 보텍스 2안에 들어있는 마요라나 입자 2의 부호도 바뀌어야 한다. 따라서 이 과정을 통해 c_{12} 는 $c_{12}^\dagger$ 으로 변환한다. 즉,

$$c_{12} = \gamma_0^{(1)} - i\gamma_0^{(2)} \longrightarrow \gamma_0^{(1)} + i\gamma_0^{(2)} = c_{12}^\dagger \tag{20.28}$$

따라서 보텍스 3이 돌고 나간 다음에는 보텍스 1,2는 $c_{12}^\dagger$ 에 의해 소멸되는 상태 $|1\rangle$ 에 존재한다. $c_{12}^\dagger|1\rangle = 0$ 인 상태는 $|1\rangle = c_{12}^\dagger|i\rangle$ 로 주어지며 $\langle 0|1\rangle = 0$ 이므로 초기 상태와 최종 상태는 서로 직교한다. 이렇게 되면 페르미온도 보존도 아닌 상태가 된다. 그런데 한 바퀴 도는 것은 2,3을 두 번 바꾼 것에 해당하니 2,3을 한 번 바꾼 것에 해당하는 연산자를 U_{23} 이라 하면 $U_{23}^2\gamma^{(i)}(U_{23}^\dagger)^2 = -\gamma^{(i)}, i = 2,3$ 를 만족시켜야 한다. 이러한 연산자는

$$U_{ij}^2 = \exp[-\frac{\pi}{4}\gamma^{(i)}\gamma^{(j)}] \tag{20.29}$$

로 만들 수 있는데 이들은 서로 교환적이지 않다. 즉

$$U_{12}U_{23} \neq U_{23}U_{23} \tag{20.30}$$

따라서 교환 과정은 비가환이다. 위에서 초기 상태를 c_{12} 에 의해 소멸하는 상태, $|0\rangle$ 로 두었으나 $c_{12}^\dagger$ 에 의해 소멸하는 상태 $|1\rangle$ 로 두어도 같은 논의를 진행할 수 있다. 이 경우 최종상태는

$|0\rangle$ 가 되어 보텍스 3이 보텍스 2를 돌고나가는 상태는 $|0\rangle$ $|1\rangle$ 을 바꾸는 과정에 해당한다. 이 두 상태는 양자전산에 있어서 하나의 큐빗을 제공하며 위의 바꾸기 과정은 0에는 1을 1에는 0을 대응시키기 때문에 NOT 게이트를 제공한다. 일반적으로 2N개의 마요라나 제로모드가 있으면 N 개의 생성연산자 c_i 들을 정의할 수 있고 이들은 N-큐빗을 정의한다.

많은 연구에도 불구하고 2022년 말 현재까지 마요라나 페르미온의 존재를 입증하는 결정적 증거는 없다. 여러분이 발견한다면 매우 흥미로운 기여가 될 것이다.

에필로그
21세기의 물리학
강상관계의 새로운 틀

저자는 본문에서 수차례 다체의 문제는 상호작용의 크기가 작을 때나 근사적으로 풀 수 있다는 점을 강조하였다. 그러나 20세기 후반부터의 흥미로운 물리학적 현상은 대개 강한 입자간-상호작용을 수반한다. 핵물리학의 쿼-글루온 플라즈마와, 응집물리학의 느린 전자를 수반하는 모든 강상관계현상이 이 범주에 속한다. 이 경우 평균장이론이 성립되지 않으며, 또 강한 전자 상호작용의 범주가 고체의 한 셀 안에 한정되지 않기 때문에 전자 간의 얽힘들이 중요하다. 그러나 이러한 강상관이나 강얽힘을 처리할 계산의 방법은 아직 정립되지 않았으며 이 경우 복잡한 물질을 간단한 입자나 고체의 한 셀로 환원하려는 물리학의 기본적인 방법론 자체가 실패하게 된다. 이는 단순히 계산방법의 실패가 아니라 물리학 자체의 실패로 이어지게 된다. 20세기 말에 와서 물리학자들은 강상호작용을 하는 다체 문제를 한 차원 위 휜공간에서의 약상호작용하는 문제로 환원하는 예를 통해 강상호작용에 대한 새 이론의 실마리를 발견하였다. 아직 발전 중인 이론이므로, 저자가 물리학회의 물리학과 첨단기술에 게재했던 소개문을 원용함으로써 개괄을 대신하고자 한다.

들어가기

새로운 물질을 발견했을 때 연구자들이 성분-구조 분석 후 바로 다음에 하는 것이 전기 및 열 수송계수들을 재는 것이다. 성분과 구조를 보는 것은 고체를 가장 높은 에너지에서 보는 것이며 수송계수는 거시적 규모의 물질이 갖는 평균적 기능이므로 이의 측정은 그 물질을 가장 낮은 에너지에서 보는 것이다. 전자로부터 후자가 얻어진다면 물리학적으로 이 물질을 이해한다고 말할 수 있다. 그런데 고온초전도 등 강상관계에 있어서는 이 연결이 아직 없다. 구조를 아는데 기능이 설명되지 않는 것이다. 즉 우리는 고온 초전도체의 이론을 가지고 있지 않다. 고온초전도체뿐만 아니라 많은 전이금속 산화물과 희토류화합물에 대해서도 같은 이야기를 할 수 있다. 상당 부분의 신소재는 이런 종류에 속해서 물리학적 이해가 잘 안 되고 있다.

무엇이 문제인가? 간단히, 우리가 가진「다체를 위한 양자역학적 계산법」인 섭동양자장론이 이런 물질에는 잘 적용될 수 없기 때문이다. 다체의 물리량을 쿨롱상호작용의 크기를 가름하는 결합상수(coupling constant) 의 급수로 계산하면, 어떤 임계값 보다 크면, 즉 강상호작용을 하면, 급수가 발산한다. 현재의 다체물리학을 통틀어 가장 중요한 아이디어인 페르미 액체이론은, 상호작용이 입자의 질량이나 전하는 변화시키지만 입자성 자체는 크게 손상시키지 않는다고 가정한다. 그런데 물리량이 발산한다는 것은 이것이 불가능하다는 것을 의미한다. 양자장론에서 말하는 입자란 스핀과 모멘텀이 잘 정의된 파동, 즉 힘을 받지 않고 있는 물질의 양자적 상태를 말하는데 강한 상호 작용하는 물질 내에 있는 전자는 입자적 성질이 없다. 이러한 전자계를 비페르미 액체(Non-fermi liquid)라 부른다. 그러므로 강상호작용하는 전자계에 섭동장론을 적용하면 결과도 잘 안 맞지만 입자가 없는 계에 입자를 기반으로 하는 이론을 적용하는 것은 시작부터 문제가 있다. 이론가들의 고뇌는 입자성을 고집하면 계산이 안 맞고 입자성을 포기하면 적용할 물리학이 없다는 것이다.

홀로그래피, 강상관계의 새로운 틀

그렇다면 강상관계를 어떻게 접근해야 하는가? 대상이 무엇이건 물리학의 기본적인 방법은 환원론이다. 물질을 가장 간단한 요소들로 분해하여 그 단위 요소를 연구하는 것은 가장 기본적 방법론이기 때문이다. 그러나 강상관 물질에 이를 적용할 때는 조금 다른 발상이 요구된다. 왜냐하면 계를 이루는 입자들이 서로 상관(interact)하고 얽혀(entangled) 있어 독립된 개체로서 존재하지 못하기 때문이다. 다체물리의 가장 오묘한 부분은 충분히 많은 원자가 모이면 새로운 자유도가 창발하여(emergence) 새로운 현상을 야기시킬 수 있다는 것이다. 이 창발 현상을 분류하고 각각에 대한 메커니즘을 알아내는 것이 현대적 의미에서의 다체 물리학의 목표라 할 수 있다. 그런데 창발현상은 개별입자의 성질로부터 물질의 기능을 알아내는 것이 원리적으로 불가능하다고 이야기한다. 충분히 많은 개수의 원자정보를 컴퓨터에 입력하여 양자역학을 풀면 컴퓨터는 창발된 자유도를 인지할 수 있을지도 모르지만, 물리학이란 우리의 뇌가 수용할 수 있는 개수의 자유도와 시간만을 가지고 물질을 이해하려는 것이기 때문이다. 그러므로 창발성이 문제가 될 때 우리는 새로운 원소개념을 필요로 한다. 원자나 쿼크와 같은 구조론적 원소가 아니라 고대의 흙, 물, 공기, 불과 같은 기능적 원소를 찾아야 한다. 현대적으로 말하면 대칭성, 양자 상전이점 근방의 동역학지수(dynamical exponent) 그리고 계의 얽힘 정도 같은 것들이다. 거시적 물질의 물성을 지배하는 가장 중요한 기능적 원소는 대칭성이며, 많은 경우 이 대칭성은 구조로부터 파생되기에 대칭성이란 기능적 원소는 상호작용이 약한 경우에도 이미 중요하게 대접받아 왔다. 얽힘의 강상관계에서의 역할도, 여기서는 깊이 소개하지 않겠으나, 앞으로 가장 주목받을 연구테마 중의 하나이다.

양자 상전이점과 블랙홀의 유사성

양자 상전이점의 존재는 섭동장론의 용어로서도 쉽게 설명될 수 있다. 위에서 언급한 것처럼 물리량을 상호작용의 계수에 대한 급수로 표현하고 상호작용의 계수를 0에서 출발하여 점점 증가시키면 어떤 임계값에서 급수는 발산하게 된다. 이 임계값에서 처음 계를 정의하고 표현하기 위해 사용되었던 변수들은 의미를 잃는다. 그 너머에서는 새로운 변수가 의미를 갖게 된다. 이 발산이 일어나는 곳에서는 계의 모든 길이/에너지 스케일은 무시되며 발산 혹은 0에 수렴하는 속도를 측정하는 임계지수(critical exponent)만이 문제가 된다. 이러한 발산의 이유를 질량(갭)이 없는 자유도를 부주의하게 적분해 버린 결과라 생각하면 양자임계점의 존재는 새로운 갭 없는 자유도의 존재를 의미하는 것으로 해석할 수 있다. 이 자유도의 분산관계를

$$\omega = k^z \tag{A.31}$$

로 표현할 때 z를 양자임계점의 동역학지수라 부른다. 양자임계점을 기술하는데는 계의 특성 대부분이 필요가 없다. 즉 많은 다른 계가 같은 양자임계점을 가질 수 있고 이런 의미에서 양자임계점은 마치 평형점처럼 보편적(universal)이다. 양자임계점에 도달한 계는 계의 대부분 정보를 잃어버렸거나 적어도 잃어버린 것처럼 보인다. 이는 중력이론에서의 블랙홀을 연상시킨다. 별이 내폭하여 블랙홀이 되면 별이 지녔던 수많은 정보는 사라지거나 적어도 사라진 것처럼 보인다. 블랙홀은 보존량의 양자수 외엔 아무것도 보여 주지 않기 때문이다. 양자임계점과 블랙홀의 두 경우 모두, 계가 가진 대부분의 자유도를 상실하여

단순화를 습득하며, 이러한 예는 무한히 복잡한 계로부터 어떻게 간단한 물리학이 가능하게 되는지를 보여준다.

끈이론, 양자얽힘, 홀로그래피

이러한 유사성을 더 진척시킬 수 있을까? 이 질문에 답하기 위한 것은 아니었지만, 끈이론은 이 유사성이 사실인 예를 찾아 주었다. 즉 4개의 초대칭성이 존재하는 4차원 양밀이론의 기저상태는 5차원 Anti de Sitter 공간과 동치이고 양쪽의 유한온도 버전도 성립한다는 것이다. 즉 4차원 양밀이론의 유한온도 평형상태는 AdS 유한온도 블랙홀과 동치라는 것이다. 양밀이론은 스케일 불변성이 있어 양자 상전이점과 매우 비슷한 면모가 있고 대응되는 블랙홀은 양밀이론의 상호작용이 클수록 고전적 중력으로 기술될 수 있다. 특이한 점은 동등한 양자 사이에 차원이 하나 다르다는 것이며 이를 강조하기 위해 빛 홀로그램과의 유사성을 빌어 홀로그래피란 용어가 쓰인다. 이는 막대한 가능성이 기대되는 연구의 방향이어서 많은 연구자들은 엄밀한 단계를 밟지 않고 그 확장을 위한 연구를 하고 있다. 따라서 강상호작용하는 계와 AdS중력사이의 대응성이 끈이론이나 초대칭성 없이도 존재하느냐 하는 질문에 긍정적으로 답할 수 있다면 이 방향의 연구는 보다 큰 모멘텀을 얻을 수 있다. 이에 관해선 최근 세 가지 긍정적 소식이 있다. 첫째는 1+1차원 계를 위한 MERA라는 텐서그물망계에서 3차원 AdS가 발견된 것이고, 둘째, 1+1차원의 홀로그래피적 양자얽힘계산이 등각장론 계산과 완전히 일치한다는 것이며, 셋째는 Sachdev-Ye 모델의 중력듀얼이 존재한다는 Kitaev의 결과가 있다. 이 세 가지 모두 연구자들의 많은 관심을 받아 큰 흐름을 이루는 연구로 이어지고 있다.

디랙물질과 홀로그래피

이상과 같은 세계적 조류를 배경으로 본 연구실의 연구를 소개하기로 한다. 운이 좋아 충분히 많은 등각장론의 홀로그래픽 중력짝이 존재한다고 하자. 그럼 홀로그래피 이론은 실제세계에 존재하는 물질의 양자 상전이점의 기술에 과연 쓸모가 있을까? 유일한 방법은 홀로그래피 이론에 의해 잘 기술되는 예를 발견하고 그 이유를 설명하는 길뿐이다. 사실 AdS/CFT가 응집물리에 처음 적용된 것이 2007년임에도 불구하고 그러한 예를 찾으려는 노력을 하지 않았다. 그도 그럴 것이 강상관계에서 실험-이론의 정량적 일치를 경험한 일이 (거의) 없기에 연구자들은 정성적 문제에 집착해 있었다. 고온 초전도체 물질들은 매우 복잡한 구조를 가지고 있으며 따라서 양자임계점에서의 행동양식도 복잡하다. 이론에 도움이 되려면 간단한 물질에 강상관계가 있어야 한다. 그래야 현상에 대한 해석의 다양성이 줄기 때문이다.

그래핀과 홀로그래피

그래핀은 세상에 존재하는 가장 간단한 결정구조이다. 이런 물질에 강상관계가 있다면 그야말로 강상관계의 수소 원자가 될 것이다. 이런 생각을 하고 있을 즈음 2016년 3월의 Science 온라인 판에 하바드대의 김필립 교수 등의 논문이 게제된 것을 보게 되었는데, 내용이 그래핀에서의 비데만-프란츠 법칙(Widermann-Franz law) 위반이었다. 전자가 전하와 열 모두의 전달주체라면 각 온도에서 전기전도율과 열전도율은 비례해야 한다. 직관적으로도 당연한 이 경험적 법칙은 페르미 액체 이론의 결론이기도 하다. 그런데 실험결과는 디랙점 부근에서 페르미 액체이론이 기대하는 수치의 20배를 얻었다는 것이다. 즉 그래핀 내의 전자계는 디랙점 부근에서 페르미 액체일 수 없다-강상관계라는 것이다. 이어서 나온 Lucas와 Sachdev 교수와의 공동논문에서는 실험의 결과를 유체역학적으로 해석했더니 정성적으론 괜찮으나 정량적으로는 잘 맞지 않았고, 불순물이 주는 얼룩효과를 고려하기 위해 유체의 점성계수들의 위치의존성을 고려했더니 조금 나아졌다는 내용이 실려 있었다. 유체역학을 적용했다는 것은 계가 국지적 평형상태에 도달했다고 가정한다는 것이며 이는 전자상호간의 작용이 강하고 전자-불순물간 충돌보다 더 자주 일어난다고 가정한다는 뜻이다. 즉 전자계가 강상관계이고 그래핀 시료가 지극히 깨끗해야 한다. 후자는 왜 실험이 이제야 이루어졌는지를 설명한다. 그런데 왜 그래핀이 강상관계인가? 사실 2008년에 Sachdev의 학생이었던 뮐러가 쓴 논문에 의하면 그래핀이 강상관계일 것이라고 추정할 만한 근거가 있다. 디랙점 부근의 페르미 면은 매우 작다. 따라서 전자-홀의 쌍창생이 충분치 않고 따라서 전자들의 전하가 가려짐(screen)이 약하다. 효과 상호작용상수는

$$g_{eff} = \frac{e^2}{\hbar c}\frac{1}{\epsilon}\frac{1}{v_F} \tag{A.32}$$

이므로 전하가림 상수가 크지 않은 그래핀의 디랙점 근방은 강상관계가 된다. 이 공식은 페르미 면이 큰 일반금속의 전자간 상호작용은 임의로 작다는 것도 말해준다. 그래핀이 디랙점 부근에서 강상호 작용계이고 디랙콘이 대칭성에 의해 보호된다면 동역학지수 $z = 1$인 양자 상전이점이라고 할 수 있지 않을까? 한양대의 서윤석 박사와 나는 이미 오래전부터 홀로그래피를 써서 수송계수를 계산해온 터였기에 이제 막 리서치를 시작한 송근호 군의

도움을 받아 신속히 계산을 해보았다. 첫 결과는 별로 좋지 않았다. 자세히 보니 유체역학을 변형없이 적용했을 때의 Lucas 등의 결과와 같았다. Fig.1의 점선을 보라. 그런데 생각해 보니 열전도율이 전기전도율보다 20배나 더 나왔다면 이는 이론을 조금 비틀어 풀리는 문제가 아니라 필경 숨은 자유도가 있어야 한다는 생각이 들었다. 그렇다면 열만 나르고 전하는 나르지 않는 중성류가 존재해야 된다는 말이 된다. 즉, 2개의 흐름(current)이 있어야 한다. 하나는 보통의 전류 다른 하나는 중성류. 이 아이디어에 바탕을 두고 새 모델을 짰고 계산결과는 우리를 실망시키지 않았다.

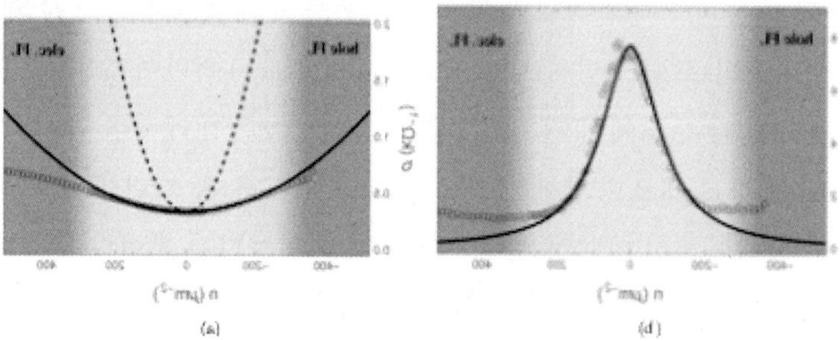

(a) surface gap　　(b) TI

그림 A.1: 그래핀의 수송계수 실험과 홀로그래피 이론의 비교.
(a) 전기 전도도　(b) 열전도도

디랙점 부근에서의 홀로그래피 계산결과는 실험과 강상관계 데이터에 대한 이론-실험의 비교라고는 믿을 수 없을 만큼 일치했다. 그림 A.1을 보라. 김필립-Sachdev 교수와의 토론 끝에 중성류의 근원을 찾아낼 수 있었다. 디랙콘의 에너지-모멘텀 보존법칙 때문에 전자와 홀의 전류가 각각 보존되어야 한다. 두 전류를 더하면 총 전류가 되고 두 전류를 서로 빼면 중성류가 된다. 이 결과는 2017년 1월 피지컬 리뷰 레터에 추천 논문으로 실렸다.

위상부도체의 표면상태와 홀로그래피

그래핀에 디랙콘이 있다는 것 외에 그래핀의 물성은 아무것도 쓴 것이 없기 때문에, 나는 디랙콘이 있는 다른 물질들에서도 같은 일이 일어나는지 궁금했다. 우리는 구글의 이미지 서치를 써서 디랙콘을 가지는 물질들의 수송계수 데이터를 찾았다. 디랙물질들 중 그래핀 다음으로 중요하고 따라서 많이 연구된 계는 3차원 위상부도체의 표면상태이다. 이 물질에 대해 아직 수송계수의 아노말리는 측정된 바가 없다. 대신 자성물질을 도핑시켜 표면 갭을 열고 그 결과 생기는 전기전도도를 자장의 함수로 측정한 Magneto-conductivity(MC) 데이터가 있었다. 흥미로운 현상 중 하나는 weak antilocalization(WAL)과 weak localization(WL) 현상이다. 자성체 도핑이 없거나 낮으면 온도에 관계없이 WAL만 일어나고 도핑이 너무 높으면 강자성체가 된다. 중간도핑영역에선 두 가지 모두 일어나며 높은 온도에선 WAL, 낮은 온도에선 WL이 일어나기 때문에 온도가 내려 가면서 WAL에서 WL로의 전환이 일어난다. 그런데 이 전환 영역에서의 MC곡선이 기존 이론으로 잘 설명이 되지 않는다. 따라서 이 부분을 홀로그래피 이론으로 설명하는 것을 목표로 하였다. 자기적 수송계수의 계산 또한 계산법이 알려 있으나 문제는 i) 위상부도체를 홀로그래피로 어떻게 구현하느냐와 ii) 자성물질의 도핑을 어떻게 처리하느냐 하는 문제였다. 벌크 갭이 있는 한 내부의 수송상태를 기술할 필요는 없다. 물질의 위상부도체성은 벌크가 부도체이고 표면의 디랙콘이 있다는 것으로 이미 반영되었다고 생각할 수 있다. 남은 문제는 표면갭과 표면 수송계수의 자성물질의 밀도 의존성인데 이를 위해선 결국 계가 자성을 갖는 불순물과의 상호작용이 필요해진다. 여기서 아이디어가 필요하다. 위상수는 소위 인스탄톤 밀도함수의 적분으로 표현되고 불순물 농도는 액시온장의 기울기 제곱에 비례한다. 가장 자연스러운 것은 위상 부도체 표면에서의 자성물질에 의한 물성변화를 인스탄톤과 불순물의 density-density 곱으로 주어지는 상호작용항을 넣는 것이다. 우리는 그에 따른 해석적 해를 구할 수 있었고 모든 자기적 수송계수를 해석적으로 구할 수 있었다. 결과는 놀라왔다. 여기서도 WAL->WL 전환이 있는 파라미터 영역에서의 데이터와 이론은 거짓말처럼 맞아 떨어졌다. 그림 A.2(b)를 보라. 그림 A.2(a)를 보면 데이터와 이론이 잘맞는 영역이란 다름 아닌 페르미면이 작은 곳이라는 것을 알 수 있다. 2개의 다른 실험팀에서 두 가지 시료에서 얻은 데이터는 그림 A.2(b)에서 보듯이, 이론의 파라미터를 조정하는 것에 대응된다. 현상은 보편성이 있었고 이론은 실험과 일치했다. 이 결과는 피지컬 리뷰 B의 빠른 소통 요망논문으로 출판되었다.

앞으로의 일들

또 하나의 성공이라고 좋아하고 있을 때, 오랜 강상관계 연구의 경험을 가진 전문가 두 분이 내 강연을 듣고 코멘트를 했다. “고체물리는 그렇게 잘 맞을 수 없어요.” 비록 디랙점 부근의 작은 파라미터의 섬(island)에서지만 왜 그렇게 잘 맞는지 그 세부적 과정을 아직은 잘 이해하지 못하나 그 단순함의 출현은 강상관 효과 그 자체가 야기한 것임은 분명하다.

정당성이나 출처를 불문하고, 여러 개의 온도에서 자장의 함수로 주어진 데이터를 맞추는, 즉 3차원 데이터를 맞추는 공식을 요리하려고 시도해 보라. 조절가능한 파라미터는

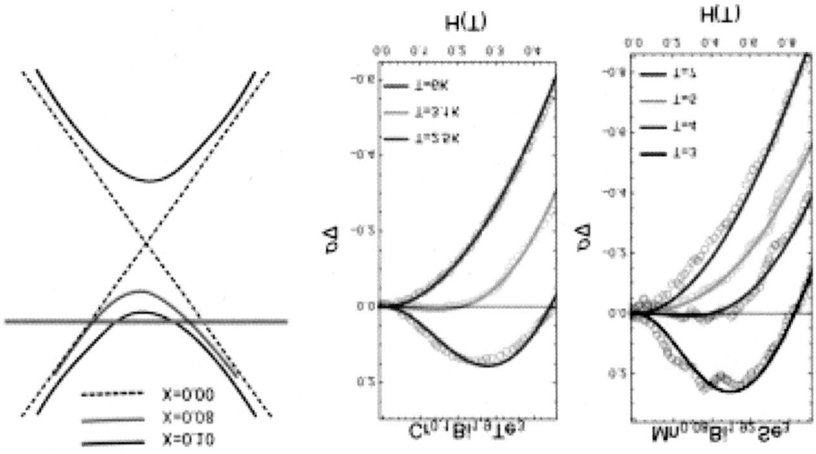

(a) surface gap (b) TI

그림 A.2: (a) 갭이 열린 표면 밴드 (b) 실험과 이론의 비교

2개의 커플링상수와 페르미 속도뿐이다. 매스매티카는 아라비안나이트 지니처럼 잠시만 같이 놀아주면 당신이 아는 기본 함수들만으로 그 작업이 불가능하다는 것을 보여줄 것이다. 이 정도면 우연이라도 꽤 괜찮은 경험이다. 그러나 우리의 수송계수는 논리적 단계를 거쳐 해석적인 공식으로 주어진 결과이다. 성공하는 경험의 반복을 만들어가기 위해 가능한 많은 디랙물질의 디랙점 근방이나 천천히 움직이는 전자들을 가진계에서 존재하는 강상관계의 특성들을 확인하고 이론의 보편성을 확증하는 것이 당면 목표이다.

강상관 효과가 모든 것을 서로 얽히게 하여 전체 계를 하나의 입자처럼 행동하게 한다면 거시적 크기의 자유도를 가진계가 간단한 행동양식을 갖는 것이 그리 이상한 일도 아니다. 그리고 이것이야말로 아보가드로 수보다 더 큰 자유도를 가진 “상호작용하는 거시계”로부터 물리학이 가능해지는 유일한 방법이라 생각한다.

참고서적

양자역학을 가르치는 데 사용했던 교재들의 일부를 열거한다.

- David Griffiths《Introduction to Quantum mechanics》
  쉽고 논리적인 접근을 통해 양자역학을 소개하며 학부수준의 표준 교재로 자리잡았다.
- Stephen Gasiorowitz《Quantum physics》
  필자의 학창시절 학부 양자역학의 스탠다드를 설정한 책이며 지금도 널리 쓰인다. 물리적 직관을 강조하므로 일독할 만하다.
- Ramamurti Shankar《Principles of Quantum mechanics》
  학부 및 대학원 공용이며 논리적이고 자기충족적인 책이다.
- Sakurai《Quntum mechanics》
  대학원 수준의 교재로 건조하나 다양한 익힘문제가 장점이다.
- David Tong《Applications of Quantum mechanics》
  대학원 수준에서 양자역학의 다채로운 토픽을 소개한 강의록. 장물리 이론가가 본 고체물리와 정보이론 토픽들의 선택이 참신하다.

Index